Heymann · Schußwaffen tunen und testen

Johannes P. Heymann

Schußwaffen tunen und testen

Leistungsmessung und Leistungsverbesserung von Handfeuerwaffen

MOTORBUCH VERLAG STUTTGART

Einbandgestaltung: Johannes P. Heymann

ISBN 3-613-01055-0

2. Auflage 1991
Copyright © by Motorbuch Verlag, Postfach 10 37 43, 7000 Stuttgart 10.
Ein Unternehmen der Paul Pietsch-Verlage GmbH & Co.
Sämtliche Rechte der Speicherung, Vervielfältigung und Verbreitung sind vorbehalten.
Die Ratschläge in diesem Buch sind von Autor und Verlag sorgfältig erwogen und
geprüft, dennoch kann eine Garantie nicht übernommen werden. Eine Haftung
des Autors bzw. des Verlages und seiner Beauftragten für Personen-, Sach- und
Vermögensschäden ist ausgeschlossen.
Satz und Druck: Remsdruckerei Sigg, Härtel & Co., 7070 Schwäbisch Gmünd
Bindung: Franz Spiegel Buch GmbH, 7900 Ulm-Jungingen
Printed in Germany

Inhaltsverzeichnis

Einleitung 7

1. Das Tunen

Warum Waffen tunen? 8
Waffenbearbeitung und Waffenrecht 9
Waffe und Sicherheit 11
Die Störfaktoren 11
Die Zusammenhänge 15
Was braucht man an Werkzeug? 17
Tunen: Welche Waffen lohnen den
Aufwand? 22
Vorbereitende Arbeiten 22
Arbeiten an Schaft und Griff 26
Maßgriff und Griffmaße 27
Maßgriffe aus Holz 31
Überarbeitung vorhandener Griffe 34
Maßgriffe aus anderen Werkstoffen 36
Wenn der Schaft schafft 43
Verbesserung der Handhabung 49
Waffentuning durch Zubehör 56
Tuning an offenen Visierungen 60
Tuning an anderen Visierungen 70
Die Qualität des Waffenlaufs 72
Die Laufmündung 77
Der Bereich des Patronenlagers 82
Zuführrampe und Magazin 90
Die Lauflagerung 92
Besonderheiten bei Revolvern 103
Weitere Arbeiten am Lauf 110
Tuning an Griffstück und Verschluß ... 111
Arbeiten am Abzug 122
Das Einstellen des Abzugs 135
Stahlteile härten 139
Waffen reinigen und pflegen 141
Die Munition zur Waffe 146

2. Das Testen

Warum Waffen testen? 154
Wer testet was? 155
Waffentest vorm Waffenkauf 157
Wo kann man Waffen testen? 178
Womit kann man Waffen testen? 181

Die Ermittlung von Vo und Eo 186	Allgemeines zum Testen und
Ein ballistisches Pendel 188	Einschießen 230
Die Berechnung von E und V 195	Faustfeuerwaffen testen und
Geschoßgeschwindigkeitsmesser 197	einschießen 230
Munitionsprobleme? 200	Nützliche Tips für Sonderfälle 235
Voraussetzungen zu Waffentests 210	Gewehre testen und einschießen 236
Richtwerte für Streukreisdurchmesser ... 212	Waffentests und Fehlerquellen 241
Schießmaschinen und Einschieß-	Schußbilder beim Freihandschießen ... 242
vorrichtungen 213	Der Trend zum Benchrestschießen 247
Test- und Einschießpraxis 226	Einsichten und Aussichten 248
Das Gun-Tester-Prinzip 227	
Der Gun-Tester-Aufbau 228	Nützliche Adressen 250

Einleitung

Waffenbesitz ist seit jeher eines der Grundrechte des freien Menschen. Wer eine Waffe besaß, hatte damit das Symbol seiner persönlichen Freiheit in der Hand. Er war wehrhaft und damit anderen überlegen. Und je besser jemand seine Waffe zu handhaben wußte, desto angesehener war er im Kreise seiner Mitmenschen. Etwas von diesem Stolz auf den Waffenbesitz und den erfolgreichen Umgang mit der Waffe ist auch heute noch bei den meisten Waffenbesitzern, bei den Sportschützen und Jägern, zu finden. Dieser – vielleicht unbewußte – Stolz auf eine sportliche oder jagdliche Leistung ist auch die Ursache dafür, daß Waffenbesitzer sich bemühen, aus ihren Waffen und mit ihren Waffen noch bessere Leistungen herauszuholen. Das ist ein natürlicher und durchaus wünschenswerter Wettbewerb. Leider oft mit unterschiedlichem Erfolg. Es ist nämlich auch bis zum heutigen Tag noch kein Meister vom Himmel gefallen. Und Patentrezepte gibt es leider auch immer noch nicht, trotz allen technischen Fortschritts.

Um als ganz normaler Schütze beim jagdlichen oder sportlichen Schießen seine Leistungen merklich und vor allem langfristig steigern zu können, bedarf es einiger Voraussetzungen. Ich meine damit aber keinesfalls die technischen Voraussetzungen, sondern vor allem den Willen, die Zusammenhänge beim Schießen zu erkennen. Gute oder sogar sehr gute Schützen haben es noch schwerer, weil sie ja bereits von einem hohen Leistungsniveau ausgehen. Sicher kennen Sie auch den einen oder anderen Schützen, der für jedes schlechte Schußbild, für jeden Ausreißer eine passende Ausrede parat hat, warum gerade heute dieser Schuß so miserabel ausfiel. Wenn er das vorher schon wußte, frage ich mich, warum hat er dann überhaupt geschossen? Er wäre dann doch wohl weitaus vernünftiger, den Schuß oder die Serie gar nicht erst abzufeuern, oder?

Hohe Treffsicherheit, geringe Streuung und gleichbleibend gute Schußleistung strebt jeder Schütze an. Um das zu erreichen, muß er sich aber zunächst erst mal mit den Zusammenhängen befassen, die Einfluß auf die Schußleistung haben. Erst wenn man den tatsächlichen Grund mangelhafter Schießergebnisse gefunden hat, kann man Abhilfe schaffen. Daher gehören das Tunen und das Testen zusammen.

Teil 1
Das Tunen

Warum Waffen tunen?

Schußwaffen sind technische Geräte. Sie müssen eine bestimmte Funktion erfüllen, dafür sind sie gebaut worden. Aber sie sind von Menschen gebaut worden. Und wie bei allen technischen Geräten gibt es daher gute und weniger gute Ausführungen. Es gibt solche, die schnell verschleißen und andere, die länger halten. Das hängt von der zweckentsprechenden Konstruktion, der richtigen Materialwahl, der präzisen Fertigung, der Benutzungshäufigkeit, der Pflege und von noch ein paar Faktoren ab. Jeder Waffenhersteller ist bemüht, möglichst viele seiner Waffen zu verkaufen. Das kann er aber nur, wenn er entweder wesentlich bessere oder wesentlich preiswertere Waffen als die Konkurrenz anbietet. Die wesentlich besseren Waffen kosten in der Herstellung und demzufolge auch im Verkauf entsprechend mehr Geld und finden logischerweise keine so große Verbreitung wie erschwingliche Waffen. Die Herstellung preiswerter Waffen muß also weniger aufwendig sein. Das heißt, es wird an jedem nur denkbaren Arbeitsgang, an der Materialqualität, an den Fertigungstoleranzen usw. gespart, wo es nur geht. Diesen in den letzten Jahren verstärkt auftretenden Trend zu schludriger Verarbeitung und zu mangelhafter Qualität kann man akzeptieren und sich mit entsprechend schlechter Schußleistung zufriedengeben. Man kann aber auch die Versäumnisse des Herstellers gutzumachen versuchen und Nacharbeiten und Verbesserungen an den Waffen und der dazugehörenden Munition ausführen. Dann wird man sehr schnell feststellen, daß mit relativ wenig Aufwand bessere Schußleistungen zu erzielen sind als mit Serienwaffen und wahllos zusammengekaufter Munition.

Aber auch bei bereits vorhandenen Schußwaffen, die schon seit vielen Jahren benutzt werden und deren Mängel man bisher akzeptiert hat, läßt sich noch so manches verbessern. Vielleicht hat man sich bloß noch keine Gedanken über das ›wie‹ gemacht. Und denken Sie bitte auch an die gebraucht oft preiswert zu kaufenden Waffen. Bei denen geht es ebenfalls darum, eine ›Verjüngungskur‹ vorzunehmen und sie so aufzuarbeiten, daß man sich damit wieder ohne Schamröte auf dem Schießstand oder im Jagdrevier sehen lassen kann. Beim Waffentuning geht es ja nicht nur um die ›Innereien‹, sondern die Waffen können auch rein äußerlich ansprechend aufgearbeitet werden.

Waffenbearbeitung und Waffenrecht

Waffenbesitzer, Jäger, Sportschützen und erst recht die Präzisionsfanatiker, die Benchrestschützen, stehen oftmals vor dem Problem, Arbeiten an ihren Waffen vorzunehmen oder von einem Fachmann ausführen zu lassen. Soweit es sich bei dem Fachmann um einen autorisierten Büchsenmacher handelt, dürfte es kaum rechtliche Probleme geben.

Anders dagegen sieht die Sache aus, wenn der Schütze selbst oder auch ein fachkundiger Bekannter eine Waffe bearbeiten will. Da taucht dann die Frage auf, ob es sich im Einzelfall um eine genehmigungspflichtige oder aber eine erlaubnisfreie Waffenbearbeitung handelt. Natürlich gibt es immer auch Waffenfreunde, die in dieser Hinsicht ein weites Gewissen haben und die nicht erst lange über eine mögliche Genehmigung ihrer Arbeiten nachdenken. Das ist angesichts der bürokratischen Hemmnisse auch menschlich durchaus verständlich.

Aber: Was passiert, wenn was passiert? Oder, anders ausgedrückt, was ist, wenn an so einer überarbeiteten Waffe früher oder später einmal ein Schaden auftritt oder wenn es im schlimmsten Falle sogar damit zu einem Unfall kommt? Wer haftet dann? Wird der gute Freund, der selbstlos geholfen hat, immer noch ein guter Freund sein? Wird er für den Schaden aufkommen oder die Sache womöglich erst an die große Glocke hängen?

Da ist es meiner Ansicht nach doch sicherer und bequemer, sich mit den rechtlichen Fragen kurz zu befassen und im Zweifelsfalle den zuständigen Sachbearbeiter bei der Behörde zu konsultieren. Was sagt denn das Waffenrecht zur Waffenbearbeitung? Im Waffengesetz, § 41, steht klipp und klar, daß das nichtgewerbsmäßige Herstellen, Bearbeiten und Instandsetzen von Schußwaffen eine erlaubnispflichtige Tätigkeit darstellt.

Nur, so klipp und klar ist das alles auch wieder nicht, wie es auf den ersten Blick scheint. Wer will schon Waffen herstellen?

›HERSTELLEN‹

Unter dem Begriff ›Herstellen‹ versteht der Gesetzgeber auch das Anfertigen wesentlicher Teile von Schußwaffen, das Zusammensetzen fertiger Teile zu einer Schußwaffe, es sei denn, daß die Schußwaffe nur zur Pflege, zur Nachschau oder zum Austausch von Wechsel- oder Austauschläufen auseinandergenommen wird. In diesem Zusammenhang ist der Begriff ›wesentliche Teile‹ insofern wichtig, als der Gesetzgeber im WaffG (Anhang § 3) hierunter den Lauf, den Verschluß, das Patronen- oder Kartuschenlager, bei Handfeuerwaffen auch das Griffstück oder Waffenteile für die Aufnahme des Auslösemechanismus versteht. Als wesentliche Teile gelten auch vorgearbeitete wesentliche Teile, wenn sie mit allgemein gebräuchlichen Werkzeugen fertiggestellt werden können. Die Laufrohlinge, Laufabschnitte oder Laufstücke, die Züge oder ein Innenprofil aufweisen, gelten ebenfalls als wesentliche Teile, selbst wenn sie noch kein Patronen- oder Kartuschenlager enthalten. Die allgemeinen Verwaltungsvorschriften klären auch die Begriffe Austauschläufe und Wechselläufe. Danach sind Austauschläufe solche, die sich ohne Hilfsmittel in ein für sie bestimmtes Waffenmodell einsetzen lassen. Wechselläufe dagegen erfordern eine Einpaßarbeit. Beide Laufarten können anderes Kaliber oder anderes ballistisches Verhalten aufweisen.

›INSTANDSETZEN‹

Für den Waffenfreund, der an seinen Waffen Arbeiten ausführen will, sind jedoch auch andere Fragen wichtig. Nämlich, ob es sich bei der vorgesehenen Tätigkeit um ›Instandsetzung‹ oder ›Bearbeitung‹ handelt. Diese Begriffe, die in der Rechtsprechung oft nicht klar voneinander abzusetzen sind, werden seitens des Gesetzgebers so erläutert: Eine

Schußwaffe wird instandgesetzt, wenn ihre Funktionsfähigkeit wiederhergestellt wird oder wenn Mängel, die zur Funktionsunfähigkeit führten, beseitigt werden. Das könnte so aufgefaßt werden, daß eine Waffe unter Einsatz gebräuchlicher Werkzeuge ihre frühere Funktionsfähigkeit zurückerhält durch ›Instandsetzung‹.

›BEARBEITEN‹

Anders ist es mit der ›Bearbeitung‹. Die allgemeinen Verwaltungsvorschriften besagen, daß dann eine ›Bearbeitung‹ erfolgt, wenn eine Schußwaffe in ihrer Funktionsweise geändert wird oder wenn wesentliche Teile der Waffe ausgetauscht, geändert oder in ihrer Haltbarkeit beeinträchtigt werden. Auch eine wesentliche Änderung des Aussehens einer Waffe stellt eine Bearbeitung im Sinne des Waffengesetzes dar. In diesen Verwaltungsvorschriften werden auch eine Reihe von Beispielen aufgeführt, die jedoch über den Umfang des Buches hinausgehen.

KOMMENTAR

Der in Deutschland führende Waffenrechtsexperte Dr. jur. Rolf Hinze hat in einem ausführlichen Artikel in der Zeitschrift ›Der Büchsenmacher‹ (9/81) unter anderem die Frage behandelt, was unter den Begriff ›Bearbeitung‹ fällt. Danach sind es auf jeden Fall alle Tätigkeiten, die bei der Schußwaffe die Schußfolge ändern, die Schußleistung steigern oder eine nichtscharfe in eine scharfe Waffe umwandeln. Ob dies dabei mit gebräuchlichem oder nichtgebräuchlichem Werkzeug erfolgt, erscheint mir angesichts der immer besser ausgestatteten Heimwerkerkeller unerheblich. Fest steht, daß jede Bearbeitung der Waffe, die zu einer Steigerung der Leistungsfähigkeit führt, meines Erachtens eine genehmigungspflichtige Tätigkeit im Sinne des § 41 WaffG darstellen kann.

BEARBEITUNGS-GENEHMIGUNG

Da es nicht nur das Waffengesetz und die allgemeinen Verwaltungsvorschriften gibt, sondern von Bundesland zu Bundesland unterschiedlich auch noch eine ganze Reihe von Erlassen und Ausführungsvorschriften, die z. T. sogar nur behördenintern bekannt werden, ist es unbedingt angebracht, sich schon vor Beginn irgendwelcher Arbeiten an Schußwaffen um eine entsprechende Genehmigung zu bemühen. Derartige Genehmigungen für das nichtgewerbsmäßige Bearbeiten von Schußwaffen sind zumeist auf drei Jahre befristet und erfordern weder großen Papierkrieg noch kosten sie die Welt. Ich betrachte derartige Genehmigungen immer wie eine Art ›Versicherung‹ und zahle lieber ein paar Mark ›Prämie‹, als mir von Behördenseite womöglich Ärger einzuhandeln. Denn eines ist sicher: Im Zweifellsfall findet die zuständige Behörde immer einen Gummiparagraphen oder einen Dreh, sich aus der Verantwortung zu ziehen und anderen den Schwarzen Peter zuzuschieben. Auch Autor und Verlag weisen hiermit ausdrücklich darauf hin, daß für die gesetzliche Zulässigkeit der in diesem Buch beschriebenen Arbeiten ebenso wie für die Richtigkeit der gemachten Angaben oder möglichen Folgen aufgrund von Arbeiten aus diesem Buch keinerlei Haftung übernommen wird. Alle im Buch gemachten Angaben erfolgen nach bestem Wissen und Gewissen ohne Gewähr für die Richtigkeit, Vollständigkeit oder Zulässigkeit. Die Verantwortung für jede aus diesem Buch hergeleitete Tätigkeit und ihre möglichen Folgen hat jeder selbst zu übernehmen. Darum meine ganz persönliche Bitte an Sie: Überlegen Sie sich vor Beginn jeder Waffenbearbeitung nicht nur die rechtlichen Folgen Ihrer Tätigkeit, sondern ebenso auch die sicherheitstechnischen Aspekte. Sie haben es mit Schußwaffen zu tun! Leichtsinn oder Nachlässigkeit im Umgang mit Schußwaffen können schreckliche Folgen haben. Gehen Sie deshalb kein Risiko ein!

Waffe und Sicherheit

Beim Schußwaffentuning ebenso wie bei Waffentests gibt es eine Menge Möglichkeiten, sich und andere, Unbeteiligte, zu gefährden. Es erscheint mir wichtig, Sie hier noch einmal darauf hinzuweisen. Sie haben durch den Umgang mit Waffen und Munition eine Verantwortung übernommen und diese Verantwortung wird durch das Bearbeiten und Testen von Waffen und Hochleistungsmunition nicht gerade geringer! Auch einem waffentechnischen Laien muß klar sein, daß jede Schußwaffenbearbeitung, jede Verwendung unüblicher (z. B. wiedergeladener) Munition, jede unübliche Waffenhandhabung zu einer Gefährdung führen kann. Waffen, die im Beschußamt kurzfristig eine höhere, genau definierte Belastung ausgehalten haben, sind deswegen noch lange nicht geeignet, solche Belastungen dauernd schadlos zu überstehen. Haarrisse, Strukturveränderungen, Dehnungserscheinungen werden oft erst erkennbar, wenn es für die Abwendung von Schäden zu spät ist oder wenn es womöglich bereits zu einem Unfall mit anschließender Untersuchung kam.

GEFAHRENMOMENTE

Aber die Gefährdung muß ja nicht nur von der Waffe oder der Munition selbst ausgehen, sondern auch der leichtsinnige, sorglose Umgang damit ist unverantwortlich. Ein überarbeiteter Abzug, der zu leichtgängig ist, ein vergessenes Teil bei der Waffenmontage, eine falsch laborierte Patrone, eine verkehrt in der Schießmaschine eingesetzte Waffe usw. sind Gefahrenmomente, die man sich immer wieder bewußt machen muß. Und nun muß ich auch noch eine Gefahrenquelle ansprechen: Beim Bearbeiten von Waffen wird oft mit Lösungsmitteln und Chemikalien hantiert, die zu einer gesundheitlichen Gefährdung führen können. Lösungsmitteldämpfe sind häufig feuergefährlich, häufig auch giftig. Eine große Gefahr ist aber auch gerade beim Arbeiten in Hobbykellern usw., daß diese Dämpfe oft schwerer als Luft sind und sich am Boden sammeln. Wenn nicht für eine einwandfreie Lüftung gesorgt wird, kann es auch hier zu bösen Überraschungen kommen. Sie sollten deshalb nicht versäumen, die Sicherheitsvorschriften beim Umgang mit Lösungsmitteln und Chemikalien gründlichst zu beachten. Sonst nutzt Ihnen am Ende die frisch getunte Waffe samt Matchmunition nicht mehr allzulange!

Die Störfaktoren

Er ist überall anzutreffen, der Schütze, der für jeden Fehlschuß sofort die passende Erklärung (sprich: Ausrede) parat hat. Wortreich und redegewandt erläutert er jedem, daß dieser Fehlschuß auf die verstellte Visierung, jener auf schlappe Munition und der dritte auf das sonnige Wetter zurückzuführen ist. Am vierten Fehlschuß schließlich war die vorangegangene Geburtstagsfeier schuld. Die angeführten Gründe sind beliebig austauschbar, es kann also auch der klemmende Abzug, zu rasante Munition, schlechtes Wetter und eine Kindtaufe gewesen sein. Meist lächelt man darüber und ist im Grunde recht froh, daß man nicht selbst gerade so einen Fehlschuß diagnostizieren muß. Weil man nämlich ganz und gar nicht sicher ist, worauf denn nun wirklich dieser ›Ausreißer‹ zurückzuführen ist. Eben weil es eine große Zahl von Einflußfaktoren auf das Trefferbild gibt. Aus diesem Grund sollte man sich aber einmal ernsthaft mit den vielen Einflußmöglichkeiten auf das Trefferbild befassen. Erstens, um später für Fehlschüsse eine realere Erklärung zu haben. Zweitens, weil Waffentuning ohne Kenntnis der Einflußfaktoren wie die berühmte Suche nach der Nadel im Heuhaufen ausgeht. Vier Hauptfaktoren sind es, die über das Trefferbild entscheiden: Der Schütze, die Waffe, die Munition und die Umwelt.

Im einzelnen sieht das dann so aus:

1. DER SCHÜTZE

Der Mensch ist keine Maschine. Er ist nicht jeden Tag in gleich guter Verfassung. Selbst im Laufe eines Tages schwankt seine Leistungsfähigkeit. Die Konzentrationsfähigkeit, die ja für das erfolgreiche Schießen so wesentlich ist, kann durch unterschiedliche Tageszeit, durch Unwohlsein, Hunger, Durst, Zeitdruck, Arbeitsstreß, Ärger, ja selbst durch falsche Kleidung (z. B. zu enge Hose, drückende Schuhe usw.) enorm schwanken. Eine Krankheit kann die Atmung, den Kreislauf, das Sehvermögen, die Geräuschempfindlichkeit, die Haltekraft, das Stehvermögen und vieles mehr so beeinflussen, daß der Mensch zu verschiedenen Tagen zu unterschiedlicher Schußleistung kommt.

Sicher lassen sich durch rechtzeitige Überlegung manche Faktoren für den Menschen in ihrer Wirkung reduzieren. So könnte man beispielsweise das Schießtraining, das gesundheitsbewußte Leben usw. als eine Art von Schützentuning betrachten und dadurch bereits viele Risikofaktoren von vornherein ausschalten. Einige wird man nur schwer ausschließen können. So z. B. Nervosität, Aufregung, Wettkampfangst usw.

2. DIE WAFFE

Die Waffe ist, im Gegensatz zum Menschen, eine Maschine, ein technisches Gerät. Deshalb kann man auch durch entsprechenden technischen Aufwand eine ganze Anzahl von Einflußfaktoren in ihrer Wirksamkeit verändern. Bei der Vielzahl von verschiedenen Waffen ist auch die Anzahl der verschiedenen Störfaktoren, die sich direkt oder indirekt gegenseitig beeinflussen können, sehr hoch. Einige sollen hier aufgezählt werden: Außenform

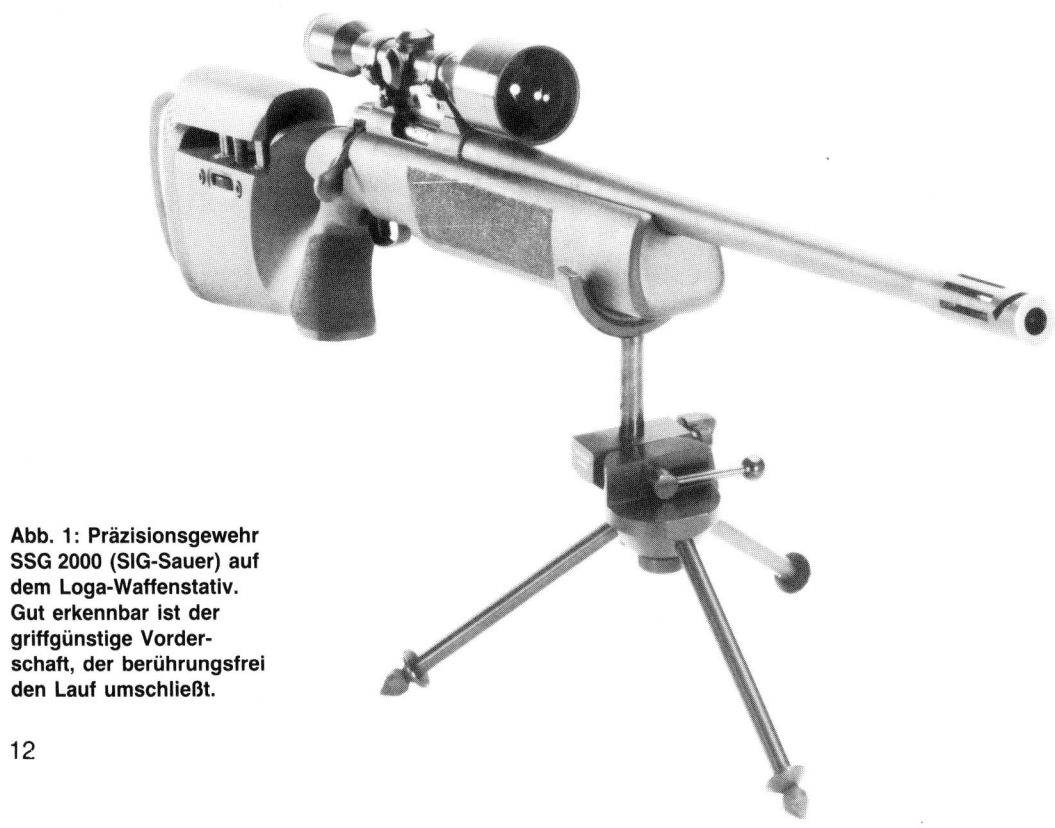

Abb. 1: Präzisionsgewehr SSG 2000 (SIG-Sauer) auf dem Loga-Waffenstativ. Gut erkennbar ist der griffgünstige Vorderschaft, der berührungsfrei den Lauf umschließt.

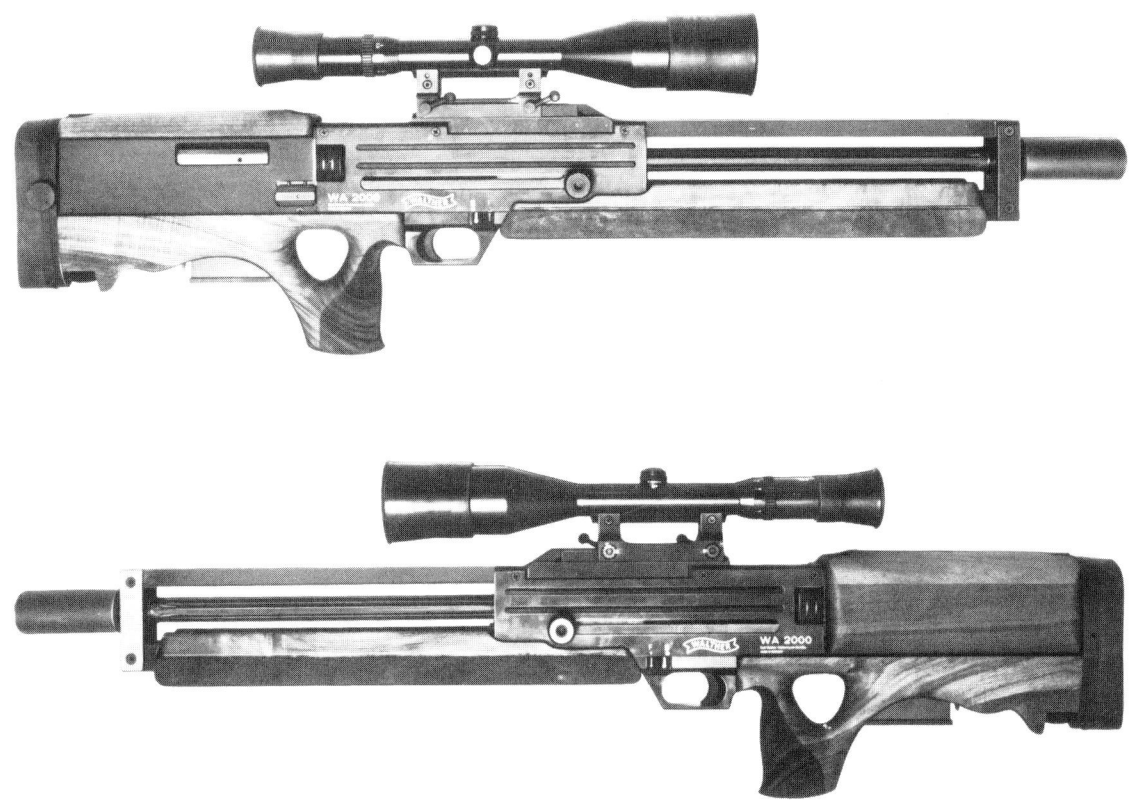

Abb. 2: Das halbautomatische Präzisionsgewehr ›WA 2000‹ (Fa. Walther) ist ein Gasdrucklader mit interessanten Details: Bei 650 mm Lauflänge ist die Waffe insgesamt noch nicht einmal einen Meter lang, weil das System im Schaft untergebracht ist. Durch den mittig in einem Rohrrahmen gelagerten Lauf wird der Waffenrückschlag mittig auf die Schulter des Schützen übertragen. Da die Waffe so kein Drehmoment nach oben entwickelt, wandert sie beim Schießen nicht aus dem Ziel.

und Wandstärke des Laufs, Lauflänge, Schwingungsverhalten und freie Schwingmöglichkeit des Laufs in bezug auf Vorderschaft und System bzw. bei Kurzwaffen bezüglich Rahmen und Schlitten/Griffstück. Weiter beeinflussen Drallänge, Anzahl, Form, Art, Oberflächengüte, Härte und der Erhaltungs- bzw. Reinigungszustand von Zügen und Feldern die Schußleistung ebenso wie die Lauftemperatur, die Zentrizität und Dimensionierung des Patronenlagers und des Übergangskonus, die Glätte und Sauberkeit des Patronenlagers, der Verschlußabstand und die exakte Mündungsausbildung. Bei Pistolen kommen noch Form und Zustand der Zuführrampe, Spiel zwischen Lauf, Schlitten und Griffstück, Verriegelungsprobleme, exakte Verschlußführung, Federabstimmung, Form und Zustand der Magazinlippen, des Zubringers, der Zubringerfeder und die präzise Magazinführung hinzu. Bei Revolvern muß das Timing der Trommel, die präzise Ausführung aller Trommelbohrungen, das Fluchten Lauf/Trommelbohrung, die Trommellagerung, die Winkligkeit und Rundheit der Trommel, die Ausbildung der Luftspalte zwischen Lauf und Trommel sowie zwischen Trommel und Stoßboden angeführt werden. Das Waffenschloß hat mit der Ausbildung, Ausführung, Materialqualität, Montagequalität, Erhaltungszustand, Einstellgenauigkeit usw. ebenfalls großen Einfluß auf die Schußleistung einer Waffe. Weitere Faktoren sind Form und Material, Verarbeitungsqualität, Oberflächenbeschaffenheit des Waffenschaftes bzw. -griffes, seine Anpassungsmöglichkeit an die Körpermaße des Schützen usw. Auch die Art und Ausführungsqualität der Visierung (Kimme/Korn, Diopter, ZF mit ZF-Montage), Beeinflussung des Schwingverhaltens des Laufs durch die Visierung usw. sind Einflußfaktoren, die man beachten muß.

Ein weiterer Faktor ist der Wartungszustand einer Waffe. Schon geringfügige Änderungen, z. B. beim Verwenden unterschiedlicher Fette oder Öle für Schloßteile, Abzug, Schlittenführung usw., können die Schußleistung (positiv oder negativ) beeinflussen. Sie sehen also, daß allein waffenseitig die Einflüsse sehr zahlreich sind und Arbeiten an einzelnen Faktoren Einfluß auf ganz andere Faktoren haben können.

3. DIE MUNITION

Im Grunde sind es ›nur‹ vier Komponenten, aus denen sich eine Patrone zusammensetzt, nämlich: Hülse, Geschoß, Treibladungsmittel und Zünder. Aber viele Schützen messen der Wahl der Munition nicht genug Bedeutung zu. Viele glauben sogar, daß fertig gekaufte Munition voll ausreicht. Und in gutem Glauben wundern sie sich dann, warum oft Wiederlader und besonders die Benchrester so wesentlich bessere Ergebnisse erzielen. Zu den einzelnen Komponenten: zunächst die Hülse. Selbst Patronenhülsen gleichen Fabrikats weisen Gewichts- und Maßtoleranzen auf, sogar innerhalb einer Fertigungsserie. Schon geringe Differenzen in der Wandstärke des Hülsenmaterials beeinflussen das Schwingverhalten des Patronenlagers, die gleichmäßige Haltekraft des Geschosses im Hülsenhals, die Zentrizität des Geschosses wesentlich mehr, als der ›normale‹ Schütze vermutet. Die Maßhaltigkeit der Hülse ist ebenso wichtig: Zu lange oder zu kurze, zu dicke oder zu dünne Hülsen haben jeweils unterschiedlichen Sitz im Patronenlager. Der Verschlußabstand ändert sich, die Liderung (Anpreßung der Hülse an die Patronenlagerwandung beim Schuß) ist unterschiedlich, das Schwingverhalten des Lagers ändert sich usw. Auch unterschiedlich große Zündlochbohrungen, Zündglocken, Bodenstärken usw. bringen geringfügig anderen Abbrand und damit größere Streuung der Schußleistung. Die Hülsenoberfläche (glatt/rauh, trocken/fettig usw.) das Hülsenalter (auch Messing altert) und eventuelle Hülsenschäden (Haarrisse, Macken, Versprödung) bringen weitere Schußbeeinflussung mit sich. Beim Geschoß beeinflussen die Form, die Oberfläche, die Materialwahl, die Zentrizität, Lunkerfreiheit, Fertigungsgüte, Erhaltungszustand und die Fettung die Schußleistung ebenso wie die Geschoßsetztiefe in der Hülse, die Setzart (werkzeugabhängig), das Crimpen oder Anpressen des Hülsenhalses ans Geschoß und noch ein paar Faktoren. Beim Treibladungsmittel ist es der gleichmäßige Verbrennungsvorgang, also der Abbrand, der für immer gleiche Resultate entscheidend ist. Je nach Pulversorte (offensiv oder progressiv mit allen Zwischengrößen, Pulver für Pistolen- und Revolvermunition, Büchsen- oder Schrotpatronenpulver), Alter, Trockenheitsgrad, Verunreinigung (z. B. durch Geschoßfett beim Laden) und Lademenge sowie Ladekonstanz ist das Schußergebnis beeinflußbar. Die Zündhütchen schließlich, nach Pistolen- und Revolverzündhütchen sowie Büchsenzündhütchen – grob – unterteilt, beeinflussen die Schußleistung (von Fabrikat zu Fabrikat verschieden) durch Zündsatzmenge, Materialhärte, Wanddicke, Alter, Trockenheit, Setztiefe in der Hülse, unterschiedliche Sorte (Standard/Magnum).

4. DIE UMWELT

Sicher wird mancher Schütze jetzt verwundert fragen, wieso denn die Umwelt die Schußleistung beeinträchtigen kann. Dabei ist die Erklärung recht einfach: Die Umwelt beeinflußt die Schußleistung auf direkte und indirekte Weise. Direkt, indem sie auf Waffe, Munition und ballistische Daten einwirkt. Indirekt, indem sie die Konzentration und Kondition des Schützen beeinflußt. Untersuchen wir zunächst die indirekten Einflüsse der Umwelt, also die auf den Schützen: Sie alle kennen den ›Heimvorteil‹ beim Schießen, wenn man auf dem gewohnten Schießstand Wettkämpfe oder ähnliches austrägt. Angenommen, Ihr Schießstand befindet sich in einem Kellerraum, so empfinden Sie die künstliche Beleuchtung, den festen Fußboden, die fast konstante Raumtemperatur, die Geräuschkulisse, ja selbst die Waffenablage oder die Höhe der Scheiben als normal, als gewohnt. Anders dagegen auf einem fremden Schießstand, z. B. im Freien. Völlig andere Bedingungen müssen innerlich bewältigt werden: Ständig wechselnde, natürliche Beleuchtung, ungewohnte Temperaturschwankungen, Wind, Regen, andere Geräusche, andere Scheibenanordnung, andere Sichtverhältnisse, ungewohnter, z. B. loser Sandfußboden, Zeitdruck, unbekannte Menschen usw. Das sind die Dinge, mit denen sich der Schütze abfinden muß und auf die er sich innerlich einzustellen hat. Wichtig im Sinne dieses Buches dagegen sind die direkt die Schußleistung beeinflussenden Faktoren der Umwelt. Sie sind allerdings untrennbar mit den oben angeführten Faktoren verbunden. Beispielsweise die Beleuchtung: Auf Scheibe und Visierung scheinende Sonne erfordert (aus optischen Gründen) einen anderen Haltepunkt für die Visierung. Die Sonne bewirkt außerdem, wenn sie länger auf die Waffe scheint, eine Erwärmung des (meist schwarzen) Laufes und damit eine Veränderung der Treffpunktlage. Wird auch noch die Munition erwärmt, kommen Änderungen des Gasdrucks zustande. Da die Munition aber meist auch noch unregelmäßig durch Sonnenbestrahlung (Teilschatten) erwärmt wird, treten ganz unkontrollierbare Einflüsse auf. Regen oder Seitenwind beeinflussen, je nach Stärke unterschiedlich, besonders bei größeren Schußdistanzen, bei leichten, langsamen, nicht strömungsgünstig geformten Geschossen, die Flugbahn. Schwankender Luftdruck, unterschiedliche Luftfeuchte sind weitere Faktoren, die Einfluß auf ballistische Werte nehmen. Und Sträucher oder Gräser direkt in der Flugbahn leichter Geschosse wirken sich ebenso auf die Treffpunktlage aus wie ein wackeliger, schwingender Schießtisch. Auch höher- oder tieferstehende Ziele, z. B. bei der Jagd im Gebirge, verändern die Treffpunktlage.

Die Zusammenhänge

Es gibt also eine sehr große Zahl von Einflüssen, die sich auf die Schußleistung auswirken können. Seitens des Schützen, der Waffe, der Munition und der Umwelt. Leider ist es nun nicht so, daß man durch Verbesserung einzelner Faktoren sicher sein kann, wesentliche Verbesserungen der Schußleistung auf Anhieb zu erreichen. Dafür sind nämlich die Zusammenhänge doch zu kompliziert. Die einzelnen Faktoren sind ja nicht jeder für sich allein maßgeblich, sondern sie beeinflussen sich gegenseitig. Ich möchte es kurz erläutern, weil dies für das erfolgreiche Arbeiten wichtig ist. Jeder Schütze, und sei er noch so gut, hat nicht immer eine persönliche Schußleistung von 100%. Er wird fast immer eine gewisse Streuung seiner Treffer zu verzeichnen haben. Diese schützenbedingte Streuung wird als Schützenstreuung ›SS‹ bezeichnet. Auch die Waffe hat eine Streuung (die durch Tuning vermindert werden soll), die als Waffenstreuung ›WS‹ gekennzeichnet ist. Ebenso wird die Munitionsstreuung ›MS‹ heißen und die Umwelteinflüsse auf die Schußleistung bekommen das Kürzel ›UE‹. Wie ich oben schon erwähnte, beeinflussen die einzelnen Faktoren sich gegenseitig. Und zwar kann das

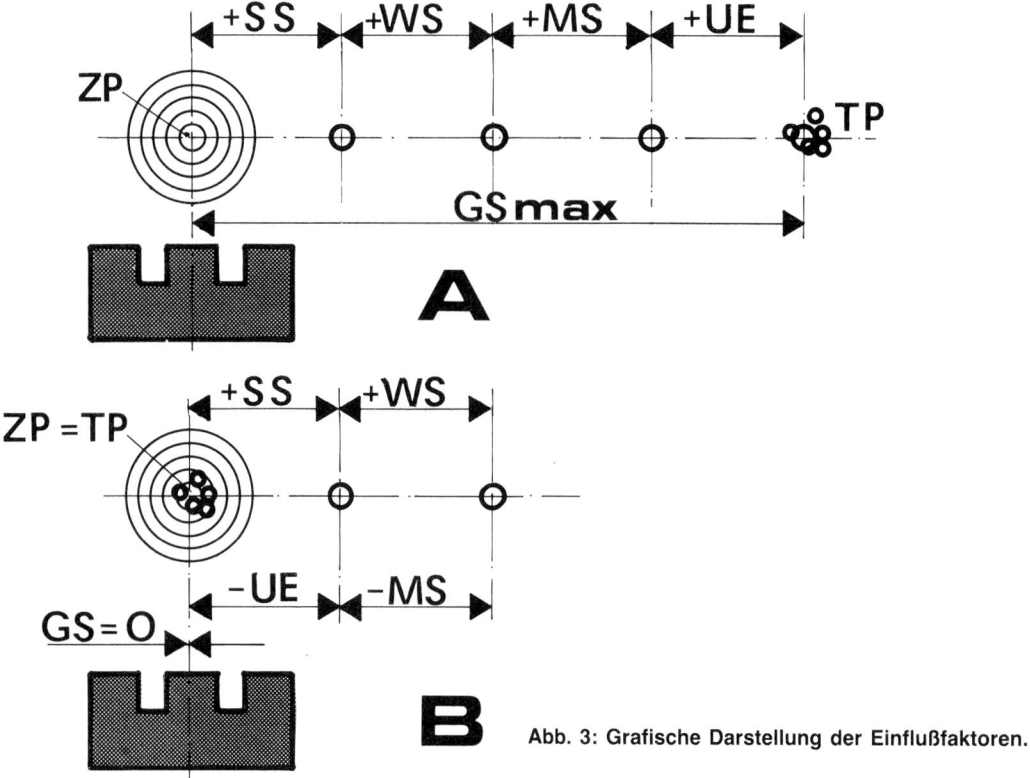

Abb. 3: Grafische Darstellung der Einflußfaktoren.

sowohl im positiven wie negativen Sinne erfolgen, das ist zufallsbedingt. Die Grafik (Abb.3) soll das verdeutlichen: In dem ungünstigsten Falle, den man mal annimmt, addieren sich die einzelnen Streufaktoren. Dann ergeben die Schützenstreuung (SS), die Waffenstreuung (WS), die Munitionsstreuung (MS) und die Umwelteinflüsse (UE) **zusammen** eine maximale Gesamtstreuung (GS max.). Die Treffpunktlage (TP) liegt in diesem Falle extrem weit vom Zielpunkt (ZP) entfernt, auf den die Visierung eingerichtet war. Ein anderes, extremes Beispiel (Fall B): Die Schützenstreuung (SS) und die Waffenstreuung (WS) zusammen bewirken ein Abweichen der Treffer nach rechts, die in diesem angenommenen Falle gleich großen Einflüsse der Munition (MS) und der Umwelt (UE) erzwingen eine Treffpunktabweichung nach links. Die Folge: Die Gesamtstreuung GS ist gleich Null, da sich die Faktoren gegenseitig aufgehoben haben. Die Treffpunktlage TP fällt mit dem Zielpunkt ZP zusammen, obwohl es weder das Verdienst des Schützen noch der Waffe, der Munition oder der Umwelt ist. Folgerichtig muß alles im Zusammenhang betrachtet werden.

Richtig ist aber auch, daß so extreme, an den Haaren herbeigezogene Beispiele in der Praxis selten vorkommen. Um nun zu klären, woran es bei diesem oder jenem Schußbild wirklich gelegen hat, muß man testen, also messen, prüfen und vergleichen. Um dann die Faktoren, die bei Waffe und Munition beeinflußbar sind, entsprechend korrigieren zu können. Also Waffe und Munition so hinzutrimmen, zu tunen, daß festgestellte Mängel beseitigt oder zumindest gemildert werden.

MÄNGEL FESTSTELLEN

Grundvoraussetzung jeder Tuningarbeit ist jedoch immer der Test, also die exakte Mängelfeststellung. Ich möchte Ihnen diesen Hinweis besonders ans Herz legen und mit einem kleinen Beispiel erläutern: Angenommen, Ihr Schußbild auf einer normalen Präzisionsscheibe sieht so aus, daß die meisten Treffer etwas rechts oberhalb des Zentrums sitzen. Das kann viele Ursachen haben. Es kann am Schützen liegen, der im Auslösemoment mit dem Handgelenk etwas abknickt. Oder der die Waffe in Erwartung des Rückstoßes mit dem Handballen etwas vordrückt. Oder der mit dem Daumen die Waffe beim Abziehen nach rechts drückt. Es kann natürlich auch ein Reißen am Abzug sein oder ein Zielen mit rechts geklemmtem Korn. Waffenmäßig kann eine verstellte Visierung, ein Mangel in der Waffe selbst (Spiel, Schmutzablagerungen, Rückstände usw.) in Frage kommen. Und schließlich kann auch eine ungewohnte Munition oder eine etwas geänderte Laborierung (z. B. Fertigungstoleranzen, andere Geschoßfettung, andere Geschoßlegierung usw.) schuld sein. Sie sehen an diesem kleinen Beispiel, wie problematisch solche Fragen für den Schützen sein können. Deshalb mein obiger Hinweis: Erst testen, dann tunen. Und dann nochmals testen, um den Erfolg der Tuningarbeit festzustellen. Das alles erfordert noch nicht einmal so viel Geld, wie mancher jetzt vielleicht denkt. Es erfordert vor allem etwas Geduld und Zeit. Wie heißt es doch so schön: »Gut Ding will Weile haben.« Und ein gut Ding soll ja bei unseren Tuning- und Testarbeiten herauskommen.

Was braucht man an Werkzeug?

Um diese Frage vollständig beantworten zu können, müßte ich zuvor wissen, wie perfekt Sie was für Arbeiten an welchen Waffen ausführen wollen. Da ich es nicht weiß, muß ich mich damit begnügen, Ihnen ein paar Hinweise auf Übliches und auf Spezialwerkzeuge zu geben.

ALLGEMEINES WERKZEUG

Im allgemeinen kommt man schon mit dem Werkzeug recht weit, das sowieso in jedem durchschnittlichen Werkzeugkasten eines Heimwerkers zu finden ist. Damit meine ich z. B. eine elektrische Handbohrmaschine, einen Satz Schraubendreher und Inbusschlüssel, verschiedene Feilen und Zangen, eine kleine Handeisensäge, Schlosserhammer, Hammer mit Kunststoffschlagflächen, Durchschläge verschiedener Größen usw. Für die Holzbearbeitung sind Schnitzmesser, Fräseinsätze und flexible Wellen für die Bohrmaschine, ein oder zwei Raspeln und eventuell noch eine Stich- oder Bandsäge eine große Hilfe. Auch ein solider und vor allem präziser Bohrständer sowie ein Schraubstock mit zusätzlichen Plastik- oder Filzbacken gehört an sich zur Grundausstattung. Wichtig sind außerdem noch vernünftige Meßwerkzeuge, denn mit dem Zollstock ist es bei Tuningarbeiten kaum getan. Ohne eine genaue Maßkontrolle, nur ›nach Gefühl‹, geht es, wie bei vielen Gefühlssachen, oft etwas daneben. Und das soll's ja nicht. Also: eine ordentliche Schieblehre (Meßschieber) mit Nonius oder gar mit Meßuhr, eine Bügelmeßschraube (Mikrometer) mit wenigstens 25 mm Meßweite und eine Blattfühlerlehre (Abb. 110) sollten es schon sein. Das ist sicher keine Fehlinvestition, zumal man diese Meßwerkzeuge auch später öfters einsetzen wird und z. B. die Blattfühlerlehre wirklich nur ein paar Mark kostet. Die Grundausstattung an Verbrauchs- und Kleinteilen kann aus einem Sortiment ordentlicher HSS-Bohrer, einem Sortiment Schleifpapier für Metall (auch Korund-Finishing-Papier),

Schleifleinen für Metall in verschiedener Körnung, Glaspapier für Holzbearbeitung, Schleifpaste und Filzscheiben (für die Bohrmaschine) sowie diversen Lösungs- und Reinigungsmitteln (Aceton, Tri, Terpentinersatz usw.) bestehen. Auch die diversen Kleber – je nach Erfordernis – gehören dazu. Wichtig ist z. B. ein Blitz- oder Sekundenkleber (meist ein Zyanakrylatkleber) für Montagearbeiten, ein hochfest härtender Zweikomponentenkleber und schließlich ein Kleber zur Sicherung von Schrauben oder ähnlichem.

Besonders gut ausgestattete Heimwerker verfügen ferner über einen Satz Gewindebohrer und Schneideisen, über eine Handfräse, einen Schleifbock, einen Lötbrenner (zum Hartlöten, Anlassen usw.), Lötkolben und was die rührige Industrie noch so alles anzubieten hat.

SPEZIALWERKZEUGE

Die Ausstattung mit Spezialwerkzeugen ist wesentlich davon abhängig, welche Arbeiten ausgeführt werden sollen. Ob es sich zunächst nur mal um Holzbearbeitung an Griffen oder Schäften handelt, ob kleine Mängel im Schloß- oder Abzugsbereich zu beheben sind oder ob es sich um die Bearbeitung eines Matchlaufes oder um andere Büch-

Abb. 4: Bodenfeilen und Laufbetthobel sind bei Arbeiten innen am Schaft praktisch unentbehrlich, wenn man halbwegs genau arbeiten will.

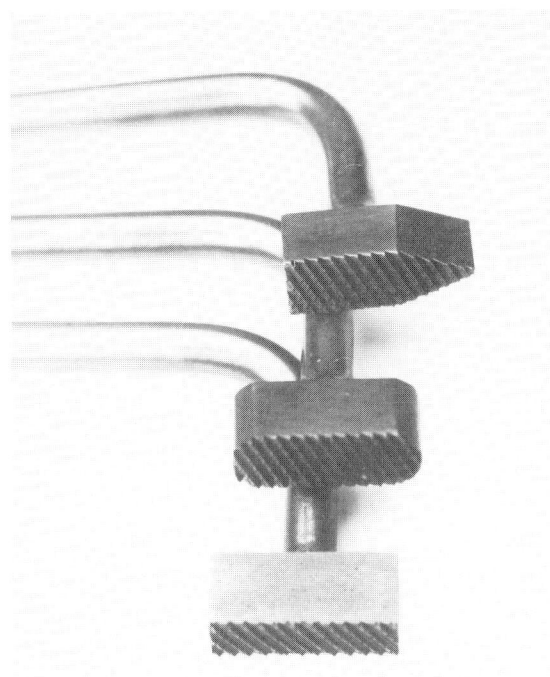

Abb. 5: Bodenfeilen in diesen drei Formen (Triebel) sind für Holz- und Metallbearbeitung an solchen Stellen (z. B. Einlaßarbeiten am Schaft) geeignet, die mit anderen Werkzeugen nicht erreicht werden können.

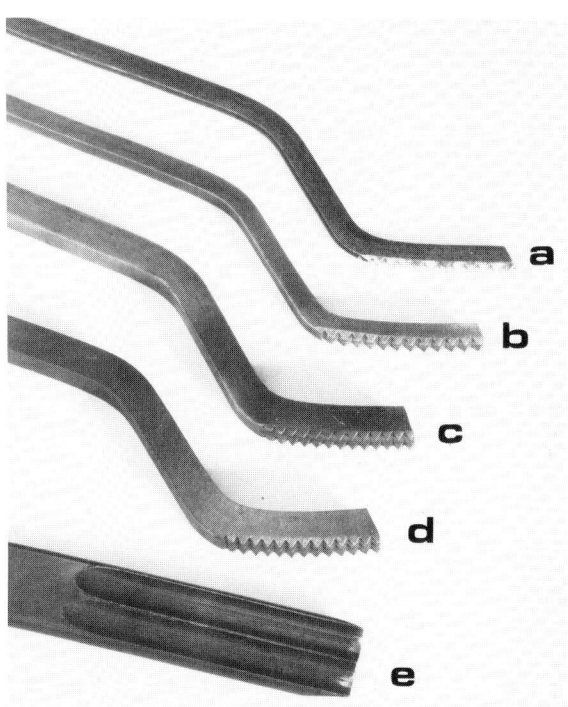

Abb. 6: Fischhautfeilen und Formmesser für Schuppenfischhaut (Triebel) ermöglichen es jedem Schützen, seinen Waffengriff rutschfester und noch dazu ansehnlicher zu machen.

senmacherarbeiten handelt, die Spezialwerkzeuge müssen entsprechend beschafft werden. Die Werkzeugausstattung hängt allerdings nicht nur von den erforderlichen Arbeiten ab, sondern natürlich auch von den finanziellen Möglichkeiten und dem handwerklichen Geschick des einzelnen. Man muß sich ja nicht gleich eine teure Mechanikerdrehbank kaufen, nur weil man mal ein Teilchen zu drehen oder zu fräsen hat, nicht wahr? Vieles läßt sich improvisieren (darauf kommen wir noch in den einzelnen Kapiteln zu sprechen). Manche Arbeiten lassen sich auch günstig im Bekanntenkreis ausführen, wenn man sich gegenseitig etwas aushilft. Und schließlich: Man muß Arbeiten, die teures Spezialwerkzeug erfordern, auch in Relation zu den Büchsenmacherstunden stellen. Eventuell ist es also im Einzelfall preiswerter, eine Büchsenmacherstunde zu bezahlen als ein spezielles Werkzeug nur für diese eine Arbeit zu erwerben. Andererseits, ein paar kleine Büchsenmacherwerkzeuge, die man immer mal wieder braucht, sollte man sich schon gönnen. Oder man schafft sich das eine oder andere Werkzeug innerhalb des Vereins oder im Freundeskreis an und teilt so die Kosten. Gerade bei aufwendigen Dingen wie z. B. Präzisions-Wiederladegeräten hat sich eine solche Kostenteilung und Nutzungsteilung bisher prima bewährt. Warum nicht bei teurem Werkzeug? Aber zurück zu dem Werkzeug, das man sich anschaffen sollte: Bei Werkzeugen für die Holzbearbeitung zum Beispiel Laufbetthobel und Bodenfeilen (Abb. 4 und 5), Fischhautfeilen und Formmesser für die (sehr attraktive) Schuppenfischhaut (Abb. 6) und schließlich ein (selbstgemachter) Holzpunzierhammer

Abb. 7: Griffe punzieren, also rauh strukturieren, kann man auch mit so einem selbstgebastelten Punzierhammer: Die Finne eines Hämmerchens wird mit einer Dreikantfeile zu lauter kleinen spitzen Prismen umgearbeitet.

Abb. 8: Ein paar Büchsenmacher-Spezialfeilen (Triebel): Eine Diamantnadelfeile (1), eine Messerfeile (Schlagfederfeile) (2), eine Kimmenfeile (3) und eine Fischhautfeile (4) für Hahn und Abzug mit zwei verschiedenen Hieben.

(Abb. 7). Für die Bearbeitung von Metall kommen außerdem noch ein paar Büchsenmacherspezialfeilen, z. B. Diamantnadelfeile, eine Messerfeile (Schlagfederfeile), eine Kimmenfeile (bei der nur die Kanten einen Feilenhieb aufweisen) und eine Fischhautfeile für Metall (Abb. 8) sowie ein üblicher Satz feiner Schlüsselfeilen in Frage. Bezugsquellen für verschiedene Spezialwerkzeuge usw. finden Sie am Ende dieses Buchs. Für Spezialarbeiten wie z. B. Bearbeitung der Laufmündung gibt es genau kalibergerechte Mündungssenker (Abb. 9), für die Bearbeitung bzw. Herstellung von Patronenlagern (bei Laufrohlingen) gibt es entsprechende Patronenlagerreibahlen (Abb. 10) für Büchsen-, Pistolen- und Revolverpatronen sowie für Flintenkaliber. Auch Chokereibahlen und Scharnierreibahlen, Reibahlenverlängerungen (zum Arbeiten durch die Verschlußhülse), Baskulier- und Cannelierfeilen, Bakelit- und Zinnhobelfeilen, verschiedene Schraubenkopffeilen usw. kann man sich per Katalog kommen lassen. Ein Reibahlenwetzgerät, ein Ausbeulgerät für Flintenläufe oder ein Laufrichtgerät für Büchsenläufe sind dagegen doch schon mehr Spezialwerkzeuge, die nur der Büchsenmacher rationell einsetzen kann. Polierfilze, Bimsmehl, Tripel, Brünierbürsten und Brünierchemikalien (Abb. 86) wird

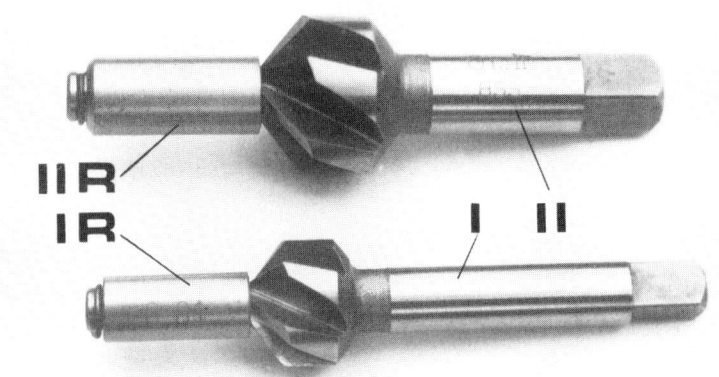

Abb. 9: Mit diesen Mündungssenkern (I–II, Fa. Triebel) und den kalibergenau geschliffenen Führungsrollen (IR, IIR) ist es jedem Waffenbesitzer möglich, die Waffenmündung exakt winkelgerecht zur Laufseele anzusenken.

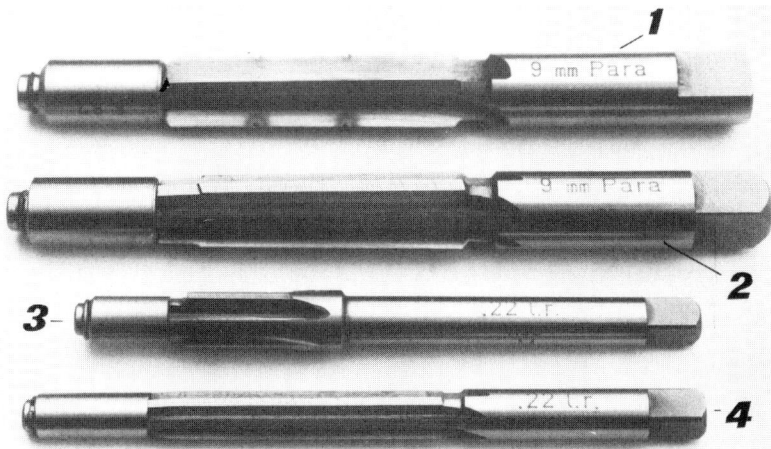

Abb. 10: Mit Patronenlager-Reibahlen (Triebel), die es für praktisch jedes Kaliber gibt, entsteht aus dem Laufrohling ein (innen) fertiger Lauf. Für größere Kaliber, auch für Büchsen- und Schrotläufe, wird das Patronenlager zunächst mit dem Vorfräser (1) vorgearbeitet und mit der Fertigreibahle (2) auf Fertigmaß gebracht. KK-Läufe dagegen (für Randfeuerpatronen) benötigen Fertigreibahle (4) und Randfräser (3).

allerdings fast jeder Waffentuner zur Grundausrüstung rechnen. Das trifft ebenfalls für Universalweißöl (für Holz und Stahl), für verschiedene (farblose oder braune) Schaftöle, Schaftkonservierungsmittel, Waffenreiniger, Bleilöser, Waffenöle usw. zu.

Hierauf gehe ich in dem Kapitel über Waffenpflege noch näher ein. Als eines der wichtigsten Werkzeuge, obwohl es strenggenommen keines ist, betrachte ich eine Lupenbrille oder zumindest eine Leuchtlupe, am besten in Form einer Gelenkleuchte. Denn erst bei einem Blick durch so eine Lupe werden einem die ganzen kleinen Macken und Fehlerstellen, die Bearbeitungsspuren, Grate und abgewetzten Kanten an einer Waffe oder an Patronenhülsen und Geschossen so klar erkennbar, daß man sie gezielt bearbeiten kann.

Weitere Hilfen bei der Bearbeitung oder beim Prüfen von Handfeuerwaffen sind z. B. Laufleuchten (Abb. 108 und 109), die es in verschiedenen Ausführungen zu kaufen gibt, die man aber auch leicht selbst basteln kann. Weitere Geräte, wie z. B. Abzugsgewichtprüfer (Abb. 107), Federwaagen (Abb. 111) Feldzuglehren usw., die zum Prüfen oder Testen von Handfeuerwaffen verwendet werden, werden in den einzelnen Kapiteln noch ausführlicher behandelt.

Tunen: Welche Waffen lohnen den Aufwand?

Um es ganz klar zu sagen: im Grunde jede Waffe, die sich noch in dem serienmäßigen Zustand befindet. Außerdem jede Waffe, die nicht die erwartete Schußleistung bringt. Serienwaffen, also die in großen Stückzahlen in Fabriken zusammengeschusterten Waffen mit oftmals wackeligen, schief montierten Visierungen, mit kratzenden und kriechenden Abzügen, mit gewaltigem, ungleichmäßigem Abzugsgewicht, mit unpassenden, lieblos bearbeiteten Griffen, mit Metallspänen und Dreck im Schloß, mit Übergangskegeln und Zuführrampen, die statt polierter Flächen noch tiefe Bearbeitungsspuren aufweisen usw. usw., derartige Schießprügel warten auf eine gründliche und zweckmäßige Waffennachbearbeitung. Und ebenso geht es den Waffen, die trotz guter Ausstattung noch nicht die gewünschte Schußleistung erbringen. Auch diese Waffen brauchen ein sinnvolles Tuning. Oftmals sind es sogar bloß Kleinigkeiten, die sich mit ein paar Handgriffen in Ordnung bringen lassen und die einem vorher schon bald die Freude am Schießen genommen hatten. Manchmal allerdings muß man auch sehr viel Zeit und Arbeit investieren, um eine Waffe wirklich auf die Leistung zu bringen, die erreichbar ist.

Und ich möchte noch etwas ansprechen: Es gibt auch Waffen, die sich selbst mit sehr viel Aufwand, zeitlich und finanziell, nur unwesentlich verbessern lassen. Eben weil sie von der Konstruktion oder vom Material her nicht auf hohe Leistung ausgelegt sind. Deshalb sollte man schon vor dem Erwerb einer Waffe überlegen, ob sie sich auch wirklich für den vorgesehenen Zweck herrichten läßt. Die Waffengesetzgebung in Deutschland ist ja leider Gottes darauf aus, möglichst wenig Waffen in den Händen ›freier‹ Bürger zu erlauben. Deshalb sollte es sich der Waffenbesitzer zur obersten Grundregel machen: Wenn schon nur wenige Waffen, dann aber erstklassige! Lieber bei der Anschaffung ein paar Mark mehr investieren, als später wegen einer Waffenerwerbserlaubnis den Ämtern hinterherzurennen.

Und wenn man dann diese erstklassigen Waffen noch auf seine ganz speziellen Bedürfnisse zurechttrimmt, wird man auch auf gute Schußleistungen und zufriedenstellende Ergebnisse kommen.

Vorbereitende Arbeiten

Haben Sie schon einmal im Kreise anderer Waffenbesitzer oder Vereinskameraden eine Waffe desselben Modells in die Hand genommen, wie Sie es ebenfalls besitzen? Nein? Dann sollten Sie das einmal tun. Sie werden nämlich feststellen, daß diese fremde Waffe irgendwie anders in der Hand liegt, daß der Abzug anders geht, daß die Treffpunktlage eine andere ist. Kurz, daß die Waffe für Sie ungewohnt ist. Dieses Experiment zeigt, wie sehr man sich an eine Waffe gewöhnen kann. So sehr, daß man kleine Unzulänglichkeiten oder Mängel gar nicht mehr wahrnimmt. Das aber führt dazu, daß man mögliche Leistungseinbußen unbewußt in Kauf nimmt. Bei einer neuen oder neuerworbenen Waffe ist das anders. Da fühlt man sofort an dem ungewohnten Griff bzw. Schaft, an der anderen Abzugscharakteristik, an der anderen Reaktion der Waffe, was einem nicht zusagt. Und darauf kommt es an: daß man kritisch und neutral feststellen muß, was an der Waffe geändert werden soll.

BESTANDSAUFNAHME

Man muß quasi seine Waffe völlig neu kennenlernen. Zu dem Zweck hat es sich als recht praktisch erwiesen, sich mit Kugelschreiber und Notizblock hinzusetzen und zunächst all das aufzuschreiben, was einem zu seiner Waffe so einfällt an Änderungswünschen, an möglichen Verbesserungen und an wünschenswertem Zubehör. Oftmals haben neue Serien der gleichen Waffe bestimmte Änderungen oder Verbesserungen aufzuweisen. Die sollte man sich ebenfalls notieren. Vielleicht läßt sich im Laufe der Bearbeitung das eine oder andere davon nachrüsten. So, wenn Sie das in aller Ruhe erledigt haben, dann nehmen Sie die (entladene) Waffe nochmals zur Hand und gehen nun Punkt für Punkt die einzelnen Bedienungsfunktionen durch. Wohlgemerkt: Schritt für Schritt, und ohne jede Hektik. Dabei werden Sie vielleicht feststellen, daß dieser oder jener Bedienhebel nicht griffgünstig für Ihre Hand bzw. Ihre Finger angeordnet ist. Oder daß die Sicherung recht klapprig ist. Oder daß der Griff doch an der einen Stelle noch in der Hand etwas drückt. Oder daß die Visierung doch schon etwas blankgewetzt ist usw. usw. Jeden einzelnen Mangel sollten Sie sofort notieren! Später in Ihrer Hobbywerkstatt denken Sie sonst womöglich gerade nicht daran. Und wenn die Waffe erst wieder zusammengesetzt ist, siegt oft die Trägheit über das Pflichtbewußtsein.

DAS ZERLEGEN

Übrigens: Hatten Sie schon einmal Ihre Waffe weitgehend zerlegt, um sie wirklich kennenzulernen? Ich meine jetzt nicht nur die kleine Zerlegung für Reinigungs- und Pflegearbeiten. Sondern soweit, wie dies für Sie ohne Probleme möglich ist. Ich möchte natürlich nicht, daß Sie zum Abschluß der Zerlegearbeit eine Tüte voller Einzelteile zu Ihrem Büchsenmacher tragen müssen. Schließlich ist es ja vermutlich nicht Ihr Beruf, Waffen zu bearbeiten. Dennoch lernen Sie erst beim Auseinandernehmen und anschließenden Zusammenbauen eine Waffe so richtig kennen.

Das Zerlegen einer, womöglich noch unbekannten, Waffe erfordert etwas Umsicht. Deshalb ist ein ausreichend großer Tisch, der mit Papier oder Folie abgedeckt wird, das richtige Arbeitsfeld. Eine vernünftige Beleuchtung, die möglichst hell ist und nicht blenden darf, ist ebenfalls wichtig. Auch das entsprechende Werkzeug wird zurechtgelegt. Bei der Auswahl der Schraubendreher kommt es darauf an, daß die Klingen einwandfrei geschliffen sind und zu den Schraubenköpfen der Waffe sowohl in der Länge wie in der Schlitzbreite passen. Es gibt kaum etwas Unangenehmeres, als wenn man bei Waffenarbeiten gleich die Schraubenköpfe verwürgt. Auch eventuell notwendige Inbusschlüssel, eine Spitzzange für Federn oder Kleinteile usw. werden griffbereit wie bei einer Operation bereitgelegt.

INFORMATIONEN

Das Wichtigste aber ist die Bedienungsanleitung für die Waffe, weil da drinsteht, wie zumindest mit der kleinen Zerlegung (für Reinigungsarbeiten) vorgegangen wird. Wenn irgend möglich, sollten Sie sich auch sogenannte Explosionszeichnungen Ihres Waffentyps besorgen. Das sind Übersichtszeichnungen, aus denen jedes Teilchen Ihrer Waffe in seiner räumlichen Anordnung zur Waffe hervorgeht. Meist sind auch noch in diesen Zeichnungen Teilenummern oder Bezeichnungen angegeben, die eine mögliche Ersatzteilbestellung erleichtern. Diese Zeichnungen werden Ihnen helfen, die Zusammenhänge in der Waffe leichter zu verstehen. Außerdem wird das Zerlegen (und der spätere Zusammenbau) wesentlich einfacher, weil man ja jederzeit nachgucken kann, welches Teil wo angeordnet wird, in welcher Lage, und wie es befestigt wird. Diese Explosionszeichnungen findet man oft in Waffenbüchern oder -zeitschriften, manchmal sogar in der Bedienungsanleitung. Weiterhin würde ich gerade dem technisch noch nicht so versierten Waffenfreund zwei Hilfsmittel empfehlen: Das eine ist ein simpler Kassettenrecorder, das zweite ist der Sortierbogen (Abb. 11). Der Sortierbogen besteht aus einem großen Blatt Papier, auf dem man sich mit ein paar Strichen Felder einteilt und diese Felder fortlaufend numeriert. Beim Zerlegen kann man dann jedes (!) Einzelteil in der Reihenfolge, wie man es der Waffe entnimmt, auf das numerierte Feld legen. Die aufgeschriebenen Nummern entsprechen dabei der Reihenfolge der Demontage. Werden die Teile später in umgekehrter Reihenfolge zusammengebaut, kann kaum allzuviel schiefgehen. Natürlich kann man auch statt des Sortierbogens z. B. leere Munitionsschachteln oder andere Kästchen verwenden, die man mit aufgeklebten Zetteln numeriert. Auch alte Setzkästen usw. eignen sich für solche Zwecke.

Das andere Hilfsmittel, der Kassettenrecorder, ist ebenso nützlich. Mit einer Leerkassette und einem Mikrophon bestückt, lassen Sie den Recorder einfach während der Zerlegearbeit in Aufnahmestellung laufen und erzählen ihm, Schritt für Schritt, welche Arbeitsgänge Sie gerade an Ihrer Waffe ausführen oder welche Teile Sie demontieren. Der Rekorder dient Ihnen später, falls Sie die Arbeit zwischendurch unterbrechen müssen oder etwas vergessen haben, als billiges Gedächtnis. Und er wird Ihnen jeden Arbeitsgang so oft wiederholen, wie Sie das wünschen. Selbst nach Jahren noch. Deshalb kann es sich für Sie durchaus lohnen, von Waffenarbeiten oder Demontagegängen Tonbandprotokolle anzulegen und zu sammeln. Es gibt auch noch eine Speichermöglichkeit, nämlich Nahaufnahmen der Demontagearbeit mittels Fotoapparat oder Videokamera. Das ist aber dann schon ein gewisser Aufwand, den nicht jeder auf sich nehmen wird. Hilfreich ist es auf alle Fälle.

TEILE PRÜFEN

Beim Zerlegen einer Waffe muß darauf geachtet werden, daß keine Schäden an der Brünierung, an Holzteilen oder anderen, äußerlich sichtbaren Teilen entstehen. Deshalb wird man auch nur mit einwandfreien Schraubendrehern, mit Gummihammer, passenden Durchschlägen usw. an die Demontage herangehen und Teile, die womöglich zerkratzt oder beschädigt werden könnten, mit Klebeband abdecken. Muß etwas geklopft werden, z. B. beim Ausbau einer Schloßabdeckplatte, so kann man auch kleine Holzstücke zwischen Waffe und Hammer halten. Festsitzende Schrauben oder Stifte wird man zuvor mit Petroleum oder Rostlöser behandeln. Verklebte Teile kann man entweder mit einem Fön erwärmen (oft löst sich dann der Kleber) oder man verwendet entsprechende Lösungsmittel. Aber Vorsicht: Nicht alle Waffenteile vertragen jedes Lösungsmittel! In jedem Fall muß man an die Demontage einer unbekannten Waffe sehr behutsam herangehen. Oft kommt es vor, daß ein Waffenkonstrukteur eine kleine Feder oder ein anderes Waffenteilchen so montiert hat, daß es nur mit anderen Teilen zusammen wieder eingebaut werden kann.

Wenn Sie nun die Waffe in aller Ruhe so weit zerlegt haben, wie dies ohne Probleme möglich und vorgesehen war, so haben Sie nun wohlgeordnet eine Anzahl von Einzelteilen vor sich liegen.

Als nächstes werden jetzt die einzelnen Teile, soweit sie mit Waffenöl, Fett oder Schmutz versehen sind, einer gründlichen Reinigung unterzogen. Dazu eignen sich bei Metallteilen z. B. Lösungsmittel wie Brennspiritus, Aceton, Tri usw. sehr gut. Heißentfetten sollte man die Teile nicht, weil sich durch die Wärmebehandlung Gefügeveränderungen oder Spannungen im Material ergeben könnten.

Die gereinigten und wieder eingeordneten Teile werden nun Stück für Stück auf Beschädigungen, auf Grate, Ausbrüche, abgeschliffene Kanten, auf unzulässig großes Spiel usw. überprüft. Für jedes Teil sollte man sich sofort Notizen machen, auch schon deshalb, um eventuell Ersatzteile oder Austauschteile bestellen zu können. Zu der Frage, wie man denn feststellt, ob Teile unzulässig hohes Spiel aufweisen, habe ich im Testteil des Buches ausführlich Stellung genommen. Weitere Hinweise finden Sie aber auch in den einzelnen Tuningkapiteln zu bestimmten Teilen. Hier geht es ja zunächst nur um das möglichst weitgehende Zerlegen der Waffe und um eine erste Bestandsaufnahme. Da

Abb. 11: Ein Bogen Papier, mit ein paar Strichen eingeteilt und numeriert (oder auch z. B. numerierte leere Patronenschachteln), und schon kann man beim Zerlegen von Waffen die Kleinteile in der Reihenfolge der Demontage ablegen.

reicht dann oft bereits der erste Augenschein, um mangelhafte Teile auszusortieren. Sie sollten diese Begutachtung der einzelnen Teile allerdings mit einer guten Lupe, besser sogar noch mit einer sogenannten Lupenbrille vornehmen. Denn erst bei der stark vergrößerten Abbildung der kleinen Waffenteile können Sie die ganzen Bearbeitungsspuren, Grate, mögliche Haarrisse, abgewetzten Kanten usw. richtig erkennen! Achten Sie auch auf Schleifspuren an den Waffenteilen, auch z. B. im Griffstück oder Systemkasten! Da läßt sich nämlich leicht feststellen, ob Teile womöglich zu schwergängig sind und aneinander reiben. Zu geringe Toleranzen, zumal wenn die Waffe sich beim Schießen erwärmt, sind eben auch nicht gut. Weil sie die einzelnen Funktionsabläufe unberechenbar werden lassen. Und das wirkt sich dann wieder auf die Präzision aus. Deshalb ist konzentriertes, aufmerksames Beobachten, schon bei der Demontage einer Waffe, bereits der erste wichtige Schritt zum Waffentuning. Jetzt, beim Betrachten der Einzelteile, haben Sie die Möglichkeit, sich gedanklich oder schriftlich einen Plan zurechtzulegen, welche Arbeiten später an den Teilen erforderlich werden, welche Neuteile Sie brauchen, welches Werkzeug usw.

Arbeiten an Schaft und Griff

Der alte Spruch, daß der Lauf schießt und der Schaft trifft, ist schon häufig zitiert worden. Und es ist tatsächlich etwas dran. In der Waffenfabrik werden tagtäglich große Stückzahlen von Waffen gefertigt. Jede dieser Waffen ist für irgendeinen unbekannten Käufer bestimmt. Diesem Kunden, der für die Waffe einen ganzen Batzen Geld auf den Tisch legt, muß die Waffe passen. Der Kunde will mit seiner Waffe Erfolg haben, will treffen. Leider (oder Gott sei Dank?) ist aber kein Kunde genormt. Jeder hat eine etwas andere Körpergröße, andere Arme, Hände und Finger. Der eine Kunde ist gewohnt, die Waffe fest zu greifen, der andere will sie nur sanft halten. Der dritte schließlich wünscht bei der Faustfeuerwaffe einen möglichst steilen Griffwinkel (Abb. 12), der nächste braucht einen schräggeneigten Griff für den Deutschuß. Und so hat jeder Kunde Extrawünsche, die sich aber ab Fabrik aus Kostengründen nicht erfüllen lassen. Deshalb versucht die Fabrik, ihre Waffen mit einem möglichst allen Kunden halbwegs passenden Griff bzw. Schaft zu verkaufen. Eben mit einem Durchschnittsgriff. Der paßt aber den Kunden nur dann ausreichend, wenn sie zufällig die Durchschnittsmaße aufweisen oder sich nur mit durchschnittlichen Schußleistungen zufriedengeben wollen. In der überwiegenden Zahl der Fälle ist es so, daß nur Maßarbeit wirklich sitzt. Das macht sich vielleicht bei einer Verteidigungswaffe noch nicht so sehr bemerkbar, weil man sie nicht so oft einsetzt. Bei einer Sportwaffe dagegen ist ein optimal angepaßter Maßgriff bzw. -schaft eine absolute Notwendigkeit, wenn man mehr will als mittelmäßig herumballern. Wie bekommt man denn nun seinen ›maßgeschneiderten‹ Griff bzw. Schaft?

DREI MÖGLICHKEITEN

Es gibt drei Möglichkeiten: Erstens kann man sich von einem Spezialisten (Abb. 13) einen Maß-

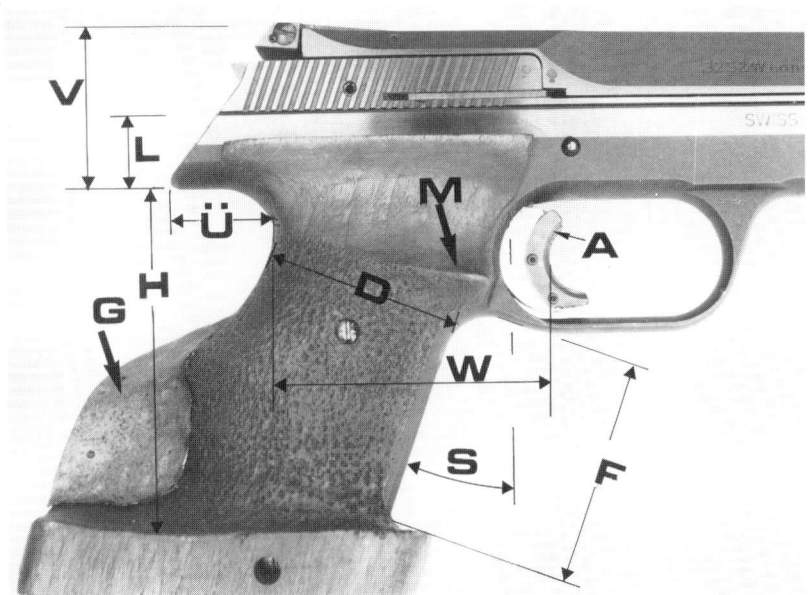

Abb. 12: Maßgriff an einer Faustfeuerwaffe: Bei einer Sportwaffe sind eine Menge Kriterien für den optimalen Griff wichtig. Die Griffschräge (S), die Griffstärke (D), die Griffbauchhöhe (F), die Griffrückenhöhe bzw. Handbreite (H), der Hornüberstand (Ü), die Abzugsweite (W), und nicht zuletzt auch noch die Ausbildung der Abzugsfingermulde (M) sowie andere Punkte, auf die im Text näher eingegangen wird.

griff exakt anpassen lassen. Das ist der bequemste Weg für diejenigen Schützen, die handwerklich sich solche Arbeiten nicht zutrauen. Im Anhang des Buches finden Sie die Anschriften von einigen dieser Spezialisten. Der zweite Weg zum ›Maßgriff‹ ist ein Kompromiß: nämlich die Überarbeitung und Anpassung des Fabrikgriffs an die persönlichen Erfordernisse. Dieser Weg ist wesentlich preiswerter als Weg Nummer 1, aber eben nur ein Kompromiß. Denn der Griff wird durch die Bearbeitung weder schöner noch lassen sich vorhandene Mängel immer ganz ausmerzen. Dennoch werden viele Schützen diese Methode der Nachbesserung wählen, weil sie am einfachsten ist und wenig Aufwand kostet. Der dritte Weg zum Maßgriff respektive -schaft schließlich heißt: Selbermachen. Das kostet natürlich ein paar Schweißtropfen und etwas Freizeit. Dafür hat man aber auch als Resultat einen optimal der Hand angepaßten Griff bzw. einen den Körpermaßen entsprechenden Spezialschaft. Je nachdem, für welchen Verwendungszweck der Griff/Schaft gewünscht wird, kann man ihn aus verschiedenen Hölzern, Kunststoffen oder aus Metall anfertigen. Das hängt auch von den Kenntnissen des einzelnen ab. Der eine schafft lieber mit Holz, der andere kommt vielleicht besser mit Kunststoffen oder Metallen zurecht.

Da der weitaus häufigste Fall die Bearbeitung eines Griffs für eine Faustfeuerwaffe ist, fangen wir mit diesem Thema an:

Abb. 13: Helmut Hofmann beim Aufzeichnen der Außenform eines Maßgriffrohlings. Viel Erfahrung und die genauen Handabmessungen des Schützen gehören dazu, soll der Griff später wirklich optimal passen.

Maßgriff und Griffmaße

Wie oben erwähnt, können Sie zwischen drei Möglichkeiten wählen, zu einem Maßgriff zu kommen: Anfertigung durch einen Spezialisten, Umbau des vorhandenen Griffs oder Anfertigung eines neuen Griffs durch Eigenbau. Wenn Sie den ersten Weg gehen wollen, bekommen Sie meist einen Fragebogen zugesandt, in dem Sie ganz exakt angeben müssen, für welche Waffe, welches Kaliber, Modell, Baujahr usw. der Griff sein soll. Es wird auch nach der Lauflänge, nach Extras (z. B. spezieller Targethammer usw.) gefragt, weil hierdurch eventuell der Griff beeinflußt wird. Wichtig sind auch Angaben über das zielende Auge (rechts/links) und ob Sie rechts- oder linkshändig schießen.

DIE HANDMASSE

Schließlich verlangt jeder gute Maßgriffhersteller noch eine genaue Umrißskizze Ihrer Schußhand. Diese Skizze fertigen Sie leicht selber an: Sie legen Ihre Schußhand mit ausgestreckten Fingern flach auf einen Bogen Papier, Handinnenseite nach unten. Den kleinen, den Ring- und den Mittelfinger halten Sie dabei zusammen. Den Zeigefinger und den Daumen spreizen Sie so weit ab, daß der Daumen etwa im rechten Winkel zu den drei zusammengehaltenen Fingern auf dem Papier liegt. Nun nehmen Sie eine Kugelschreibermine (nur die Mine) und ziehen damit die Handumrisse nach. Diese Skizze dient dem Spezialisten unter anderem dazu, die Fingerlänge (für den Griffumfang) und die Handbreite (für die Handkantenauflage) nachzumessen. Außerdem gibt sie dem geübten Auge noch Aufschlüsse über die Beschaffenheit der Hand, die Daumenauflage usw.

Aber auch Sie selbst können für Ihre Griffbearbeitung so eine Skizze gut gebrauchen, um daran in aller Ruhe wichtige Maße nachzumessen. Allerdings sollten Sie vor dem Abnehmen Ihres Handumrisses noch eines bedenken: Eine entspannte Hand, zumal bei kühlem Wetter, ist immer etwas kleiner als eine überanstrengte, verschwitzte und geschwollene Hand. Sie wissen ja selbst, wie Schuhe drücken können, wenn man den ganzen Tag darin herumgelaufen ist. Ähnlich ist es mit der Schußhand. Unter Umständen drückt auf einmal, im Wettkampfstreß, der Griff. Das führt auch rein mechanisch zu einem veränderten Halten der Waffe, weil sich die Hand anpassen muß. Dadurch kommt es zu verändertem Abzugsverhalten und als Resultat des ›unpassenden‹ Griffs zu schlechter Schußleistung. Deshalb ist es wichtig, den Waffengriff dementsprechend zu gestalten. Auf welche Punkte man bei der Bemessung eines Griffes achten muß, ist aus den Eintragungen im Foto eines Maßgriffs (Abb. 12) zu entnehmen. Die mit (D) gekennzeichnete Griffstärke ist einerseits von Ihrer Handgröße abhängig, andererseits aber auch waffenbedingt. Bei Pistolen ist es das Griffstück (mit Magazin und Abzugsmechanismus), das für eine bestimmte Mindestgröße verantwortlich ist. Bei Revolvern dagegen ist es der Rahmen, der allerdings in gewissen Grenzen notfalls zu reduzieren geht. Die Breite der Hand erfordert ein bestimmtes Maß (H) zwischen der unteren Handkantenauflage und dem Horn. Gelegentlich wird dieses Maß auch als Griffrückenlänge längs der Rückseite des Griffstücks gemessen. Der Hornüberstand (Ü), der in der Sportordnung auf maximal 30 mm begrenzt wird, schützt die Hand vor dem rücklaufenden Schlitten bzw. vor dem Hammer. Zugleich stützt sich die Waffe mit diesem Horn auf der Hand ab. Die Breite der drei Greiffinger (Mittel-, Ring- und kleiner Finger) zusammen ergeben das Maß (F), das ebenfalls wichtig für eine gute Griffgestaltung ist. Diese drei Finger nämlich sollen nicht nur die Waffe mehr oder weniger fest greifen, sondern mit dem Mittelfinger die Waffe am Abzugsbügel abstützen. Deshalb muß dieser Platz (F) zwischen Handkantenauflage und Abzugsbügel möglichst genau passen! Ebenso wichtig ist die Abzugsweite (W) zwischen Griffrücken und Abzug. Ein zu kurzer oder zu langer Abstand kann zu unnatürlicher Haltung des Abzugsfingers und zu einem einseitigen Abziehen führen.

KORREKTUREN

Eine zu kurze Abzugsweite läßt sich mit einem Abzugsschuh (A) oder einem anderen Griff korrigieren. Problematisch wird es, wenn der Abstand zu groß ist und der Griff keine Verkleinerung zuläßt. Notfalls muß dann versucht werden, den Abzug selbst zurückzusetzen oder flacher zu feilen. In diesem Bereich läßt sich auch noch der Griff in seiner Dicke etwas schwächen, besonders im Bereich der Fingermulde (M). Diese Mulde hat aber vor allem die Aufgabe, dem Abzugsfinger so viel Bewegungsfreiheit zu lassen, daß er nicht mit dem Waffengriff in Kontakt kommt. Das würde nämlich durch die Muskelbewegung im Finger zu einer Seitwärtsbewegung der Waffe führen und damit zu einem Linksschuß (bei Rechtshändern). Die unter der Fingermulde sitzende Wulst dient ebenfalls der besseren Abstützung der Waffe durch die Schußhand.

Die Wulst sollte so bemessen werden, daß sie, ohne zu drücken oder zu stören, zwischen Zeige- und Mittelfinger die Waffe bestmöglich stützt. Ein weiterer wesentlicher Punkt bei der Gestaltung des Maßgriffs ist die Griffschräge (Winkel ›S‹). Dieser Winkel ist für den Deutschuß und das schnelle Visieren (z. B. beim Duellschießen oder Schnellfeuerschießen) entscheidend. Eine günstige Griffschräge hat einen Winkel (S) von etwa 15 bis 25°. Da jeder Schütze einen etwas anderen Waffenanschlag hat und seine Hand eine bestimmte Griffschräge bevorzugt, muß jeder selbst den optimalen Winkel erproben. Ein Hilfsmittel hierfür ist ein Stock oder Lineal, das man in die Schußhand nimmt wie einen Waffengriff. Geht man nun mit diesem Stock in die gewohnte Schießhaltung, wird der Stock bei bequemer Handstellung einen ganz bestimmten Winkel zur Senkrechten bilden: die optimale Griffschräge.

DIE GRIFFSCHRÄGE

Leider läßt nicht jede Pistole eine wesentliche Veränderung der Griffschräge zu, weil das Griffstück sich nach der Magazinstellung richtet. Man kann dann nur bei entsprechend großen Händen durch Auffüttern des unteren Griffrückens etwas verbessern. Kleine Hände müssen sich damit meist abfinden oder eine entsprechende Waffe erwerben. Bei Revolvern besteht dieses Problem dank veränderbaren Rahmens kaum. Manche Sportrevolver haben sogar nur einen Griffansatz, so daß hier weitgehende Korrekturen möglich werden. Auch verschiedene Sportpistolen, z. B. die weit verbreitete Walter GSP, lassen gewisse Änderungen der Griffschräge zu.

SEITLICHE KORREKTUREN

Beim Hochgehen mit der Waffe in Schießhaltung werden Sie vielleicht auch noch eine andere Feststellung gemacht haben: Daß nämlich die Waffe in der Hand nicht auf das Ziel deutet, sondern seitlich nach rechts oder links abgewinkelt steht. Wenn die Waffe dabei ansonsten gut in der Hand liegt, läßt sich die Abwinklung durch Korrekturen im Griffbereich (G) beseitigen. Entweder durch Auffüttern (s. Nacharbeiten an Griffen), dann wandert die Waffe nach rechts. Oder durch Abheben von Material, wenn die Waffe nach links wandern soll.

DIE VISIERLINIE

Die Maße V und L (Abb. 12) haben nicht direkt mit der Griffgestaltung zu tun. Aber sie sind Maße, die beim Erwerb einer Waffe beachtet werden sollten. Es handelt sich bei V um die Höhe der Visierlinie über Ihrer Handoberkante und bei L um die Höhe der Laufachse über der Hand. Je geringer diese beiden Maße ausfallen, desto angenehmer und sicherer wird die Waffe in der Hand liegen. Eine geringe Höhe des Laufes über der Handoberkante bedeutet nämlich auch nur einen relativ kleinen Hebelarm zwischen Griff und Lauf. Deshalb macht sich der Waffenrückstoß weniger bemerkbar und die Waffe schießt sich angenehmer. Auch eine niedrige Visierlinie hat wegen der geringen Verkantungsgefahr beim Zielen wesentliche Vorteile gegenüber hochbeinigen Visierungen.

DIE DAUMENAUFLAGE

Die Daumenauflage des Waffengriffs, die in der Abbildung nicht sichtbar ist, hat die Aufgabe, den Daumen in einer bestimmten, ermüdungsfreien Lage zu halten. Keinesfalls dient sie dazu, durch den Daumen Druck auf die Waffe auszuüben. Das würde in jedem Falle zu einem Verkanten und seitlichen Verdrücken der Waffe führen. Der Daumen soll immer nur lose ohne jeden Druck auf der Daumenablage ruhen.

VORSCHRIFTEN

Die Außenabmessungen des Griffs wie die der ganzen Waffe sind in der Sportordnung des Deut-

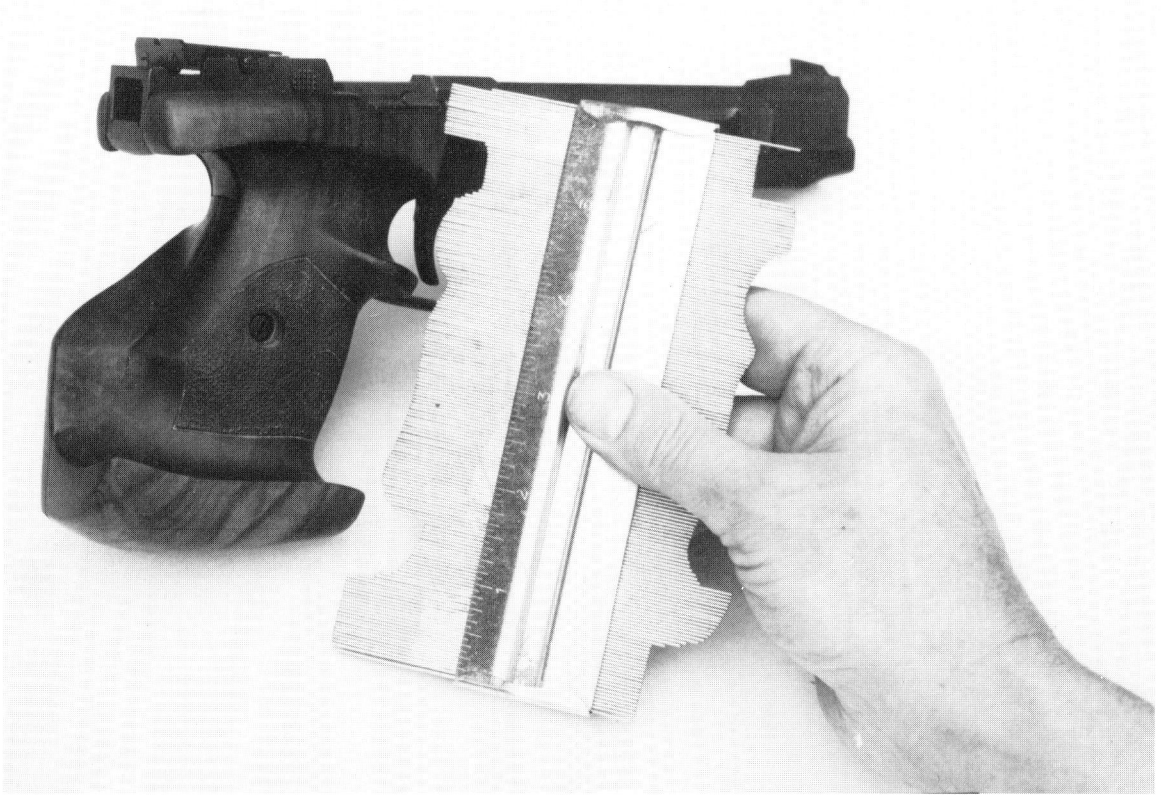

Abb. 14: Von einer Waffe, deren Griff einem besonders gut in der Hand liegt, kann man mit so einer billigen Profillehre an verschiedenen Stellen die Form abtasten.

schen Schützenbundes dahingehend festgelegt, als sie bestimmte Maximalmaße nicht überschreiten dürfen. Es wird deshalb empfohlen, sich die jeweils gültige Ausgabe der Sportordnung (oder entsprechender Vorschriften in anderen deutschsprachigen Ländern) vor Beginn der Arbeiten gründlich durchzulesen. Diese Vorschriften können sich nämlich zum Teil sehr rasch ändern, je nachdem, was den Sportfunktionären gerade einfällt. Denken Sie nur an die Griffmulden, die eine Zeit in Deutschland nicht zugelassen waren und jetzt wieder zulässig sind usw. Am einfachsten hat es der Schütze mit seinem Griff, der bei einer anderen, möglichst baugleichen Waffe einen ihm gut passenden Griff findet. Diesen Griff kann er sich gegebenenfalls ausleihen und die Maße davon entweder mit einer preiswerten Profillehre (Abb. 14) abnehmen und auf seinen Griff übertragen oder sich mittels Kopierfräse seinen Griff entsprechend nachformen. Auf weitere preiswerte Methoden, sich einen Maßgriff zu fertigen, gehe ich im Kapitel ›Maßgriffe aus anderen Werkstoffen‹ noch ausführlich ein.

Maßgriffe aus Holz

Das Rohmaterial für einen Waffengriff aus Holz ist stets ein lange gelagertes, gut durchgetrocknetes Edelholz wie z. B. Nußbaum, meist französischen oder amerikanischen Ursprungs. Neuerdings wird aber auch viel Nußbaumholz aus östlichen Ländern verarbeitet. Wer seinen Waffengriffen ein anderes attraktives Aussehen geben will, kann als Griffmaterial auch andere Hölzer verwenden. Exotische Hölzer wie z. B. Olive, Palisander oder Bolong bringen etwas Besonderes in die sonst recht langweilige Auswahl der Nußbaumangebote. Auch Zebrano ist ein sehr effektives Material für Griffe. Ähnliche Effekte lassen sich aber auch mit Schichtholz (abwechselnd verleimte Platten aus hellem und dunklem Holz) erzielen. Schichtholz hat noch dazu den Vorteil, daß es sich praktisch kaum verziehen kann bei wechselnden Umweltbedingungen (Luftfeuchte usw.).

Edelhölzer bekommt man meist in Möbeltischlereien oder auch in Holzgroßhandlungen. Es gibt aber auch andere Quellen: Ich habe z. B. ein paar Griffschalen aus Olivenholz gefertigt, das von Holztellern aus einem Kaufhausangebot stammt. Auch Holzbildhauer, holzverarbeitende Berufsschulen usw. geben gelegentlich solche kleinen Stücke preiswert ab.

Auf eine Schwierigkeit dabei möchte ich allerdings gleich hinweisen: Diese Rohhölzer müssen nicht nur für die Schußhand angepaßt werden, sondern zuerst einmal müssen sie dem Griffstück der Pistole bzw. dem Revolverrahmen äußerst exakt angearbeitet werden. Jedes Millimeterchen Spiel zwischen Waffe und Maßgriff wirkt sich unter Umständen verheerend auf die Schußleistung aus. Weil ja der Waffenrückstoß erst vom Stoßboden bzw. Schlitten auf das Holz des Griffes übertragen werden muß und danach erst vom Schützen aufgenommen werden kann. Ganz abgesehen davon, daß auch das Zielen mit einem wackelnden Griff nicht sicher erfolgt, weil die Waffe beim Abziehen aus der visierten Linie ausschwenkt. Hoch- oder Tiefschüsse sind die Folge.

Abb. 15: Werden mehrere Formgriffe für einen Waffentyp benötigt, geht es nicht mehr ohne Serienfertigung mittels einer teuren Kopierfräse.

GRIFFROHLINGE

Deshalb haben tüchtige Leute sich etwas ausgedacht: Maßgriffrohlinge. Man bekommt diese Rohlinge aus Nußbaumholz so weit vorgearbeitet zu kaufen, daß sie innen (waffenseitig) fix und fertig gefräst sind und spielfrei auf das entsprechende Waffenmodell passen. Sollten sie es nicht, kann man durch Einleimen kleiner Holzteilchen oder durch Auftragen von etwas Holzkitt leicht nachhelfen. Außen sind die Rohlinge entweder noch völlig unbearbeitet oder in drei Ausführungen für schlanke, mittlere und große Hände (auch für Linksschützen) grob vorgearbeitet.

Griffrohlinge bekommt man entweder als Blockrohlinge (außen unbearbeitet) von manchen Waffenherstellern oder als vorgearbeitete Griffrohlinge von Maßgriffherstellern (Abb. 15) oder von auf Sportschützen spezialisierten Waffenhändlern. Es gibt sie allerdings nur für gängige Waffenmodelle. Es gibt im Waffenhandel auch Fertiggriffe, die lediglich gegen die Seriengriffe ausgetauscht werden müssen. Hier ist die Auswahl allerdings noch geringer, aber man bekommt vereinzelt auch schon verstellbare Griffe für Sportpistolen, für Revolver und besonders für Combat- oder Verteidigungswaffen meist amerikanischer Hersteller.

Meine Empfehlung: Wenn irgend möglich, nehmen Sie zunächst einen vorgearbeiteten Griffrohling. Der kostet zwar mehr Geld als ein paar Stückchen Holz, aber Sie sparen die aufwendige und zeitraubende Anpassung an die Waffe. Lieber sollten Sie diese eingesparte Zeit auf die exakte Anpassung des Griffs an Ihre Hand verwenden (Abb. 16).

EIN NEUER GRIFF

Wird ein Griff dagegen vollkommen neu aus rohem Holz gefertigt, geht man folgendermaßen vor: Zwei Stück Holz, die reichlich (!) größer sind als der geplante Griff und in der Stärke ebenfalls genug ›Fleisch‹ aufweisen, werden an den nach innen (zur Waffe) zeigenden Flächen vollkommen plan geschliffen, so daß beide Flächen satt aufeinanderliegen. Die alten, abmontierten Griffe werden seitenentsprechend auf die planen Flächen gelegt. Mit einem passenden Durchschlag oder Nagel werden die Schraubenbohrungen der alten Griffe auf den geschliffenen Flächen markiert, ein kurzer Hammerschlag erledigt das sehr präzise. Die Bohrungen an den markierten Stellen werden mit einem etwa 1 mm dünneren Bohrer als die Originalbohrungen der alten Griffe in die beiden Holzteile gebohrt. Diese Bohrungen dienen als Maß- und Bezugspunkte für alle weiteren Paßarbeiten. Nun werden, entweder mit Hilfe der alten Griffe und einer Kopierfräse oder mittels mühsamer Meßarbeit und Holzfräsern in der Bohrmaschine (mit Bohrständer und Maschinenschraubstock arbeiten!) die exakten Innenfräsungen ausgeführt. Man sollte dabei rundum immer ein wenig mehr Holz stehenlassen, als die Zeichnung angibt. Diese Feinkorrekturen kann man anschließend mit einem scharfen Schnitzmesser oder Stechbeitel vornehmen, während man das Griffteil immer wieder an die Waffe hält. Diese Arbeiten werden so lange ausgeführt, bis beide Holzhälften stramm (!) am Waffenrahmen bzw. Griffstück sitzen und sich rundum fugenlos berühren. Die Holzteile müssen so fest sitzen, daß sie bereits jetzt ohne Halteschrauben an der Waffe bleiben könnten. Damit die Bohrungen für die Befestigungsschrauben beider Griffschalenhälften exakt miteinander fluchten, paßt man zunächst nur eine Griffschalenhälfte an. Dann steckt man zwei stramm passende Bohrer oder Metallstifte in die Bohrungen dieser Griffschale, und zwar so, daß sie durch den Waffenrahmen hindurch bis auf die andere Waffenseite hinausragen. Nun wird die zweite Griffschalenhälfte mit ihren Bohrungen auf diese Paßstifte aufgesetzt und kann der Waffe angepaßt werden.

DIE AUSSENFORM

Ist die Innenanpassung perfekt, geht es an das Anzeichnen der äußeren Abmessungen. Die von der Hand abgeleiteten Griffmaße oder die Abmessungen eines anderen, gut in der Hand liegenden Griffs werden sinngemäß mit Bleistift oder Filzschreiber auf dem Holz eingezeichnet. Mit einer Band- oder Stichsäge werden diese Außenumrisse nun grob ausgeschnitten. Dabei läßt man aber wiederum rundherum noch wenigstens 2 mm Holz mehr stehen, um etwas Spielraum für das Anpassen zu behalten. Mit dem Schnitzmesser, mit Fräsern an der flexiblen Welle der Bohrmaschine oder einer Oberfräse bzw. einem Fräsmotor und entsprechenden Fräsern wird nun die Form des Griffs herausgearbeitet. Ich habe dabei sehr gute Erfahrungen gemacht mit einem von Hand geführten kleinen Fräsmotor und halbrund geformten Fräsern. Die Griffschale wird dabei natürlich im Schraubstock (mit Plastikwinkeln) oder in der Hobelbank eingespannt. Wer beides nicht hat, kann sich auch dadurch helfen, daß er die Griffschale mit dünnen Holzschrauben (von unten) auf einem Brett (Werkbank?) festschraubt. Hat man an beiden Griffschalenhälften die Form grob vorgearbeitet, werden sie an der Waffe angesetzt und man probiert schon einmal die ungefähre Handlage. Da merkt man sofort, wo noch Material weg muß oder wo es schon passen könnte. Wenn diese groben Vorarbeiten abgeschlossen sind, geht es an die Feinarbeit. Dazu wird aber nicht mehr der Fräser verwendet, hier muß behutsam mit dem Schnitzmesser, mit einer Holzraspel und mit grobem Schleifpapier weitergearbeitet werden. Wo es darum geht, größere Flächen zu bearbeiten, verwende ich auch gern eine flexible Schleifplatte mit aufgeklebten oder aufgespannten runden Schleifpapieren in der Bohrmaschine. Zwischendurch immer wieder die Handprobe, um den Sitz des Griffs zu prüfen. Material wegnehmen kann man nämlich immer, bloß Material drankriegen ist problematisch! Gehen Sie mit dem immer mehr verfeinerten Griff also zwischendurch öfters mal in Ihre gewohnte Schießhaltung und probieren Sie, ob die Waffe im Ziel sitzt. Ist der Griff im großen und ganzen paßgerecht, geht es mit stets feinerem Sandpapier oder Schleifleinen (das reißt nicht so schnell) immer in Richtung der Holzmaserung daran, dem Griff den nötigen Schliff zu geben. Ein prüfender Blick über die Griffoberfläche gegen eine Lampe zeigt Ihnen sofort, wo das Holz noch wellig oder buckelig ist. Mit einer Halbrundfeile oder mit Sandpapier, das man um eine flache Leiste wickelt, lassen sich solche Unebenheiten rasch beseitigen. Ganz zum Schluß pinseln Sie die Griffoberfläche noch satt mit Brennspiritus (notfalls mit Wasser) ein und lassen das Holz bei Raumtemperatur gut trocknen. Durch die Feuchtigkeit stellen sich die niedergedrückten feinen Holzfasern auf und können nach der Trocknung mit Stahlwolle mühelos in Richtung der Holzmaserung abgeschliffen werden. Die Bohrungen für die Befestigungsschrau-

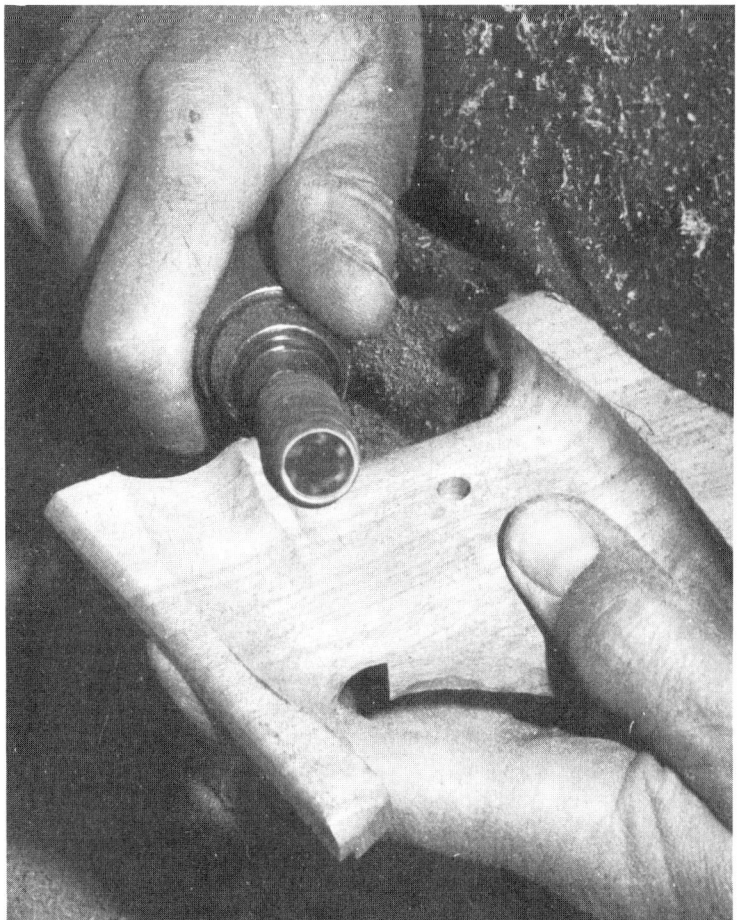

Abb. 16: Mit dem hochtourigen Handfräser bekommt der Formgriff seine endgültige Form.

ben werden nun auf das erforderliche Maß aufgebohrt und die Senkungen für die Schraubenköpfe angebracht. Dabei muß man darauf achten, daß alle Senkungen gleich tief sind, sonst sitzen die Schraubenköpfe unterschiedlich tief im Griff, und das sieht nicht gut aus. Jetzt werden die Griffschalenhälften mit passenden Schrauben an der Waffe befestigt, und es wird geprüft, ob die Bedienelemente der Waffe ausreichend Platz haben, ob sich der Hammer spannen läßt, ob das Magazin leicht entnommen werden kann und ob die Waffe samt Griff den Abmessungsvorschriften der Sportordnung o. ä. entspricht.

ZWISCHENPRÜFUNG

Wenn alles klappt, sollten Sie vor dem Finish des Griffholzes die Waffe einmal auf den Schießstand mitnehmen und objektiv prüfen, inwieweit der Griff tatsächlich den eigenen Wünschen entspricht. Halten Sie die Waffe vor allem auch mal längere Zeit in Schußhaltung fest in der Hand und schießen Sie eine längere Serie dabei, ohne die Waffe abzulegen. Stellen Sie drückende Griffstellen fest, markieren Sie diese sofort mit Bleistift am Holz. Haben sich Hautstellen in der Hand merklich gerötet, deutet das ebenfalls auf Druckstellen hin, die griffseitig markiert und behoben werden müssen.

DAS FINISH

Ist das alles erledigt, kann der Griff sein Finish bekommen. Dazu werden die Griffschalenhälften wieder demontiert, nochmals sanft mit Stahlwolle abgezogen und anschließend geölt. Am Besten geschieht das so, daß die Holzteile für 24 bis 48 Stunden in ein gutes Schaftöl gelegt werden. Notfalls reicht es auch, wenn sie mehrmals mit dem Schaftöl eingepinselt werden. Nur muß diese Behandlung dann öfters wiederholt werden, weil das Holz sich erst im Laufe der Zeit mit Öl vollsaugt. Über andere Oberflächenbehandlungen finden Sie Hinweise in den folgenden Kapiteln.

Überarbeitung vorhandener Griffe

Meist ist an der Waffe schon ein serienmäßiger Griff oder, vom Vorbesitzer, ein Ihnen nicht passender Formgriff vorhanden. Dann soll vermutlich dieser Griff zumindest vorläufig so aufgearbeitet werden, daß er als provisorischer Maßgriff dienen soll, bis mal ein richtiger Griff angeschafft wird. Diese vorhandenen Griffe haben zwei Vorteile: Erstens passen sie exakt an das Griffstück bzw. den Rahmen, zweitens ist es in den meisten Fällen nicht schade, wenn an dem Griff Nacharbeiten vorgenommen werden, die nicht immer so schön aussehen, sondern nur einfach zweckmäßig sind. Damit Sie genau wissen, welche Arbeiten an diesem Griff notwendig werden, können Sie sich eine Vorlage machen: Nehmen Sie die Griffschalen der Waffe ab, wickeln Sie Klebeband oder Alufolie um den Waffenrahmen und befestigen Sie die (ungeladene) Waffe mit zwischengelegten Holzstücken oder Filzplatten in Augenhöhe an einer geöffneten Zimmertür (Abb. 22) mit Hilfe einer soliden Schraubzwinge. Nun wird Plastilin, Knete oder ein ähnlicher formbarer Werkstoff um den Waffenrahmen geformt. In gewohnter Schußhaltung wird dieser ›Griff‹ nun so zurechtgedrückt, wie die Schußhand das beim (angenommenen) Schießen erfordern würde. Fehlt noch irgendwo Plastilin, wird es nachgegeben, ist Material zuviel da, wird es weggedrückt. Das Ergebnis ist ein (weiches) Abbild des Griffes, wie er für diese Waffe optimal wäre. Wenn Sie jetzt die Waffe samt Plastilingriff für einige Zeit in den Kühlschrank oder den Froster packen, wird das Plastilin so steif, daß man mit einer Profillehre die erreichten Maße abtasten kann. Oft reicht aber auch schon ein Blick, um zu sehen, welche Maße sich an dem alten Griff realisieren lassen. Im Zweifelsfall wird man die Waffe samt altem Holzgriff wie oben beschrieben in Augenhöhe anklemmen. Dann greift die Schußhand die Waffe, und man kann feststellen, wo am Griff noch Holz weggenommen werden muß. Diese Stellen werden sofort mit Filzstift markiert. Oft wird aber noch Material fehlen. Hier wird das fehlende Material zunächst durch Eindrücken von Plastilin aufgefüllt, bis auch der kleinste Zwischenraum zwischen Handinnenseite und Waffengriff zu ist. Dann wird der Griff abgenommen. Zuviel vorhandenes Holz wird mit Schnitzmesser oder Fräser entfernt. Fehlendes Material wird an den durch Plastilin dargestellten Hohlräumen durch andere Werkstoffe ersetzt. Dafür gibt es mehrere Möglichkeiten. Man kann auf die entfetteten Holzteile einfach Holzkitt aufspachteln und mit der eingefetteten Schußhand in die gewünschte Lage und Form drücken. Das geht auch mit anderen selbsthärtenden Formwerkstoffen wie z. B. Autospachtelmasse (Abb. 72), Silikonkautschuk usw. Leider passiert dabei zweierlei: Erstens wird der Griff unansehnlich, und zweitens kann es einem passieren (besonders bei geölten Griffen), daß das angeformte Teil früher oder später wieder abfällt. Passiert das gerade im Wettkampf, kann das sehr störend sein. Deshalb sollte man entweder die Teile aufkleben oder in Kissenform arbeiten. Diese Kissenform läßt sich sehr leicht herstellen und später auch spurlos vom Griff entfernen, wenn es gewünscht wird. Man verwendet dazu dünnes Handschuhleder oder Wildleder, das man doppelt gelegt zurechtschneidet und rundum bis auf eine Öffnung taschenförmig zunäht. Füllt man dieses Kissen nun mit Holzkitt oder ähnlichem und drückt es im Griff in die gewünschte Form, so kann man es nach dem Aushärten mit Haftkleber oder doppelseitigem Klebeband am Holzgriff befestigen. Man kann das Verfahren auch so weit treiben, daß man den ganzen Griff mit angefeuchtetem Wildleder überzieht, mit Holzkitt ausstopft, formt und anschließend trocknen läßt. Das sieht nicht nur gut aus, sondern die rauhe Lederoberfläche gibt der Hand auch sehr guten Halt.

DIE GRIFFIGKEIT

In diesem Zusammenhang gleich noch ein paar Tips: Fabrikgefertigte Griffe haben oft eine lackierte Oberfläche. Diese bietet der Schützenhand nicht genug Halt, wenn die Hand schwitzt. Lackierte Griffe sollte man deshalb sofort mit einem entsprechenden Lösungsmittel, z. B. Aceton, Abbeizer oder ähnlichem entlacken, mit Spiritus nachwaschen und nach dem Trocknen mit Stahlwolle abziehen. Wer will, kann den Griff anschließend auch noch mit farblosem oder braunem Schaftöl tränken.

Noch griffiger bekommt man Griffe, wenn das entlackte Holz sandgestrahlt wird. Das macht fast jede Gießerei, Verzinkerei oder zum Teil auch Lackiererei für ein paar Mark. Oft weisen fabrikfertige Griffe eine maschinengepreßte Fischhaut als Dekor auf.

FISCHHAUT

Diese gepreßte Fischhaut ist lange nicht so griffig wie eine mit der Feile handgeschnittene. Werden sowieso Änderungen am Griff vorgenommen, wird die Fischhaut entweder mit einer passenden Fischhautfeile akkurat nachgearbeitet oder aber vollkommen abgeschliffen. Das Nacharbeiten der gepreßten Fischhaut geht am besten, wenn das Holz mit Schaftöl frisch getränkt ist. Auch neue Fischhaut wird so leichter geschnitten. Wichtig ist, daß während des Schneidens öfters mit einer kleinen Messingdrahtbürste Schneidrückstände aus den feinen Rillen entfernt werden und daß man sauber und mit Muße arbeitet.

PUNZIEREN

Wenn man den Griff dagegen glattgeschliffen beläßt, kann man auch später jederzeit kleine Korrekturen an der Oberfläche ausführen, ohne daß es sichtbar wird. Eine weitere, gerade für Sportwaffengriffe sehr beliebte Oberflächengestaltung ist das Punzieren oder Rauhen. Mit einem Punziereisen, das man auch leicht selber machen kann (Abb. 7), wird die Holzoberfläche an den Stellen, wo sie mit der Hand in Kontakt kommt, grob aufgerauht. Dazu wird entweder der Punzierhammer direkt verwendet, oder man setzt einen Punzierstempel aufs Holz, schlägt mit einem leichten Hammerschlag sein Muster ins Holz, versetzt ihn etwas, schlägt erneut usw. Die äußere Begrenzung kann man mit einer kleinen Dreikantfeile oder einer einreihigen Fischhautfeile sauber umranden. Auch beim Punzieren erleichtert Schaftöl die Arbeit, allerdings muß dann öfters mit der Messingbürste zwischengereinigt werden.

SCHUPPENFISCHHAUT

Für Prunkwaffen oder besonders wertvolle Sportwaffen kann man auch mal die Griffoberflächen mit einer sogenannten Schuppenfischhaut versehen. Dazu findet das Spezialmesser (Abb. 6e) Verwendung. Es besteht aus zwei halbmondförmigen Messern nebeneinander, die senkrecht auf einer vorgezeichneten Linie auf das Holz aufgesetzt und mit einem Hammerschlag etwas ins Holz getrieben werden. Dann versetzt man das Messer jeweils um einen Halbmond (damit der zweite im vorangegangenen Schnitt Halt findet) und schlägt weiter, bis die Reihe voll ist. Dann kommt die nächste Reihe dran, aber nach Möglichkeit um einen halben Halbmond versetzt. Schließlich wird mit einem kleinen Schnitzmesser oder dem Schuppenfischhautmesser schräg von vorn das Material sauber weggestochen. Diese Art Fischhaut ist durch das gröbere Muster sehr griffig.

HANDKANTENAUFLAGE

Die Handkantenauflage bei gebrauchten Sportwaffengriffen ist öfters glattpoliert und rutschig. Damit die Handkante besser Halt findet, ist es empfehlenswert, sie mit Rauhleder, Filz oder Noppengummi zu bekleben. Als Klebstoff verwendet man zweckmäßig Kontaktkleber (z. B. Pattex) oder ähnliches. Ist die verstellbare Handkantenauflage ausgeleiert, klappert also am Griff herum, so läßt sie sich durch Unterkleben mit Leder, durch Unterfüttern mit Holzpaste oder am besten durch paßgenaues Einschleifen exakt und stramm an den Griff anpassen. Wird eine bestimmte Schrägstellung dieser Auflage gewünscht, so kann man mit einer zweiten, ins Holz eingelassenen Madenschraube diese Schrägstellung am Griff fixieren.

Maßgriffe aus anderen Werkstoffen

Waffengriffe müssen nicht immer aus Holz bestehen, obwohl Holz viele Vorteile hat. Aber oftmals kommt es darauf an, z. B. für eine Combat- oder Verteidigungswaffe, ohne großen Aufwand einen griffigen, rutschsicheren Waffengriff zu beschaffen, der zur Waffe paßt, der unempfindlich ist und nicht zu teuer. In solchem Falle ist man z. B. mit Pachmayrgriffen aus Neoprengummi bestens bedient. Man bekommt sie im Waffenhandel oder auf dem Versandweg für eine große Anzahl von Waffenmodellen. Das Neoprenmaterial ist sehr hautsympathisch und hat durch seine Elastizität auch noch den Vorteil, den Waffenrückstoß nicht so stark spüren zu lassen. Metalleinlagen im Material sorgen für

Abb. 17: In Bastelgeschäften bekommt man Knete oder Plastilin (Reif, Weible usw.) als preiswerten Abformwerkstoff zu kaufen.

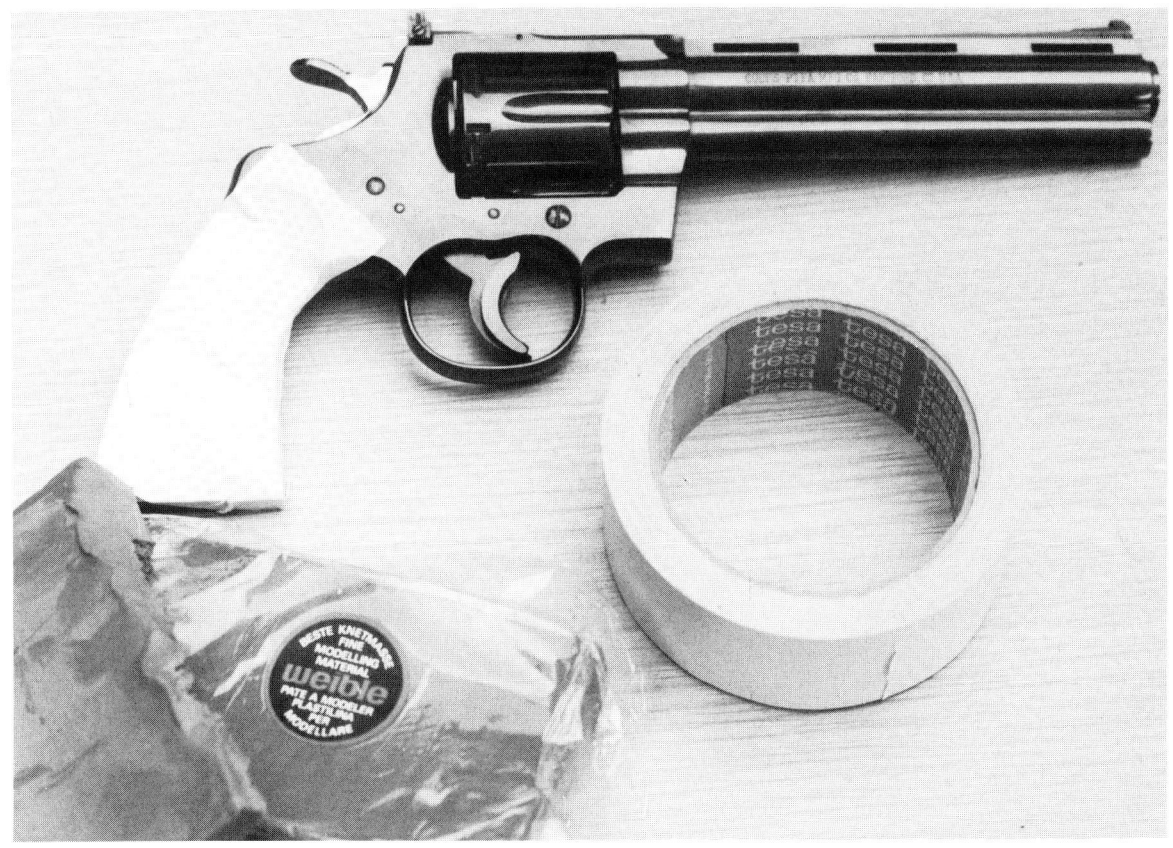

Abb. 18: Nach Entfernen der Originalgriffschalen wird der Rahmen bzw. das Griffstück sorgfältig aber dünn mit Kreppklebeband o. ä. abgedichtet.

eine gute Haltbarkeit der Griffe und sicheren Halt an der Waffe.

Weitere Werkstoffe für Waffengriffe sind z. B. Elfenbein, Horn, Hartgummi, Bakelit, Plexiglas, Polyurethanschaum, Polyester- und Epoxydharze sowie verschiedene Metalle wie z. B. Aluminium, Zink usw.

MASSGRIFF AUS KUNSTSTOFF

Einige Materialien davon sind auch für die Eigenverarbeitung sehr gut geeignet, weil sich aus ihnen Griffe nach eigenen Wünschen fertigen lassen. Der einfachste Weg ist, einen vorhandenen Maßgriff, der Ihnen gut paßt, in Kunststoff nachzufertigen. Das hat den Vorteil, daß der vorhandene Griff noch nicht einmal für die vorgesehene Waffe passen muß. Wichtig ist die äußere Form. Die waffenseitige Anpassung erfolgt später. Aber davon anschließend mehr. Zunächst gehe ich einmal von dem häufigeren Fall aus, daß kein geeigneter Griff als Vorlage vorhanden ist und man sich einen Maßgriff völlig neu schaffen muß. Das ist, wie aus den Fotos ersichtlich, gar nicht so schwer. Dieser Maßgriff wird nämlich vorerst mal aus Plastilin oder Knete geformt (Abb. 17). Von der Waffe werden die vorhandenen Griffschalen abgenommen. Der Waffenrah-

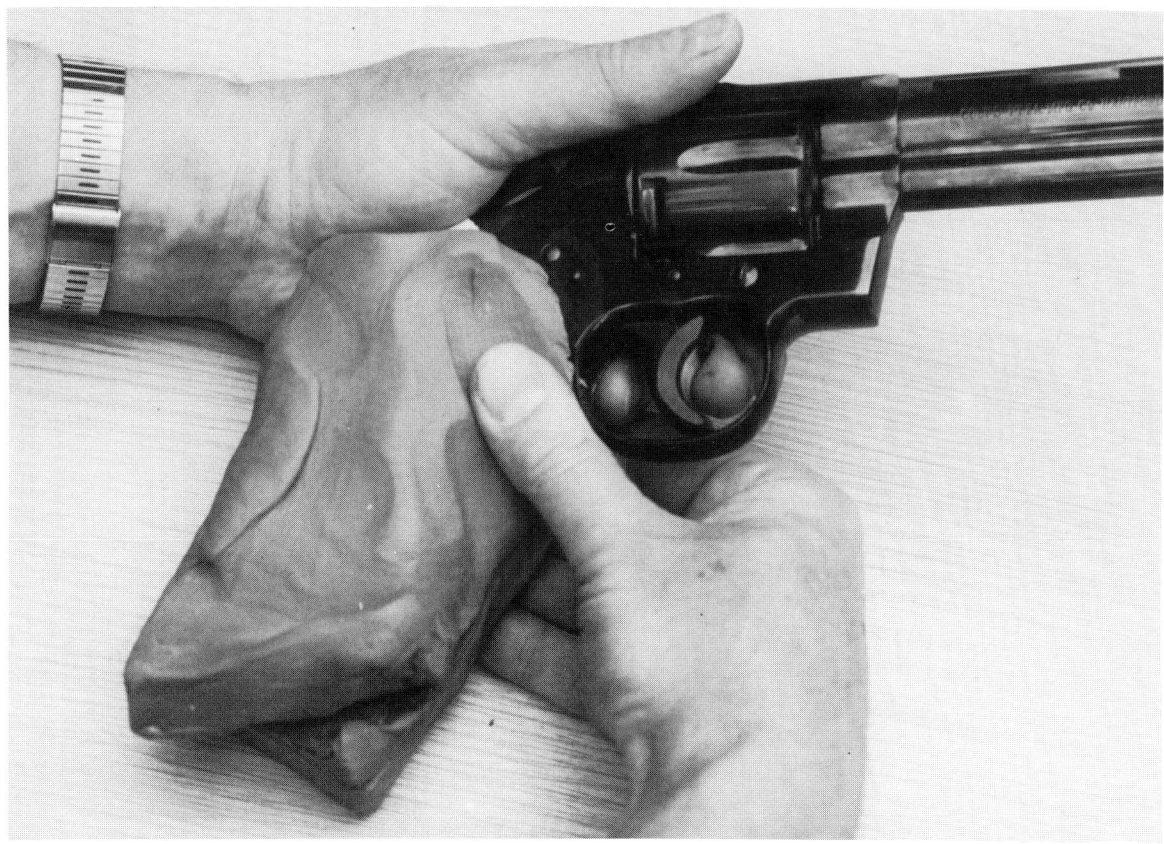

Abb. 19: Das Plastilin wird nun mit den Händen grob in die gewünschte Griffform gedrückt. Beachten muß man dabei, daß die Formmasse überall fest innen am Rahmen anliegt.

men bzw. das Griffstück wird sauber rundum mit nicht zu dickem Klebeband abgedichtet, so daß nirgends Waffenteile mit der Knete in Kontakt kommen (Abb. 18). Dann wird das Klebeband außen mit Trennwachs, Silikonspray oder Vaseline dünn überzogen, damit die Knete später leichter wieder abgeht. Das Formmaterial, also Plastilin oder Knete, wird nun in walnußgroßen Brocken an dem Waffenrahmen in die gedachte Form modelliert. Dabei muß beachtet werden, daß das Plastilin satt und ohne Hohlräume am Waffenrahmen anliegt (Abb. 19). Beim Modellieren braucht man nicht auf Feinheiten zu achten, nur erst einmal die grobe Form sollte geschaffen werden. Dann nimmt man die Waffe samt Plastilingriff in die Schußhand und drückt diese so in die weiche Formmasse, daß sich die Handinnenseite sauber abformt (Abb. 20). Dabei ist unbedingt zu beachten, daß die Handstellung zur Waffe stets etwa der beim Schießen entspricht. Nunmehr geht es daran, dem Griff seine richtige Form zu geben. Dazu wird mit den Fingern der anderen Hand (oder notfalls von einer Hilfskraft) das Plastilin so um die Schießhand geformt, daß im Bereich der zugelassenen Abmessungen des Griffs nirgends mehr Luft zwischen Schußhand und Waffe ist (Abb. 21). Auch für die Daumenauflage, die Handkantenauflage und den kleinen Buckel zwischen Zeigefinger und Mittelfinger ist das Plastilin

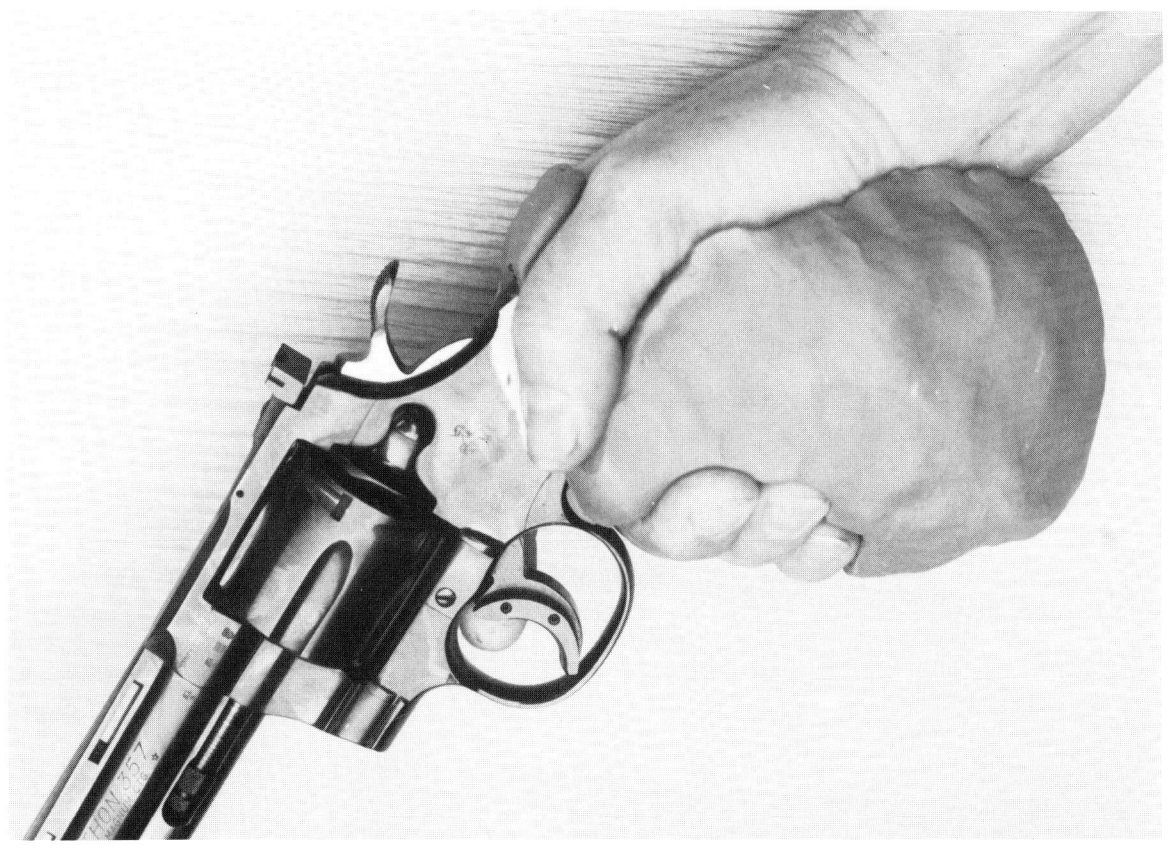

Abb. 20: Als nächste Arbeit muß nun durch Eindrücken der Hand in die Knetmasse die Innenseite der Handfläche (in schießgerechter Handhaltung) möglichst exakt abgeformt werden.

entsprechend zu formen. Sollte das Material während des Formens zu warm und damit zu weich werden, wird es samt Waffe für kurze Zeit behutsam in den Kühlschrank gelegt, wo es rasch steif wird. Eine abschließende nochmalige Prüfung des Waffengriffs in der gewohnten Schießhaltung (Abb. 22) zeigt, ob die Maße optimal stimmen. Erforderlichenfalls wird nochmals korrigiert. Jetzt wird entweder mit einem scharfen Messer oder einer Rasierklinge rundum exakt auf Mitte Waffenrahmen der Plastilingriff in zwei Hälften geschnitten (Abb. 23). Das Klebeband, das um den Waffenrahmen sitzt, schützt dabei die Brünierung von Schrammen, wenn man behutsam schneidet. Am besten legt man die Waffe samt aufgeschnittenem Plastilin nochmals für einige Zeit in den Kühlschrank, bevor man dann die Griffhälften behutsam und ohne Verformung abhebt. Die abgenommenen Plastilinhälften werden nun auf einer ebenen, mit Vaseline oder ähnlichem eingefetteten Fläche sauber so angedrückt, daß die Schnittflächen vollkommen plan sind. Dabei darf natürlich die Griffform nicht groß verändert werden. Anschließend kann man die beiden Griffhälften fertig bearbeiten. Sie werden also maßgerecht zugeschnitten, die Oberfläche kann mit einem Punzierstempel geprägt oder mit Initialen versehen werden, man kann auch eine ›Fischhaut‹ einprägen usw. (Abb. 24).

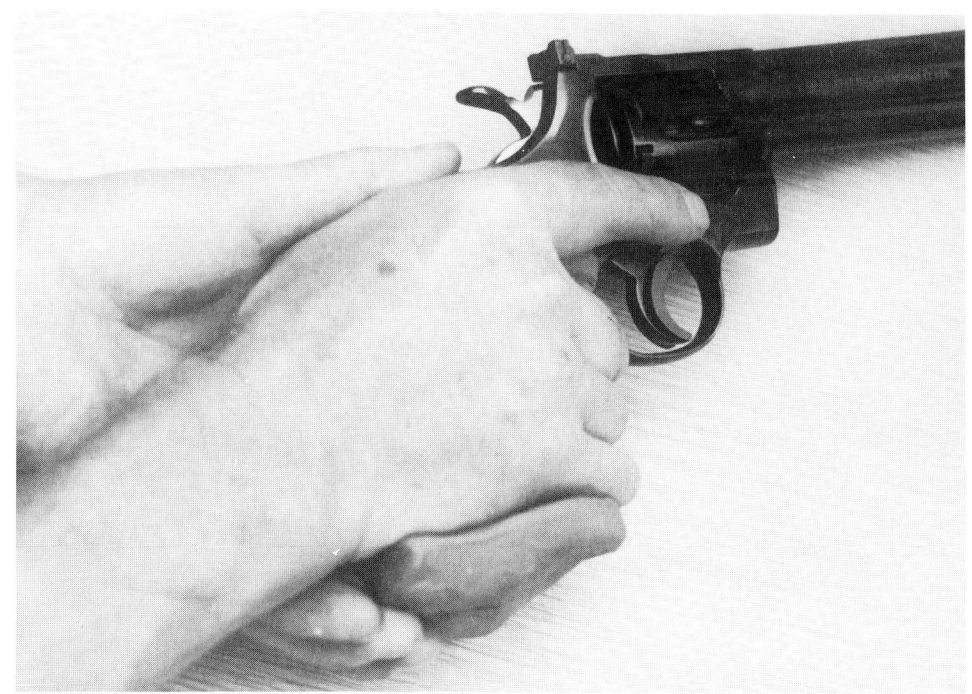

Abb. 21: Während des Abformens der Schießhand darf deren Stellung an der Waffe nicht verändert werden. Notfalls bittet man jemanden, das Plastilin entsprechend um die abzuformende Hand zu kneten.

Abb. 22: Beim plastischen Formen einer Griffvorlage kommt es entscheidend darauf an, daß der Griff später so ›sitzt‹, wie es für den jeweiligen Schützen optimal ist. Das läßt sich erreichen, indem die Waffe in Augenhöhe fixiert und dann der Griff geformt wird.

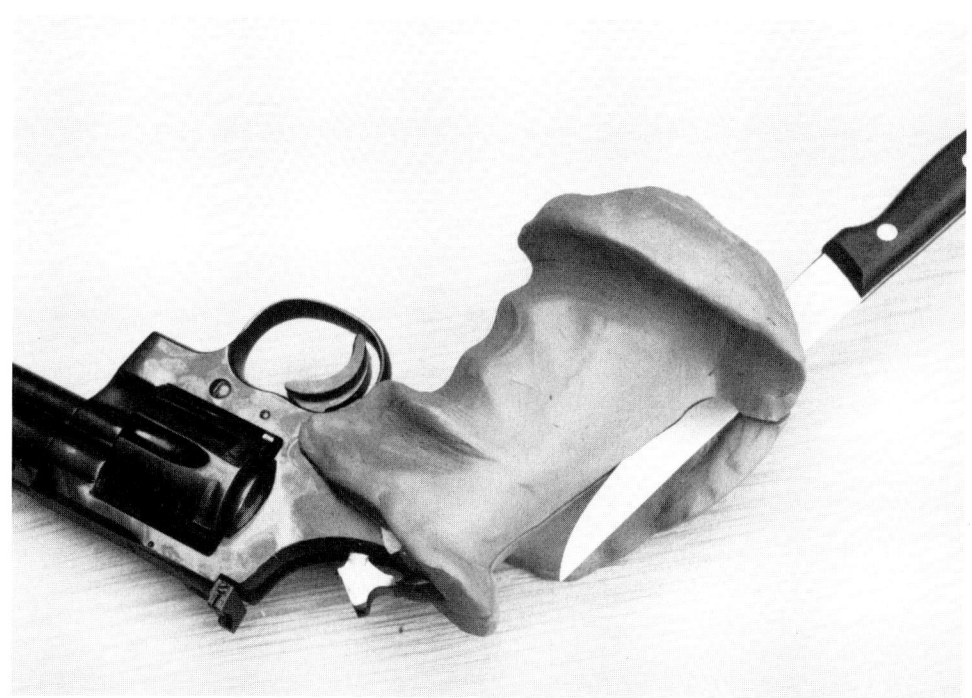

Abb. 23: Wenn der Plastilingriff weitgehend (bis auf die Sportordnungs-Außenabmessungen) vorgeformt ist, wird er auf Mitte Rahmen mit einem scharfen Messer behutsam in 2 Hälften geschnitten und ohne weitere Verformung vom Rahmen abgenommen.

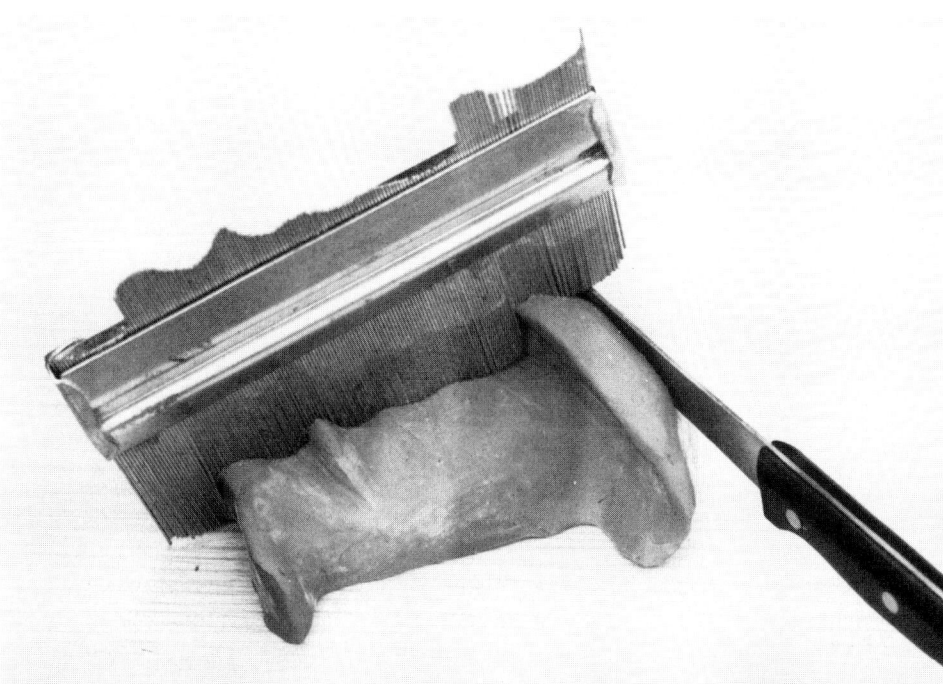

Abb. 24: Die einzelnen Griffhälften aus Plastilin werden nun endgültig fertiggestellt, also maßgerecht zugeschnitten, an der Oberfläche fein bearbeitet (punzen, Initialen einschneiden usw.), und zwischendurch notfalls immer wieder abgekühlt. Man kann in diesem gekühlten Zustand auch bequem mit dem Profiltaster Maße vergleichen und entsprechende Nacharbeiten vornehmen.

DIE GIESSFORM

Um aus dem plastischen Knetegriff nunmehr einen soliden Waffengriff zu machen, bedarf es unter anderem einer Negativform, also einer genauen Abformung des Plastilingriffs. Dazu verwendet man Silikonkautschuk mit Vernetzer (Abb. 25), den es in verschiedenen Sorten in Hobbyläden gibt. Um die Plastilingriffhälften wird ein kleiner Rahmen aus Holz gebaut, nachdem man sie auf etwa 5 mm dicke Sperrholzbrettchen gelegt hat. Der Rahmen muß auch die Sperrholzbrettchen umfassen und soll rund 5 mm höher sein als Brettchen und Griffhälften hoch sind. Er muß möglichst genau, ohne Spalt, rundum an den Brettchen anliegen und kann durch mehrere Gummibänder oder durch Klebeband zusammengehalten werden. Wenn das Ganze waagerecht ausgerichtet wurde, wird Silikonkautschuk in der benötigten Menge mit Vernetzer vermischt und in die Holzrahmenform gegossen. Wer es besonders genau machen will, kann auch zuvor mit einem Pinsel eine 1 bis 2 mm dicke Schicht auf die Plastilinhälften aufpinseln, bevor er die Form völlig ausgießt. Dadurch werden Luftblasen zwischen Form und Abformmasse verhindert, die sich später als Fehler abbilden würden. Nach

Abb. 25: Silikonkautschuk und Vernetzer sind zum exakten Abformen komplizierter Teile unentbehrlich. Diese Sorte (HB von Reif) ist hoch hitzebeständig und ermöglicht sogar die Herstellung von Versuchskokillen für Bleigeschosse.

Abb. 26: Ob es sich um die Herstellung eines Formgriffs, um Griff- oder Schaftkorrekturen oder um das Ausgießen von Hohlräumen zwischen Schaft und System handelt: Gießholz ist vielseitig verwendbar, einfärbbar, leichtgewichtig und leicht zu bearbeiten.

zirka 24 Stunden ist der Silikonkautschuk vernetzt und die Formen können um 180° gedreht werden.

ENTFORMEN UND GIESSEN

Ohne den Rahmen zu lösen, wird nun das Holzbrettchen abgehoben, und etwa vorhandene Silikonkautschuktropfen werden entfernt. Die jetzt sichtbare Silikonkautschukfläche wird mit Trennwachs, Vaseline oder ähnlichem eingestrichen, dann wird der noch vorhandene Hohlraum ebenfalls mit einer Silikonkautschukmischung ausgegossen. Nach weiteren 24 Stunden kann man den Holzrahmen entfernen und die beiden Silikonkautschukhälften voneinander abheben. Die Plastilingriffvorlagen werden herausgenommen und die Formschalen von kleinen Knete- oder Schmutzpartikelchen gereinigt. Als nächstes schneidet man mit einem scharfen Messer wie bei einer Gießform Einguß- und Steigkanäle in die waffenseitige (!) Silikonkautschukhälfte. Der Eingußkanal sollte etwa 5 bis 8 mm breit sein, damit später das Gießholz oder Polyester gut einlaufen kann. Die Formhälften werden nun wieder paßgenau zusammengesetzt und durch Gummiband oder Klebeband aneinander gehalten. Mit Polyester- oder Epoxyd-Gießharz bzw. mit dem empfehlenswerten Gießholz (Abb. 26) wird, nachdem jeweils der entsprechende Härter zugemischt wurde, die Silikonkautschukform gefüllt. Dabei sollte (innerhalb der Abbinde- bzw. Topfzeit) langsam gegossen werden, damit sich nicht allzu viele Luftblasen einschleichen. Nach der Aushärtung (je nach Material bis zu maximal 1 Stunde) werden die Formhälften getrennt und die Griffschalen entnommen. Sie müssen nun noch mit den Befestigungsbohrungen versehen werden und bekommen entweder einen Beizauftrag (Gießholz) oder eine passende Lackierung, sofern man nicht schon der Gießmasse entsprechende Farbstoffe zugesetzt hatte. Beim Lackieren kann man die Griffoberfläche durch Aufstreuen von mittelfeinem Quarzsand oder ähnlichem noch rauher gestalten. Man kann auch vor dem Lackieren oder Beizen die Griffoberflächen mit Fischhaut oder Punzierung versehen, falls man es bei dem Plastilingriff nicht schon gemacht hatte. Weitere Anleitungen für die Griffgestaltung finden Sie auch in meinen Waffenbüchern ›Schußwaffenwerkbuch‹ und ›Schußwaffenzubehör selbermachen‹.

Wenn der Schaft schafft . . .

Viele Jäger und Sportschützen erwerben ein Gewehr wegen der Präzision dieses Waffenmodells. Gewisse Kompromisse bezüglich der Schaftausführung, bezüglich der Anpassung an die persönlichen Erfordernisse werden dabei unter Umständen in Kauf genommen, weil viele Jäger und Schützen den Einfluß der Schäftung auf die Schußleistung immer noch unterschätzen. Auch wenn der Schaft halbwegs gut ›sitzt‹, muß er noch lange nicht optimal sein. Kauft der Kunde seine Waffe bei einem guten Büchsenmacher und erklärt diesem, für welche Zwecke die Waffe gedacht ist, so wird ihn der bestimmt nicht mit einem unpassenden oder minderwertigen Schaft an der Waffe nach Hause gehen lassen. Weil er den Kunden nicht verärgern oder gar verlieren will, wird er ihn individuell beraten. Er wird dem Waffenkäufer auch kleine Änderungen oder Verbesserungen an der Waffe womöglich kostenlos ausführen. Er möchte, daß der Kunde zufrieden ist. Anders dagegen beim Versandhandel oder bei großen Waffenhändlern, wo der Kunde oft nur eine anonyme Kundennummer ist. Häufig scheitert eine individuelle Beratung des Waffenkäufers auch schon am mangelnden Fachwissen der Angestellten. Da kann der zuerst etwas günstigere Kaufpreis für die Waffe durch die schlechte Beratung, die mangelhafte Schußleistung und die erforderlichen Nacharbeiten unter Umständen ganz schön teuer werden! Ich will aber auch nicht verschweigen, daß andererseits ein günstiger Einstandspreis bei einem handwerklich geschickten Schützen durchaus ein gutes Argument ist. Denn vieles läßt sich zum Glück verbessern. Es sind mehrere Faktoren, mit denen der Schaft Einfluß auf die Schußleistung nimmt. Man muß sie kennen, sonst kann man nichts verbessern. Da ist zunächst einmal das Schaftmaterial selbst. In den meisten Fällen handelt es sich um Nußbaumholz. Aber da gibt es auch erhebliche Qualitätsunterschiede. Ich meine jetzt nicht die Schönheit der Holzmaserung, die ist dem echten Schützen oft gar nicht so wichtig. Wichtig ist der Maserverlauf, die Holzgüte und die Wetterempfindlichkeit des Schaftholzes. Ein schräg gemaserter Schaft, ein künstlich zu rasch getrockneter Schaft oder ein minderwertiges Nußbaumholz, das auf jede Änderung der Luftfeuchte oder der Temperatur reagiert, so ein Schaft wird nie ein gleichmäßiges Schußbild ermöglichen. Holz arbeitet ja (im Gegensatz zu Beamten, wie ein uralter Witz behauptet). Und dieses Arbeiten des Holzes führt zu Verspannungen im Bereich des Systems und im schlimmsten Falle sogar im Laufbereich. Unter anderem deshalb sind viele Schäfte von Benchrestwaffen oder anderen Präzisionsgewehren aus unterschiedlichen Kunststoffen (z. B. Polyurethanformschaum, Fiberglas, Kohlefaser und ähnlichem) oder auch aus Metallen wie z. B Aluminium. Die Firma Walther hat ihr Präzisionsgewehr WA 2000 sogar auf einem Rahmen aus Profilrohr (Abb. 2) aufgebaut. Die Schaftform erhält diese Waffe nur durch ein paar angeschraubte, einzelne Holzteile.

WITTERUNGSEINFLUSS

Treten also beim Schießen mit einer holzgeschäfteten Waffe je nach Witterung unterschiedliche Treffpunktlagen auf, so kann man mit hoher Wahrscheinlichkeit auf eine Waffenverspannung durch das Schaftholz tippen. Im Zweifelsfalle sollte die Waffe samt Schaft mal bei trockenem Wetter und mal bei hoher Luftfeuchte sowie bei unterschiedlichen Temperaturen auf Verspannungen untersucht werden. Das kann man z. B. im Bereich des Laufes sehr einfach machen: Man schiebt einen Bogen Schreibpapier oder das Blatt einer Fühlerlehre zwischen Vorderschaft und Lauf um diesen herum. Geht das nicht problemlos, liegt vermutlich das Holz irgendwo dort am Lauf an (sofern es sich nicht bloß um angelagertes Waffenfett oder Verstreichwachs handelt). Holz am Lauf führt praktisch immer zu Verspannungen. Mit einem Laufbetthobel oder mit Schleifleinen läßt sich dieser Mangel rasch beheben. Der Schaft darf nur an den paar Stellen am System anliegen, wo das funktionell erforderlich ist. Also wo beispielsweise der Rückstoß vom System auf den Schaft übertragen werden muß. Oder da, wo Schrauben Schaft und System verbinden. Oder auch da, wo das System seitlich fixiert werden muß. Das ist von einem Waffenmodell zum anderen anders und muß von Fall zu Fall geprüft werden.

SCHAFTMASSE

Ein weiterer Faktor, der schaftseitig die Schußleistung beeinflußt, ist die Paßform des Schaftes in bezug zu dem einen Schützen, der damit schießen muß. Ich meine jetzt nicht die Frage, ob Monte-Carlo-Schaft, bayerische oder deutsche Backe, Schweinsrückenform usw., sondern einzig das Problem, daß der Schaft optimal der Körperform des Schützen angepaßt werden muß. Natürlich muß auch die Schaftform zur Schießtechnik passen, das setze ich voraus. Der bequemste Weg zur Ermittlung der persönlichen Schaftmaße ist zweifellos ein Gelenkschaftgewehr, bei dem alle wichtigen Bereiche eingestellt und nachgemessen werden können. Leider ist das zu teuer für den Normalverbraucher und fällt deshalb meist flach. Der preiswerteste Weg ist es, andere Schäfte solange auszuprobieren, bis man den optimalen Schaft gefunden hat. Daran kann man nun die wichtigen Maße abmessen, aufzeichnen und sich anhand dieser Angaben einen Schaftrohling bestellen. Wo es so etwas gibt, steht hinten im Buch im Adressennachweis. Auf

Abb. 27: Die Schaftform einer Präzisionswaffe muß optimal den Erfordernissen des einzelnen Schützen anzupassen sein, wenn man Höchstleistungen erzielen will. Voll verstellbare Schaftbacke, Schaftkappe allseitig schwenkbar und durch Zwischenlagen auch längs verstellbar, steiler Pistolgriff mit gepunzter Oberfläche und Daumenloch, ölgeschliffener Nußbaumschaft, das sind Dinge, die einen Schaft erst wirklich vollwertig sein lassen (SSG 2000).

das Vermessungsverfahren nach Courally kann man immer dann zurückgreifen, wenn man einen einfachen Normalschaft benötigt. Da der Normalschaft aber bei Präzisionsschützen und Benchrestern eher die Ausnahme ist, möchte ich hier nicht näher auf das Courally-Verfahren eingehen. Interessenten dafür finden eine Anleitung dazu im ›Schußwaffen-Werkbuch‹.

SCHAFTKORREKTUREN

Der weitaus häufigste Fall dürfte der sein, daß an der Waffe bereits ein Schaft vorhanden ist und nun den Körpermaßen des Schützen angepaßt werden muß. Viele Präzisionswaffen werden bereits mit weitgehend verstellbaren Schäften verkauft (Abb. 27). Dabei kann dann unter anderem die Schaftbacke in der Höhe und Neigung, die Schaftkappe in der Höhe und in der seitlichen Schwenkung sowie durch Unterlegen von Distanzplatten auch in der Länge zu fast jedem gewünschten Maß eingestellt werden. Auch der Pistolgriff läßt sich bei verschiedenen Schaftmodellen der Hand des Schützen anpassen. Sei es durch breitenverstellbare Griffhälften oder durch eine höhenverstellbare Handkantenauflage. Wenn sich diese auch noch der Handstellung des Schützen durch einen entsprechenden Schwenkbereich (Abb. 28) anpaßt, bleiben kaum noch Wünsche offen. Viele Schäfte, die keine oder

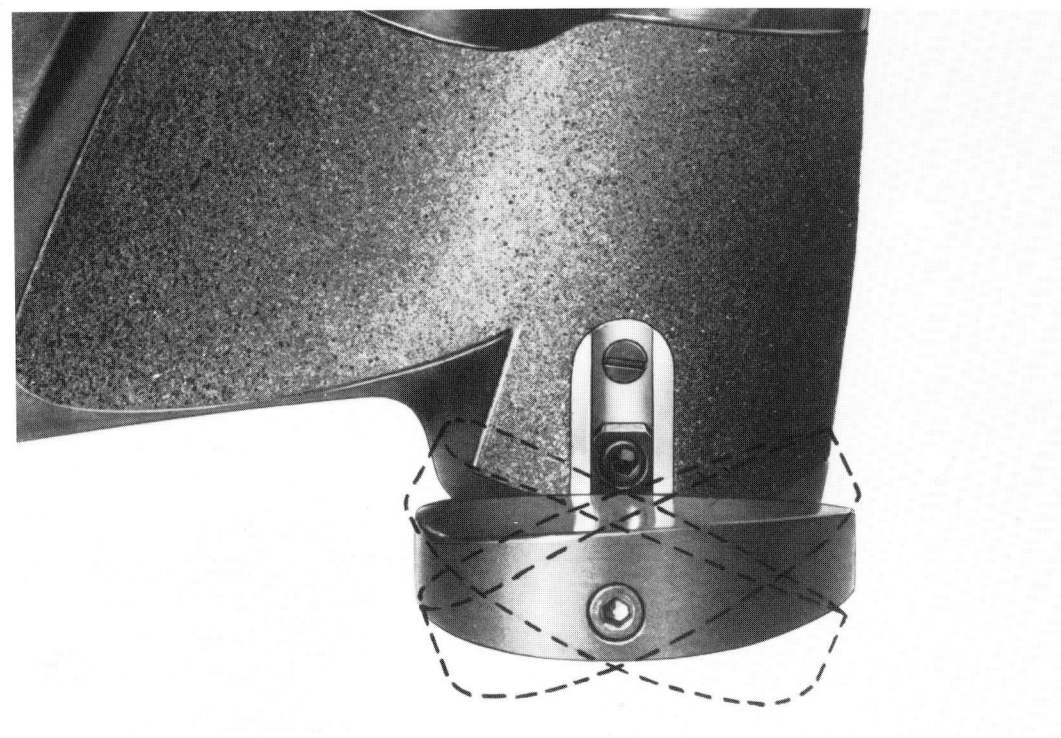

Abb. 28: Eine höhenverstellbare Handkantenauflage am Pistolgriff des Gewehrs ist eine große Hilfe. Noch dazu, wenn sie auch noch seitlich schwenkbar ist wie diese (Fa. Anschütz) und sich so noch besser der einzelnen Handstellung anpassen läßt.

nur unzureichende Verstellmöglichkeiten aufweisen, lassen sich durch nachträgliche Anbringung von Zubehörteilen oder durch Umbauten noch verbessern. Beispielsweise durch die höhenverstellbare Schaftkappe (Abb. 29), die auch durch Einlegen von Zwischenplatten eine Längsanpassung des Schaftes gestattet. Aber auch schon mit einfachen Gummischaftkappen, die es in vielen Ausführungen gibt, kann man manches Maßproblem lösen und zugleich den Waffenrückstoß etwas mildern. Man kann sogar verschiedene Arten von Rückstoßmilderern (amerikanischer Herstellung) im Schaft einbauen. Durch angesetzte Pistolgriffkäppchen und Zwischenlagen läßt sich die Griffhöhe des Pistolgriffs der Handbreite anpassen. Durch Anbringen von Fischhaut oder auch durch Aufkleben von Neoprengummiflächen mit Rautenmuster und ähnlichem erreicht man bessere Griffigkeit des Schaftholzes. Wenn man den Schaft an den Stellen, wo bei der gewohnten Schießhaltung eine Abstützung des Kopfes oder Körpers am Schaft nötig erscheint, mit Plastilin belegt, läßt sich fehlendes Holzmaterial sehr gut ermitteln. Natürlich wird man die Plastilinklumpen mit dünner Folie abdecken, um sich nicht schmutzig zu machen. Nach dem Anmessen wird dann anhand der Plastilinvorlage entweder ein Holzteil angepaßt und am Schaft angebracht, oder man verwendet selbstzugeschnittene Rauhlederkissen, die man mit Holzkitt oder Gießholz, unter Umständen sogar bloß mit lufthärtender Knetmasse füllt und in die gewünschte Form drückt. Diese Kissen werden entweder mit Lederriemen am Schaft befestigt oder mit Kontaktkleber bzw. doppelseitigem Teppichklebeband aufs Holz geklebt. Das Klebeband läßt sich wieder relativ leicht ohne Spuren entfernen. Dafür sitzt es aber auch nicht so unverrückbar fest, besonders bei Wärme.

MASS-SCHÄFTE

Wenn man mal einige Zeit mit so einem provisorisch angepaßten Schaft geschossen hat, wird der Wunsch nach einem vernünftigen, neuen Maßschaft stärker. Die vorhin erwähnten Schaftrohlinge sind für viele Gewehrfabrikate und Systeme erhältlich, bei Problemfällen auch ohne Vorfräsungen für ein bestimmtes System. Auch für Scheibengewehre sowie diverse Benchrest- und Kleinkaliberwaffen bekommt man Schaftrohlinge zu kaufen. Meist sogar in zwei verschiedenen Fertigungsstufen. Einmal als halbfertige Schäfte, bei denen alles weitgehend vorgefräst ist, bis auf die Stellen, wo in jedem Fall von Hand Einpaßarbeiten erforderlich sind. Zweitens bekommt man sie als Fertigschäfte, die außen fix und fertig bearbeitet sind, mit Fischhaut versehen und mit Schaftöl eingelassen. Lediglich die Innenanpassung des Schaftes an das Gewehrsystem muß in jedem Falle noch ausgeführt werden. Für Serienläufe kann man die Ausfräsungen bereits mitbestellen, bei Sonderläufen oder seltenen Systemen kommt man um Eigenarbeit nicht herum. Die äußerst exakte Einpaßarbeit des Systems an den Schaft ist eine der wichtigsten Arbeiten für den präzisionsbewußten heimwerkenden Sportschützen bzw. Jäger. Je genauer diese Einpaßarbeiten erfolgen, desto weniger Streuung wird die Büchse aufgrund dieses Einflußfaktors aufweisen. Benchrestwaffen werden im Bereich zwischen System und Schaft mit Epoxydharz ausgegossen, damit sie absolut spielfrei fixiert sind und der Rückstoß einwandfrei und stets gleichmäßig auf den Schaft übertragen wird. Weil man natürlich das System auch mal ausbauen muß, wird es beim Einbetten in Kunststoff zuvor eingefettet. Anschließend werden die Metallteile wieder entfettet und das System mit dem Schaft verklebt. Dieser Kleber läßt sich durch

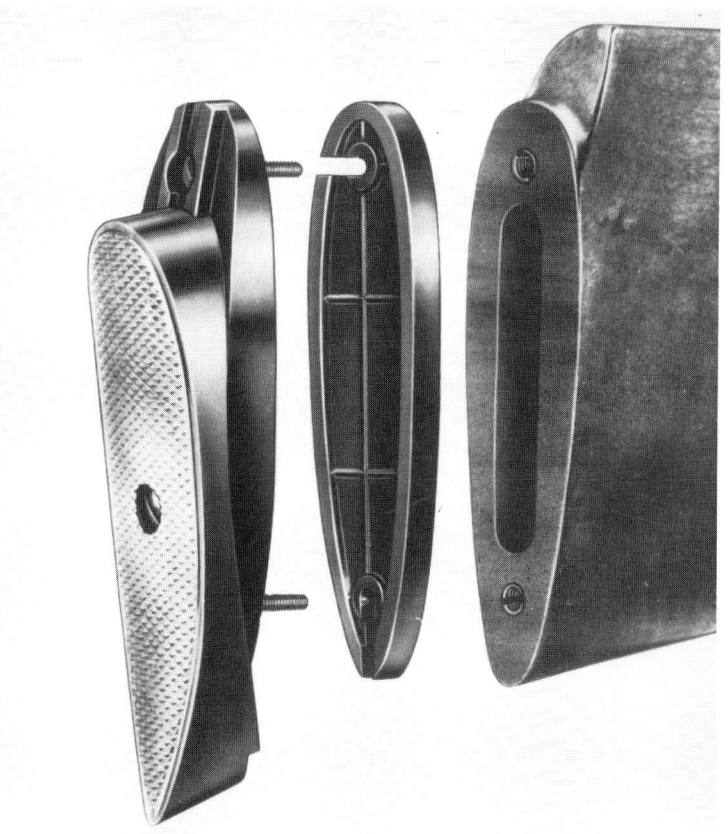

Abb. 29: Gerade oder gewölbte Gummischaftkappen, Zwischenplatten zur Längenanpassung, Adapter zur Höhen- und Seitenkorrektur des Schaftes sind Dinge, die jeder ordentlich sortierte Zubehör- oder Waffenhändler passend zum Gewehr besorgen kann. Die individuelle Anpassung und Montage kann dagegen jeder halbwegs geschickte Heimwerker selbst vornehmen.

Wärmeeinwirkung auf das System (Heißluftstrahler) wieder lösen.

EINPASSARBEITEN

Bei diesen Einpaßarbeiten muß man feststellen, wo und wieviel Spiel zwischen Schaftholz und Metallteilen vorhanden ist oder wo Material abgenommen werden muß. Dabei kann man sich wieder mit kleinen Würstchen oder Kügelchen aus Plastilin oder ähnlichem helfen. Sie werden vor dem Einsetzen der Waffe aufs Holz gelegt (Abb. 30) und zei-

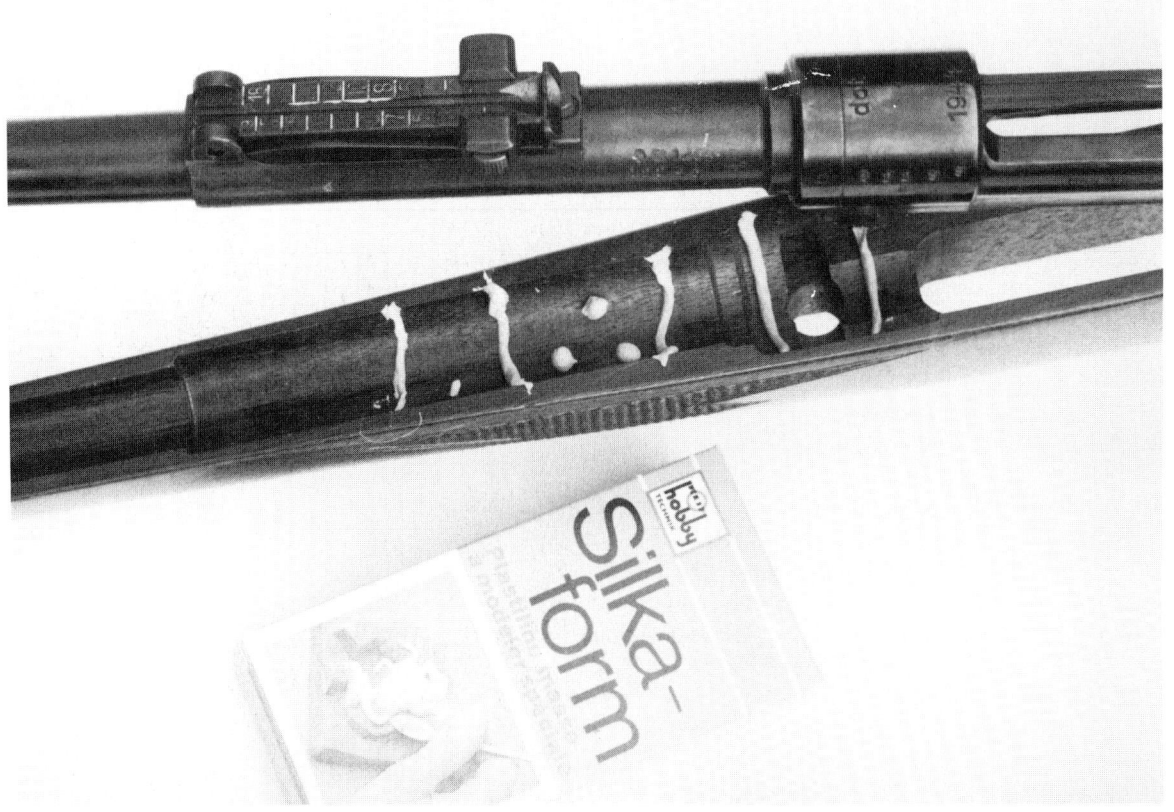

Abb. 30: Plastilin oder Knete sind vielseitige Helfer: z. B. um bei Einbettungsarbeiten mit Hilfe kleiner Plastilinkugeln oder -würste festzustellen, wo wieviel Luft bleibt.

gen nach dem Anpressen der Metallteile, wo Nacharbeiten erforderlich werden.

Mit Bodenfeilen, Stechbeitel, Sandpapier oder Laufbetthobel werden dann die nötigen Korrekturen ausgeführt. Keinesfalls sollte man einfach so darauflosarbeiten, sondern man muß immer zwischendurch das Gewehrsystem wieder einsetzen und mit Hilfe der Plastilinkugeln den Fortgang der Paßarbeiten prüfen. Ist versehentlich zuviel Holz weggenommen worden, kann man mit Holzkitt, besser mit Epoxydharz (und Härter) die fehlenden Stellen ausgleichen. Dort, wo das Gewehr seinen Rückstoß auf das Schaftholz überträgt, ist größte Genauigkeit beim Anpassen nötig! Die auftretenden Kräfte sind zwar sehr kurzzeitig wirksam, aber sehr groß. Es ist gar nicht so selten, daß Schäfte deswegen gesprungen sind oder daß sich das System nach einer Reihe von Schüssen so gelockert hat, daß die Präzision merklich nachließ. Dennoch sollte man nun nicht versuchen, durch Anknallen der Befestigungsschrauben das Problem zu lösen. Das wäre genau der falsche Weg, weil durch zu stark angezogene Schrauben Verspannungen in die Waffe kommen, die das Schwingverhalten der Waffe negativ beeinflussen. Natürlich sollen die Schrauben angezogen werden, aber eben nur so, daß sie sich nicht von allein lockern können. Halten muß das System im Holz, nicht über die Schrauben!

WEITERE TIPS

Noch ein paar Tips zum Thema Gewehrschäfte: Die in letzter Zeit öfters an Vorderschäften zu sehenden Ausfräsungen haben eine wichtige Aufgabe zu erfüllen. Sie gestatten nämlich der Raumluft, besser um den Lauf zu strömen und diesen so effektiver zu kühlen. Extrem deutlich wird das beispielsweise bei manchen Hochleistungsgewehren (Abb. 1), wo der Vorderschaft als massives Holzteil völlig frei unter dem Lauf sitzt. Deshalb sollte man auch den Freiraum zwischen Lauf und Vorderschaft nicht zu eng halten und ihn im Zweifelsfalle lieber mit dem Laufbetthobel etwas stärker freiräumen. Für jagdliche Zwecke muß der dann auftretende Luftspalt notfalls mit Verstreichwachs geschlossen werden. Kunststoffschäfte haben da den Vorteil der Witterungsbeständigkeit, es braucht weder der Luftspalt zugeschmiert werden noch können Laufverspannungen durch Witterungseinflüsse auftreten. Ein bei manchen Kunststoffarten auftretender Nachteil ist dagegen die Rutschigkeit der Oberfläche. Mit schweißnassen Händen oder bei Regen findet man oft nicht den nötigen Halt an der Waffe. Auch hier hilft dann das Bekleben der Griffbereiche mit Neoprenrautengummi oder mit Schleifleinen, das man anschließend noch überlackiert. Auch scharfgeschnittene Fischhaut bringt auf Kunststoff Griffigkeit, und oftmals ist das Sandstrahlen der glatten Kunststoffoberfläche eine große Hilfe.

Verbesserung der Handhabung

Wie schon bei Griffen und Schäften haben Waffenhersteller das Problem, daß ein Waffenmodell möglichst gut für alle Hände passen soll. Das erfordert an allen Ecken und Enden Kompromisse. Der eine Schütze hat eine breite Hand mit kurzen, kräftigen Fingern, der andere eine schlanke Hand mit schmalen, langen Fingern. Beiden und allen dazwischenliegenden Handgrößen aber sollen die Bedienelemente der Waffe gerecht werden. Daß dies nur bei einem bestimmten Prozentsatz der Schützen klappt, ist logisch. Deshalb muß ein auf Leistung bedachter Schütze seine Waffe auf seine Hand- und Fingergröße, seine Handhabungsgewohnheiten und auf die jeweilige Schießdisziplin hintrimmen. Dafür hat er eine Menge Möglichkeiten. Er kann Austauschteile aus dem Waffenhandel verwenden, also einzelne Bedienelemente gegen anders gestaltete Elemente des gleichen Waffenmodells austauschen. Beispielsweise einen verlängerten Schlittenfanghebel statt des Originalhebels einsetzen oder die Abzugszunge gegen eine breitere austauschen usw. Der Schütze kann auch die Bedienung der Waffe durch Hinzufügen von käuflichem Zubehör erleichtern. Denken Sie z. B. an breite Abzugsschuhe (Abb. 31) oder einen verstellbaren Formgriff statt des serienmäßigen Griffchens. Auch Zusatzgewichte zum Ausbalancieren einer Waffe, Flimmerband gegen aufsteigende Wärmeschleier usw. sind nachrüstbare Zubehörteile, die das Handhaben einer Waffe erleichtern und verbessern. Auch eine dritte Möglichkeit hat der leistungsbewußte Schütze zur Verfügung, um seine Waffe äußerlich zu verbessern: Das Umarbeiten vorhandener Bedienteile oder sogar die Neuanfertigung solcher Elemente. Das ist gar nicht so schwer, wie man vielleicht im ersten Moment glauben möchte.

Aber der Reihe nach. Zunächst müssen Sie ja einmal feststellen, welche Bedienelemente Ihrer Waffe überhaupt einer Nachbesserung bedürfen. Das geht am bequemsten so, daß die entladene Waffe in der gewohnten Schießhaltung zur Hand genomen und auf ein gedachtes Ziel gerichtet wird. Konzentrieren Sie sich darauf, das Ziel mög-

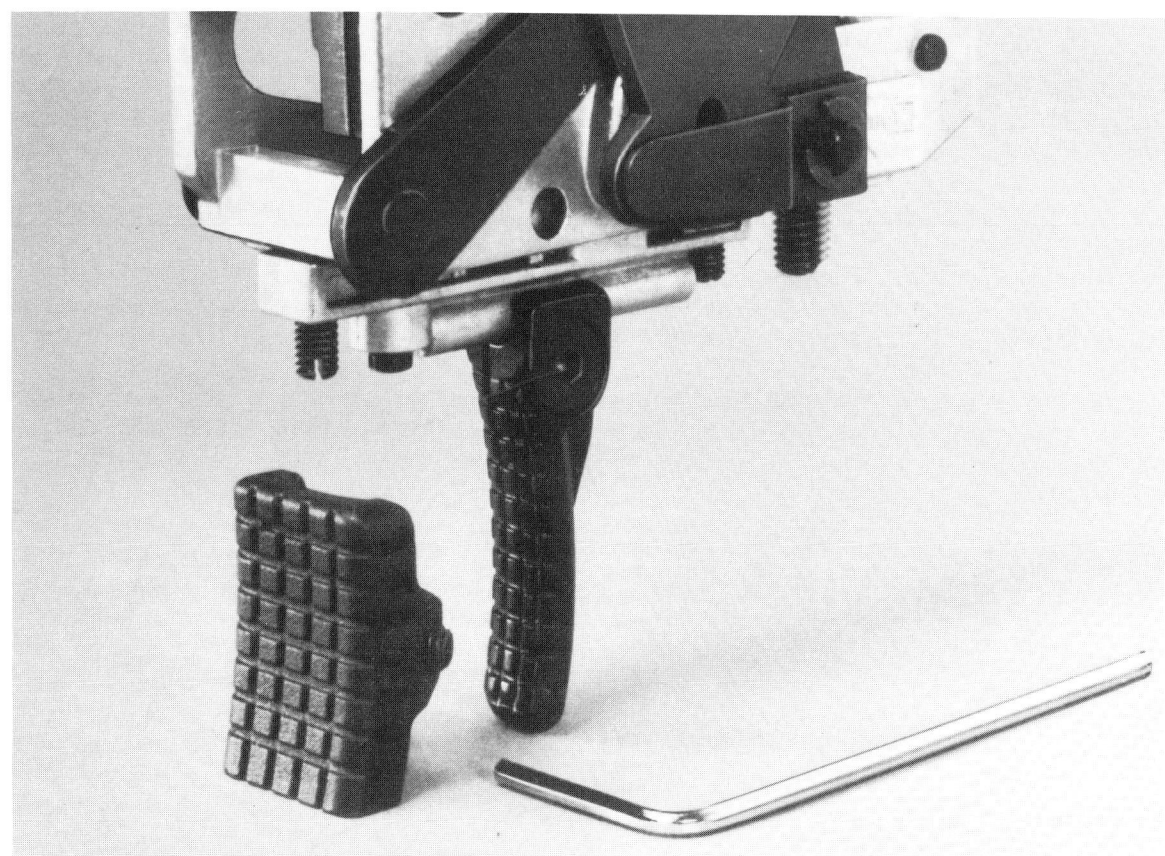

Abb. 31: Dieser wuchtige Abzugsschuh (Anschütz) mit seiner grobgewaffelten Oberfläche läßt sich auch für viele andere Waffenabzüge anpassen. Die breite Auflage vermittelt dem Schützen das Gefühl eines ›geringeren‹ Abzugsgewichts.

lichst exakt anzuvisieren. Nun senken Sie die Waffe wieder ab und laden sie mit einer leeren Patronenhülse. Achten Sie dabei einmal auf **jede einzelne** Handbewegung, die zur Ausführung dieser Arbeiten nötig ist. Beispielsweise die Stellung der Schußhand beim Öffnen des Verschlusses, das Öffnen des Verschlusses mit der anderen Hand, die Griffigkeit des Schlittens bzw. bei Gewehren des Kammerstengels, die Handstellung der öffnenden Hand usw. Beobachten Sie auch weiter das Greifen der (leeren) Patronenhülse, das Einsetzen ins Patronenlager, das Schließen des Verschlusses durch Vorschieben des Kammerstengels oder Vorlaufenlassen des Schlittens, das Entsichern der Waffe und so weiter, jeden einzelnen Arbeitsgang bis zum Anheben der Waffe in Schußrichtung. Sie werden dabei, wenn Sie sich für diese Beobachtung bewußt etwas Zeit gelassen haben, eine Menge Ungereimtheiten bei der Bedienung der Waffe feststellen. Eben, weil die Waffe nicht speziell für Ihre Hände gemacht ist. Bei einer Pistole z. B. ist oft das Entnehmen des Magazins (Lösen des Magazinhalteknopfs, Herausziehen des Magazins aus dem Schacht) oder das Betätigen des Schlitten- bzw. Verschlußfanghebels nicht nur mühsame Puzzlearbeit. Oftmals sind die Bedienelemente dafür auch

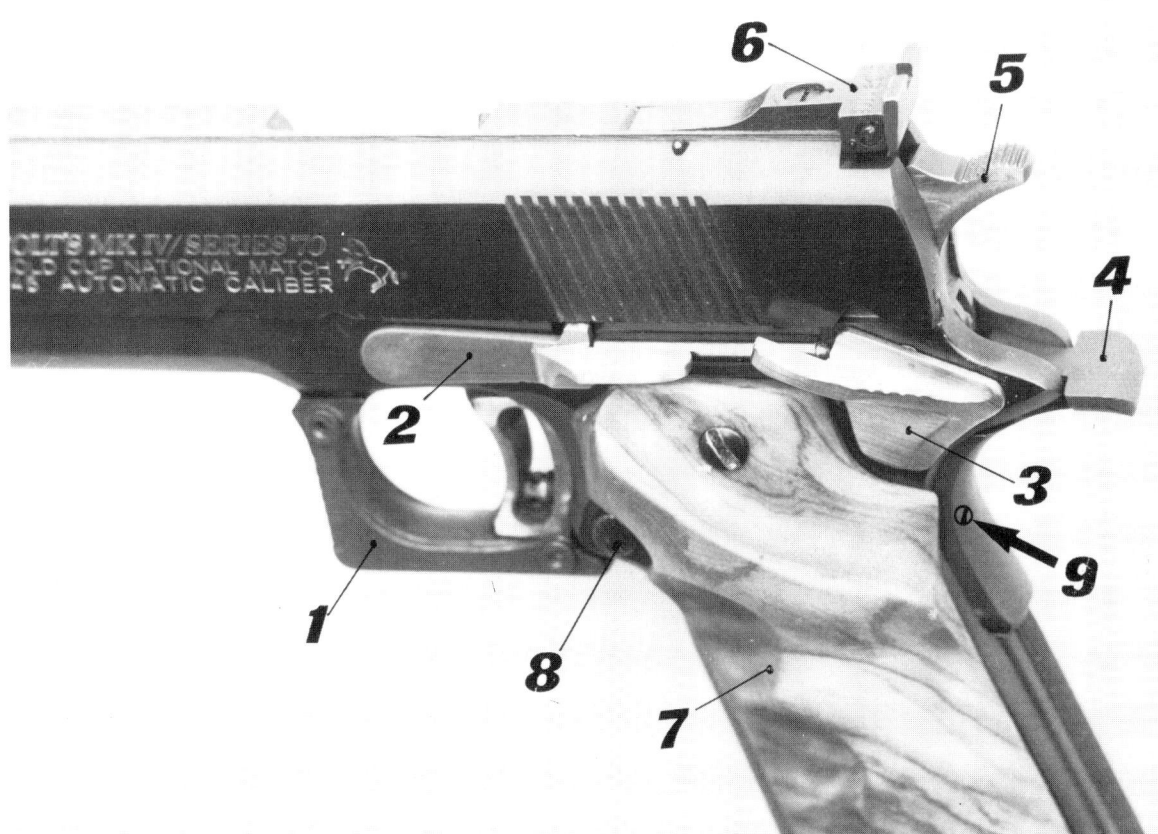

Abb. 32: Ohne großen Arbeitsaufwand läßt sich bei vielen Waffen die Handhabung durch Austausch von Teilen verbessern. Diese Gold-Cup bekam einen Adapter (1) auf den Abzugsbügel, der Verschlußfanghebel (2) und die Sicherung (3) sowie die Griffsicherung (4) wurden gegen besser gestaltete Teile gewechselt. Der Hahn (5) kann ebenso wie die Visierung (6) gegen andere Teile ausgetauscht werden. Die Griffschalen (7) sind aus Olivenholz maßgearbeitet. Der Magazinhalteknopf (8) muß noch geändert werden. Wird die Griffsicherung arretiert, kann das Abzugsgewicht über die Madenschraube (9) verstellt werden.

noch so klein geraten, besonders bei Blechprägeteilen, daß die Bedienung z. B. mit klammen Fingern oder gar mit dicken Handschuhen sehr erschwert, oft unmöglich gemacht wird. Hier nun setzt die Nacharbeit ein: Verbesserung der Griffigkeit aller Teile, die zur Handhabung der Waffe erforderlich sind. Und nicht zuletzt auch dadurch erreicht man eine bessere Schußleistung, weil man durch die erleichterte Bedienbarkeit nicht mehr von der Konzentration auf das Schießen abgelenkt wird.

AUSTAUSCHTEILE

Eine Waffe, die man selbst ›im Schlaf‹ noch beherrscht, erspart Zeit, die man auf genaueres Zielen verwenden kann. Das betrifft nicht nur Verteidigungs- oder Combatwaffen, sondern mindestens genauso auch die Matchwaffen der Sportschützen und Jäger. Am Beispiel einer Colt-Gold-Cup (Abb. 32) soll demonstriert werden, was sich schon ohne großen Arbeitsaufwand durch Austauschteile verbessern läßt. Der runde, schmale Abzugsbügel eignet sich nicht dafür, die Waffe im zweihändigen Anschlag zu schießen. Ein passender Adapter ist rasch aufgeschraubt (1) und löst das Problem. Der vorhandene kurze Verschlußfanghebel wurde gegen einen längeren (2) ausgetauscht und kann jetzt mit dem Daumen der Schußhand betätigt werden. Ebenso ist der alte Sicherungshebel ausgewechselt worden gegen einen längeren Hebel, der nun (3) ebenfalls mit dem Daumen bequem zu bedienen ist. Die Griffsicherung mußte einer neuen (4) mit breiterem Horn weichen, die den Rückschlag der Waffe auf eine größere Handfläche verteilt. Der alte Hahn (5) läßt sich gegen ein anderes Modell austauschen, das durch seine ringförmige Gestaltung Handverletzungen und Hängenbleiben an Kleidungsstücken vermeidet (Abb. 79). Visierungen sind ein zweischneidiges Schwert: Sind sie breit und solide gebaut (6), wie Sportschützen das brauchen, so stören sie andererseits die Bedienung und führen nur zu oft zu Handverletzungen beim Zurückziehen des Verschlusses. Hier muß jeder selbst die Entscheidung treffen, welche Visierung seinen Anforderungen am besten entspricht. Das Thema der optimal zur Hand passenden Griffschalen (7) war schon im vorigen Kapitel angesprochen worden.

Auch der Magazinhalteknopf (8) muß gut zugänglich sein und eine griffige Oberfläche erhalten. Möglichst so gestaltet, daß er ebenfalls mit dem Dau-

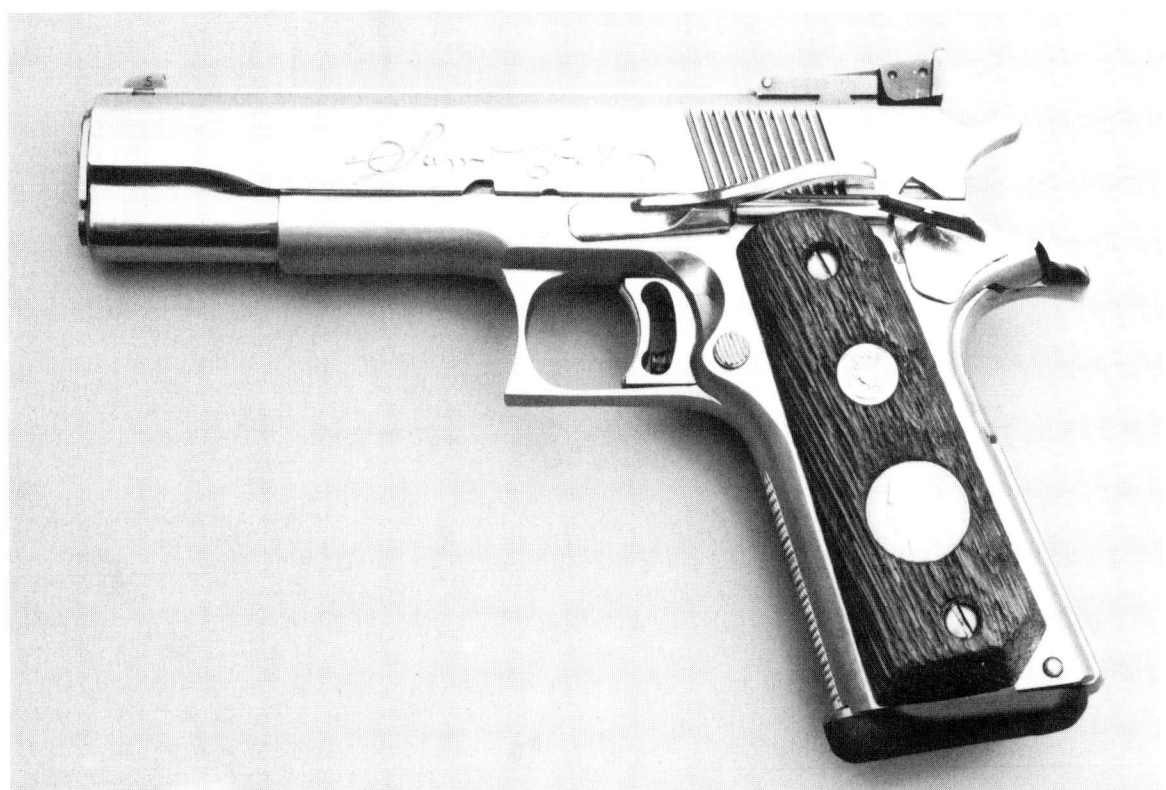

Abb. 33: Warum soll eine Waffe nur innen auf Hochglanz poliert sein? Wem ein weicher Schloßgang, niedriges Abzugsgewicht und gute Schußpräzision nicht reichen, der kann auch für das Äußere seiner Waffe noch eine ganze Menge Arbeit investieren.

men der Schußhand zu betätigen ist. Das kann bei den hier montierten Griffschalen jedoch nicht erfolgen, weil die Daumenauflage den Zugriff erschwert.

WEITERE HILFEN

Weitere Verbesserungsmöglichkeiten zur erleichterten Handhabung dieser Pistole sind z. B. angeschrägte Magazinschachtkanten, Magazinstoßböden aus Gummi oder Kunststoff usw., auf die jedoch weiter hinten im Buch noch eingegangen wird. Am Beispiel einer anderen Coltpistole (Abb. 33) sehen Sie so einen angesetzten Kunststoffstoßboden. Bei dieser Waffe ist auch die Griffsicherung festgelegt, also außer Betrieb, weil sie bei bestimmten Schießdisziplinen zu Fehlbedienung führen kann. Verbessert ist bei dieser Waffe auch noch mehr, und zwar durch Umänderung des Abzugsbügels ist das zweihändige Schießen ohne den vorher gezeigten Adapter möglich. Außerdem ist der Verschlußfanghebel durch Anschweißen und anschließendes Bearbeiten so weit verlängert worden, wie der Daumen des Waffenbesitzers es erfordert. Auch die Griffstückvorderseite ist durch Anbringen einer Fischhaut im Metall griffiger und rutschfester geworden. Zur Griffigkeit trägt natürlich auch die gebürstete rauhe Oberfläche der Griffschalen bei.

DER ABZUG

Aber nochmals zurück zu der kritischen Beobachtung der Bedienelemente Ihrer Waffe. Ein wesentliches Teil habe ich zunächst ausgespart, weil es ganz besonderer Beachtung bedarf. Ich meine den Abzug. Wenn Sie nun noch einmal die Waffe zur Hand nehmen, mit der leeren Hülse laden, die Waffe spannen und in der gewohnten Schießhaltung das Ziel anvisieren, so achten Sie bitte genau auf die Stellung Ihres Abzugsfingers am Abzug, während Sie diesen langsam (!) durchziehen. Zur Erläuterung sehen Sie in der grafischen Darstellung (Abb. 34) den Abzugsfinger (von oben gesehen), wie er den Abzug in Richtung des Pfeiles ›A‹ drük-

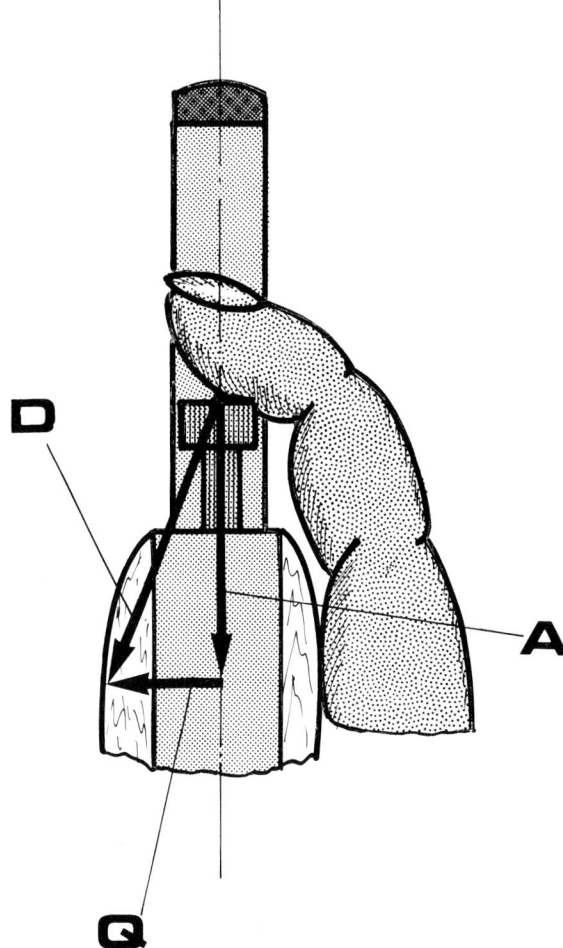

Abb. 34: Ein schräg ansetzender Abzugsfinger muß nicht nur mehr Abzugskraft aufbringen, er kann auch die Waffe aus der Richtung drücken.

ken soll. Ist jedoch der Abzug, wie hier dargestellt, zu weit weg für den Finger, ist also die Griffweite ›W‹ (Abb. 12) zu groß, so drückt der Finger den Abzug in Richtung des Pfeiles ›D‹. Da der Abzug sich natürlich nicht zur Seite drücken läßt, sondern weiter in Richtung ›A‹ geht, muß eine höhere (!) Abzugskraft als eigentlich nötig aufgewendet werden. Diese ergibt sich aus der Kraft in Richtung ›A‹ und der Querkraft ›Q‹. Das bedeutet im Klartext, daß die Kraft zur Betätigung des Abzugs dann am niedrigsten ist, wenn der Abzug axial in Waffenrichtung gedrückt wird, wenn er also in Pfeilrichtung ›A‹ be-

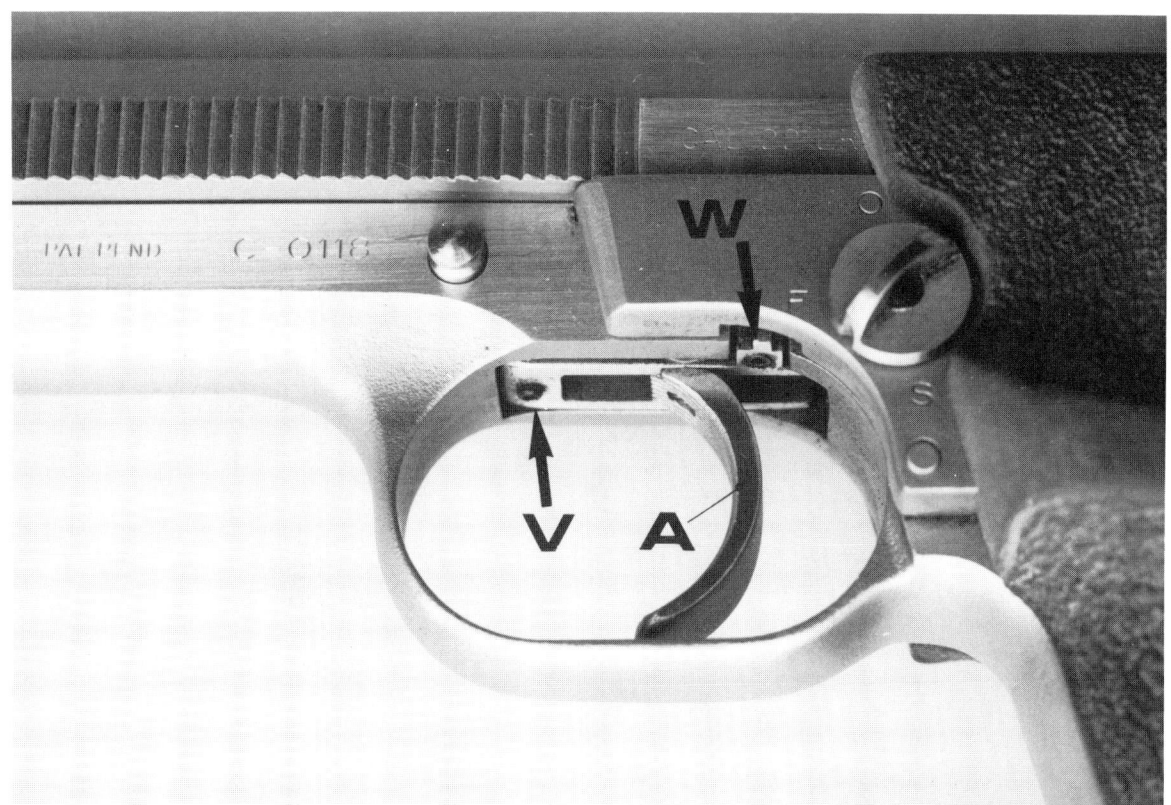

Abb. 35: Die Abzugszunge (A) ist längs verstellbar und seitlich schwenkbar bei der Agner M 80. Über die Schraube ›V‹ wird der Vorzugsweg, über Schraube ›W‹ der Vorzugswiderstand in gewissen Grenzen eingestellt.

tätigt wird. Der im Bild gezeigte schräge Druck auf den Abzug hat nicht nur eine höhere Diagonalkraft zur Folge, sondern er drückt die Waffe auch seitlich aus der Zielrichtung. Die logische Konsequenz erfordert daher: Die Griffweite ›W‹ muß zur Handgröße passen. Entweder wird bei kleinen Handgrößen der Griff so dünn wie möglich gehalten und der Abzug zurückgesetzt (eventuell Auswechseln der Abzugszunge), oder bei großen Händen wird der Griff dicker gehalten oder auch ein entsprechender Abzugschuh aufmontiert, um die Griffweite zu erhöhen. Noch etwas anderes können Sie der Zeichnung (Abb. 34) entnehmen: Liegt das vorderste Glied des Abzugsfingers schräg (wie dargestellt) am Abzug an, hat es keinen vollen Kontakt zur Fläche des Abzugs. Eine voll ausgenutzte Kontaktfläche aber vermittelt dem Finger das Gefühl eines niedrigen Abzugsgewichtes, weil ja die Andruckfläche größer ist. Manche Waffen haben zu diesem Zweck seitlich angeschrägte Abzugsflächen, andere wieder setzen eine auch seitlich schwenkbare Abzugszunge (Abb. 35) ein. Aus den oben erwähnten Gründen sollte davon aber nur sehr begrenzt Gebrauch gemacht werden, weil es sonst leicht zu Abzugsfehlern kommt. Die Abzugszunge selbst sollte gut 10 mm breit sein und möglichst nicht glatt, sondern eine griffige, rutschsichere Oberfläche aufweisen. Eine glatte Oberfläche erleichtert zwar das saubere Abziehen, aber die Gefahr, abzurutschen, ist m. E. größer.

LANGWAFFEN

Auch bei Gewehren gibt es Bedienelemente, die zu erschwerter Handhabung führen können. Beispielsweise der Kammerstengel, der oftmals gerade und mit einem wenig griffigen Kopf von der Waffe absteht. Soll ein Zielfernrohr an der Waffe montiert werden, ist sowieso der Kammerstengel abzubiegen, damit er durch das ZF nicht behindert wird. Ein gutes Beispiel für eine durchdachte Konstruktion zeigt der Sauer-Stützklappenverschluß (Abb. 36). Auch der Sicherungsschieber liegt geschützt, aber gut erreichbar, und ist sogar noch mit dicken Handschuhen bedienbar. Das ist nämlich gerade für Jäger oder Sportschützen bei winterlichem Einsatz oft ein Problem, daß sich die Bedienelemente mit Handschuhen oft nicht mehr sicher betätigen lassen. Deshalb machen Sie auch in dieser Hinsicht einen Versuch. Probieren Sie alle einzelnen Funktionen Ihrer Waffe, also auch Laden und Entladen, Sichern usw., mit dicken Winterhandschuhen aus. Prüfen Sie auch, ob der Abzugsbügel weit genug ist, um mit Handschuh bequem an den Abzug zu kommen, ohne daß der Abzug versehentlich ausgelöst wird! Bestimmt werden Sie noch eine ganze Reihe anderer Handhabungsmängel feststellen. Jetzt ist die Zeit da, sie zu beheben. Beispielsweise sollten Sie sich Ihre Waffe einmal daraufhin anschauen, ob eventuell die Riemenbügel scharfkantig (Verletzungsgefahr) oder zu breit (Verhaken an Kleidung) geraten sind. Austauschen gegen bessere ist eine Kleinigkeit. Bei mehrschüssigen Gewehren ist auch der Blechboden des Magazins oft gefährlich scharfkantig. Kanten rundschleifen oder eine etwas breitere Gummiplatte aufkleben hilft fast immer.

VERLETZUNGSGEFAHR

Das Thema Verletzungsgefahr sollte auch all die Schützen oder Jäger interessieren, die eine Faustfeuerwaffe zu Verteidigungszwecken oder zu kampfmäßigem Schießen führen. Hier wird oft herstellerseitig noch zuwenig getan, die Waffen äußer-

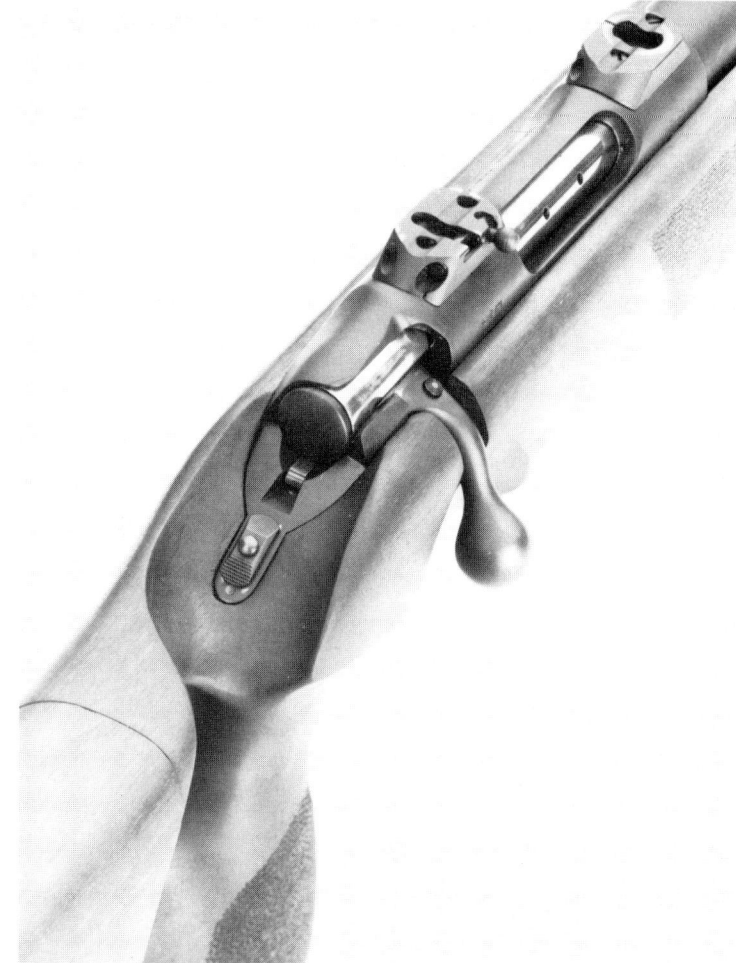

Abb. 36: Der Sauer-Stützklappenverschluß hat bei nur 65° Öffnungswinkel eine relativ große Verriegelungsfläche, eine bequem erreichbare Druckknopfschiebesicherung und ein vorderes Verschlußteil, das auch beim Ver- oder Entriegeln nicht mitdreht, sondern parallel läuft. Der Kammerstengel ist abgesenkt und griffgerecht geformt.

lich zu entschärfen. Scharfkantige Waffen und weit vorstehende, kantige Visierungen, Hämmer mit einem zu groß geratenen Sporn, aus gestanzten Blechteilen gratig zusammengesetzte Magazine sind leider oft die Regel. Auch Verschlußfang- oder Sicherungshebel aus Blechprägeteilen haben geradezu eine Vorliebe, sich in der Kleidung zu verhaken. Zu schmale, glatte Abzugsbügel und rutschige Plastikgriffe führen ebenso zu Verletzungen, weil die Waffe nicht mehr sicher gezogen und gehalten werden kann. Machen Sie die Probe aufs Exempel: Stecken Sie die (entladene!) Waffe in die Hosen- oder Manteltasche, gehen Sie damit ein paar Schritte herum und versuchen Sie dann, die Waffe in kürzester Zeit zu ziehen und abzudrücken. Wenn Sie dazu eine Stoppuhr laufen lassen, so haben Sie auch gleich noch eine Kontrolle, ob Ihre Nacharbeit an der Waffe einen Erfolg bringt. Scheuen Sie sich nicht, Ihre Verteidigungswaffe so zu bearbeiten, daß Ihnen in einem Notfall (dazu ist die Waffe ja da) die Waffe schnellstmöglich hilft. Da geht es unter Umständen um Bruchteile von Sekunden, die über Leben und Tod entscheiden können. Bei einer Verteidigungs- oder Kampfwaffe kommt es wahrhaftig nicht auf optische Schönheit an, sondern nur auf sichere, schnelle Funktion. Deshalb nehmen Sie ruhig Feile oder Schleifstein zur Hand und ändern die Waffe dahingehend ab, daß scharfe Kanten gebrochen werden, daß Hebel und andere Teile nicht mehr als unbedingt nötig hindern, daß der Waffengriff gut in der Hand liegt und rutschsicher ist. Ferner, daß der Abzug dem Finger sicheren Halt bietet, daß man bei hastiger Bedienung nirgends hängenbleibt, daß man sich nicht die Finger klemmt und daß trotz allem die Waffe ihre absolut sichere Funktion behält. Auch bei Kälte und mit dicken Handschuhen.

Waffentuning durch Zubehör

Selbst hochwertige Präzisionswaffen lassen sich durch den Einsatz von zweckmäßigem Zubehör noch verbessern. Das Angebot an Waffenzubehör ist recht umfangreich, und wenn man die Angebote von US-Firmen dazunimmt, fast schon zu umfangreich. Da hilft nur, die Spreu vom Weizen zu trennen und sich auf die Dinge zu konzentrieren, die wirklich nützlich sind.

1. Zubehör für verbesserte Handhabung

Für Großkalibersportpistolen sind **Hülsenfänger,** die an der Waffe angeklemmt werden, sehr praktisch. Sie ersparen das lästige Hülsensuchen. Leider nur im Training, im Wettkampf ist die Sportordnung dagegen. Auch **Ersatzmagazine** sollte man als Pistolenschütze besitzen. Zumindest im Training ersparen sie einem das zeitraubende Nachfüllen des Magazins, außerdem lassen sich Ersatzmagazine vor dem Schießen wesentlich munitionsschonender in Ruhe laden. Waffen, die nicht richtig ausbalanciert sind, kann man zur höheren Vorderlastigkeit mit **Anbaugewichten** versehen (Abb. 37). Solche Teile gibt es auch für Gewehre (Abb. 38). Sie haben den Vorteil, daß sie sich variieren und stufenlos auf die gewünschte Balance einstellen lassen. Für Revolverschützen empfehlenswert sind die **Ladestrips** und Halbmondchips, bei denen jeweils drei Patronen zugleich in die Trommel gesetzt werden können. Auch **Wechseltrommeln** in anderen Patronensorten (z. B. 9 mm Para statt Kaliber .38 Spl./.357 Magnum) können nützlich sein. Man kann aber auch eine Wechseltrommel im gleichen Kaliber dann zur Verbesserung der Schußleistung einsetzen, wenn entweder die alte Trommel Ausbrennungen aufweist oder Timingfehler nicht zu beheben sind. **Holster** und passende **Holstergürtel** können für den, der seine Waffe combat- oder kampfmäßig einsetzt, eine beträchtliche Verbesserung der Handhabung bringen. Eine Waffe, die nicht blindlings beim schnellen Zugriff in der Hand liegt, hat ihren Zweck in diesem Falle verfehlt! Hier ist das Beste gerade gut genug, hier muß man aber andererseits die angebotenen Holster und

Abb. 37: Anbaugewichte zur Verbesserung der Vorderlastigkeit einer ganzen Reihe von Lustpistolen und Sportpistolen (Fa. Stadler) gestatten die optimale Anpassung an die Wünsche des einzelnen Schützen.

Gürtel in der Praxis auf die persönliche Eignung testen. Holster und Gürtel kann man, ebenso wie vieles andere Zubehör, auch selbermachen. Das Buch ›Schußwaffen-Zubehör selbermachen‹ ist hierfür sehr nützlich. Gewehrschützen können zur besseren Anpassung des Schaftes an ihre Körpermaße **Schaftkappen** aus Gummi oder Leder verwenden, die einfach nur auf den Schaft aufgesteckt werden. Aber auch die normalen Schaftkappen und **Rückschlagminderer,** die fest am Schaftboden montiert werden, sind eine optimale Hilfe. Das gleiche trifft auf die in vielen Ausführungen erhältlichen **Pistolgriffkäppchen** zu, die nicht nur dekorativen Wert haben. Sie passen den Pistolgriff des Gewehrs an die Handgröße des Schützen an. Die Pachmayr-**Griffadapter** sind ebenfalls dann angebracht, wenn bei einem Revolvergriff (auch Vorderlader) zwischen dem Waffenrahmen und dem Mittelfinger (der ja die Waffe stützen soll) Luft ist.

Der Adapter wird einfach zwischen den beiden Griffschalen festgeklemmt und überbrückt den Zwischenraum. Auf die aus Neoprenhartgummi gefertigten, für viele Waffenmodelle erhältlichen Pachmayr-**Griffschalen** wurde schon hingewiesen. Sie sind relativ preiswert, haltbar und geben der Hand einen festen, rutschsicheren Halt. Aus robustem Nylon dagegen sind die **Hogue Monogrip**-Combatgriffe für verschiedene Revolver, die durch ihre gute Formgebung und perlartige Oberfläche der Hand ebenfalls guten Halt geben. Für viele Waffen kann man aus Holz gefertigte **Griffschalen** oder **Griffrohlinge** bekommen, so daß selbst ohne Neuanfertigung eines Griffs oftmals eine gute Anpassung an die Schützenhand möglich wird. In diesem Zusammenhang soll auch noch auf die **Abzugschuhe** hingewiesen werden, die die Griffweite der Waffe erhöhen und dem Abzugsfinger eine breitere Auflagefläche bieten.

Vorderladerschützen werden als Zubehör **Ladekästen** und **Ladebecher** verwenden, weil hier die einzelnen Ladungen sorgfältig abgewogen bereitstehen und nicht erst in der Wettkampfhektik dosiert werden müssen. Der Präzisionsverbesserung dienen auch die **Pulver-** oder **Ladetrichter**, die das verlustlose Einfüllen des Pulvers in den Vorderladerlauf ermöglichen. Besitzer von großkalibrigen Coltpistolen bekommen im Zubehörhandel die schon erwähnten **Verschlußfanghebel** und **Sicherungshebel**, und zwar sowohl in normaler oder verlängerter Form als auch in einer Ausführung, die das beidseitige Betätigen gestattet. Für Combatschützen und andere Waffenträger kann das sehr nützlich sein, aber auch linkshändige Sportschützen wissen so etwas zu schätzen. Ebenso bekommt man fertige **Magazinböden** aus Hartgummi, **Hochschlag-** und **Rückstoßdämpfer** und manches andere nützliche Zubehör zur besseren Handhabung der Waffen. Für Jäger interessant ist auch eine **Zielhilfe**, die unter dem Vorderschaft angeschraubt das sichere seitliche Anstreichen der Waffe und festeren Halt ergibt, weil sich die Verzahnung der Zielhilfe im Holz festkrallt. Indirekte Zielhilfen für Schützen sind auch die **Schießriemen** und **Schießhandschuhe**, weil sie die sichere Handhabung der Waffe erlauben.

2. Zubehör für verbesserte Schußleistung

Einstechläufe und **Ladepatronen** gibt es für Gewehre ebenso wie für Pistolen und Revolver. Einstechläufe müssen zum Waffenmodell passen, Ladepatronen sind kaliberabhängig. Mit ihrer Hilfe kann man, noch dazu verhältnismäßig preiswert, auch da trainieren, wo das Schießen mit normaler Munition wegen der Geräuschbelästigung oder aus Sicherheitsgründen nicht möglich ist. Das bessere Training ist auch ein Weg zu besserer Schußleistung. Aus dem gleichen Grund sind auch **Trainingsduell-Anlagen** und **Trainingsscheiben-Anlagen** z. B. für das LP- und LG-Training oder ein (selbstgebautes) **Schießkino** für Übungsmunition durchaus ernst zu nehmendes Zubehör. Hinweise zum Eigenbau finden Sie auch hierfür im Buch ›Schußwaffen-Zubehör selbermachen‹. Ein wichtiges Zubehör sind in diesem Zusammenhang auch die **Wechselsysteme** bzw. in gewissen Grenzen auch die **Wechseltrommeln,** weil sie es gestatten, das gleiche Waffenmodell mit anderer Munition zu schießen. Da der Erwerb von Wechselsystemen kleineren Kalibers als das der Originalwaffe keiner Erwerbsbeschränkung (nur Anmeldepflicht) unterliegt, bietet sich hiermit dem Jäger oder Sportschützen die Möglichkeit, mit preiswerter Munition eines kleineren Kalibers zu üben. Fast den gleichen Zweck erfüllt auch **Trainingsmunition,** die lediglich mit der Energie des Zündhütchens vollkommen für Zimmertraining ausreicht und beliebig oft nachgeladen werden kann. Vorderladerschützen werden ihre wertvollen Pistons vor dem Abschlagen des Hammers schützen wollen, sie setzen deshalb **Pistonschoner** darauf. Viele Schützen verwenden aus dem Grund auch zwei Satz Pistons, nämlich einfache für Trainingszwecke und extraharte, besonders präzise gefertigte Beryllium-Pistons für den Wettkampf. Dadurch wollen Sie eine besonders gleichmäßige Zündfunkenstreuung in den Kammern und einen guten, vollflächigen Anschlag des Hammers auf dem Zündhütchen erreichen. Der Präzision förderlich sind auch kalibergerechte, laufschonende **Ladestöcke** und **Starter,** die es in reicher Vielfalt in Alu, Messing oder Holz sowie Kunststoff für den Vorderlader im Handel gibt. Pulverfülltrichter usw. wurden schon im vorigen Abschnitt erwähnt. Für den Jäger, der seine Flinte auf der Jagd oder auch beim Trap- oder Skeetschießen vielseitig verwenden will, möchte ich noch auf die **Mündungsaufsätze, Einzelchoke** und das **Polychoke**-System hinweisen. Eine nachträgliche Montage ist jederzeit möglich und gestattet dem Schützen, von der erweiterten Skeetbohrung bis zum Vollchoke jede gewünschte Chokebohrung einzustellen. Gewehrschützen kennen die Vorteile von **Schießjacken.** Deren Qualität ist (preisbedingt) unterschiedlich. Jacken, die der Waffe nicht genug Sicherheit gegen Abrutschen bieten, kann man durch Aufnähen oder Aufkleben von Neopren- oder Haftgummistellen verbessern. Auch Noppengummi oder Wildleder läßt sich so anbringen.

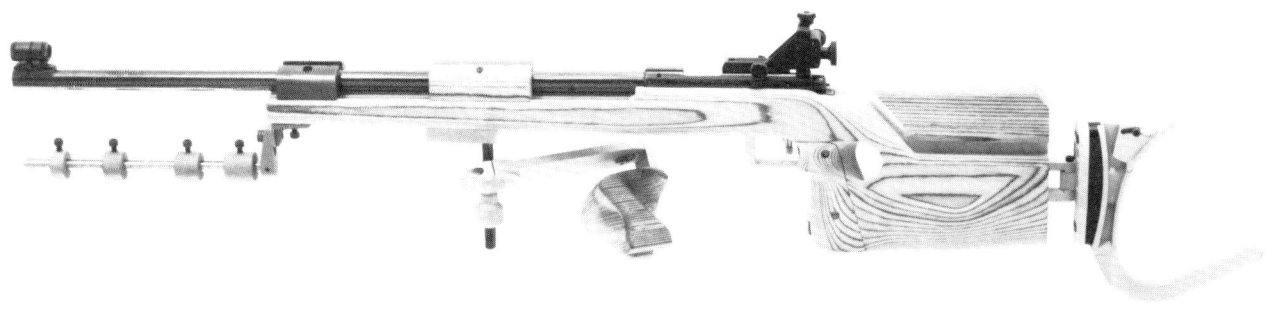

Abb. 38: Das Feinwerkbau-KK-Supermatch-Gewehr (systemgleich mit KK Standard) ist sowohl mit mechanischem wie auch elektronischem Abzug lieferbar. Die Elektronik kommt dabei nicht nur dem gleichbleibenden Abzug zugute, sondern ist auch eine große Hilfe für das Trockentraining. Der Schichtholzschaft ist wesentlich unempfindlicher gegen Wettereinflüsse als ein normaler Holzschaft (Verspannungen). Die Verstellbarkeiten des Schaftes lassen keine Schützenwünsche mehr offen. Beachtenswert auch hier die verschiebbaren Zusatzgewichte zum individuellen Ausbalancieren der Waffe.

Will man zuvor die Wirksamkeit testen, wird man die Teile zunächst mit doppelseitigem Klebeband provisorisch fixieren und dann erst in der gewünschten Ausführung endgültig befestigen. Übrigens läßt sich dies auch sehr gut mit aufgenähten Streifen von Klettband machen. **Flimmerband** dagegen ist etwas für diejenigen Gewehrschützen, die durch vom heißen Lauf aufsteigende Hitzeschlieren beim einwandfreien Visieren behindert werden. Anstelle des käuflichen Flimmerbandes kann man auch, zumindest probehalber, ein 3 bis 4 cm breites schwarzes Gummiband bzw. Gummigewebeband mit Haken versehen und zwischen Kimme und Korn bzw. zwischen dem vorderen ZF-Montagefuß und dem Korn waagerecht spannen. Ebenfalls gegen Hitzeschlieren genauso wie gegen Sonnen- und Windeinflüsse gedacht sind die leichten, aus dünnem transparentem Kunststoffrohr gefertigten **Sonnenblenden,** die im vorderen Gewinde des Zielfernrohrs bei Benchrest-Waffen montiert werden. Wenn man sich ein geeignetes Kunststoffrohr irgendwo besorgen kann, ist der Eigenbau solcher Blende kein Problem. Im Fotohandel kauft man sich einen passenden Zwischenring, der auf der einen Seite zu dem ZF-Gewinde passen muß und auf der anderen Seite entweder auf das Kunststoffrohr aufgeschraubt wird (das läßt sich auch aufschrauben, wenn das Rohr kein Gewinde aufweist) oder das man auf das Rohr aufklebt. Allerdings sollte man zuvor eine Klebeprobe an einem Rohrrest machen. Nicht jeder Kunststoff verträgt sich mit jedem Kleber!

Ein Zubehörteil, das zwar die Schußleistung nicht verbessert, aber doch erhalten hilft, ist ein ›falsches‹ Schloß, das bei Reinigungsarbeiten an die Stelle des Verschlusses tritt und durch seine Führung des Reinigungswerkzeugs beim Eintritt in das Patronenlager bzw. den Übergangskegel schiefes Ansetzen der Bürste verhindert. Auch ein solches **Schloß** kann man sich mit etwas Fleiß selbst aus Messing oder aus einem alten Schloß fertigen. Sogar der Nachguß des Schlosses mit Hilfe einer Silikonkautschukform und mit Epoxydharz ist möglich, wenn man es nicht gleich aus einem vollen Plexistab oder ähnlichem drehen und zurechtfräsen will. Zum Thema Zubehör gehört auch das entsprechende **Reinigungswerkzeug,** aber darauf wird im Kapitel über Waffenpflege eingehend hingewiesen.

Tuning an offenen Visierungen

Eine Präzisionswaffe ohne präzise Visierung ist praktisch sinnlos. Zumindest für denjenigen, der damit treffen will. Er muß ja vor dem Auslösen des Schusses wissen, wo dieser Schuß hingeht. Eine wackelige, verschlissene oder ungenaue Visierung ist ebenso unbrauchbar wie eine schlecht justierbare oder schlecht erkennbare Visierung. Solche Visierungen müssen überarbeitet, notfalls ausgetauscht werden. Und zwar, bevor es an die Bearbeitung der Waffe selbst geht! Weil nämlich die Visierung im Normalfall das einzige Mittel (abgesehen von Schießmaschinen) ist, die Schußleistung einer Waffe zu kontrollieren. Deshalb sollten Sie sich zunächst mit der Visierung Ihrer Waffe beschäftigen.

DAS BALKENKORN

Bei Faustfeuerwaffen für das sportliche Schießen besteht (außer bei Vorderladern) die Visierung meist aus einem Balkenkorn und einer verstellbaren Kimme. Zunächst das Balkenkorn: Eine Nacharbeit kann dann erforderlich werden, wenn es sich infolge unzureichender Befestigung gelockert hat. Oft sind diese Korne mit einem Stift in einer vier- oder rechteckigen Öffnung im Lauf oder Schlitten vernietet oder verlötet. Hat sich so eine Befestigung auch nur geringfügig um Millimeterbruchteile gelöst, sollte eine Nachlötung (mit Weichlot) erfolgen. Das reicht im allgemeinen, um die minimalen Luftspalte auszufüllen. Wackelt das Balkenkorn dagegen stärker oder läßt es sich womöglich sogar ein wenig drehen, muß es abgenommen und völlig neu befestigt werden. Bevor man es wieder einsetzt, sollte man den Zustand des Korns kontrollieren: Ist es an der Visierfläche noch scharfkantig und etwas hinterschnitten (damit es nicht unsauber zu sehen ist oder glänzt)? Im Zweifelsfalle wird es mit einer feinen Dreikantfeile wieder exakt flächig gearbeitet und mit Polierleinen (um die Feile wickeln) oder einem passenden Abziehstein sauber abgezogen. Danach ist natürlich eine tiefschwarze Nachbrünierung erforderlich, was aber mit den handelsüblichen Mitteln (siehe Pflegemittel) kein Problem ist. Soll die Waffe für schnelle Visiererfassung (bei Combat- oder Verteidigungswaffen sowie Waffen für die Nachsuche) geeignet sein, so läßt sich jetzt das Balkenkorn noch durch Anbringen eines Leuchtpunktes verbessern. Derartige aus leuchtend rotem oder grünem Kunststoff bestehende Platten oder Stäbe, von denen ein entsprechend zugeschliffenes Stückchen am Balkenkorn befestigt wird, bekommt man entweder bei seinem Büchsenmacher, oder man verwendet farblich geeignete Munitionsplastikschachteln, signalfarbene Filzstifthüllen oder andere Kunststoffteile als Rohmaterialquelle und sägt passende Teile heraus. Man muß sich aber zunächst darüber klar sein, wie das Leuchtkorn befestigt werden soll. Wird es in eine schwalbenschwanzförmige Nut im Korn geschoben, muß diese Nut zuvor im Korn eingefeilt werden. Andere Befestigungsmöglichkeiten wie Ankleben (mittels Zweikomponentenkleber) oder Anschmelzen (durch Erhitzen des Korns) können erst nach der endgültigen Befestigung des Korns an der Waffe vorgenommen werden. Wird das lose Korn nur mit einem Zweikomponentenkleber in der alten, zu großen Bohrung im Schlitten bzw. Lauf festgemacht, kann es sich sowohl durch die Lauferwärmung (auch durch Sonneneinstrahlung) als auch durch die Erschütterungen beim Schuß mit der Zeit wieder lösen. Deshalb ist das Hartlöten oder Vernieten die bessere Methode. Beim Hartlöten ist zu beachten, daß der Lauf usw. durch die Hitze nicht Schaden nimmt, sich also nicht verziehen oder verspannen kann oder daß gar andere Teile gelockert werden (ZF-Montagen oder ähnliches).

NACHARBEITEN

Für verschiedene Colt- und Rugerrevolver gibt es sogar farbige Korne, sogenannte C-More-Korne, im Waffenhandel zu kaufen. Auch für S&W-Waffen bekommt man mit Farbkorn, Messingkorn oder in Mattschwarz ausgeführte Target-Sights zu kaufen, die sich gegen vorhandene Korne auswechseln lassen. Korne, die in einer Schwalbenschwanznut an der Waffe befestigt werden, können sich nicht so schnell lockern. Wenn sie es doch einmal getan haben, kann man sie mit einem Zweikomponentenkleber in der Nut einkleben. Besser aber ist eine entsprechende Haftreibung, die man dadurch erreicht, daß bei herausgenommenem Korn die Grundfläche der Schwalbenschwanznut oder die Gegenfläche am Korn mit einem Körner oder einem kleinen Kreuzmeißel etwas aufgerauht bzw. angekörnt wird. Dann treibt man mit einem Kunststoffhammer oder notfalls mit einem Schlosserhammer und zwischengelegtem Holzstück das Korn wieder in seine Lage. Wechselt man das Korn gegen ein anderes, das etwas übermäßig und nur mit Gewalt in die Nut zu bringen ist, so gibt es auch dafür einen Trick: Das Korn wird eine halbe Stunde in die Tiefkühltruhe gepackt und der Schlitten bzw. Lauf mit der Schwalbenschwanznut mit einer Kerzenflamme oder ähnlichem erwärmt. Dann läßt sich beides zusammenpassen und nach dem Temperaturausgleich hat man einen bombenfesten Paßsitz. Übrigens, wenn Sie ein neues Korn an Stelle des alten verwenden oder wenn Sie die bisherige Kimme gegen eine neue Mikroklickvisierung oder ähnliches austauschen: Verwenden Sie ein Korn, das mindestens 1 mm höher ist, als die Höhendifferenz zwischen alter und neuer Kimme. Nur so ist einigermaßen sichergestellt, daß sich Korrekturen beim Einschießen ausführen lassen. Und da wir gerade beim Thema Kornkorrekturen sind, noch ein Tip:

SCHIEFES KORN?

Nehmen Sie Ihre Waffe zur Hand und prüfen Sie einmal, ob denn die Oberkante des Balkenkorns wirklich absolut waagerecht liegt, wenn die Waffe gerade gehalten wird. Nicht nur nachgebesserte, schief eingesetzte Korne haben solche Fehler, sondern leider immer häufiger auch Waffen, die frisch aus der Fabrik kommen. Besonders bei Revolvern ist das der Fall, weil hier der Lauf im Rahmen eingeschraubt wird und nicht immer ist eine exakte Fertigung oder eine gute Endkontrolle im Werk gewährleistet. Sehen kann man solche Schlampereien am besten, wenn man die Waffe mit Hilfe eines Winkels senkrecht ausrichtet und über die (hoffentlich gerade) Kimme die Kornoberkante anpeilt. Gegen einen hellen Hintergrund kann man am schnellsten Abweichungen erkennen.

LICHTREFLEXE STÖREN

Korne, die zur Kimme hin angeschrägt sind, also sogenannte Schnellziehkorne, neigen gelegentlich dazu, das Umgebungslicht zu reflektieren. Auf gut Deutsch heißt das, daß sie blenden und dadurch keine genaue Zielerfassung möglich ist. Abhilfe schafft wieder die Dreikantfeile, indem in die der Kimme zugewandte Fläche Querrillen eingefeilt werden, die die blendende, glatte Fläche in mehrere kleine Felder unterteilen. Wird das Korn dann noch entsprechend dunkel brüniert bzw. geschwärzt, gibt es kaum noch Probleme. Edelstahlwaffen, bei denen das Korn und manchmal auch die Kimme ebenfalls aus Edelstahl gefertigt sind, werden durch ein Schwärzen von Korn und Kimme verbessert. Hierfür gibt es spezielle Mittel (Abb. 86, oben rechts). Für den Sportschützen ist das geeignetste Korn zumindest bei Faustfeuerwaffen (nicht: Vorderlader) das hinterschnittene Balkenkorn, also das Korn, dessen zur Kimme gerichtete Fläche negativ geneigt ist und sich selbst Schatten erzeugt. Allerdings ist dieses Korn auch besonders empfindlich gegen Verschleiß. Weil die scharfen Ecken überall hängenbleiben und sich schnell abrunden bzw. blankscheuern. Die vorhin erwähnte Nachschleifarbeit mit anschließender Brünierung behebt von Zeit zu Zeit diesen Mangel.

KONTRASTERHÖHUNG

Eine Möglichkeit, die Kontrasthelligkeit an diesen Balkenkornen zu verstärken, gibt es auch. Sie sollten diese Möglichkeit zumindest versuchshalber einmal probieren: Kleben Sie zwei weiße Kunststoffplättchen mit Haftkleber oder leicht zu entfernendem anderem Kleber rechts und links auf die Seitenflächen des Korns. Und zwar so, daß die angeschrägten Flächen (45°) der Plättchen das Raumlicht voll in Richtung Kimme werfen. Sie sehen dann in den Lichtspalten zwischen Kimme und Korn nicht mehr das (sowieso meist schlecht erkennbare) Ziel, sondern weiße, hell reflektierende Flächen. Dadurch läßt sich wesentlich leichter ein Verklemmen des Korns erkennen. Kommen Sie mit dieser Art der Kontrasterhöhung zurecht, werden die Kunststoffplättchen nach entsprechender Fertigstellung mit Zweikomponentenkleber endgültig befestigt. Es reicht übrigens für diese Plättchen eine Materialstärke von zirka 2 mm meist völlig aus.

Um das Klemmen des Korns leichter erkennen zu können, verwenden manche Waffen- oder Visierhersteller auch U-förmige Kimmen an Stelle der sonst gebräuchlichen rechteckigen Kimmenausschnitte.

DER KIMMENAUSSCHNITT

Bei einem U-förmigen Kimmenausschnitt ändert sich nämlich beim Klemmen des Korns der Lichtspalt auch in der Höhe und dadurch wird der Fehler rascher bemerkt. Ob einem aber trotz dieses Vorteils die U-Kimme zusagt, muß man ausprobieren. Der V-förmige Kimmenausschnitt, der früher gern verwendet wurde, ist dagegen heutzutage praktisch völlig verschwunden, weil er sich in keinem Fall bewährt hat.

DIE VISIERHÖHE

Das Visier Ihrer Waffe verdient aber nicht nur bezüglich des Kimmenausschnitts Beachtung, sondern es gibt eine Menge Dinge, die an einer verstellbaren Visierung nicht stimmen können. Da ist zunächst die Höhe der Visierung selbst, die Aufmerksamkeit verdient. Es gibt flach gehaltene, fast in der Waffe versenkte Visierungen und es gibt hochbeinige, hinderliche und auch optisch ungünstige Visierkonstruktionen. Je flacher eine Visierung über der Schußhand sitzt, um so geringer wirken sich Zielfehler aus. Aber auch um so geringer ist die Verletzungsgefahr, weil man an einer niedrig gehaltenen Visierung nicht so leicht hängenbleiben kann. Hochbeinige Konstruktionen sollten einen schon von vornherein darauf hinweisen, daß der Konstrukteur sich zuwenig Gedanken gemacht hat. Hat er dann auch in anderer Hinsicht den Stand der Technik verschlafen? Zum Glück kann man aber verstellbare Visierungen in vielen Fällen gegen bessere Visierungen austauschen. Oder man kann sie durch behutsames Abschleifen etwas verkleinern.

WACKELTEST

Meist ist jedoch eine hochbeinige Visierung auch zugleich eine etwas wackelige Angelegenheit. Und das können Sie sich nun wirklich nicht leisten, wenn Sie präzisionsbewußt schießen wollen. Schauen Sie sich deshalb zunächst einmal kritisch das Visier an: Ist zwischen den Einzelteilen irgendwo Luft? Kann man das Visier seitlich geringfügig von Hand verschieben oder gar etwas kippeln? Hat das Visier in der Höhe Spiel? Und wie sieht es mit den Einstellschrauben für Höhen- und Seitenkorrektur aus: Lassen sie sich womöglich sehr leicht bewegen oder mit dem Finger verstellen? Dann besteht auch die Möglichkeit, daß sie sich durch den Waffenrückstoß ebenfalls aus ihrer Position bringen lassen.

NACHARBEITEN

Solche Visiere bedürfen, wenn man sie nicht lieber gleich gegen bessere austauschen will, einer sorgsamen Nacharbeit. Schrauben, die zu viel Spannung aufweisen, kann man mit einem der bekannten Schraubensicherungsmittel (z. B. Loctite-Schraubensicherung oder ähnlichem) oder notfalls mit elastischem Klebemittel (von Klebeband abpulen) wieder fixieren. Unangenehmer ist schon zuviel

Spiel in den Einzelteilen des Visiers. Dieses muß behutsam (auf wegspringende Federn achten!) zerlegt werden, nachdem man das Spiel mit einer Blattfühlerlehre ausgemessen hat. Dann wird entweder durch Einsetzen von Unterlegscheiben entsprechender Größe (Uhrmacher oder Feinmechaniker fragen) oder durch Einkleben kleiner Abschnitte der erwähnten Blattfühlerlehre (sie kostet nicht die Welt) der Spielraum überbrückt. Als Kleber wird hier wieder Zweikomponentenkleber empfohlen, die Blechteile lassen sich aber auch weich auflöten. Bei manchen Visieren ist ein gewisses Spiel konstruktiv erforderlich und darf nicht überbrückt werden. Meist halten in solchen Fällen Schraubenfedern das Visierteil mehr oder weniger spielfrei. Diese Federn ermüden mit der Zeit und müssen in diesen Fällen nachgespannt oder durch neue Schraubenfedern ersetzt werden. Eine gute Quelle für solche kleinen Federn sind oft Wegwerf- oder andere ausrangierte Feuerzeuge, aber auch Kugelschreiber usw. Soll die Visierung gegen eine komplette neue ausgetauscht werden, gibt es häufig Probleme mit dem Anpassen des neuen Visiers an die vorhandenen Befestigungsmöglichkeiten der Waffe. War das alte Visier in einer Schwalbenschwanznut befestigt, wird man natürlich auch das neue in einer solchen Ausführung wählen. Unangenehmer ist schon die Befestigung mit Schrauben oben auf dem Schlitten bzw. Rahmen der Waffe. Diese Bohrungen passen nur in den seltensten Fällen mit denen des neuen Visiers zusammen. In solchen Fällen muß man, sofern die Waffe in diesem Bereich noch genügend Materialstärke aufweist (Sicherheit beachten!), entweder eine passende Montagefläche schleifen und neue Gewindebohrungen anbringen, oder man feilt (bzw. fräst) eine Schwalbenschwanznut quer oder längs ein und kauft eine entsprechende Visierung. Bei Materialstärkeproblemen sollten Sie die Waffe zu Ihrem Büchsenmacher bringen. Vielleicht hat er die Möglichkeit, den Rahmen bzw. Schlitten an dieser Stelle durch Materialauftragschweißung zu verstärken bzw. alte, materialschwächende Bohrungen zuzuschweißen. Diese Arbeiten sollten Sie keinesfalls selbst versuchen, weil hierzu große Sachkenntnis und ein neuer Beschuß der Waffe erforderlich sind!

VISIERWECHSEL

Dennoch sollte man den (auch finanziellen) Aufwand nicht scheuen, wenn man dadurch zu besseren Ergebnissen kommt. Manche Visierung, wie z. B. das serienmäßige Elliason-Visier des Colt Gold-Cup, hat eine verhältnismäßig grob abgestufte Klickverstellung und ist auch sonst nicht gerade optimal verarbeitet. Bei entsprechender Anpassung dagegen wird man mit einem präzisen, fein justierbaren Bo-Mar-(deluxe)-Visier oder einem anderen geeigneten Fabrikat zu besseren Resultaten kommen können. Alle ausgetauschten Visiere jedoch erfordern eines: Auch das Korn muß sowohl in der Höhe als auch in der Breite der Visierkimme angepaßt werden! Nur in wenigen Fällen braucht das nicht zu geschehen. Meist aber kommt man nicht drumherum, das Korn zumindest in der Höhe entsprechend zu bearbeiten. Die Kornhöhe läßt sich dadurch grob festlegen: Blicken Sie durch den leeren Lauf auf das Ziel (gegebenenfalls in der Schießmaschine, notfalls im Schraubstock die Waffe fixieren). Haben Sie kein passendes Zielobjekt, so kleben Sie einfach einen schwarzen Abkleber auf die Stelle einer hellen Wand oder ähnliches, die Sie durch den Lauf erblicken. Wenn Sie anschließend über Kimme und Korn dieselbe Stelle anvisieren, sollte Ihr Korn (für eventuell nötige Korrekturen) etwa 1 mm höher sein als beim Visieren nötig. Abfeilen kann man immer, darauffeilen dagegen ist nicht so leicht! Optimal die Kornhöhe bestimmen können Sie natürlich mit einer Schießmaschine, indem Sie auf die gewünschte Entfernung schießen und die Visierung nach diesem Schußbild einjustieren. Was die Kornbreite bei einem neuen Visier betrifft, so kann, zumindest nach meiner Erfahrung, der Lichtspalt rechts und links vom Korn ruhig etwas breiter ausfallen. Das ist für das schnelle Erfassen der Visierung vorteilhaft. Enge Lichtspalte zeigen zwar rascher ein seitliches Klemmen des Korns an, aber diese engen Lichtspalten erfordern eine größere Aufmerksamkeit und beeinflussen so die Konzentration des Schützen mehr als erforderlich. In diesem Zusammenhang sollte auch auf die verschiedenen Dämmerungsvisiere eingegangen werden. Sie dienen dem Schützen, der auf sicheres Visieren unter schlechten Lichtverhältnissen angewiesen ist, als Zielhilfe. Also Jäger beispielsweise, oder auch Besitzer von Verteidigungswaffen und andere Waffenträger, wissen solche Visierhilfen zu schätzen. Derartige ›Combat‹-Visierungen sind weiße oder farbige Dämmerungsmarken, die den Kimmeneinschnitt und das Korn hell hervorheben. Meist ist der Kimmeneinschnitt mit einem weißen U versehen und das Korn entweder gleichfarbig oder mit einer Kontrastfarbe in Punkt- oder Flächenform leicht erfaßbar hervorgehoben.

›COMBAT‹-VISIERE

Wer solche Dämmerungsmarken noch nicht probiert hat, sollte zuvor mit einem Provisorium einen Eignungstest machen. Zu diesem Zweck wird die rückwärtige Kimmenfläche mit einem Stückchen weißem Papier beklebt (Doppelklebeband oder ähnliches als Kleber verwenden). Dann wird mit einem scharfen Messer (oder einer Rasierklinge) der Kimmeneinschnitt im Papier sauber ausgeschnitten. Anschließend wird mit schwarzer Zeichentusche oder mit dunklem Filzstift das Papier bis auf eine U-förmige Markierung dunkel gefärbt. Die weiß bleibende Markierung sollte etwa 1 mm weit vom Kimmenausschnitt beginnen, nicht gleich am Kimmenausschnitt selbst. Das Korn erhält auf der zur Kimme gerichteten Fläche entweder einen hellen Punkt (aus weißem Papier, aus Alufolie oder ähnlichem) oder eine farbige Markierung (z. B. aus signalroter oder grüner Reflexfolie, die es auch in selbstklebender Ausführung gibt). Kommt man mit dieser provisorischen Visierungshilfe gut zurecht, kann man entsprechende Markierungen fest anbringen. Geht hierfür das Kimmenblatt abzunehmen, kann man es bei ausreichender Materialstärke mit einer eingefrästen oder eingemeißelten Nut versehen, die anschließend mit weißer Lackfarbe gefüllt wird und die dann als U-Markierung dient. Ist das Kimmenblatt nicht dick genug, wird ein entsprechend ausgeschnittenes U aus weißem Kunststoff aufgeklebt oder mit Lackfarbe und spitzem Pinsel direkt aufgemalt. Wie Kunststoffteile auf dem Korn befestigt werden, wurde bereits weiter vorn schon erläutert.

Für das Präzisionsschießen sind derartige Visierhilfen allerdings nicht so geeignet. Hier wird eine scharf begrenzte, klar zu erkennende Kontrastvisierung mit möglichst breitem Korn und entsprechend breitem Kimmenausschnitt gebraucht. Für das exakte Ausrichten der Waffe ist es dabei besonders vorteilhaft, wenn das Kimmenblatt selbst eine gerade obere Kante aufweist und möglichst breit ist.

VISIERFEHLER

Durch die breite Kante hat man es beim Visieren leichter, eine mögliche Verkantung der Waffe zu erkennen. Verkantungen der Waffe können dann zu einem schlechten Schußbild bzw. zu abweichender Treffpunktlage führen. In der Zeichnung (Abb. 39) ist dies dargestellt: Pos. 1 zeigt das korrekte Visierbild, die Position 2 zeigt eine verkantete Visierung, bei der aber die Waffe im Winkel ›Z‹ um den Scheibenmittelpunkt mitgeschwenkt wurde. Position 3 zeigt, daß bei dem ›normalen‹ Haltepunkt unter der Scheibe und dabei verkanteter Waffe, die Schüsse nicht mehr im Zentrum landen können. Um dies rechtzeitig zu erkennen und zu vermeiden, ist ein breites Kimmenblatt zu empfehlen. Aus dem gleichen Grund ist auch eine niedrige Visierlinie (Maß ›V‹ in Abb. 12) wichtig, weil dieser Fehler bei hochbeinigen Visierungen sich verstärkt auswirkt. Breite Kimmenblätter kann man auch nachträglich noch an seiner Visierung anbringen. Entweder verwendet man dazu die für verschiedene Waffen erhältlichen Wechselkimmen, die man für seine Waffe anpaßt, oder man arbeitet sich aus einem Stückchen Federbandstahl selbst ein passendes Kimmenblatt. Es wird auf der Rückseite des Visiers mit Zweikomponentenkleber so befestigt, daß die Visierverstellmöglichkeiten nicht behindert werden. Will man es gelegentlich wieder demontieren können, sind zwei kleine Schräubchen (aus dem Uhrmacherladen) zur Befestigung des Kimmenblattes die bequemere Lösung. Derartige Kimmenblätter, wie überhaupt jede offene Visierung, sollten zur Erzielung eines hohen

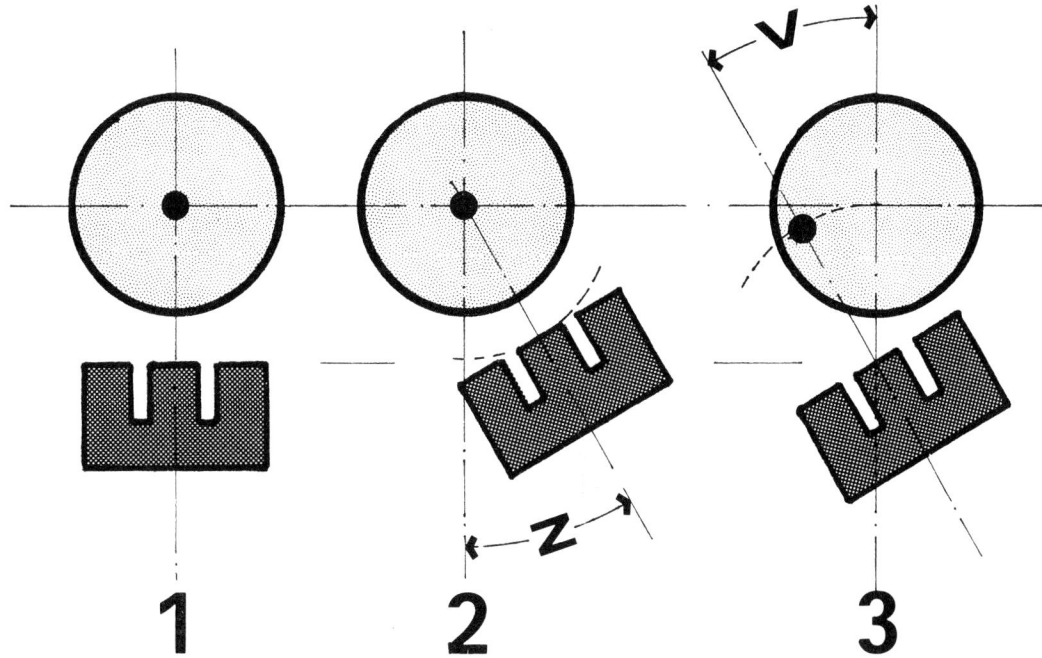

Abb. 39: Waffenvisierungen lassen sich sowohl falsch als auch ›richtig‹ verkanten ...

Kontrastes möglichst mattschwarz gehalten werden. Besonders reflexfrei lassen sich sandgestrahlte oder quergeriefte Kimmenblätter schwärzen.

VISIERTIPS

Entweder durch intensive Brünierung oder mit Hilfe eines mattschwarzen Visiersprays. Übrigens: Mattschwarzer Rallyelack aus dem Autozubehörhandel leistet meiner Ansicht nach die gleichen Dienste, nur erheblich preiswerter. Im Notfall kann man natürlich auch das Visier mit einer Rußschicht überziehen, mit Hilfe eines Benzinfeuerzeugs oder mit einem Streichholz. Diese Schwärzung hält aber höchstens einen Wettkampf lang. Wenn man sich so ein Kimmenblatt selbst fertigt oder ein vorhandenes Blatt auf seine persönlichen Sichtbedürfnisse zurechtarbeitet, taucht automatisch die Frage auf, welche Ausschnittbreite denn optimal ist. Diese Frage läßt sich nicht pauschal beantworten. Erstens muß unterschieden werden, ob es sich um eine Faustfeuerwaffe oder um ein Gewehr handelt.

DER KIMMENAUSSCHNITT

Zweitens ist meist das Korn an der Waffe schon vorhanden und man muß sich auch nach der Kornbreite richten. Kornbreite und Kimmenausschnitt müssen im Zusammenhang gesehen werden, aber jeder Schütze hat unterschiedliche Vorstellungen von der Breite der Lichtspalte an seiner Waffe. Ist bei Faustfeuerwaffen der Kimmenausschnitt etwa 0,5 mm breiter als das Korn (z. B. Kornbreite 3,5 mm, Kimmenausschnitt 4 mm), so ist das ein relativ breiter, für schnelle Zielerfassung geeigneter Lichtspalt rechts und links des Korns. Ist der Unterschied zwischen dem Korn und dem Ausschnitt nur noch 0,1 mm oder weniger, so empfindet man

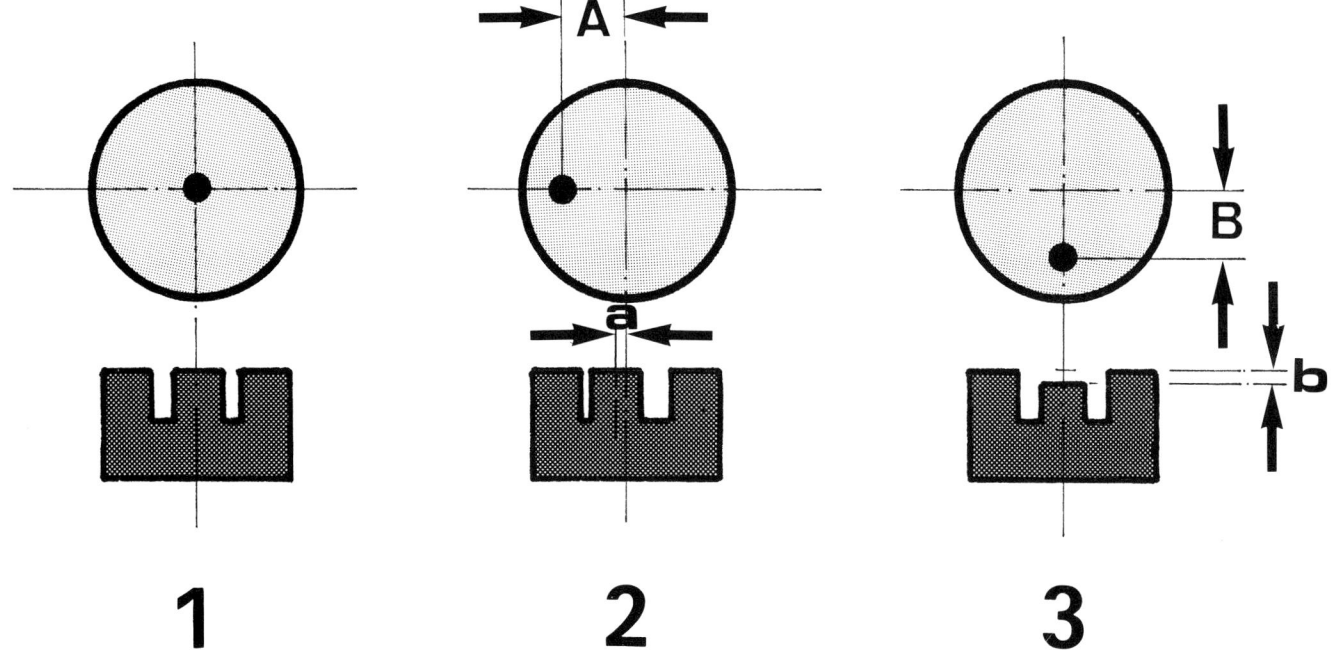

diese Lichtspalte als relativ eng. Wer sich hierbei nicht von vornherein entscheiden kann, sollte entweder mit mehreren aus schwarzer Pappe geschnittenen Kimmenblättern unterschiedliche Ausschnittmaße erproben oder das nachträglich montierte Kimmenblatt zweiteilig machen, so, daß sich der Ausschnitt durch Verschieben beider Blatthälften ändern läßt. Damit Sie den Kimmenausschnitt akkurat winklig bekommen, feilen Sie ihn am besten im Schraubstock mit einer Flachfeile zurecht. Und zwar so, daß Sie das Kimmenblatt hochkant einspannen, nachdem es an einem Stahlwinkel rechtwinklig zum Schraubstock ausgerichtet wurde. Die zu feilende Kimmenkante wird dann bündig mit der Oberkante der Schraubstockbacken gefeilt, das Kimmenblatt gedreht und die andere Kimmenkante genauso winklig gefeilt. Anschließend wird das Kimmenblatt geschwärzt.

Das Thema ›offene Visierung‹ ist deshalb so wichtig für den leistungsbewußten Schützen, weil schon geringe Visierfehler, die bei anderen Visierarten sofort erkannt werden oder sich nicht so schwerwiegend auswirken, bei der offenen Visierung zu falscher Treffpunktlage führen. Wie sich z. B. das oft unbewußte Verkanten einer Waffe bzw. Visierung auf die Treffpunktlage auswirkt, zeigt die Zeichnung (Abb. 39). In Position 1 ist die korrekt ausgerichtete Visierung (Scheibe aufsitzend) dargestellt. Der Schuß sitzt im Zentrum der Scheibe. Position 2 stellt die Waffenvisierung verkantet dar, allerdings ist die Waffe hierbei um den Winkel ›Z‹ um die Scheibe herumgeschwenkt. Das kommt bei vielen Schützen vor, deren Hand diese Schießhaltung erfordert. Bei diesem ›Schwenk‹ um den Mittelpunkt liegt ebenfalls der Treffpunkt im Zentrum. Anders dagegen bei Position 3: Die Waffe ist zwar genauso nach links verkantet wie bei 2, aber immer noch wird die Waffe auf den ursprünglichen Haltepunkt mittig unter der Scheibe gerichtet. Sie ist um den Winkel ›V‹ nach links gekippt und

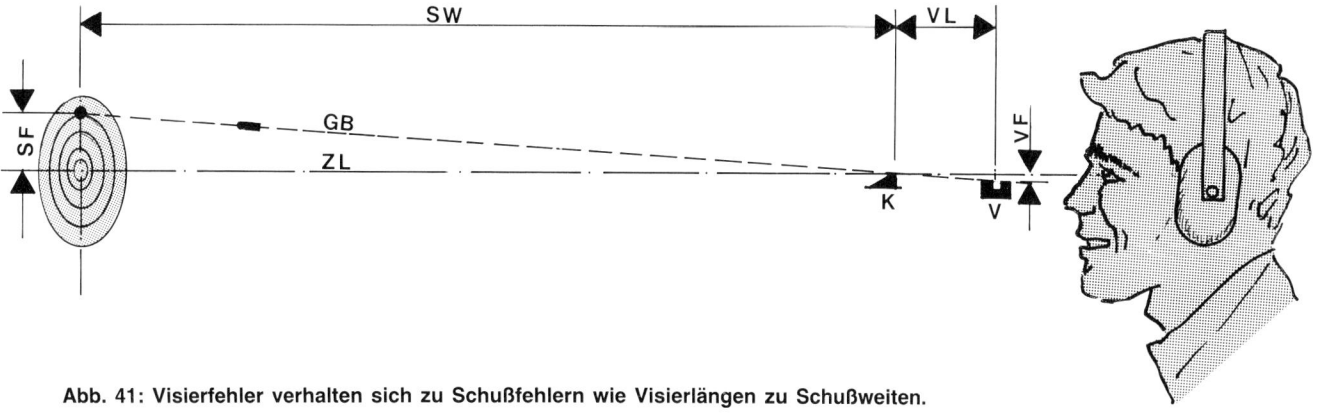

Abb. 41: Visierfehler verhalten sich zu Schußfehlern wie Visierlängen zu Schußweiten.

◀ Abb. 40 (links): Gegenüber dem richtigen Visieren führt ein verklemmtes Korn zu seitlicher Trefferabweichung, ein Fein- oder Vollkorn zu Höhendifferenzen.

demzufolge ergibt sich auch ein Treffpunkt, der links tief sitzt: ein glatter Fehlschuß, der auf mangelnder Visierbeobachtung beruht. Das sollte noch einmal ausführlich klargemacht werden.

Ein weiteres Beispiel zeigt die Zeichnung (Abb. 40): In Position 1 ist die Visierung wiederum korrekt, Treffpunktlage also Mitte Scheibe. In Position 2 ist die Visierung seitlich geschwenkt, also das Korn links geklemmt, und zwar um das Maß ›a‹. Die Treffpunktlage verschiebt sich demzufolge (proportional) um das Maß ›A‹ nach links. Position 3 zeigt einen Visierfehler in senkrechter Richtung, ein sogenanntes ›Feinkorn‹. Dabei ist die Waffe vorn etwas abgesenkt, Oberkante Korn ist also niedriger als Oberkante Kimme, und zwar um das Maß ›b‹. Das Resultat ist ein Tiefschuß, der um das Maß ›B‹ unter Scheibenmitte sitzt. Sie sehen bei diesen Darstellungen, daß die Schußabweichung im Verhältnis zur Visierabweichung beträchtlich größer ausfällt.

EIN RECHENBEISPIEL

Diese Abweichungen lassen sich mühelos berechnen, weil sich der Visierfehler ›VF‹ (Abb. 41) zu dem Schußfehler ›SF‹ maßlich genauso verhält wie die Visierlänge ›VL‹ zur Schußweite ›SW‹. In der Abbildung ist die Geschoßbahn mit GB bezeichnet und die Zentral- bzw. scheinbare Ziellinie mit ZL. Ein Rechenbeispiel: Beträgt in der Zeichnung (Abb. 40) die Differenz ›b‹ zwischen Visier- und Kornoberkante beim Visieren angenommen 0,2 mm bei einer Faustfeuerwaffe, deren Visierlänge VL z. B. 20 cm beträgt, so wird bei einer Schußweite SW von 25 m der Schußfehler SF bzw. das Maß ›B‹ das 125fache des Visierfehlers betragen. Weil nämlich Schußweite (25 m) geteilt durch Visierlänge (0,2 m) = 125 ergibt. Dieser Wert wird mit dem Visierfehler von 0,2 mm multipliziert und ergibt einen Schußfehler von 25 mm! Um dieses Maß ›B‹ also sitzt der Schuß außerhalb der Mitte. Das entspricht bei der

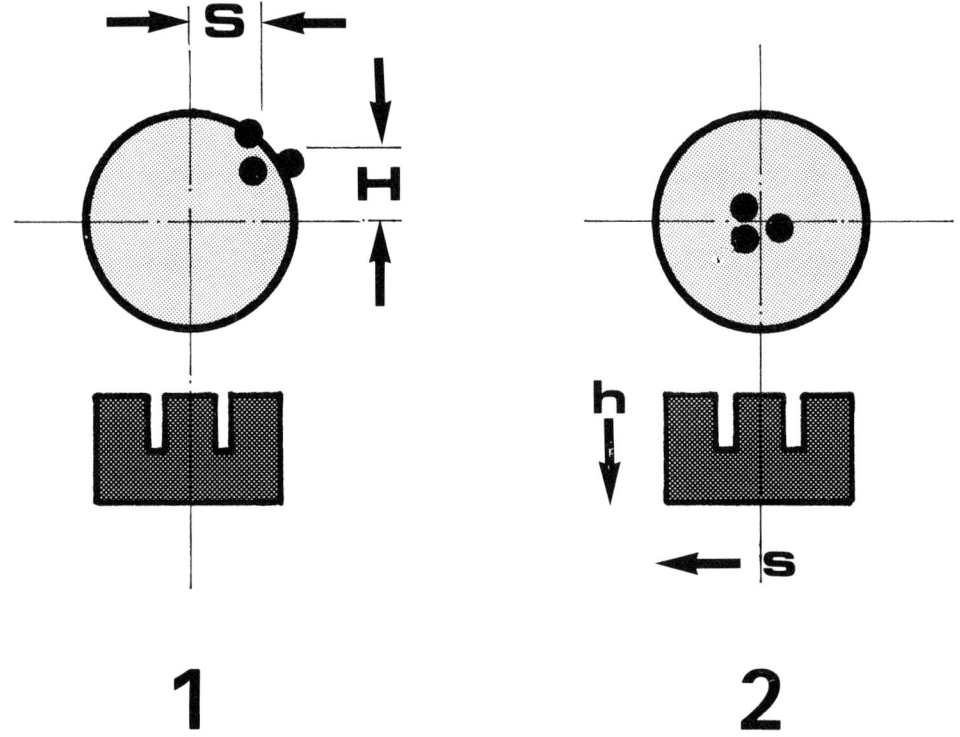

Abb. 42: Merksatz: Bei verstellter Visierung (1) muß man die Kimme in der Richtung einstellen, in die die Treffer gehen sollen. Also im Beispiel (2) nach links und nach unten.

Ringbreite von jeweils 25 mm auf der Sportpistolenscheibe also schon einen Ring mehr oder weniger. Bei längeren Schußweiten wie 50 m oder mehr macht sich der Visierfehler dann natürlich noch weit stärker bemerkbar. Sie sollten deshalb nicht nur darauf achten, daß die Visierung der Waffe absolut spielfrei und winkelgerecht ist. Ebenfalls wichtig ist eine Waffe mit möglichst großer Visierlänge, weil eine längere Visierlinie Fehler leichter erkennen läßt und sie sich außerdem proportional nicht so stark auswirken können. Allerdings setzt auch hier die Sportordnung bestimmte Höchstmaße fest, die nicht überschritten werden dürfen. Will man mit seiner Waffe an offiziellen Wettkämpfen teilnehmen, muß man sich danach richten. Dennoch sollte man bereits beim Waffenkauf darauf achten, daß die Waffe die erlaubte Visierlänge auch weitgehend ausnutzt, sonst verschenkt man Vorteile.

VISIERVERSTELLUNGEN

Zum Tuning an Visiereinrichtungen gehört außerdem noch, daß man sich mit den Justiermöglichkeiten an der verstellbaren Visierung beschäftigt. Hier liegt noch manches im argen, weil viele Waffen zwar Stellschrauben für Höhen- und Seitenkorrekturen der Kimme aufweisen, aber keine exakte, unmißverständliche Kennzeichnung der erforderlichen Drehrichtung. Beim Wechsel von einem relativ dunklen Kellerschießstand zu einem offenen Schießstand oder z. B. beim Wechsel der Munitionssorte ist es schon mal erforderlich, die Visierung nachzujustieren. Im Wettkampfstreß kann das einen ganz schön zum Schwitzen bringen, wenn man nicht mehr weiß, welche Schraube in welche Richtung zu drehen ist. Im Moment aber haben Sie die Zeit dafür, das zu klären und gegebenenfalls abzuändern. Schon mit ein paar kleinen aufgeklebten Etiketten oder eingeritzten Zeichen läßt sich die nötige Klarheit schaffen. Wenn man die Schildchen unter den Griff oder den Lauf klebt, verhunzt man sich noch nicht einmal das Aussehen der Waffe. Um Ihnen vielleicht einen Gedankengang zu sparen, hier (Abb. 42) noch ein einfacher Merksatz für das Nachjustieren des Visiers: **Verstellen Sie die Kimme stets in die Richtung, wo der Schuß hingehen soll!** Geht er z. B. (Abb. 42) nach rechts oben, wie Position 1 es zeigt, so ist die Seitenkorrektur nach links und die Höhenjustage nach unten vorzunehmen, laut Position 2. Weil ja der Schuß auch mehr nach links unten gehen soll. Allerdings kann Ihnen nur die Bedienungsanleitung Ihrer Waffe (oder ein Versuch in der Schießmaschine) Auskunft darüber geben, um wieviel ›Klicks‹ die Rastschrauben an der Visierung in die jeweilige Richtung zu drehen sind. Häufig ist es so, daß ein ›Klick‹ einer halben oder ganzen Ringbreite bei der vorgesehenen Schußweite entspricht. Waffenbesitzer, deren Waffe keine verstellbare Visierung aufweist, sondern lediglich mit einem Korn und einer Kimmennut, sind da schon wesentlich schlechter dran. Gerade Vorderladerrevolver bzw. -pistolen haben oft so eine ›primitive‹ Visierung, aber auch Verteidigungswaffen sind häufig so ausgestattet.

Bei Verteidigungswaffen ist das oft sogar von Vorteil, da sie nur auf kurze Distanzen und für schnelle Deutschüsse eingesetzt werden und keiner mit der Kleidung an vorstehenden Waffenvisierteilen hängenbleiben kann. Die mit der urigen Vorderladertechnik befaßten Sportschützen dagegen können nur in seltenen Fällen die eingefräste Kimmennut nacharbeiten. Ihre Visierkorrektur besteht in der Wahl eines anderen Haltepunktes der Waffe. Das ist aber nichts Genaues. Besser ist es, die Position des Korns zu verändern. Meist sitzen deshalb die Korne von Vorderladerwaffen schon in einer Schwalbenschwanzführung. Mit etwas Klopfen mittels Holz- oder Plastikhammer ist die Seitenkorrektur rasch ausgeführt. Mit einem kleinen Körnerschlag von oben wird die durch Versuche ermittelte Lage dann fixiert. Höhenkorrekturen dagegen erfordern den Einsatz einer Feile, falls die Waffe zu tief schießt. Bei Hochschuß der Waffe dagegen ist entweder ein neues, höheres Korn fällig oder man muß das alte Korn mit Hartlot erhöhen. Ein neues Korn läßt sich auch in manchen Fällen rasch selbst aus einem Stück Messing drehen und entweder mit Gewinde oder Nietansatz in dem Schwalbenschwanz befestigen. Zur Sicherheit kann das Korn noch mit Zweikomponentenkleber oder durch Weichlötung gegen Lockern fixiert werden. Mancher Schütze hat schon bei Vorderladern mitten im schönsten Wettkampf sein Korn vermißt oder unerklärliche Fehlschüsse erzielt, weil das Korn locker saß. Übrigens: Das Korn Ihrer Vorderladerwaffe sollte dann metallisch glänzend bleiben, wenn Ihre Waffe auf Mitte Scheibe visiert. Halten Sie dagegen die Waffe ›Scheibe aufsitzend‹, kann ein (mit Brass Black) geschwärztes Korn besser zu erkennen sein.

Tuning an anderen Visierungen

Neben den eben abgehandelten ›offenen‹ Visieren gibt es noch andere Visierformen, die gegebenenfalls einer Nacharbeit bedürfen. Beispielsweise die Dioptervisierungen auf Matchgewehren. Sie bestehen im Normalfall aus einer Iris-Diopterscheibe, die zum Teil mit einer 1,5fach vergrößernden Optik und verschiedenen Farbfilterscheiben zur besseren Zielerkennung ausgerüstet ist. Je nach Ausstattung können diese Diopter auch mit Polarisationsfiltern zur Helligkeitsanpassung versehen werden. Das Korn ist bei diesen Visierungen meist als Ringkorn oder Iris-Ringkorn ausgebildet. Der Korntunnel ist häufig auch noch zur Aufnahme anderer Hilfsmittel wie beispielsweise einer Zielbildwasserwaage und ähnlichem geeignet. Sowohl Diopter als auch Korn sind auf Montagen befestigt, die einerseits mit der Waffe verbunden sind und andererseits Visierkorrekturen gestatten. Während an den Dioptern und Korntunneln bei Qualitätserzeugnissen im allgemeinen kaum Nacharbeiten erforderlich werden (gegebenenfalls tauscht man das Diopter gegen ein anderes, besser ausgestattetes oder anpassungsfähigeres Erzeugnis aus), sollte man die verstellbaren Montagen, auf denen diese Visiereinrichtungen befestigt sind, einer genauen Kontrolle unterziehen.

MÄNGEL ABSTELLEN

Die Probleme sind hier die gleichen wie bei den verstellbaren offenen Visierungen, nämlich Spiel zwischen einzelnen Teilen, lose Befestigungsschrauben, zu grobe Rastungen, verkantete Montage usw. Derartige Mängel müssen abgestellt werden, denn an den möglichen Einflüssen auf die Schußleistung ändert sich gegenüber der offenen Visierung ja nichts! Da diese Visierungen oftmals auch Stößen durch mechanische Beanspruchung, z. B. durch Umfallen des Gewehres oder ähnliches, hart hergenommen werden, empfiehlt sich nicht nur die Fixierung der Montageschrauben mit flüssiger Schraubensicherung, sondern vor allem regelmäßige Kontrolle des festen, spielfreien Sitzes aller Teile! Wissen Sie, was mit Ihrer Waffe möglicherweise passierte, als Sie mal kurz ›draußen‹ waren? Im übrigen sollten Sie natürlich Ihre Visiereinrichtung wie auch die Waffe selbst stets wie ein rohes Ei behandeln. Schließlich ist es ein Präzisionsinstrument. Was die Präzision der Visierung betrifft, so kann man durch Ansetzen von Zusatzeinrichtungen noch manches nachbessern. Beispielsweise läßt sich durch Ansetzen eines Adapters die Dioptervisierung für Schützen einsetzen, die mit dem linken Auge zielen müssen. Durch Anschrauben einer Libelle im vorderen Gewindeanschluß des Korntunnels läßt sich die Verkantung einer Waffe durch diese ›Wasserwaage‹ leicht erkennen. Die gleiche Aufgabe löst auch die Zielbildwasserwaage (L. Walther), bei der die Libelle im Zielbild von Visierung und Scheibe sichtbar ist. Allerdings ist diese Art der Anschlagkontrolle nicht bei allen Disziplinen zugelassen. Ebenfalls nicht für normale Wettkämpfe zugelassen ist die Aimpointvisierung, ein elektronisches Zielgerät für den schnellen Schuß. Das Gerät, das für größere Reichweite auch noch mit einem $3\times$-Vergrößerungszusatz erhältlich ist (Abb. 43), wird auf der Waffe montiert und projiziert einen roten Leuchtfleck dahin, wo bei eingeschossener Waffe auch der Schuß hingeht. Man muß also lediglich den roten Leuchtfleck auf das Ziel richten und kann sofort feuern, sobald sich Leuchtfleck und Ziel decken. Der Leuchtfleck hat bei einer Schußweite von 50 m einen Durchmesser von etwa 4 cm und ändert seine Intensität je nach Umgebungshelligkeit. Nachteilig bei dieser Visierhilfe ist, daß die Waffe durch das anmontierte Gerät nicht eben handlicher wird (es wiegt mit Batterien und Montagen rund ½ Kilo). Nachteilig ist auch die Abhängigkeit von Batterien. Für die Montage auf Faustfeuerwaffen sowie auf Gewehren erhält man passende Montageschienen geliefert. Die Justage erfolgt ähnlich wie bei Zielfernrohren beim Gerät Mark III über Verstelltürme mit Klickrastung. Da diese Visierhilfen wasserdicht und schußfest konstruiert sind, eignen

Abb. 43: Das ›Aimpoint Visier Mark III‹ (rechts) und der Vergrößerungszusatz ›Scope 3x‹.

sie sich besonders für militärische und jagdliche Zwecke auf Langwaffen.

ZIELFERNROHRE

Die präziseste Visierung ist zweifellos das Zielfernrohr. Die vergrößerte Darstellung des Ziels für das Auge ermöglicht das genaue Erkennen jeden Zielfehlers, wenn (!) das Zielfernrohr selbst einwandfrei montiert und die Waffe der Munition entsprechend eingeschossen ist. Was die Montage betrifft, so erfordert die Suhler Einhakmontage besondere Aufmerksamkeit bezüglich Spiel zwischen den einzelnen Paßflächen. Nach Untersuchungen der DEVA (Deutsche Versuchs- und Prüfanstalt für Jagd- und Sportwaffen e. V.) ergibt beispielsweise ein seitliches Spiel des hinteren Montagefußes von 0,05 mm auf 100 m Schußweite bereits eine Veränderung der Treffpunktlage von zirka 3,5 cm. Jedes Spiel und jede Spannung in der Zielfernrohrmontage führt zu verminderter Schußleistung. Um mögliches Spiel zwischen den einzelnen Paßflächen festzustellen, wird das Gewehr am Vorderschaft zwischen Filzplatten, Hartschaum oder festem Schaumgummi in den Schraubstock gespannt. Nun kann man die einzelnen Paßflächen nach Abnehmen des ZF mit etwas Öl betupfen und das Öl so weit verstreichen, daß die Flächen dünn mit einem Ölfilm bedeckt sind, aber kein Öl über die Kanten hinaustritt. Das ZF wird nun wieder behutsam montiert. Dann bewegt man es sowohl in senkrechter wie in waagerechter Richtung (zumindest versucht man es zu bewegen), und man probiert auch, das ZF zu kippeln. Dabei darf nirgends Öl aus den aufeinanderliegenden Paßflächen hervortreten. Man kann auch sowohl das Kippeln als auch seitliches Spiel durch Anlegen eines Fingers fühlen, wenn man mit der anderen Hand das ZF zu bewegen versucht. Man sollte diesen Fingertest an all den Stellen vornehmen, wo zwischen dem Zielfernrohr und der Waffe Verbindungs- bzw. Montageteile vorhanden sind. Erfolgt die ZF-Montage mittels einer Prismenschiene, so müssen sowohl die Füßchen des ZF als auch die Gleitflächen der Schiene vor dem Einjustieren des ZF von eventuell vorhandenem Lack befreit werden. Diese Lackschichten können sich bei hoher Schußbelastung lösen und zu einem nicht gewollten Spiel führen. Die ZF-Füßchen müssen in der Prismenschiene Preßsitz aufweisen, auch nach Entfernen der Lackschicht. Ist dies nicht der Fall, sollte man bei KK-Waffen die Prismenschiene im Schraubstock etwas zusammenzupressen versuchen. Bei großkalibrigen Waffen sollte eine passende Schiene montiert werden oder eine Auftragsschweißung an den ZF-Füßchen vorgenommen werden. Anschließend müssen diese natürlich maßgenau auf die Maße der Prismenschiene zurechtgeschliffen werden.

Auch das Spiel, das man möglicherweise bei den Paßflächen der ZF-Montagen festgestellt hat, muß beseitigt werden. Hierbei muß allerdings von Fall zu Fall entschieden werden, was gemacht wird. Man kann entweder bei größerem Spiel dünne Stahlblättchen der Blattfühlerlehre (Abb. 110) aufkleben bzw. -löten. Man kann die Paßflächen entsprechend zurechtschleifen und so aufeinander abstimmen, daß beide Seiten plan aufeinanderliegen. Oft hilft auch schon der Austausch gegen ein anderes Montageteil. Zielfernrohr und Waffe müssen absolut spielfrei zusammenhalten! Dabei beeinflußt nicht nur ein ungenaues, wackelndes Absehen die Schußleistung. Auch die Masse des Zielfernrohres selbst hat bei entsprechenden Toleranzen einen Einfluß. Der Rückstoß der Waffe, und der ist je nach Kaliber recht beträchtlich, muß ja auch auf das Zielfernrohr übertragen werden, weil dieses ja an der Waffe anmontiert ist. Tritt nun irgendwo zwischen Waffe und ZF Spiel auf, so erfolgt diese Rückstoßübertragung zeitversetzt. Dadurch wird das ZF seine Energie aber auch rückwirkend wieder zeitversetzt an die Waffe übertragen, und durch diesen Stoß kann eine Beeinflussung der Schußleistung erfolgen. Dieser Einfluß ist natürlich vom Gewicht des ZF und dem vorhandenen Spiel in den Montageteilen abhängig. Hier sollte man also mit größtmöglicher Genauigkeit eventuell erforderliche Nacharbeiten ausführen und nur hochwertige Teile und absolut schußfeste Zielfernrohre guter Qualität verwenden.

Die Qualität des Waffenlaufs

Bei Ihrer Waffe vertrauen Sie darauf, daß der Lauf allen Belastungen im normalen Schießbetrieb gewachsen ist. Schließlich wurde er ja auf diese Belastungen hin im Beschußamt geprüft, also ›amtlich beschossen‹. Damit ist aber noch nichts über die Qualität des Laufs gesagt. Lediglich die Tatsache wird festgestellt, daß der Lauf mit etwas höherem Gasdruck als bei normaler Munition geschossen wurde und diesem standgehalten hat. Aber aus was für Stahl Ihr Lauf ist, wissen Sie nur im seltensten Fall. Wenn Sie großes Glück haben, teilt man Ihnen wenigstens mit, welchem Gasdruck der Lauf im Beschußamt standgehalten hat. Aber auch dieser Wert ist mit Vorsicht zu genießen, denn er besagt in der Praxis nichts über die Dauerfestigkeit Ihres Laufs.

FESTIGKEITSWERTE

Keinesfalls dürfen Sie daher diesen Wert als Maximalwert für das Laborieren Ihrer Munition zugrunde legen! Sonst fliegt Ihnen kurz über lang möglicherweise die Waffe um die Ohren. Auch wenn Sie einen Laufrohling erwerben, also ein innen fertig bearbeitetes Stück Lauf ohne Patronenlager und Mündung, so bekommen Sie allenfalls zu erfahren, daß es sich dabei um Spezialgewehrlaufstahl oder rostfreien Edelstahl handelt. Das sagt nichts über die Güte des Materials! Wenn Sie diesen Laufrohling von einem renommierten Hersteller beziehen, können Sie lediglich davon ausgehen, daß der Laufstahl voraussichtlich den Kaliber entsprechenden Gasdrücken bei Verwendung normaler Munition gewachsen sein dürfte, amtlichen Beschuß vorausgesetzt. Ohne die wichtigsten technischen Angaben wie Elastizitätsgrenze, die Streckgrenze und die Bruchgrenze kann man keinen Laufstahl bewerten. Die Elastizitätsgrenze, die bei Waffenläufen oberhalb von 70 bis 80 kp/mm^2 liegen sollte, besagt, daß der Stahl durch einen Gasdruck unterhalb dieser Werte keine bleibende Verformung erfährt, sondern nach der Ausdehnung durch den Druck wieder seine alte Form annimmt, also elastisch zurückfedert. Die Streckgrenze sollte ebenfalls bei über 80 kp/mm^2 liegen und besagt, daß der Lauf, der durch den Gasdruck und die den Lauf durcheilende Geschoßmasse gedehnt wird, ebenfalls wieder in seine alte ›Länge‹ zurückkehrt. Die Bruchgrenze bei Waffenläufen sollte einen Wert von 120 kp/mm^2 nicht unterschreiten.

Aber nicht nur das Ausgangsmaterial für die Läufe, also der Stahl, ist entscheidend für die Haltbarkeit des Laufs, sondern auch die Verarbeitung des Stahls zu einem Lauf und die in der Praxis auftretende laufende Beanspruchung. Was die laufende Beanspruchung des Laufs betrifft, so ist z. B. wichtig zu wissen, daß mit höherer Temperatur (etwa ab 350 °C) die Lauffestigkeit abnimmt. Solche Temperaturen werden zwar selbst bei warmem Wetter und größeren Schußserien kaum erreicht, aber beispielsweise bei Hartlöt- oder gar Schweißarbeiten im Laufbereich.

PROBLEME

Derartige Arbeiten, um das hier ausdrücklich zu erwähnen, bringen auch noch unkontrollierbare Spannungen in den Lauf und sollten deshalb nur in Ausnahmefällen angewandt werden. Die Lauffertigung selbst, also das Einbringen der Züge in die Laufbohrung, führt ebenfalls je nach Fertigungsart zu einer Beeinflussung der Laufeigenschaften. Ein gehämmerter Lauf wird eine glatte, verdichtete Oberfläche in den Zügen und Feldern aufweisen. Das wirkt sowohl dem Verschleiß als auch dem Verbleien bzw. dem Ansatz von Geschoßmaterial entgegen. Das Hämmern des Laufs bringt es auch mit sich, daß die Läufe innen leicht konisch sind, sich also zur Mündung hin minimal verengen. Eine Laufmündung, die 0,01 bis maximal 0,04 mm kleiner im Durchmesser ist als im Bereich des Patronenlagers, wirkt sich durchaus präzisionsfördernd aus! Allerdings haben gehämmerte Läufe auch einen Nachteil, der nicht übersehen werden darf: Durch das Hämmerverfahren wird die Eigendämpfungswirkung des Laufs herabgesetzt. Daß heißt, der Lauf schwingt stärker als ein spanabhebend gezogener Lauf aus weicherem, nicht so hoch vergütetem Stahl. Was das in der Praxis bedeutet, erläutere ich im Kapitel über die Lauf- bzw. Systemlagerung. Auch das Härten eines Laufs oder Laufteils ist ein Eingriff in die innere Struktur des Materials und kann zu Spannungen und damit zu verminderter Schußleistung führen. Ein Anlassen solch extrem gehärteter Teile in kochendem Öl oder Wasser vermindert die erzielte Härte kaum, aber es baut einen Großteil der Sprödigkeit und der Spannungen ab.

EDELSTAHLLÄUFE

Neuerdings werden für Läufe und andere Waffenteile immer mehr nichtrostende oder zumindest rostträge Stahlsorten verwendet. Sie erreichen auf Grund ihrer Materialzusammensetzung nicht ganz die Festigkeits- und Zähigkeitseigenschaften üblicher Laufstähle, und sie lassen sich nicht so gut bohren und spanabhebend ziehen. Deshalb werden die Züge meist kaltgehämmert. Gehämmerte Züge erkennen Sie daran, daß sie wie poliert aussehen. Oft ist auch bei runden Läufen eine Hämmerung an den spiralförmig um den Lauf führenden Hämmermarken zu erkennen. Das führt zwar auch hier zu einer Verdichtung der Oberfläche, aber es bringt auch wieder Spannungen in den Lauf und beeinflußt damit sein freies Schwingen. Überhaupt ist fast jede Laufbearbeitung in der einen oder anderen Richtung ungünstig für die Schußleistung. Selbst ein nur außen gehämmerter Lauf, der innen übergedreht oder mit einem Patronenlager versehen wird, bekommt undefinierbares Schwingverhalten.

Auch Anbauteile wie z. B. eine an den Lauf montierte Riemenöse oder eine klobige Visierung können das Schwingverhalten des Laufs negativ beeinflussen. Wie muß denn nun ein Lauf beschaffen sein, der ein günstiges Schwingverhalten bei möglichst hoher Eigendämpfung aufweist? Es ist ein Lauf aus niedriglegiertem, also ›weichem‹ Stahl, der spanabhebend gezogene oder kaltfließgepreßte (gedrückte) Züge hat, eine große Wandstärke bei möglichst gleichmäßigem, rundem Laufquerschnitt aufweist und vor allem völlig frei schwingen kann, also nur im System spannungsfrei befestigt ist.

BENCHRESTLÄUFE

Wenn Sie die Gelegenheit haben, schauen Sie sich einmal die Waffen der Benchrester darauf hin an. Weil deren Waffen bestimmten Gewichtsgrenzen unterliegen, versucht der Benchrestschütze, durch Einsparung von Gewicht z. B. am Schaft, am Zielfernrohr usw. möglichst viel Gewichtsanteil für einen dicken, schwingungsarmen Lauf zu sparen. Manche Läufe weisen Längsrippen auf. Diese ›Kühlrippen‹-Läufe haben bei einer hohen Stabilität trotz ihres niedrigen Gewichts ein günstiges Schwingverhalten und durch die Rippen eine vergrößerte Laufoberfläche, die für gute Wärmeableitung sorgt. Dicke Benchrestläufe werden ebenfalls nicht so rasch heiß (die Laufwandung nimmt mehr Wärme auf) und lassen deshalb auch weniger schnell Wärmeschleier aufsteigen.

Wie genau Läufe sein können, demonstrieren wieder die Benchrestschützen mit Läufen, bei denen die Laufbohrung eine Verengung von maximal 0,0025 mm auf die gesamte Länge zuläßt. Da sind normale Schützenläufe, wenn sie gehämmert sind, dagegen die reinsten Trichter. Besonderen Wert muß der präzisionsbewußte Schütze auch darauf legen, daß der Lauf zentrisch gebohrt wurde. Ein Lauf, dessen Seele in bezug auf die Außenwand schief verläuft, weist selbst bei anschließendem zentrischem Überdrehen des Laufs außen ein unterschiedliches Schwingverhalten auf.

VORHANDENE LÄUFE

Welche Folgerungen ergeben sich nun für den Schützen, der bereits eine Waffe inklusive Lauf besitzt? Zunächst sollte er den Lauf auf gewisse Merkmale hin untersuchen. Beispielsweise mit einer Laufleuchte (Abb. 108) die Züge und Felder des Laufs daraufhin untersuchen, ob sich Rostnarben, Riefen oder Dellen feststellen lassen. Weiter kann er feststellen, wie die Oberfläche von Zügen und Feldern beschaffen ist: rauh, grob, porös oder glatt, verdichtet und wie poliert aussehend. Zugleich kann man auch die Dralllänge messen, indem man einen Zug vom Übergangskegel bis zur Laufmündung verfolgt und feststellt, wieviel Umdrehungen er dabei macht. Lauflänge geteilt durch Anzahl der Umdrehungen ergibt die Dralllänge, einen Wert, der unter anderem bei der Geschoß- und Pulverauswahl wichtig ist. Daß die Dralllänge auch auf den Bleiansatz bzw. das Ansetzen von Geschoßmaterial überhaupt einen Einfluß hat, zeigt der Einsatz spezieller ›Bleiläufe‹ für manche Waffen. Die Standardläufe z. B. einer bestimmten Sportpistole zeigten stets nach kurzer Zeit Bleiansatz, der sich beim weiteren Schießen durch taumelnde Geschosse und entsprechend schlechte Schußbilder bemerkbar machte. Erst der speziell entwickelte Bleilauf mit einer wesentlich größeren Dralllänge brachte den gewünschten dauerhaften Erfolg beim Verschießen von Bleigeschossen. Man sollte also unter Umständen nicht davor zurückschrecken, in Pro-

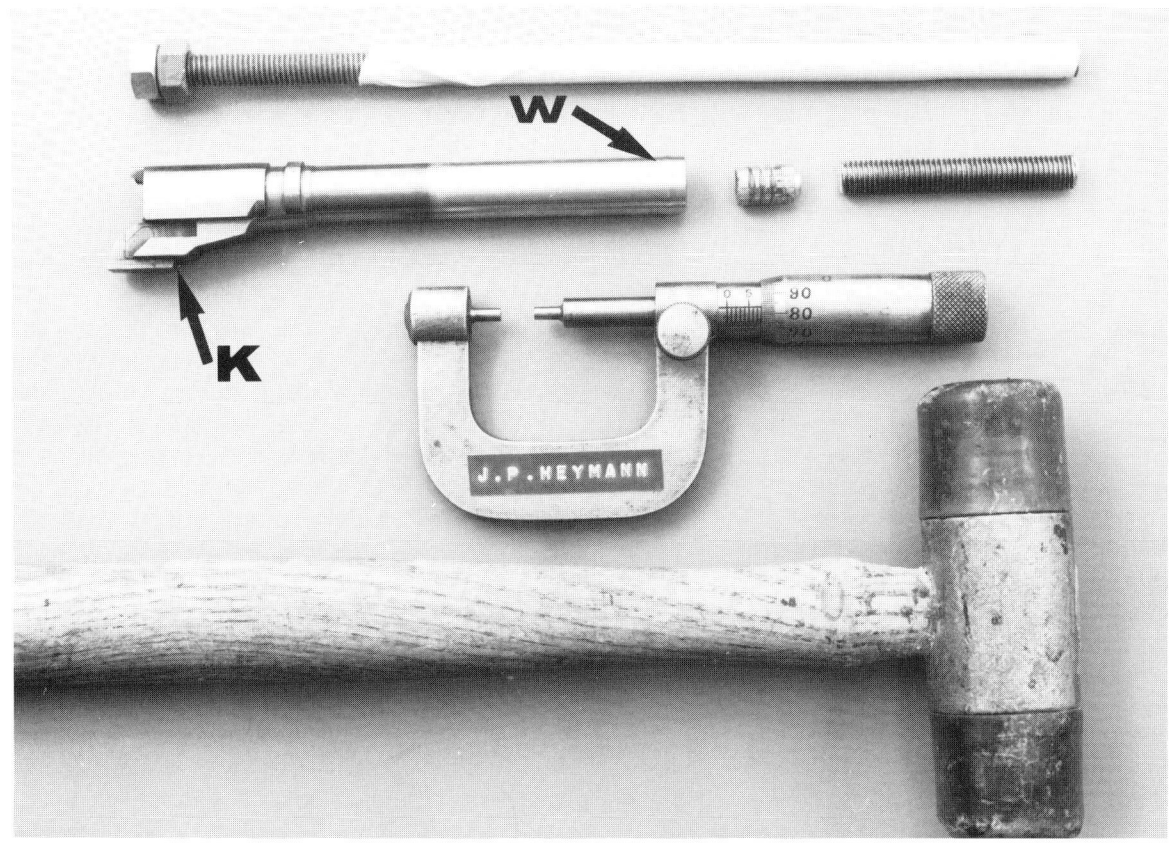

Abb. 44: Mehr braucht man nicht, um von seiner Waffe einen exakten Bleidurchtrieb (zur Messung von Zug- und Felddurchmesser) zu erhalten.

blemfällen den Lauf komplett gegen einen besser geeigneten auszutauschen. Diese Arbeit wird am zweckmäßigsten in einer guten Büchsenmacherwerkstatt ausgeführt. Vorhandene Läufe kann man aber in bestimmten Grenzen auch selbst nachbessern, indem man sie innen **hartverchromen** läßt.

HARTVERCHROMUNG

Derartige Nachbehandlung, die fachgerecht ausgeführt wird, kann den Bleiansatz und die Rostanfälligkeit wesentlich vermindern. Allerdings muß die Hartverchromung mindestens eine Schichtdicke von 20 bis 40 mµ erreichen, sonst bildet sich keine geschlossene Oberfläche, und der Rostschutz ist nicht gegeben. Bei derartigen Auftragsstärken kann allerdings das Feld- und Zugmaß schon etwas eng werden, das heißt, es wird möglicherweise eine andere Kalibrierung der Geschosse erforderlich. Bei vordem zu weiten Läufen kann die Hartverchromung dagegen zu einer verbesserten Schußleistung führen. Die unter Umständen etwas rauhe Chromoberfläche sollte allerdings vor den Schußtests mittels Polierpaste und Wattebausch etwas geglättet werden. Honen und Läppen vorm Verchromen erhöht die Präzision erheblich. Um nun die genauen Feld-Zug-Maße seines Laufes zu ermitteln, kann man zwei Wege beschreiten. Der einfachere Weg ist der Bleidurchtrieb. Dabei wird ein Weichbleigeschoß, das etwas größer als der Zugdurchmesser ist, für die Messung benötigt. Entweder verwendet man ein nicht kalibriertes Geschoß oder man staucht ein Geschoß zwischen Schraubstockbacken etwas zusammen. Auch eine etwas übermäßige Bleikugel (Vorderladerschützen haben so was) ist zum Bleidurchtrieb geeignet. Der Lauf wird für die Arbeit am besten ausgebaut (Abb. 44).

BLEIDURCHTRIEB

Mit einem passenden Stück Messingstange wird das auf die Laufmündung gelegte Weichbleigeschoß unter leichten Hammerschlägen ein paar Zentimeter tief in den Lauf getrieben und anschließend mit einem entsprechend langen Holz- oder Messingstab von der Patronenlagerseite her wieder zur Mündung hinausgedrückt. Auf dem Blei haben sich nun die Formen der Felder und Züge abgebildet, und man kann sie mit Hilfe einer Mikrometerschraube (notfalls Schublehre) sorgfältig ausmessen. Ein anderer Weg ist das Ausmessen eines abgefeuerten und verformungsfrei aufgefangenen Geschosses. Man macht das z. B. in der Kriminaltechnik dadurch, daß man in ein entsprechend langes Wasserbecken oder einen wattegefüllten langen Kasten schießt, der auf der Einschußseite offen ist.

LAUFKONTROLLE

Mit einer etwas übermäßigen Bleikugel oder einem Kunststoffabschnitt (Rundmaterial) kann man auch gleich noch prüfen, ob der Lauf zur Mündung hin konisch oder kalibergleich verläuft oder ob gar Mündungsvorweite vorliegt. Mit einer stabilen Stange (Abb. 44, oben), die man zur Laufschonung noch mit Plastik umwickeln kann, wird von der Patronenlagerseite her die Bleikugel unter möglichst gleichmäßigem Druck voll durch den ganzen Lauf geschoben, bis sie an der Mündung wieder heraustritt. Damit Sie prüfen können, ob der Schiebedruck gleichmäßig ist, stützen Sie die andere Seite der Stange einfach auf einer Personenwaage ab. Sie können dann an der Skala der Waage ablesen, welchen Druck Sie aufwenden und ob der Druck im gesamten Lauf gleich bleibt. Druckschwankungen unterwegs deuten auf Laufverengung oder -erweiterung hin. Solche Läufe sind für Präzisionsschützen genausowenig brauchbar wie Läufe, bei denen eine Mündungsvorweite vorhanden ist, was man am abnehmenden Druck beim Durchschieben der Kugel im Mündungsbereich feststellt. Die Mündungsvorweite bedeutet, daß der Lauf zur Mündung hin größer wird. Dadurch hat das Geschoß hier keine einwandfreie Führung mehr. Außerdem tritt verstärkt Gasschlupf auf. Nur Läufe, die im gesamten Bereich kalibergleich sind oder sich zur Mündung hin geringfügig verengen, sind für Präzisionsschießen geeignet. Sie können in solchen Fällen eine zweite Messung machen, indem Sie den Bleidurchtrieb sowohl im Mündungsbereich als auch noch einmal im Bereich hinter dem Übergangskegel des Patronenlagers vornehmen. Beide Durchtriebe exakt ausgemessen, geben Ihnen dann Auskunft über mögliche Laufdifferenzen. Ein Lauf, der bis auf eine gewisse Mündungsvorweite in Ordnung ist, läßt sich unter Umständen noch retten. Darauf gehe ich im Abschnitt über die Laufmündung noch ein.

AUSTAUSCHLÄUFE

Im Zweifelsfalle ist es auch besser, den Lauf gegen einen neuen, vorher ausgemessenen Austauschlauf zu ersetzen. Für verschiedene Faustfeuerwaffen bekommt man solche Läufe, fertig bearbeitet (z. B. Bar-Sto-Läufe) oder als Laufrohlinge. Rohlinge müssen in jedem Fall noch mit Patronenlager, Mündung und den erforderlichen Fixpunkten für die Lauflagerung versehen werden. Hierzu ist sowohl bestimmtes Werkzeug als auch eine gehörige Portion Erfahrung nötig.

Die Laufmündung

Viele sehen in der Laufmündung nur das vordere Laufende. Das ist ein großer Trugschluß, die Mündung trägt unter anderem entscheidend zur Präzision der Waffe bei! Um die Wichtigkeit der **präzisen** Laufmündung klarzumachen, sehen Sie bei Position 1 (Abb. 45) eine präzise Laufmündung (L) im Schnitt dargestellt, aus der das Geschoß (G) austritt. Weil bei diesem Beispiel sowohl die Mündung als auch der Geschoßboden absolut rechtwinklig zur Schußrichtung ausgeführt sind, tritt die Gaswolke des Treibladungsmittels (P) rund um die Laufmündung gleichmäßig aus. In Position 2 dagegen ist die Laufmündung etwas schräg (hier übertrieben dargestellt) ausgeführt, das Geschoß jedoch hat einen geraden Boden. In dem Moment, wo das Geschoß die Mündung verläßt, entsteht ein kleiner Spalt an der schiefen Mündungsstelle. Die Folge ist, daß hier die unter hohem Druck stehenden Pulvergase schneller ausströmen und sowohl der Druck auf den Geschoßboden als auch die Seitenführung durch die Züge und Felder ungleichmäßig werden. Das Geschoß wird aus der gewünschten Bahn gedrückt. Auch Position 3 ist ein Beispiel dafür, daß zwar eine gerade Laufmündung, aber ein schiefer Geschoßboden zu verminderter Präzision führen. Völlig unklar werden die Verhältnisse dann, wenn sowohl eine unsauber gefertigte Laufmündung als auch schiefe oder ungleich abgerundete Geschoßböden zusammenspielen sollen. Dann streut die Waffe wild in der Gegend umher.

FERTIGUNGSQUALITÄTEN

Wie unterschiedlich Laufmündungen gefertigt sein können, zeigt Ihnen im Foto (Abb. 46) links die Mündung eines Colt-Python (P) im Vergleich zum Korth-Revolver (K) rechts. Während der Python, wie leider viele andere Waffen auch, eine glatt abgeschnittene, gegen Stöße und Verschleiß sehr empfindliche Laufmündung besitzt, ist der Korth mit seiner versenkt angebrachten Mündung gut ge-

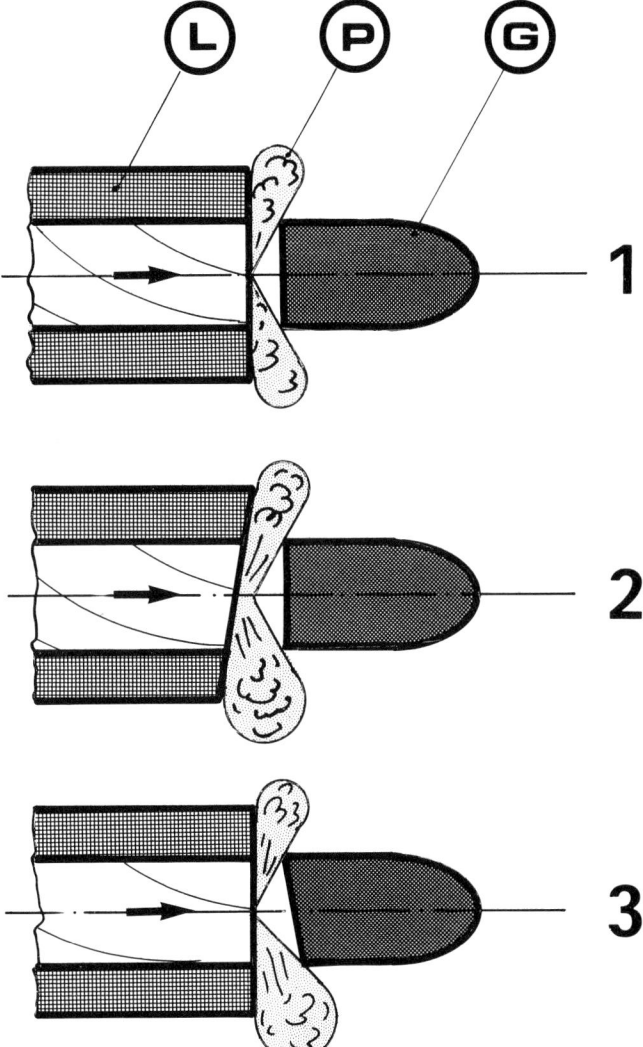

Abb. 45: Schnittzeichnungen verdeutlichen, wie wichtig die exakte Laufmündung für die Schußpräzision ist.

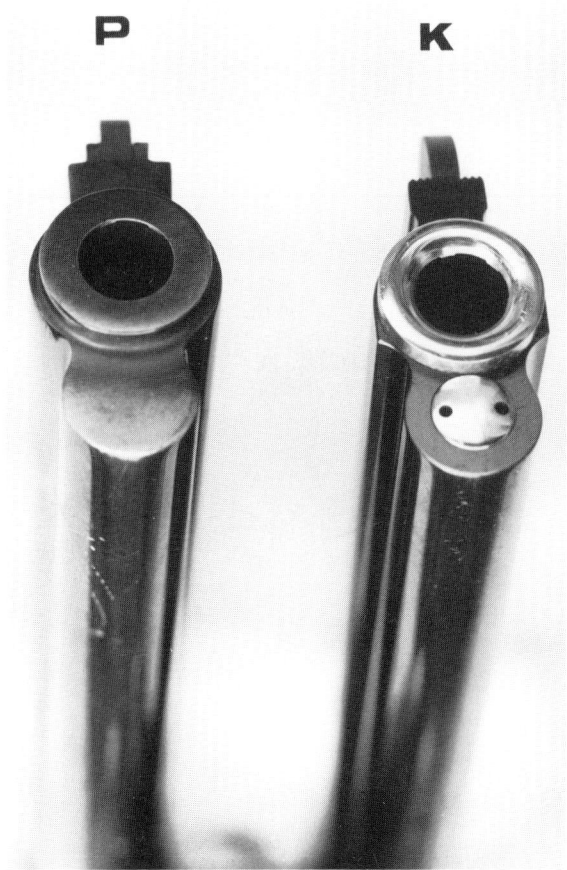

Abb. 46: Laufmündungen: Obwohl der Colt-Python als recht präziser Revolver bekannt ist, hat er nur eine simple, plangedrehte Laufmündung (P), die gegen Beschädigungen keinen Schutz bietet. Der Korth (K) dagegen hat eine versenkt liegende, polierte Mündung.

Abb. 47: Mündungsbereich der SIG P240 Kal. 32 S&W lg.: Funktion geht vor Schönheit. Aber wenigstens die Laufmündung liegt geschützt etwas tiefer.

schützt und wird seine Präzision wesentlich länger behalten. Auch die SIG P 240 (Abb. 47) zeigt, daß eine Laufmündung trotz simpler, glatter Ausführung zumindest durch Tiefersetzen in den Schlitten besser geschützt werden kann. Auch die Mündung der Agner M 80 (Abb. 48) könnte durch Tieferlegen besser in der Laufführungsbuchse geschützt werden. Nehmen Sie sich deshalb gleich einmal Ihre Waffe vor und prüfen Sie mit der Lupe die Präzision der Mündung. Auf Beschädigungen werden Sie dabei zwar leichter aufmerksam als auf eine geringfügig schief ausgeführte Mündung selbst, aber schon das kann durch Nacharbeit eine Besserung bringen. Das gezeigte Spezialwerkzeug (Abb. 9) zum Einsenken der Laufmündung bekommt man im Versandweg von Spezialfirmen. Damit die Mündung auch absolut rechtwinklig zur Laufseele angesenkt werden kann, muß die Führungsrolle des Mündungssenkers spielfrei in dem Lauf sitzen. Deshalb ist bei der Bestellung so eines nützlichen Senkers die Kaliberangabe erforderlich, wenn möglich sogar der exakte Feld-⌀. Wenn eine präzise Nacharbeit der Mündung mangels geeigneter Maschinen nicht möglich ist, so kann notfalls sogar mit einem normalen Windeisen der Mündungssenker benutzt werden (Abb. 49).

DER MÜNDUNGSSTERN

Bevor Sie aber daran gehen, Ihre Laufmündung nachzuarbeiten, sehen Sie sich bitte einmal die dort abgesetzten Pulverschmauch-Rückstände an. Beim Austritt des Geschosses aus der Mündung strömen die hochverdichteten Gase rundum aus der Mündung und hinterlassen auf der Stirnseite Rückstände, den sogenannten ›Mündungsstern‹. Aus dessen Form erkennen Sie nicht nur die Anzahl der Züge, sondern aus seiner rundum gleichmäßigen Ausbildung auch, daß die Mündung gerade ist. Eine schiefe Mündung würde sich in einem einseitig vergrößerten Mündungsstern darstellen. Schiefbodige Geschosse dagegen nicht, weil sie bei jedem Schuß in anderer Position aus dem Lauf treten und so kein charakteristisches Bild liefern. Ein gleichmäßiger Mündungsstern (Abb. 48) ist also ein Qualitätsmerkmal für eine präzise Laufmündung.

NOTHILFE

Läufe mit Mündungsvorweite, die also im Mündungsbereich dem Geschoß keine ausreichend präzise Führung mehr bieten, lassen sich dann noch retten, wenn die Vorweite nur ein kurzes Stück hinter der Mündung besteht, also bei Faustfeuerwaffen z. B. nur 5 bis 10 mm beträgt. Auch wenn Rostnarben in Mündungsnähe in Zügen oder Feldern vorhanden sind, kommt es zu Gasschlupf und zu verminderter Schußleistung. In beiden Fällen wird die Mündung einfach um den entsprechenden Betrag zurückverlegt, das heißt, mit einem präzise in Seelenachse ausgerichteten Bohrer wird der Lauf von der Mündung her aufgebohrt. Die Felder und Züge werden also in diesem Bereich entfernt und der

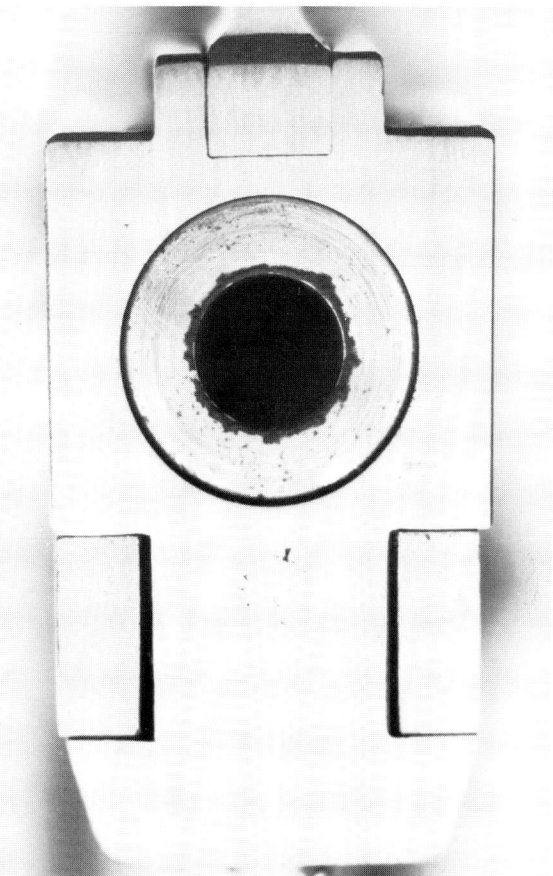

Abb. 48: Agner M 80: Der Schmauchstern an der Laufmündung ist ein gutes Merkmal dafür, ob Pulvergase rundum gleichmäßig oder einseitig stärker (schiefe Mündung) austreten. Die Laufmündung liegt geringfügig tiefer gesetzt, das ist gut. Aber sonst darf man nicht allzu kritisch auf verschieden breite Spalten usw. an der Waffe achten, was will man für DM 2500.- heute schon noch verlangen?

Lauf hat eine tief eingelassene Mündung. Die alte, aufgebohrte Laufmündung dient nur noch als Schutzrohr und hat keine Geschoßführungsfunktion mehr. Je nach Waffe kann man so doch noch dem Lauf zu Präzision verhelfen, ohne einen großen Aufwand. Diese Mündungsvorweite entsteht übrigens meist durch unsachgemäße und übertriebene Reinigung des Laufs. Darüber mehr im Kapitel über Waffenpflege. Übrigens, was die Laufmündung be-

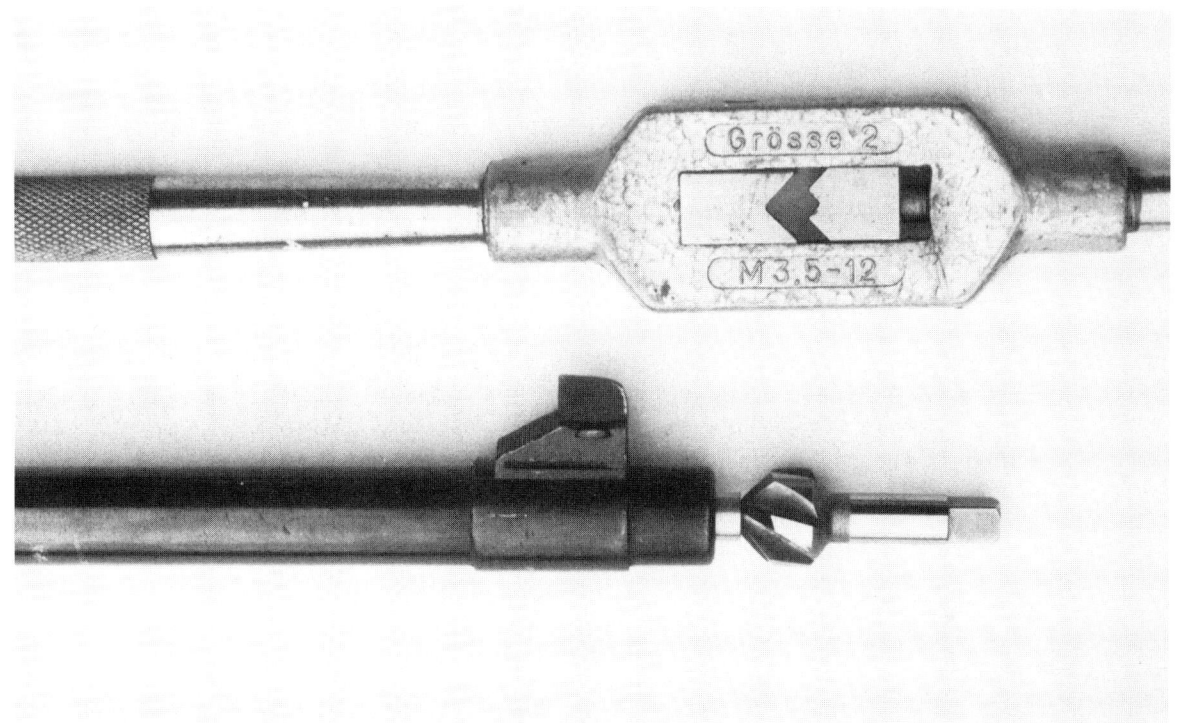

Abb. 49: Der Mündungssenker kann – mangels geeigneter Maschinen – auch mit einem Windeisen zum Ansenken der Laufmündung eingesetzt werden, wenn man dabei sehr sorgfältig vorgeht.

trifft, so gibt es auch Fälle, wo gerade eine **schiefe** Laufmündung der Waffe zur gewünschten Präzision verhilft. Dann nämlich, wenn bei Waffen mit starrer Visierung die Treffpunktlage so weit außerhalb der Visierung liegt, daß auch das seitliche Versetzen des Korns oder die einseitige Abfräsung der Kimme bzw. der Kimmennut keine Lösung bringt. Diese (minimal schief) angesenkte Laufmündung wird vor allem bei kombinierten Waffen, also mehrläufigen Jagdwaffen, angewandt. Bei Faustfeuerwaffen bringt diese Methode dagegen nur selten den gewünschten Erfolg. Nacharbeiten an der Mündung, also das Ansenken der Laufmündung z. B., sollten auch dann nicht versucht werden, wenn die Waffe zwar streut, aber der Fehler **nicht eindeutig** auf die Mündung zurückgeführt werden kann. Es gibt nämlich noch eine ganze Palette anderer Ursachen für schlechte Schußleistung. Doch darüber später mehr. Abschließend zum Thema Laufmündung möchte ich noch auf das Foto (Abb. 50) aufmerksam machen, auf dem man deutlich die (das Geschoß überholenden) Pulvergase (rechts) erkennt.

KONTROLLFOTOS

Solche Fotos sagen ebenfalls etwas über den Zustand der Laufmündung aus: Eine relativ zylindrische, zusammengehaltene Pulverdampfwolke läßt erkennen, daß die Laufmündung in Ordnung ist. Treten dagegen auf dem Bild Turbulenzen oder eine verzerrte Wolkenformation in Erscheinung, kann man auf fehlerhafte Laufmündung schließen, wenn der Geschoßboden nicht als Ursache in

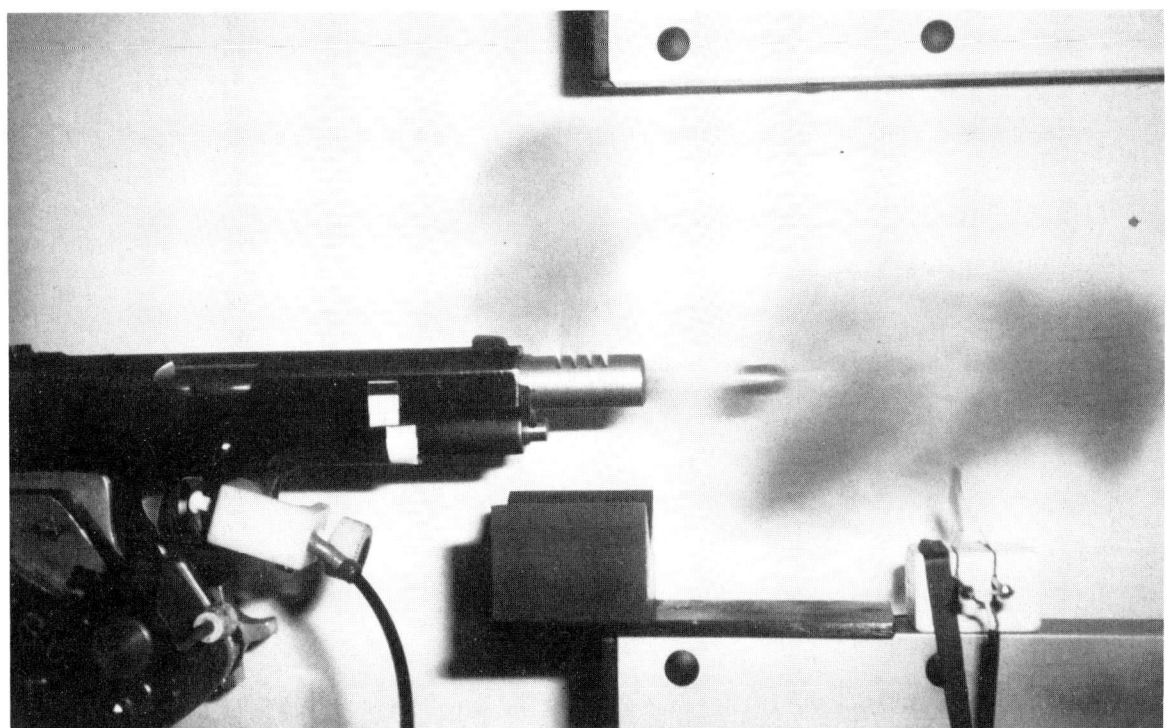

Abb. 50: Wenn das Geschoß den Lauf verläßt, überholen die schneller ausströmenden Pulvergase das Geschoß und beeinflussen z. T. seine Flugbahn. Die Wirkung von Stabilisierungsbohrungen bzw. von einer Mündungsbremse ist an der nach oben austretenden Gaswolke erkennbar.

Frage kommt. Die hier gezeigte Gaswolke demonstriert auch, daß im oberen Mündungsbereich weniger Gase ausgetreten sind, weil ein Teil der Energie der Gaswolke bereits durch die Mündungsbremse nach oben entwichen ist. Solche Fotos kann man sich mit relativ wenig Aufwand selbst machen: Die Waffe wird aus einer Schießmaschine oder ähnlichem so abgefeuert, daß die Pulvergase beim Überholen des Geschosses durch ihren Druckimpuls zwei Alufolien zusammendrücken, die man unten rechts im Bild erkennt. Diese beiden voneinander isoliert montierten Folien bilden einen Schalter, an dessen beiden Kontakten ein zweipoliges Kabel zur Kamera führt. Die Kamera ist auf einem Stativ montiert, mit einem Elektronenblitz gekoppelt und hat den Verschluß offen. Das geht natürlich nur in einem fast völlig verdunkelten Raum, weil sonst ja der Film schon belichtet würde. Die Kamera löst in dem Moment den E-Blitz aus, wo die Alufolien zusammenwehen und den ›Schalter‹ so schließen. Anschließend wird der Kameraverschluß wieder geschlossen, bevor das Raumlicht eingeschaltet wird. Es empfiehlt sich, eine ganze Reihe Aufnahmen hintereinander anzufertigen, wobei jeweils der Folienschalter um ein paar Zentimeter versetzt wird. Dadurch ist die Wahrscheinlichkeit größer, daß in einer der Schalterpositionen die Gaswolke in ihrer Formation gut sichtbar abgebildet wird. Mehrere Aufnahmen bilden zugleich die Grundlage für eine sichere Beurteilung der Wolkenformation. Ganz abgesehen davon, es macht auch Spaß, das Geschoß einmal im Fluge zu fotografieren. Um möglichst kurze Blitzzeiten zu erhalten, sollte der Hintergrund hell gehalten werden.

Der Bereich des Patronenlagers

Abmessungen, Gestaltung und Ausführung des Patronenlagers und des Übergangskegels entscheiden wesentlich die Präzision einer Waffe. Leider wird gerade in diesem wichtigen Bereich von Seiten der Waffenhersteller oftmals gesündigt. Teils aus Kostengründen und teils wegen der Vorschriften. Für Patronenlager gibt es nämlich ebenso wie für Patronen ganz genau festgelegte Minimal- und Maximalabmessungen, damit auch alle serienmäßigen Patronen in alle serienmäßigen Patronenlager passen und die Waffenfunktion gewährleistet ist.

LEHREN UND MASSBLÄTTER

Über die Patronen- und Patronenlagerabmessungen bekommt man exakte Maßblätter zu kaufen (Firma Triebel). Hier kann man in Zweifelsfällen kontrollieren, ob sich der Waffenhersteller an die Maßblätter gehalten hat oder nicht. Bei der gleichen Firma bekommt man auch Patronenlagerlehren (als Verschlußabstandslehre, Übergangslehre, Pulverraumlehre, Hülsenhalslehre, Gürtellehre, Schulterlehre, Randlehre usw., je nach Kaliber) zu Meß- und Prüfzwecken. Derartige Lehren sind natürlich für den einmaligen Einsatz bei einem Hobby-Büchsenmacher eine recht teure Investition. Meist wird man deshalb auf andere, weiter unten erläuterte preiswerte Meßmethoden ausweichen.

TOLERANZEN

Jeder Waffenhersteller kann die Patronenlager nach seinen Vorstellungen im Bereich der angegebenen Toleranzen gestalten. Daß heißt, ein Hersteller macht vielleicht besonders enge Patronenlager, der andere besonders weite. Es kann aber auch so sein, daß sich die Maße des Patronenlagers bei einem Hersteller innerhalb seiner Fertigung ändern, weil die Werkzeuge nachgeschliffen oder neue beschafft worden sind. Deshalb ist es auch erforderlich, jede einzelne Waffe für sich allein zu beurteilen und individuell zu bearbeiten. Es kann Ihnen also beim Waffenvergleich passieren, daß Waffen gleichen Kalibers unterschiedliche Patronenlagermaße aufweisen. Kommt nun im Extremfall Munition mit Maximalabmessungen in ein Patronenlager minimaler Abmessungen, so wird die Reaktion innerhalb der Waffe und auch die Schußleistung eine ganz andere sein als bei einer anderen Waffe, wo untermaßige Munition in einem weit gehaltenen Patronenlager hin- und herklappert. Sie merken, worauf ich hinauswill? Richtig, Patronen und Patronenlager müssen in einem optimalen, stets gleichbleibenden Verhältnis zueinander stehen. Nur dann ist zumindest eine gleiche Waffenreaktion zu erwarten. Aber nicht nur die Abmessungen des Patronenlagers sind entscheidend, sondern auch z. B. die Gestaltung des Lagers. Denken Sie nur an die Belastungsrillen im Patronenlager der Gold-Cup .38 Spl. oder der alten 08 sowie an die Entlastungsrillen mancher Militärwaffen usw., die der Funktionssicherheit bei unterschiedlicher Munition dienen.

ÖL KONTRA PRÄZISION

Das Zusammenspiel zwischen Patrone und Patronenlager ist sehr wesentlich für die Schußpräzision. Bevor es an die Nacharbeit des Lagerbereiches geht, möchte ich noch auf eine wichtige Tatsache hinweisen, die oft von den Schützen nicht genug beachtet wird: **Öl sowie Rückstände von Waffenpflegemitteln im Patronenlager beeinträchtigen die Schußpräzision!** Nicht nur Öl im Lauf führt zu einem ›Ölschuß‹, bei den Patronenlagern führen selbst geringe Spuren von Öl, Fett oder Waffenpflegemitteln zu verminderter Schußleistung, wie Untersuchungen der DEVA ergeben haben. Durch die verminderte Reibung zwischen Lagerwandung und Patronenhülse wirkt der Gasdruck verstärkt auf den Stoßboden der Waffe. Durch die veränderte Belastung des Verschlußsystems

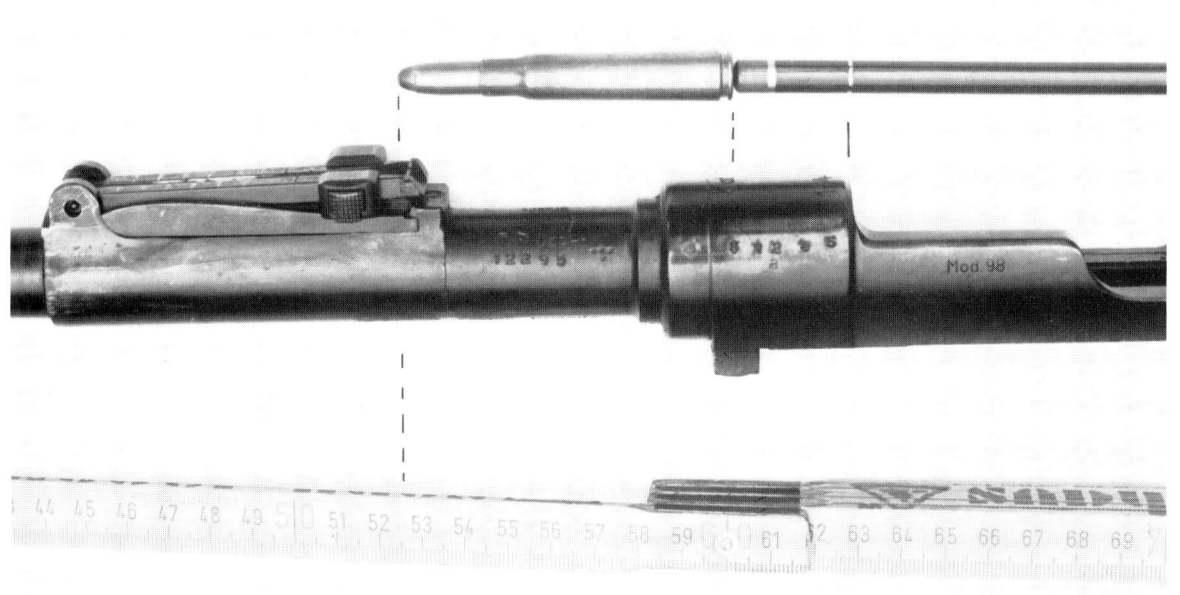

Abb. 51: Wie tief muß das Patronenlager zur Messung ausgegossen werden? Der Zollstock beginnt an der Mündung, die Markierung am Rundholz (Bleistift) zeigt, wie weit die Patrone im Lager sitzt.

kommt es zu anderen Laufschwingungsverhältnissen und damit zu einer vergrößerten Streuung der Waffe. Bei Kipplaufwaffen kann das dazu führen, daß sich durch die erhöhte Verschlußbeanspruchung Tiefschüsse ergeben und auf die Dauer Veränderungen bzw. Verschleißerscheinungen im System nicht ausgeschlossen sind. Aus diesen Gründen sollte man **unbedingt,** zumindest vor Testschießen, dafür Sorge tragen, daß nicht nur der Lauf, sondern auch das Patronenlager und die Patronenhülsen **fettfrei** sind!

Das Zusammenspiel zwischen Lager und Hülse ist so wichtig, daß z. B. die Benchrest-Schützen ihre Patronenhülsen nach entsprechend sorgfältiger Auswahl nicht bzw. nur im Halsbereich geringfügig kalibrieren und für jede Waffe spezielle Hülsen verwenden. Nur so können Sie sicherstellen, daß die Toleranzen so gering wie möglich gehalten werden. Neue Hülsen werden zu diesem Zweck sogar beim ersten Mal mit etwas überhöhter Ladung dem Patronenlager ›angepaßt‹.

DER PATRONENLAGERABGUSS

Was kann der einzelne Schütze nun bezüglich seines Patronenlagers an Verbesserungen ausführen? Die wichtigste Arbeit besteht meines Erachtens darin, sich zunächst über die Abmessungen und Verhältnisse im Patronenlager ein genaues Bild zu machen. Es hat nämlich keinen Sinn, irgendwo drauflos zu arbeiten, sonst entsteht womöglich mehr Schaden als Nutzen. Das genaue Bild des Patronenlagers bekommt man am einfach-

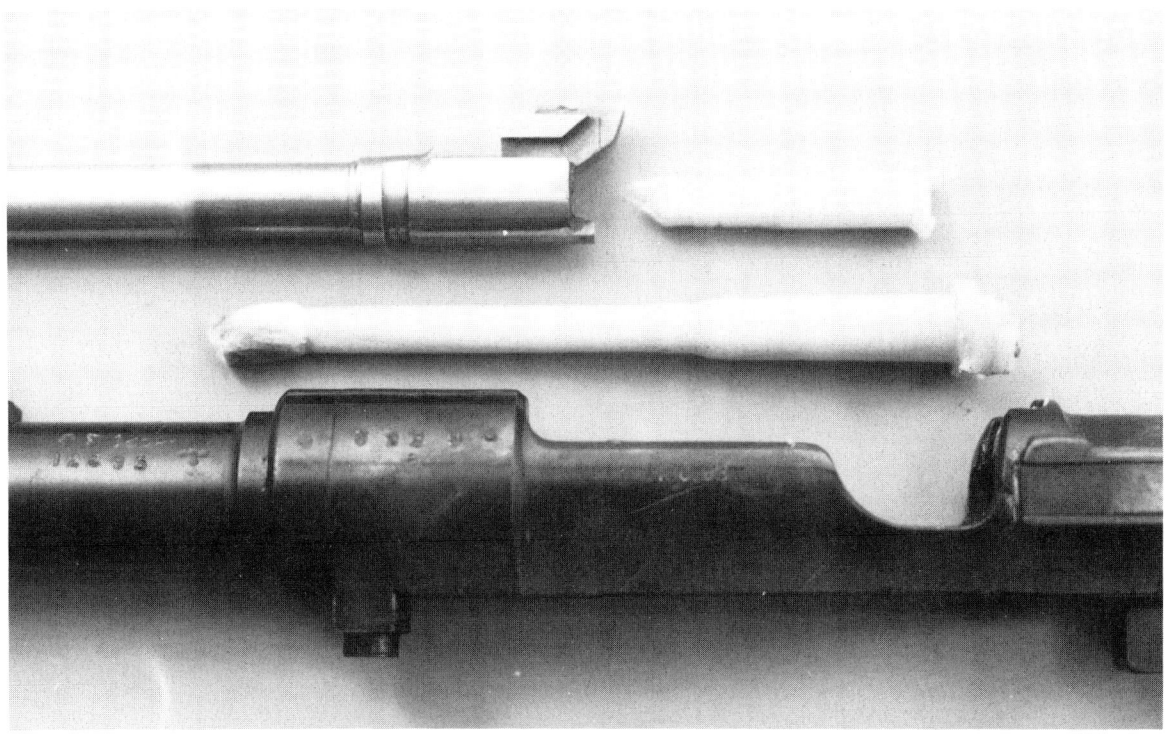

Abb. 52: Ein Hartwachs- oder Schwefelabguß gibt genauen Aufschluß über die Verhältnisse im Patronenlager. Oben Kal. 9 mm Para, unten Kal. 8×57 JS.

sten durch einen Abguß der Lagerform, indem man einen Schwefel- oder Hartwachsabguß macht. Dazu wird zunächst das Patronenlager (und der Übergangskegel) gereinigt und festgestellt, wie weit das Lager in den Lauf reicht (Abb. 51). Die Züge werden kurz hinter dem Übergangskegel mit Watte oder einem strammsitzenden Korken verstopft. Dann wird der Lauf, Lager nach oben, senkrecht an einem Gestell oder ähnlichem mit einer Schraubzwinge befestigt. Zum Ausgießen des Patronenlagers können verschiedene Werkstoffe verwendet werden, sie dürfen nur nicht zu stark schrumpfen und müssen die Oberfläche möglichst präzise abbilden. Verwendet wird im allgemeinen für Lagerabgüsse Silikonkautschuk, Hartwachs oder Schwefel. Der einfachst Weg ist der Silikonkautschukabguß. Das Material wird in der benötigten Menge mit Vernetzer gemischt und in das Patronenlager eingefüllt. Hierbei ist weder auf hinterschneidende Teile (z. B. Belastungsrillen oder ähnliches) noch auf Anhaften der Gußmasse an die Lagerwand zu achten, da sich Silikonkautschuk durch seine Flexibilität leicht auch von Hinterschneidungen abnehmen läßt. Auch wird es nirgends an der Lagerwand kleben bleiben, weil es selbsttrennend wirkt. Der einzige Nachteil bei Silikonkautschuk ist, daß es keine starre, feste Abbildung des Lagers ergibt, sondern weich ist. Das erschwert das Nachmessen mit Schublehre oder Mikrometerschraube. Da ist der Hartwachsguß schon etwas besser geeignet. Solches Wachs bekommt man übrigens oft günstig bei seinem Zahnarzt, der Reste von nichtverwendeten Hartwachsplatten meist sammelt. Aber auch eine alte Stearinkerze tut es notfalls. Beim Abgießen

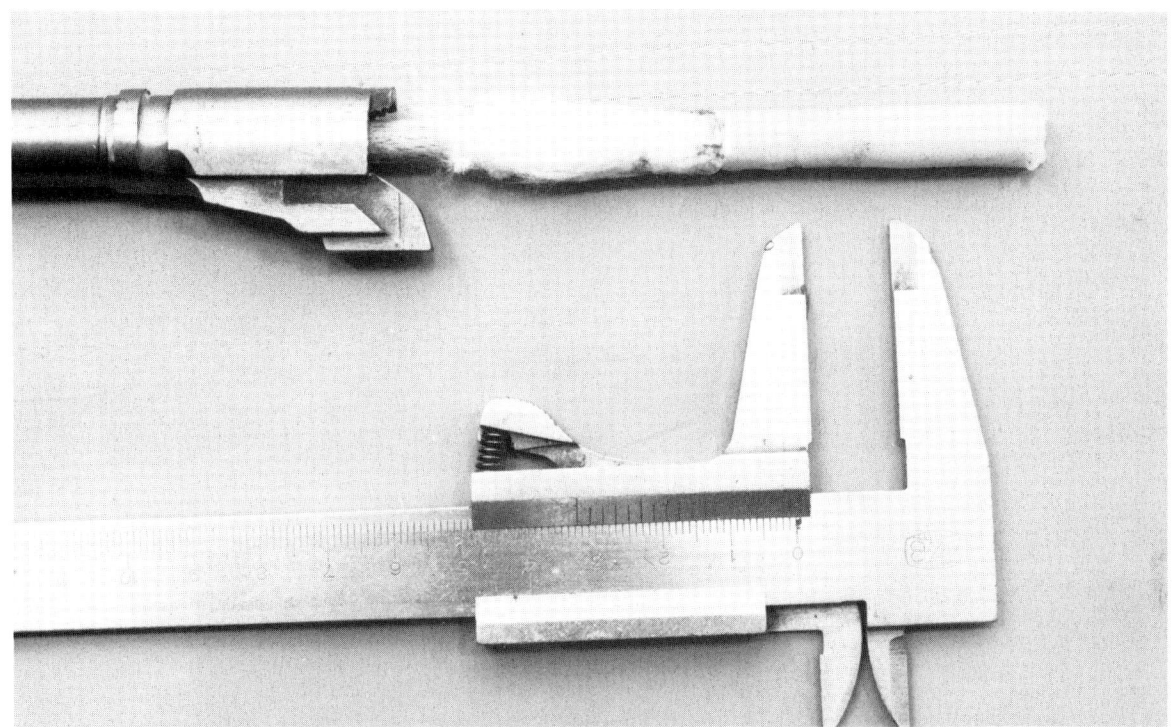

Abb. 53: Zum Ausgießen des Patronenlagers muß man den Lauf hinter dem Lager entweder mit einem Korken oder mit Watte abdichten. Mit einem Rundholz kann man dann von der Mündung her den Abguß herausschieben und anschließend vermessen.

sollte der Lauf im Lagerbereich übrigens etwas erwärmt werden, damit das Wachs beim Eingießen ins Lager nicht sofort an der kalten Wandung erstarrt und sich womöglich ›Falten‹ oder eine unsaubere Abzeichung ergibt. Einwandfreie Abgüsse (Abb. 52) lassen sich von jedem Lager, das keine Hinterschneidungen hat, in Wachs anfertigen und ausmessen. Um den Abguß leichter aus dem Lager zu bekommen, kann man durch den Lauf (Abb. 53) einen Stock schieben und damit den Abguß aus dem Lager drücken. Beim Schwefelabguß, der zweifellos das fachlich einwandfreieste Verfahren ist, wird ein Gemisch aus 4 Teilen Schwefelblüte und 1 Teil Graphitpulver (aus der Drogerie) in einem alten Blechbehälter so weit erhitzt, bis es schmilzt. Dabei ist die Masse ständig zu rühren. Bei über 150 °C wird die Masse plötzlich zäh, sie wird nun nicht weiter erhitzt, sondern nur noch so lange gerührt, bis sie sich wieder verflüssigt. Nun kann das Patronenlager damit ausgegossen werden. Der durch die Schrumpfung beim Ausgießen entstehende Masseverlust muß durch wiederholtes Nachgießen ausgeglichen werden. Nach dem Erstarren läßt sich der Abguß herausdrücken (Abb. 53). Man sollte ihn ebenso wie die anderen Abgußwerkstoffe möglichst bald vermessen, weil die Materialien durch längeres Lagern doch etwas schrumpfen und dann keine exakten Maße mehr angeben. Mit diesen Abgüssen haben Sie nun die Maße zur Hand, die Ihre Patrone im Bestfall aufweisen sollte. Beim Vergleich zwischen dem Abguß und Ihrer normalen Munition werden Sie vermutlich feststellen, daß der Bereich des Übergangskegels größer gehalten ist als dies durch die Geschoßform eigentlich erforder-

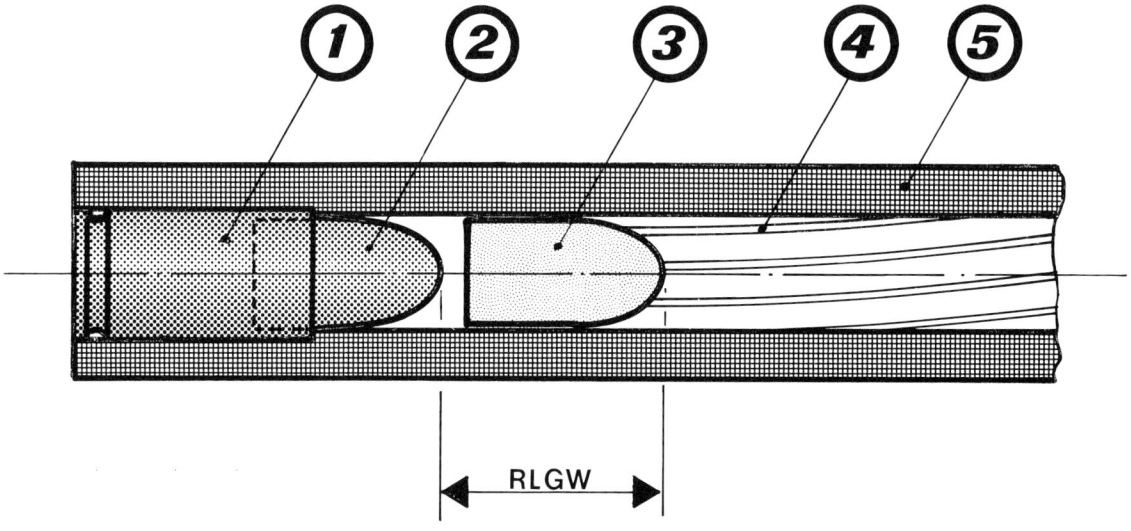

Abb. 54: Der rotationslose Geschoßweg RLGW beeinflußt die Schußpräzision erheblich. Aber es läßt sich manches tun ...

lich wäre. Der Übergangskegel hat die Aufgabe, das aus der Hülse austretende Geschoß zentrisch in die Züge des Laufs ›einzufädeln‹. Er stellt also, grob gesagt, eine Art Trichter dar. Weil nun je nach Geschoßform (und Setztiefe der Geschosse in der Hülse) der Übergangskegel die maximal möglichen Maße berücksichtigen muß, wird er bei vielen Geschossen im Grunde unnötig lang sein. Die Folge ist, daß bei diesen ›kürzeren‹ Geschossen das Geschoß einen bestimmten Weg zurücklegen muß, ohne durch die Züge in Rotation versetzt zu sein (Abb. 54). Erst beim Eintritt in die Züge bekommt das Geschoß seine Rotation und damit Stabilität. Der Weg bis dahin wird als ›rotationsloser Geschoßweg‹, abgekürzt RLGW, bezeichnet. Wenn das Geschoß zwischen dem Verlassen des Hülsenhalses und dem Eintritt in die Züge sogar noch ein Stückchen völlig führungslos fliegt, spricht man bei diesem Weg von ›Freiflug‹. Das trifft man oft bei Revolvern, wenn beispielsweise ein Geschoß aus einer .38 Spl. Hülse in einem .357er Revolver verfeuert wird. Die Folge solchen Freiflugs ist oft ein verkantetes Eintreten des Geschosses in die Züge. Die katastrophalen Folgen auf die Schußpräzision kann man sich leicht vorstellen. Den RLGW kann man leicht messen (Abb. 55): Eine (aus Sicherheitsgründen möglichst pulverlose) Hülse mit normal tief eingesetztem Geschoß wird geladen. Mit einem Rundholz oder einer Messingstange mit aufgeschraubter Mutter fühlt man nun von der Laufmündung her, wo die Geschoßspitze sitzt. Diese Länge wird am Rundholz (z. B. mit Filzstift oder Isolierband) bzw. am Gewindestab durch Einstellen der Mutter auf Vorderkante Lauf markiert. Nun wird die

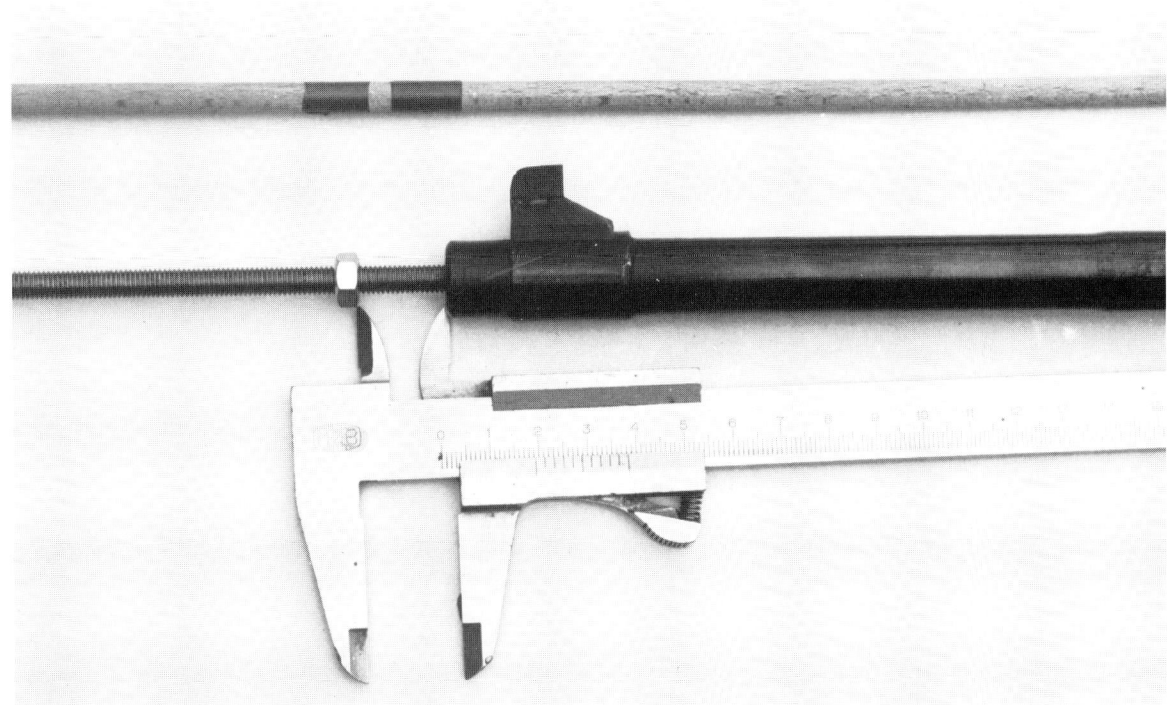

Abb. 55: Die Ermittlung des rotationslosen Geschoßweges RLGW kann mit einfachen Mitteln sehr exakt erfolgen: Eine Messingstange mit Mutter oder auch ein Rundholz mit etwas Isolierband sowie eine Schublehre reichen vollkommen (s. Text).

Waffe entladen und ein gleiches Geschoß behutsam so weit ins Lager eingeführt, bis es an den Zügen anliegt. Beim zweiten Ertasten der Geschoßspitze mittels Rundholz oder Gewindestange ergibt sich zum markierten ersten Maß eine Differenz, der rotationslose Geschoßweg. Vergleicht man die gemessene Differenz mit der Setztiefe des üblichen Geschosses in der Hülse, so kann man den Freiflug berechnen: Ist die Setztiefe kleiner als der RLGW, ergibt das Zwischenmaß den Freiflug. Da man an dem Übergangskegel nichts ändern kann, muß (im Kapitel über Munition) die Munition entsprechend angepaßt werden. Beim Vermessen des Patronenlagerabgusses sollten Sie aber noch mehr beachten: Ist der Übergangskegel sanft konisch oder steil? Ist er poliert oder hat er eine grobe, geschoßverletzende Oberfläche? Auch eine grobe Patronenlagerwandung läßt sich häufig schon am Abguß erkennen. In allen Fällen, wo es durch zu rauhe Wandungen oder durch Riefen zur Beschädigung der Geschoßoberfläche und damit zur Abscherung oder Verformung des Geschosses kommen könnte, muß die betreffende Stelle **rundum** gleichmäßig nachpoliert werden. Ist das Patronenlager in seinen Abmessungen zu weit, also im Maximalbereich der festgelegten Werte, so hilft oft das Hartverchromen in entsprechender Schichtstärke. Allerdings muß die hartverchromte Fläche anschließend sorgfältig poliert werden, weil die relativ rauhe Chromoberfläche unter Umständen zu erhöhtem Ausziehwiderstand der Hülsen führt. Das Polieren des Lagers läßt sich am einfachsten mit einem geringfügig dünneren Rundholz ausführen, das mit 600er ›Korund-Finishing-Papier‹, also einem sehr feinen Metallschleifpapier, umklebt ist und entweder von Hand oder mit einer langsamlaufenden Bohrmaschine gedreht wird. Auch feine Stahlwolle, über einen Messingstab gewickelt und mit der Bohrmaschine angetrieben, bringt eine Glättung der Oberfläche, allerdings kann es dabei auch zu einer unegalen Glättung kommen, weil die Stahlwolle nicht überall gleichmäßig angreift. Solche Arbeiten sollte man möglichst immer mit eingespanntem Lauf und **zentrisch** justiertem Poliermittel im Bohrständer ausführen. Besitzer einer Mechanikerdrehbank können auch den Lauf im Support einspannen und den Polierstab im Dreibackenfutter. Das Polieren des Patronenlagers ist aber nicht nur nach der Hartverchromung erforderlich, es kann auch immer dann angewendet werden, wenn es bei einer bevorzugten Patronensorte bzw. bei bestimmtem Hülsenmaterial immer wieder zu Ausziehstörungen kommt; wenn also die Lagerwandung offensichtlich zu rauh oder zu klein im Durchmesser ausgefallen ist. Allerdings muß man hier sehr behutsam polieren und eventuell durch Zusatz von Polierpaste, Bimsmehl oder ähnlichem eine besonders feine Abtragung vornehmen und zwischenzeitlich öfters den Ausziehwiderstand messen. Sonst ist schnell das Lager zu groß, und es kommt zu einer verschlechterten Schußleistung.

DER AUSZIEHWIDERSTAND

Den Ausziehwiderstand Ihrer Hülsen können Sie relativ einfach messen: Bauen Sie den Auszieher aus dem Verschluß aus oder ersetzen Sie ihn vorübergehend durch einen abgeschliffenen, also funktionslosen Auszieher. Nach der Probeschußabgabe stecken Sie von der Mündung her einen leichtgängigen Holzstab oder ähnliches durch den Lauf in die Patronenhülse. Nun stellen Sie das freie Ende des Stabes auf eine Personen- oder Haushaltswaage und lesen das angegebene Gewicht ab, bei dem die Hülse aus dem Patronenlager gedrückt wird. Je genauer die Waage anzeigt, desto besser können Sie auch geringe Schwankungen des Widerstands feststellen. Bei unterschiedlich starkem Ausziehwiderstand gleicher Munition sollte sowohl jede Hülse als auch das Patronenlager selbst mit der Lupe auf eventuelle Beschädigungen, Kratzer, Riefen usw. untersucht werden. Es kommt auch vor, daß der Auszieher oder bei Randfeuerpatronen der Schlagbolzen am Patronenlagerende Aufstauchungen oder Grate verursacht hat, die dann zu Ausziehstörungen führen können. Auch ein zu geringer Verschlußabstand kann bei mangelhaft verarbeiteten Waffen den Patronenlagerboden stauchen. Grate und ähnliche Schäden deuten in diesem Falle auf zu weiches Laufmaterial oder schlecht verarbeitete Waffen hin und müssen überarbeitet werden. Übrigens, da Sie gerade mit der Lupe das Lager untersuchen: Nehmen Sie doch auch gleich noch den Übergangskegel und die Züge bzw. Felder in Augenschein. Stärkerer Ansatz von Geschoßablagerungen, also Blei- oder Tombakspuren, verursachen nicht nur wegen der zugesetzten Züge schlechtere Schußleistung, sondern der Ansatz beeinflußt auch das Schwingverhalten des Laufs negativ, weil der wachsende Widerstand für den Geschoßeintritt den Druckverlauf im Patronenlager und damit die Laufvibration ändert.

EXZENTRISCH ODER NICHT?

Eine sehr wichtige Frage im Zusammenspiel Patronenlager/Lauf ist die **Zentrizität** des Lagers, also der absolut achsgenau fluchtende Verlauf von Längsachse Patronenlager zu Längsachse gezogenem Lauf. Ein nur geringügig exzentrischer Verlauf (wie er z. B. oft bei Revolvern zu beobachten ist) aufgrund ungenauer Fertigung führt dazu, daß das Geschoß nach dem Verlassen der Hülse schief oder seitlich versetzt in den Übergangskegel und damit in den Lauf eintritt. Schon Unterschiede von Bruchteilen eines Grads Achsabweichung mindern die Präzision erheblich und lassen sich nur in wenigen Fällen (z. B. bei Revolvern) nachbessern. Eine allerdings radikale Methode ist das zentrische Ausdrehen des Patronenlagers und anschließende Einsetzen einer exakt geschliffenen neuen Buchse durch Einschrumpfen. Abweichungen in der Zentrizität des Patronenlagers kann man behelfsmäßig dadurch feststellen, daß ein exakt auf Kalibermaß geschliffener Messingstab in den Lauf so weit gesteckt wird, daß er spielfrei sitzt und aus dem Lager noch etwas herausragt. Nun läßt sich mit einem Innentaster oder der Schublehre rundum der Freiraum zwischen Stangenaußenseite und Patronenlagerinnenseite nachmessen. Differenzen bei den rundum ausgeführten Messungen deuten auf Exzentrizität der Lagerbohrung hin. Weitere Aufschlüsse können auch Geschosse geben, die in Wattekästen oder Wasserbecken aufgefangen und auf Oberflächenschäden infolge Schiefsitz bzw. Lagerfehler untersucht werden. Besonders gut macht sich das bei geschwärzten Geschossen, weil man an der dunklen Oberfläche Schäden leichter erkennt. Entweder lackiert man die Geschosse vor dem Verschießen mit Visierspray mattschwarz oder man verwendet bei Messing- bzw. Tombakoberflächen Brass-Black. Auch ein Anstrich mit schwarzer Plakatfarbe reicht oft schon. Ist weder das Ausmessen direkt am Patronenlager noch das Auswerten von Geschossen möglich, kann die mögliche Exzentrizität des Lagers auch an einem Patronenlagerabguß nachgemessen werden. Allerdings muß zu diesem Zweck der kalibergenaue Stab mit eingegossen werden, weil er ja die Bezugsfläche zu dem Außendurchmesser des Abgusses darstellt. Man kommt dann sogar ohne Nachmessen aus. Man braucht diesen hervorstehenden Stab nur in der Drehbank oder Bohrmaschine einzuspannen und langsam zu drehen. Dann wird jeder ›Schlag‹ des Abgusses, also die Exzentrizität, leicht sichtbar.

Patronenlager kann man auch bei Laufrohlingen selbst einbringen, wenn man die erforderliche Erlaubnis zum nichtgewerbsmäßigen Bearbeiten und neben dem Rohling die passenden Patronenlagerreibahlen besitzt. Je nach der gewünschten Patronensorte muß dafür der Rohling entsprechend vorgebohrt werden. Anschließend wird genau axial fluchtend mit einem Vorfräser bzw. mit der Fertigreibahle das Lager auf Fertigmaß gerieben. Passende Werkzeuge (Abb. 10) liefert der Fachhandel in allen gewünschten Kalibern. Den Fortgang der Arbeiten kann man entweder mit einer serienmäßigen Patrone oder mit entsprechenden Lehren (vom gleichen Lieferanten) verfolgen. Es empfiehlt sich, das Lager zunächst etwas tiefer in dem Lauf anzubringen und anschließend auf der Drehbank das Patronenlager auf Endmaß abzudrehen. So kann man sicher sein, daß keine Beschädigungen am hinteren Lagerrand auftreten. Bei Randfeuerpatronen wird dann abschließend noch mit einem Randfräser der passende Rand eingearbeitet und durch Einsetzen einer Lehre oder passenden Patrone seine Tiefe geprüft. Hiervon unabhängig muß natürlich auch je nach Waffe die Zuführrampe, der Auszieherschlitz, die Halterung des Laufes usw. bedacht bzw. vorgesehen werden. Häufig wird man sich hierbei an einem vorhandenen alten Lauf orientieren können.

Keinesfalls jedoch sollten für diese zum Teil über die Rohabmessungen des Laufrohlings hinausgehenden Teile bzw. Ansätze Stahlstücke angeschweißt werden. Schweißungen sind erstens nur schlecht in der nötigen Haltbarkeit ausführbar und zweitens vor allem bringen sie durch die Gefügeveränderungen und durch die Wärmeeinwirkung das Schwingverhalten des Laufs völlig aus der Kontrolle. Besser ist das Aufschrumpfen (und Verstiften) eines größeren Stahlrings, der dann zu der gewünschten Form weiterbearbeitet wird.

Zuführrampe und Magazin

Sportpistolen haben häufig Probleme bei der Zuführung der Patronen. Oft liegt die Ursache dafür in einer schlecht bearbeiteten oder ungünstig geformten Zuführrampe. Gerade neue Waffen haben häufig nur mangelhaft bearbeitete Rampen mit Riefen, harten Übergängen oder anderen Macken. Mit der Lupe läßt sich so etwas leicht erkennen. Eine andere Prüfmethode sind die schwarzgefärbten Testpatronen. Zu diesem Zweck fertigt man sich einmal einen Satz (Magazinkapazität!) Leerpatronen, das heißt, Patronen ohne Pulverfüllung und ohne scharfes Zündhütchen, aber mit exakt zentrisch auf normale Setztiefe gesetzten Geschossen. In Ausnahmefällen mag der Test auch mit normaler Munition gehen, aber aus Sicherheitsgründen ist davon abzusehen! Diese Leerpatronen werden nun mattschwarz lackiert und mit einem Bleistiftstrich längs versehen. Nun werden sie, die Bleistiftmarkierung nach oben, behutsam ins Magazin eingesetzt. Dabei dürfen keine Kratzer an der lackierten Fläche entstehen. Jetzt wird das Magazin mit den Leerpatronen in die Waffe eingesetzt und der Verschluß zurückgezogen. Läßt man ihn nun nach vorne schnellen, so nimmt er eine Patrone aus dem Magazin und führt sie ins Patronenlager ein. Oder die Patrone bleibt vor dem Lager schräg stecken. In jedem Fall wird der Verschluß erneut zurückgezogen und die erste Leerpatrone dabei auf eine weiche Unterlage ausgeworfen. Dann wiederholt sich das Vorschnellen des Verschlusses, das Zurückziehen und das Auswerfen der Leerpatronen so lange, bis das Magazin leer ist. Anschließend werden die Patronen daraufhin untersucht, an welcher Stelle jetzt Spuren im Lack von der Rampe, vom Zubringer, vom Patronenlager usw. sichtbar geworden sind.

EIN PAAR TIPS

Da der Bleistiftstrich ja gestattet, die genaue Lage der Patrone im Moment des Einschiebens ins Lager zu rekonstruieren, wird es leicht sein, die Ursache von Geschoß- oder Hülsenkratzern zu ermitteln. Sind die Kratzer nicht gleich deutlich genug, lassen sich die Leerpatronen bequem ein zweites oder mehrfaches Mal wieder im Magazin (Bleistiftstrich immer oben!) einsetzen und das Spiel wird sooft wiederholt, bis die Marken eindeutig sind. In den meisten Fällen wird es anschließend genügen, vorhandene Grate oder eine rauhe Rampenoberfläche mit einer feinen Rundfeile oder mit Schleifleinen entsprechender Feinheit zu beseitigen. Eine anschließende Politur der Zuführrampe mit Polierpaste an einer rotierenden Filzscheibe oder mittels Polierleinen, das man bei dieser Arbeit um den Finger wickelt, wird in den meisten Fällen zu einem befriedigenden Ergebnis führen.

FEHLERQUELLE GESCHOSS

Zuführstörungen können aber auch noch andere Ursachen haben. So kann beispielsweise die Geschoßform (z. B. Scharfrandgeschoß) nicht mit der (zu steilen?) Zuführrampe klarkommen. Oder es kann das Geschoßblei so weich sein, daß es an der Rampe deformiert und dadurch hängenbleibt. Bei Büchsengeschossen mit Bleispitze kann es vorkommen, daß sich die Geschoßspitzen schon im Magazin deformieren (wenn sie im Magazin nicht entsprechend geführt werden). Solche deformierten Geschoßspitzen verursachen nicht nur Zuführstörungen, sondern sie verschlechtern natürlich auch die Schußpräzision. Gute Magazine (Abb. 56) schonen die Geschoßspitze. Wenn also die Geschoßform Ursache von Zuführstörungen ist, so wird oft schon der Wechsel zu einer anderen Munitionssorte Abhilfe bringen. Auch eine in der Schließkraft veränderte Vorholfeder (weicher oder härter) bringt unter Umständen Erfolg. Dennoch wird bei einem harten Anschlagen der Geschoßspitze immer die Schußleistung leiden. Machen Sie in dieser Beziehung einmal folgendes Experiment: Nehmen Sie eine Kleinkalibermunition zur Hand und fühlen Sie

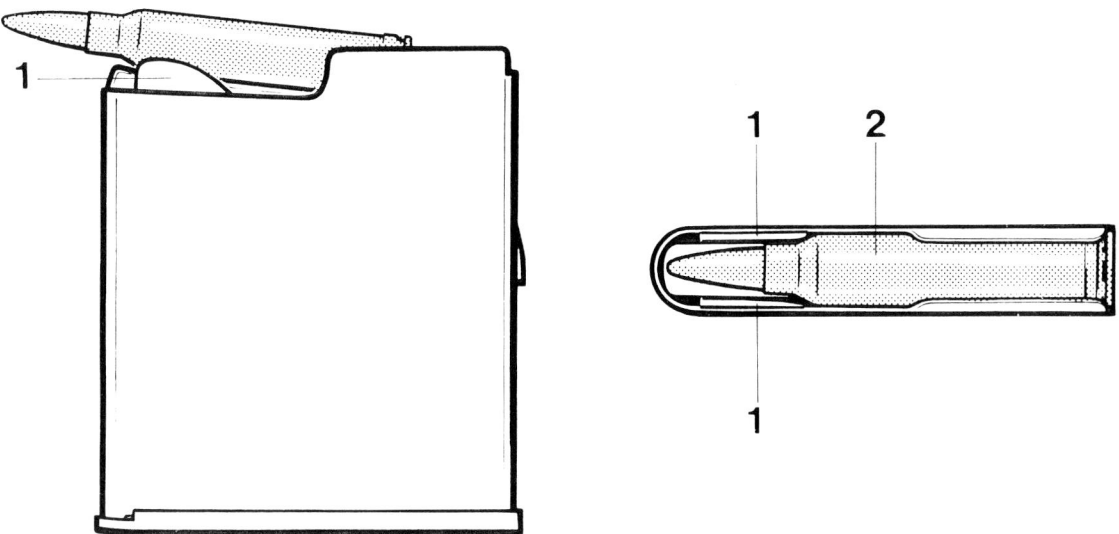

Abb. 56: Gute Gewehrmagazine haben innen Steuerkurven (1), um die Patrone exakt zu führen (2) und so Beschädigungen der Geschoßspitze zu verhindern.

behutsam, ob die Geschosse fest in der Hülse sitzen. Dann nehmen Sie einige Patronen, laden ein Pistolenmagazin damit und repetieren die Kleinkaliberpistole mehrmals von Hand, das heißt, ziehen Sie den Verschluß mehrmals zurück und lassen Sie ihn wieder vorschnellen, ohne den Abzug zu berühren. Dabei müssen Sie natürlich die Waffe so halten, daß ein versehentlich losgehender Schuß keine Schäden anrichten kann. Wenn Sie darauf achten, daß die rausgeworfenen scharfen Patronen auf eine weiche Unterlage fallen, so können Sie nun nochmals vergleichen, ob der Sitz der Geschosse in den Hülsen lockerer geworden ist. Das ist ein Zeichen, daß das Geschoß schon beim Anprellen an die Rampe in seinem Hülsensitz gelockert wurde. Solche Munition kann nicht mehr gleichmäßig präzise schießen. Abhilfe ist aber nur an der Waffe möglich, da ja die Rampe die Ursache ist und nicht die Munition. Allerdings ist nicht auszuschließen, daß der Fehler auf ein nicht mehr einwandfreies Waffenmagazin zurückzuführen ist.

FEHLERQUELLE MAGAZIN

Beachten Sie deshalb, wie die Patronen zwischen den Magazinlippen sitzen. Wenn sie zu steil herausragen, werden die Patronen erstens durch den Mitnehmer beim Vorlaufen beschädigt und können sich zweitens vor dem Patronenlager ›aufspießen‹. Sitzen die Patronen dagegen zu waagerecht, also zu tief, zwischen den Magazinlippen, so kann es vorkommen, daß der Mitnehmer die Patrone nicht mehr greifen kann. Außerdem wird bei mitgenommener Patrone diese in einem zu steilen Winkel auf die Zuführrampe geschoben und deformiert. Die richtige Lage der Patrone im Magazin erkennt man daran, daß bei langsam von Hand vorgeschobenem Verschluß die Patrone praktisch ohne Anecken und ohne wesentliche Lageänderung die Zuführrampe hinauf ins Patronenlager gleitet. Je langsamer Sie diese Versuche ausführen, um so eher werden Sie mögliche Fehlerquellen erkennen können.

Zuführstörungen, die auf schlechten Patronensitz im Magazin zurückgeführt werden können, kann man meist schon dadurch beseitigen, daß man ein anderes Magazin verwendet. Aber auch das **behutsame** Zurechtbiegen der Magazinlippen mit einer Rundzange oder das Nacharbeiten des Zubringers im Magazin kann dauerhafte Abhilfe schaffen. Läßt sich der Zubringer nicht ausreichend nacharbeiten, kann man ihn gegen einen anderen auswechseln bzw. einen aus Kunststoff zurechtgefeilten neuen austauschen. Eine weitere mögliche Störquelle ist auch die Magazinfeder. Sie kann ausgeleiert oder gebrochen sein, sie kann aber auch bloß zu schwergängig im Magazin sitzen oder durch Schmutz in ihrer Funktion behindert werden. Man kann eine zu schlappe Feder durch Strecken etwas schneller machen, meist ist aber eine neue Feder die bessere Lösung. Auch gratige, aus Blech lieblos ausgestanzte Magazinlippen und kratzige, rauhe Zubringer führen zu vereinzelten Zuführstörungen. Deshalb ist es selbstverständlich, daß man bei einer Durchsicht derartige Mängel mit Schleifpapier und Polierfilz beseitigt.

Wenn Sie dann das Magazin wieder in Ihre Waffe einsetzen, achten Sie doch bitte einmal darauf, ob es nach dem Arretieren noch in irgendeiner Richtung Spiel hat, ob es also wackelt. Ein Magazin, das nicht weitgehend genau im Magazinschacht geführt ist, hat logischerweise auch keine genaue Stellung der Magazinlippen zum Lauf, weil es ja mal in dieser oder in jener Stellung kippeln kann. Hier kann man durch Aufkleben von dünnen Blechstreifen (Blattfühlerlehre als Materialquelle) oder durch Auftragen einer Schicht Zweikomponentenkleber (die man nach der Härtung passend schleift) unnötiges Spiel ausschalten. Andererseits darf das Magazin aber auch nicht schwergängig in den Schacht gehen oder gar klemmen.

Und noch etwas kann man seinem Magazin zuliebe tun: Nämlich den Magazinboden durch Aufkleben oder Aufschrauben eines Stoßbodens aus Gummi oder Neopren gegen Beschädigung beim Fall zu schützen. Solche Stoßböden bekommt man für verschiedene Magazine fertig zu kaufen, man kann sie aber preiswert auch aus einer etwa 10 mm dicken Gummiplatte aussägen, mit Kontaktkleber aufkleben und dann am Schleifbock oder mit mittlerem Schleifpapier dem Magazinboden anpassen. Der weitere Vorteil so eines Stoßbodens ist, daß das Magazin im leeren Zustand nun leichter aus dem Schacht gleitet, wenn man den Magazinhalter löst.

Die Lauflagerung

In vorangegangenen Kapiteln war des öfteren von Laufschwingungen und ihrem Einfluß auf die Schußleistung die Rede. Hier soll deshalb kurz erläutert werden, wie es zu diesen Schwingungen kommt und was sie bewirken. Ein Beispiel: Hängt man ein Metallrohr an einem Bindfaden frei auf und schlägt mit einem Hammer an das Rohr, so hört man nicht nur einen kurzen Schlag, sondern das Rohr dröhnt noch einige Zeit nach. Auch fühlen kann man die Schwingungen des Rohrs, wenn man kurz nach dem Anschlagen das Rohr berührt. Ähnliches passiert auch mit dem Waffenlauf, der ja im Grunde auch ›bloß‹ ein Rohr ist. Durch den schlagartigen Druckimpuls der zündenden Patrone wird er in Schwingungen versetzt und vibriert so lange, bis die Eigendämpfung des Stahls oder eine andere Dämpfungsquelle die Schwingungen abklingen läßt. In der nebenstehend (übertrieben dargestellten) Zeichnung (Abb. 57) wird gezeigt, wie der Waffenlauf (3) wellenförmige Bewegungen (Schwingungen) ausführt, sobald die Patrone im Patronenlager gezündet wird.

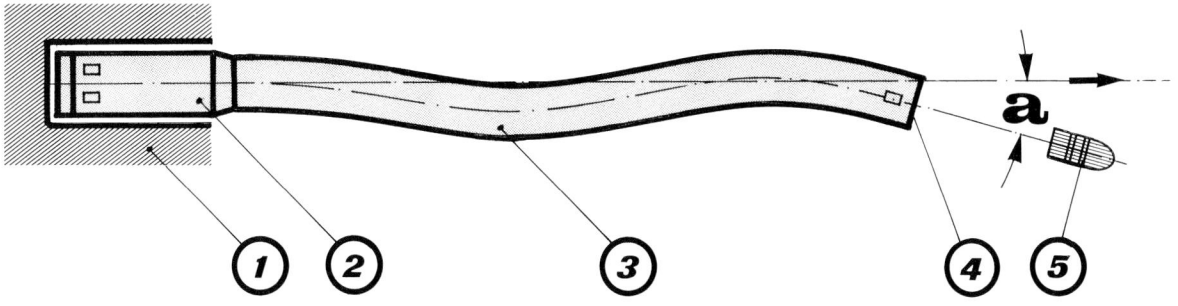

Abb. 57: Übertrieben dargestellt, schwingt der Lauf beim Schuß ›wie ein Gartenschlauch‹. Dadurch entstehen Abgangsfehler, hier als Winkel ›a‹ gezeichnet.

DER ABGANGSWINKEL

Die Laufmündung (4) macht diese Wellenbewegung notgedrungen mit und lenkt das Geschoß (5) beim Austritt aus der Mündung unter einem Winkel (a) aus der Zielrichtung ab. Das ist der sogenannte Abgangswinkel. Sie werden verstehen, daß jeder Einfluß auf die Laufschwingungen, sobald er nicht stets gleichmäßig auftritt, bei jedem Schuß einen anderen Abgangswinkel verursacht. Wenn aber der Abgangswinkel bei jedem Schuß anders ausfällt, wird auch jeder Schuß woanders hintreffen. Diese Streuung kann man in Grenzen halten, wenn man dem Lauf gestattet, immer unter gleichen Bedingungen zu schwingen. Der einfachste Weg hierfür ist die Verwendung eines möglichst dicken (weil große Masse nicht so leicht schwingt) und kurzen (weil kurze Läufe in höheren Frequenzen, also kleineren Schwingeinheiten schwingen) Laufes, der aus einem weichen, niedriglegierten Stahl besteht (weil ›weicher‹ Stahl Schwingungen mehr dämpft). Dieser Ideallauf sollte dann nur an seinem hinteren Ende, dem Patronenlager, in dem System derart befestigt werden, daß der Lauf völlig unbehindert frei schwingen kann. Nur so läßt sich, abgesehen von den Einflüssen unterschiedlich ausfallender Patronen, das Schwingen des Laufs einigermaßen unter Kontrolle bringen. Es kommt also für Sie in der Praxis darauf an, dem Lauf das freie Schwingen bis auf die Stelle zu ermöglichen, wo er mit der übrigen Waffe verbunden ist. Die andere Möglichkeit ist die, daß man den Lauf massiv an möglichst vielen Stellen so mit der Waffe verbindet, daß die Waffe zur Dämpfung der Laufschwingungen mit herangezogen wird. Dieser Weg ist aber nicht bei jeder Waffe zu lösen. Zumindest nicht optimal zu lösen, da viele Waffenläufe eine Rückwärtsbewegung (zur Entriegelung) ausführen und deshalb nicht starr mit dem Waffenkörper verbunden sein dürfen.

LAGERTOLERANZEN

Auch die Wärmedehnung des Laufs muß irgendwo berücksichtigt werden und erfordert gewisse Lagertoleranzen, wenn es nicht zu Waffenstörungen kommen soll. Allerdings legen viele Waffenhersteller den Begriff ›Toleranzen‹ sehr großzügig aus und liefern, gerade bei preiswerten Waffen, mehr Spiel in den einzelnen Lagerungen, als der Präzision dienlich ist. Viele klapprige Militärpistolen, viele zusammengeschusterte Vorderladerrevolver oder auch Vorderladerbausätze legen von dieser Auffassung Zeugnis ab. Bei Militärwaffen kann man für zu weite Passungen noch Verständnis aufbringen, weil Präzisionsfertigung Geld kostet und weil Austauschteile ohne Nacharbeit in allen Waffen des Typs passen müssen. Sobald der Schütze aber mit seiner Waffe nicht nur ballern, sondern auch treffen will, kommt er um die präzise Einpassung des Laufs nicht herum. Bei den Tuningarbeiten zur Verbesserung der Lauflagerung muß man von zwei grundsätzlichen Arten ausgehen: Erstens von den Läufen, die starr mit der Waffe verbunden sind, also keine Bewegung auszuführen brauchen. Zum zweiten gibt es Läufe, die eine gewisse, genau vorgeschriebene Bewegung ausführen müssen und dafür Vorrichtungen benötigen.

Praktisch alle üblichen Gewehre haben starr mit dem System verbundene Läufe, auch viele Sportpistolen und natürlich die Revolver. Hier ist Ihre Aufgabe, dafür zu sorgen, daß der Lauf auch wirklich **schußfest** mit dem Rest der Waffe verbunden ist. Bei Gewehren beispielsweise wird der Lauf im System verschraubt oder eingeschrumpft. Das System wiederum ist mit Schrauben oder Keilen mit dem Holz des Schaftes verbunden. Beide Verbindungsstellen, also Lauf/System und System/Schaft, können geringfügiges Spiel aufweisen, das unbedingt beseitigt werden muß. Es kommt zwar relativ selten vor, daß sich die Verbindung zwischen Lauf und System lockert, aber prüfen und gegebenenfalls richtigstellen muß man es! Weitaus häufiger dagegen kann man feststellen, daß das System zum Schaftholz an manchen Stellen etwas Luft hat, und nur durch die oft stark angezogenen Befestigungsschrauben fällt diese Luft **Ihnen** nicht auf. Die Waffe dagegen mit ihrem kurzen, aber sehr harten Rückstoß nutzt dieses Spiel, schlägt mit dem System ans Holz und wird anschließend durch die Befestigungsschrauben wieder einigermaßen in die alte Lage gedrückt. Aber der Schuß ist inzwischen draußen, und Sie wundern sich einmal mehr über die schlechte Schußleistung Ihrer Büchse. Es hilft also gar nichts, die Befestigungsschrauben auf Deubel komm raus anzuziehen! Im Gegenteil, dadurch wird die Sache nur schlimmer, weil Sie so auch noch ungewollt Spannungen in das System bringen, die wiederum negativen Einfluß auf die Laufschwingungen haben. Richtig ist in solchem Fall, das System samt Lauf auszubauen und festzustellen, wo zwischen System und Schaft Luft ist.

SPIEL BESEITIGEN

Das geht unter anderem auch mit den schon erwähnten Plastilinkügelchen. Je nachdem, um wieviel Luft es sich handelt, oder auch davon abhängig, welche Arbeitstechnik Ihnen mehr zusagt, können Sie nun entweder dünne Holz- oder Kunststoffplättchen satt einleimen (notfalls vorher am Schaft noch etwas mehr freistechen), um den Zwischenraum zwischen Holz und System zu überbrücken. Sie können aber auch den Zwischenraum mit Epoxydharz (+ Härter) oder mit dem ebenfalls schon erwähnten Gießholz ausfüllen. Eine gute Möglichkeit ist es bei den relativ geringen Zwischenräumen auch, Zweikomponentenkleber auf das Holz zu streichen und dann die eingefettete Waffe behutsam wieder einzusetzen. Dabei sollten die Befestigungsschrauben aber nur handfest angezogen werden! Natürlich muß überquellender Kleber sofort von Holz- und Waffenteilen abgewischt und eventuell mit Aceton abgetupft werden. Achtung: Lackierte Schäfte vertragen unter Umständen kein Aceton, der Lack kann sich lösen. Auch bei Kunststoffteilen an der Waffe ist Vorsicht im Umgang mit Aceton angebracht. Übrigens ist vielleicht auch der Hinweis noch wichtig, daß Aceton und andere Lösungsmittel nicht nur feuergefährlich, sondern auch gesundheitsschädlich sein können. Deshalb sollten die entsprechenden Warnhinweise auf den Lösemittelbehältern beachtet werden!

Nach dem Aushärten des Klebers bzw. Kunstharzes kann die Waffe, wenn erforderlich, nochmals ausgebaut werden. Aber nur, wenn man sie vor dem Eingießen bzw. Kleben sorgsam mit Trennwachs, Vaseline oder Fett eingerieben hatte. Bei diesen starr verankerten Waffen muß der Lauf, ich erwähnte es ja schon, völlig frei schwingen können. Sie sollten deshalb beim Zusammenbau der Waffe gleich noch einmal prüfen, ob womöglich Teile des Vorderschaftes oder andere Teile (Schrauben?)

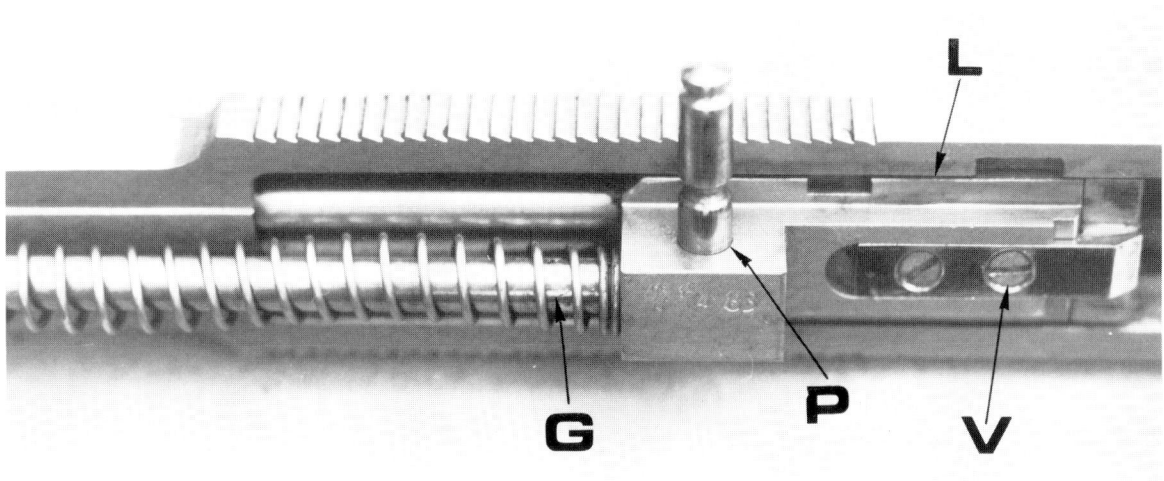

Abb. 58: Punkte, auf die man bei praktisch jeder Waffe achten sollte: Bearbeitungsspuren oder Grate (G), die gleitende Teile behindern. Schlechter Paßsitz (P) von Bolzen oder Haltestiften. Unnötige Luftspalte (L) zwischen aufeinander gleitenden Teilen. Durch Rückschlag gelockerte Verschraubungen (V).

den Lauf berühren und so das freie Schwingen in irgendeiner Form beeinträchtigen können. Es hat schon Fälle gegeben, wo ein Riemenbügel mit zu langer Schraube am Vorderschaft befestigt war und die Schraube am Lauf anlag. Bei verschiedenen Sportpistolen (meist kleineren Kalibers), bei denen der Lauf fest mit dem Griffstück verbunden ist und der Verschluß am Lauf entlanggleitet, sollte auf ausreichendes Spiel zwischen Lauf und Verschluß geachtet werden. Wohlgemerkt zwischen Lauf und Verschluß, denn der rücklaufende Verschluß soll ja nicht durch Berührung des Laufes diesen in seinem Schwingverhalten beeinträchtigen. Auf die Toleranzen zwischen Verschluß und Griffstück kommen wir noch zu sprechen. Noch etwas anderes: Wenn (z. B. bei der Agner M80) der Lauf sowohl am hinteren Ende festgelegt als auch vorne gelagert ist, sind größere Toleranzen ebenso zu vermeiden wie Verspannungen in der Waffe. Man erkennt (Abb. 58) den Paßstift (P), der Lauflagerung und Schlitten mit dem Griffstück zu verbinden hat. Hat so ein Paßstift Spiel, ist er also für die Bohrungen im Griffstück zu dünn oder ist er ausgeschlagen, so wird die Waffe nie präzise funktionieren können. In solchen Fällen muß der Paßstift gegen einen dickeren ausgewechselt werden. Das ist jedenfalls einfacher auszuführen als die Verkleinerung der Bohrungen.

LAGERPASSUNGEN

Auch die vordere Lauflagerung in Form eines abnehmbaren Kornhalters (Abb. 59) bedarf einer Kontrolle, denn wenn dieser Kornhalter nicht bombenfest am Griffstück sitzt, wackelt der Lauf notgedrungen mit. Andererseits darf durch das Überarbeiten so einer Lauflagerung aber auch keine Verspannung in die Waffe kommen, denn Verspannungen führen nicht nur zur Beeinflussung des Schwingverhaltens, sondern sie können zu Waffenstörungen

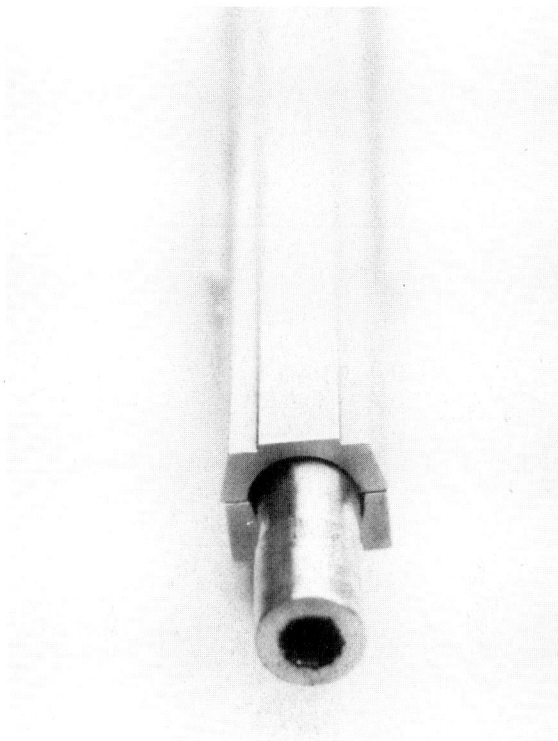

Abb. 59: Agner M 80: Bei abgenommener Laufhaltehülse wird sichtbar, daß bei dieser Pistole der Lauf schief im Schlitten sitzt.

führen. Weil im Falle enger Passungen die durch das Schießen erwärmte Waffe sich im Laufbereich dehnen will. Wird sie daran durch zu enge Passungen oder Verspannungen (verkantete Führung) gehindert, kann sie unter Umständen ihre Tätigkeit zumindest vorübergehend einstellen.

ABHILFEN

Im Falle so einer Lauflagerbuchse (Abb. 48) kann man natürlich bei größerem Spiel zwischen Lauf und Buchse entweder einen neuen Lauf einsetzen oder, einfacher, die Buchse aufbohren und durch Einkleben oder Einschrumpfen einer paßgenau geschliffenen Hilfsbuchse die Passung auf das gewünschte Maß bringen. Bei kleineren Toleranzen gibt es dagegen in vielen Fällen ein probates Mittel, Spiel in gewissen Grenzen zu überbrücken: Lassen Sie einfach den Lauf (und eventuell auch die Buchse) von einer Fachwerkstatt hartverchromen. In einer Auftragsstärke, die Ihren Vorstellungen entspricht. Kommt es dann zu Klemmerscheinungen, weil die Hartverchromung etwas zu viel des Guten getan hat, so wird der Lauf einfach in die Drehbank gespannt und mit Polierleinen auf den erforderlichen Durchmesser ›heruntepoliert‹. Zuvor sollte allerdings die Buchse ebenfalls etwas überpoliert werden, um die hartverchromte Oberfläche etwas zu glätten. Mit diesem Hartverchromungstrick lassen sich natürlich auch andere Passungen verengen. Beispielsweise die zu locker sitzenden Paßstifte, Schlittenführungen, Schloßteile usw.

PASS-SITZ PRÜFEN

Vor dem Zusammenbau sollten Sie allerdings die Teile einmal auf die Temperatur erwärmen, die bei intensivem Schießen auftreten kann. Damit Ihnen später, im Wettkampf, nicht plötzlich eine versagende Waffe die Tour vermasselt. Übrigens können Sie die Stellen, die auf Passungssitz untersucht werden sollen, relativ einfach prüfen: Eine der beiden Paßflächen wird entfettet und mit Hartwachs (heiß auftragen) oder mit Plakatfarbe (weiß bei dunklen Waffenteilen, schwarz bei hellem Untergrund) satt eingestrichen. Ich verwende für diesen Zweck gern Fassadenfarbe, weil sie gut haftet. Bei größeren Toleranzen, wie sie z. B. im Bereich der Verriegelungswarzen usw. auftreten können, kann man statt der Farbe auch Gips, Zellulosewerkstoff (z. B. Moltofill) oder eine dick aufgetropfte Wachsschicht einsetzen. Meist wird man dasjenige Teil mit der Farbschicht versehen, dessen Oberfläche leichter zugänglich und auch leichter zu begutachten ist. Bei der Agner (Abb. 59) würde das z. B. der Lauf sein und nicht die Buchse. Nach dem Trocknen der Farbe werden die Teile behutsam zusammengeschoben. Dabei schert etwas trockene Farbe ab und wird weggeblasen. Nach einem erneuten

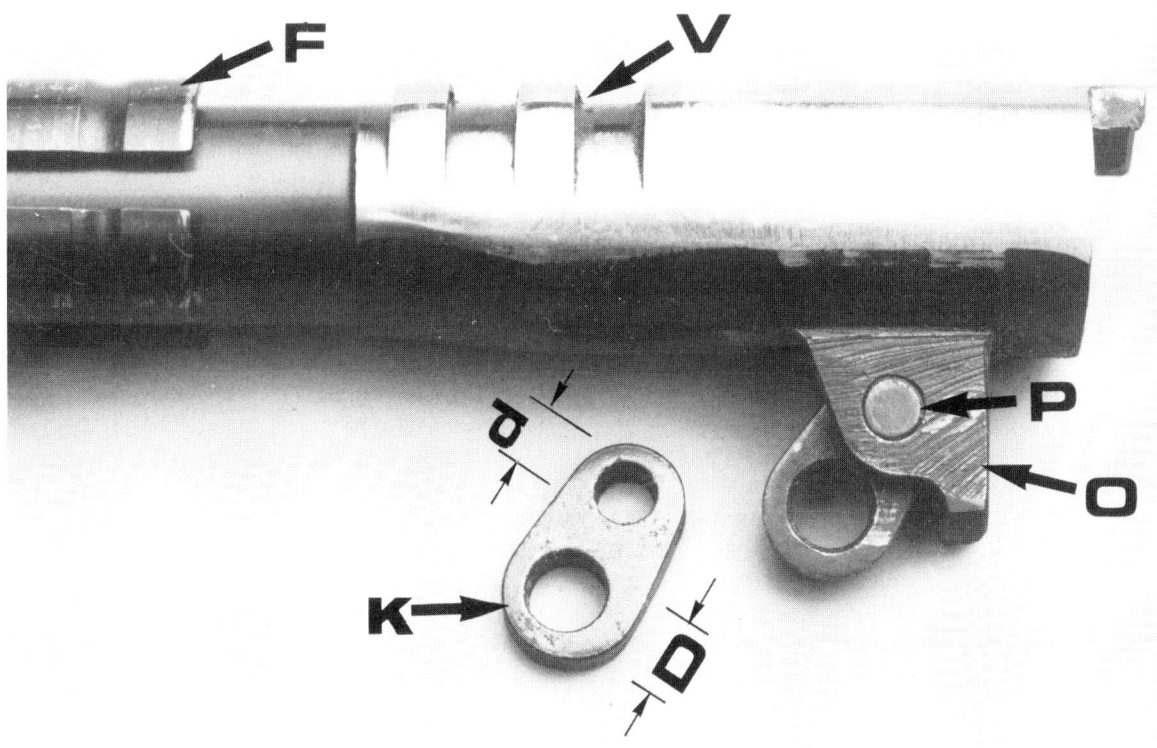

Abb. 60: Die ›Kette‹, die den Lauf der Colt-Pistole im Patronenlagerbereich führt, ist oft unpräzise gearbeitet. Hier hilft Austausch gegen eine stramm sitzende, genau eingepaßte Kette oder Auswechseln der Lagerbolzen (s. Text).

Zerlegen der Teile erkennt man an der stehengebliebenen Farbe, wieviel Luft zwischen den Paßflächen ist, an welchen Stellen sie ist (gleichmäßige Farbdicke deutet auf zentrischen Sitz hin, ungleiche zeigt, daß irgendwo etwas ›schief‹ sitzt) und wo man anstelle der Farbe etwas anderes (z. B. Hartverchromung) auftragen muß. Die Farb- oder Wachsreste lassen sich meist rasch mit heißem Wasser oder Lösemittel entfernen. Wenn Sie ohne jeden Aufwand einmal Passungen prüfen oder Spiel feststellen wollen, können Sie natürlich anstelle der Farb- oder Wachsschicht auch normales dickes Waffenfett oder Vaseline verwenden. Diese Mittel brauchen, wenn Sie an der Waffe nicht sofort etwas ändern wollen, nicht gleich restlos entfernt zu werden. Waffen mit feststehenden Läufen haben gegenüber rücklaufenden, beweglich fixierten Läufen meist eine etwas bessere Präzision, weil bei ihnen ein paar Fehlerquellen entfallen. Die beweglich gelagerten Läufe wie z. B. bei Waffen nach dem Browningsystem (Colt-Covernment/Gold-Cup, FN, SIG usw.) oder Waffenläufe mit beweglich abgestütztem Rollenverschluß (Heckler + Koch, Korriphila) sind da schon auf mehr Fertigungspräzision angewiesen. Je mehr Gelenke, Achsen, Steuerkurven usw. eine Lauflagerung aufweist, desto mehr Toleranzflächen müssen spielarm zusammenpassen. Ein Beispiel, das fast jedem Schützen bekannt ist, ist die Colt-Gold-Cup mit der Laufhalterung über eine ›Kette‹ (K) (Abb. 60). Während der Schußabgabe hält diese Kette den Lauf an seinem hinteren Ende in den Verriegelungsnuten des Schlittens. Die größere Bohrung (D) der Kette ist über den Verschlußfanghebel an dem Griffstück befestigt. Die kleinere Bohrung (d) ist über den Paßstift (P) mit dem Lauf verbunden. Durch die Verriegelung der Warzen (V) in den Nuten des Schlittens wird der Lauf beim Zurückgleiten des Schlittens zurückgezogen. Da er aber über die Kette am Griffstück festgemacht ist, führt er nur eine Schwenkbewegung um diese Kette aus und gleitet dabei aus den Verriegelungsnuten. Dadurch wird der Lauf hinten abgesenkt um soviel, wie die Verriegelungswarzen in den Nuten saßen. Dann gleitet der Schlitten weiter nach hinten, um die leere Hülse auszuwerfen usw.

BESONDERHEITEN

Da der Lauf diese absenkende Bewegung ausführt, kann auch die vordere Lauflagerung nicht starr und spielfrei sein, sonst würde es zu einem Klemmen des Laufes kommen. Aus diesem Grund muß also die vordere Lagerung entweder genug Spiel haben (wie es bei Colt früher auch üblich war), oder es muß die vordere Lauflagerung auf eine Weise erfolgen, die den Lauf zwar gut führt, aber das Absenken nicht behindert. Bei Colt hat man zu diesem Zweck die dreizinkige federnde Laufhaltebuchse erdacht, die mit ihren Federarmen den Lauf relativ sicher hält und ihm trotzdem ausreichenden Spielraum läßt. Diese federnde Buchse (F) muß natürlich sowohl am Lauf als auch im Schlitten klapperfrei sitzen! Jedes Spiel, das hier auftritt, verschlechtert die Schußleistung der Waffe. Da diese federnde Laufhaltebuchse nicht immer so akkurat den Lauf führt, wie es bei Präzisionspistolen erforderlich ist, sind auch andere Lösungen sowohl bei Coltwaffen als auch bei anderen Pistolenfabrikaten mit gutem Erfolg angewandt worden. Die einfachste, bekannteste und auch am leichtesten auszuführende Lösung ist zweifellos die Ringwulst (W) (Abb. 44) auf dem vorderen Laufende. In dieser Abbildung können Sie übrigens auch gleich noch eine andere Lösung für die hintere Lauflagerung sehen, nämlich die fest angebrachte Steuerkurve (K), auf die wir noch zu sprechen kommen. Die Ringwulst hat die Aufgabe, den Lauf vorne toleranzarm in einer Buchse zu führen und ihm beim hinteren Absenken genug Spiel für diese Schwenkbewegung zu geben. Aus diesem Grund ist die Wulst auf ihrer Außenseite rund, sie stellt praktisch einen ringförmigen Kugelabschnitt dar. So gelagerte Läufe haben stets bessere Präzision als federnd gelagerte, weil die Federwirkung nie so konstant bleibt. Es ist deshalb auch nicht verwunderlich, wenn Austauschläufe mit einer Ringwulst gefertigt werden. Man kann bei ausreichender handwerklicher Geschicklichkeit und entsprechender Werkstattausrüstung auch eine Ringwulstbuchse maßgenau fertigen und auf den vorn geringfügig dünner gedrehten Lauf aufschrumpfen. Bei älteren Waffen mit starrer Laufhaltebuchse läßt sich diese in manchen Fällen auch gegen eine gefederte Buchse austauschen. Zumindest aber kann man in solchen Fällen, wo dies nicht möglich ist, die vordere Lauflagerung so weit wie möglich (z. B. durch Hartverchromung oder ähnlichem) in bezug auf geringe Toleranzen nacharbeiten.

HINTERE LAUFLAGERUNG

Aber noch einmal zurück zu der hinteren Lauflagerung (Abb. 60). Auch da läßt sich durch den Austausch des Kettengliedes (K) gegen ein anderes mit anderem Bohrungs-∅, in anderer Stärke sowie durch Auswechseln des Paßstiftes gegen einen strammer sitzenden Stift schon viel verbessern. Die Kettenglieder bekommt man als Austauschteile in der erforderlichen Ausführung zu kaufen, ebenso Paßstifte bzw. Verschlußfanghebel. Übrigens sehen Sie an dem Detail der Oberfläche (O), wie ›liebevoll‹ heutzutage Wettkampfwaffen im Werk gefertigt werden. Rustikal, stimmt's? In diesem Zusammenhang sollten Sie sich auch einmal von der Paßarbeit der Verriegelungswarzen in den Nuten des Schlittens überzeugen. Mit dem schon erwähnten ›Gipsabdruck‹ ist das kein Problem, oft wird sogar schon der Auftrag von Farbe reichen. Bei der Kon-

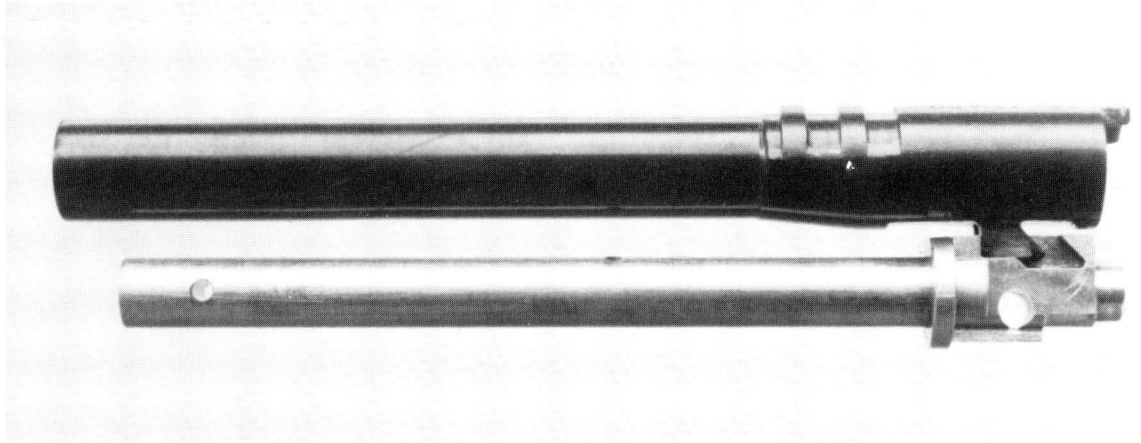

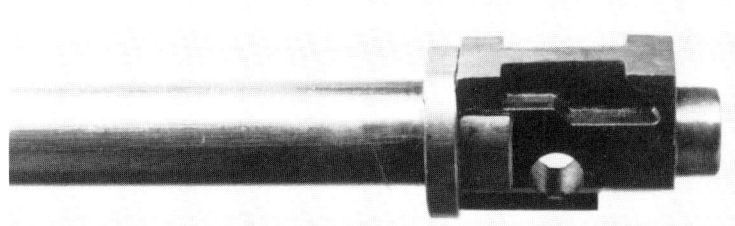

Abb. 61: ›Systembreuers I‹ ist eine günstige Möglichkeit, das Abkippen des Laufs bei Colt-Gold-Cup oder -Government in der Schußphase zu verhindern: Die Präzision wird beträchtlich erhöht.

Abb. 62a: Die ›Systembreuers‹-Laufführungsachse mit den beiden Steuerkurven zum Führen des neuen 6″-Lothar-Walther-Qualitätslaufes.

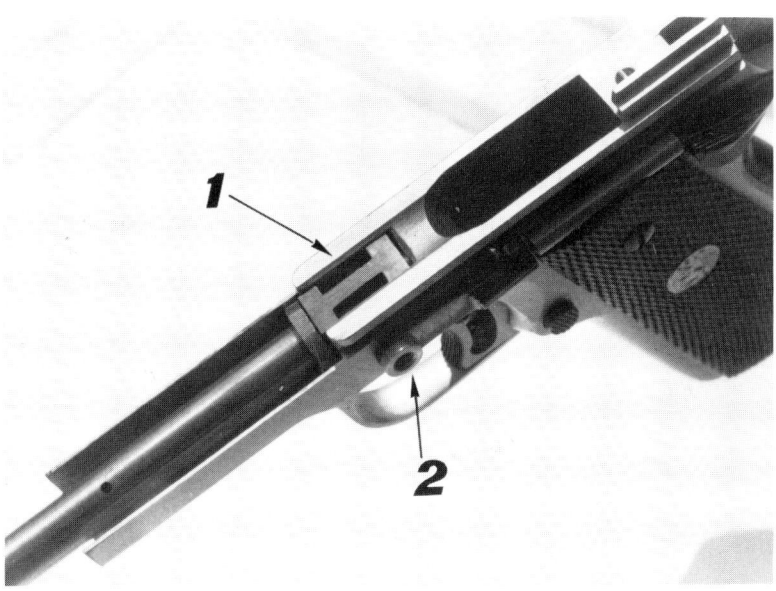

Abb. 62b: Und so sitzt die Laufführungsachse dann im Griffstück und wird durch eine (durch den Schlittenfanghebel führende) Inbusschraube arretiert.

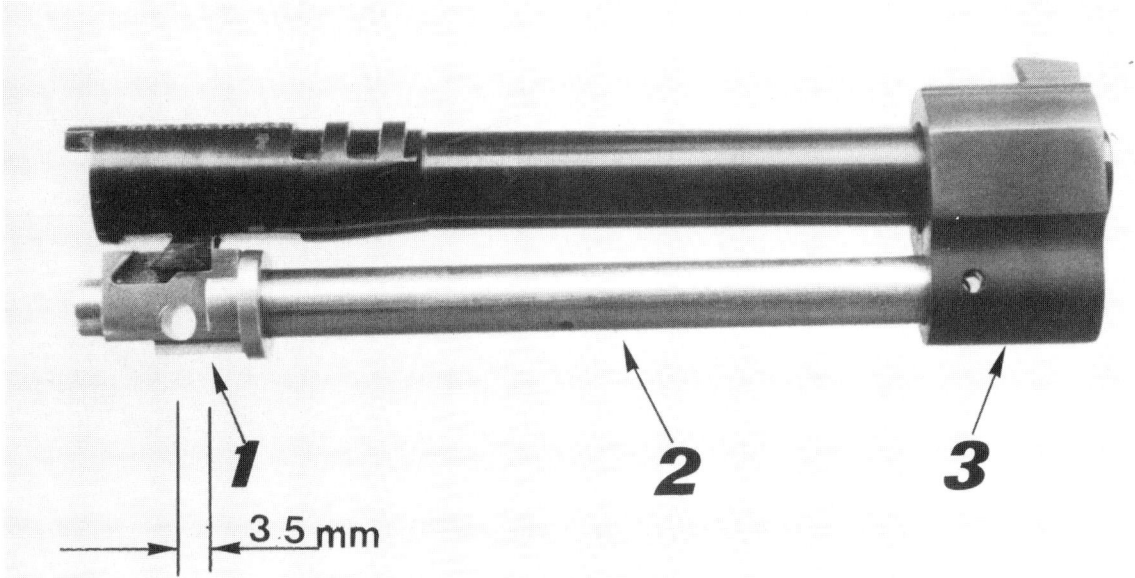

Abb. 63a: Bei ›Systembreuers II‹ wird nicht nur der Lauf hinten während der Schußphase um 3,5 mm parallel geführt (1), sondern über die 10 mm starke Laufführungsachse (2) aus Chrom-Molybdän-Stahl und eine spezielle Laufführung wird der Lauf zusätzlich vorn so exakt geführt, wie es das immer vorhandene Spiel des normalen Schlittens nie ermöglichen würde. Eine nicht billige, aber optimale Umbaulösung.

Abb. 63b: Äußerlich erkennt man den Umbau (Systembreuers II) nur noch an der vorgesetzten Laufführung und dem winzigen Luftspalt (4) zum Schlitten.

Abb. 64: So getunte Colt-Waffen können sich in jedem Wettkampf sehen lassen. Oben die Ausführung ›Systembreuers II‹ mit gesonderter Laufführung und 6"-L.-Walther-Lauf, unten Ausführung I, bei der ›lediglich‹ die Laufführung im Patronenlagerbereich durch die Steuerkurve wesentlich verbessert wurde.

trolle dieser Stellen ist noch nicht einmal die Warzen- bzw. Nuthöhe ausschlaggebend, sondern vor allem sollten Sie auf einwandfreie Längsarretierung achten. Weil nämlich ein Längsspiel dem Lauf gestattet, hin und her zu rutschen. Dadurch ändert sich dann der Verschlußabstand und es kommt an dieser Stelle zu Problemen, auf die weiter unten noch einzugehen ist. Diese Verriegelungswarzen sind die einzige Möglichkeit bei diesen Waffen, den Lauf in der Längsachse zu fixieren. Weil die Lauflagerung sowohl in Längsrichtung als auch während des Ausklinkens nach unten so entscheidend auf die Schußleistung einwirkt, haben seit vielen Jahren eine ganze Reihe von Tüftlern, Präzisionsfans und Büchsenmachern alle möglichen Wege ausprobiert, dem Lauf bei seinen Bewegungen eine exakte Führung zu geben. Eine sehr interessante Lösung zeigen die Fotos von ›Systembreuers‹ für Colt-Browning-Pistolen (Abb. 61 bis 64).

EINE LÖSUNG

Der Erfinder dieses Systems, Sebastian H. J. Breuers, bietet zwei verschieden aufwendige Lösungen an. Bei der Ausführung SB I wird an der Stelle des Kettenglieds eine Verschlußführungsachse im Griffstück eingebaut, die zugleich eine Steuerkurve für die exakte Rücklaufabsenkbewegung des Laufs und eine Aufnahme für die Schließfeder darstellt. (Abb. 61, 62a und 62b). Aus den Fotos ist ersichtlich, daß hierfür das unter dem Lauf befindliche (Kettenglied-)Lager abgeändert werden müßte. Empfehlenswerter ist aber der vom Erfinder vorgesehene Weg, anstelle des alten Laufs gleich einen neuen Lothar-Walther-Lauf mit entsprechender Präzision zu verwenden.

GERADER RÜCKLAUF

Bei der Lauführung mit Hilfe einer Steuerkurve wird erreicht, daß sich der Lauf so toleranzarm wie möglich zunächst um 3,5 mm waagerecht mit dem Schlitten gemeinsam zurückbewegt und dann erst entriegelt, wenn das Geschoß den Lauf bereits verlassen hat. Wenn also das Absenken des Laufs keinen Einfluß mehr auf die Geschoßbahn nehmen kann. Durch dieses System SB I wird eine wesentliche Verbesserung der Schußleistung erzielt. Allerdings ist die Lagerung des Laufes im vorderen Bereich damit noch nicht gebessert. Das erreicht erst das System SB II (Abb. 63a und 63b). Bei diesem System SB II ist die Lauführungsachse (2), die der Vorholfeder als Führung dient, noch etwas verlängert und trägt im vorderen Bereich eine spezielle Lauführung (3), die zugleich als Kornhalter dient. Am Verschluß ändert sich dadurch nichts. Der Lauf wird nunmehr jedoch über die 10 mm starke Chrom-Molybdän-Achse auch vorn vom Griffstück aus geführt und nicht mehr auf dem Umweg über den Verschluß. Die Toleranzen zwischen Griffstück und Verschluß (Schlittenspiel) und zwischen Verschluß und Laufhaltebuchse entfallen. Die Schußpräzision ist dementsprechend optimal. Vorteilhaft bei diesem Umbau ist auch die verlängerte Visierlinie, die man quasi ›dazubekommt‹. Allerdings ist der Umbau aufgrund seiner präzisen, büchsenmachergerechten Ausführung nicht ganz billig. Andererseits bekommt man nicht nur einen neuen Präzisionslauf, sondern eine für Colt-Waffen beispielhafte Scheibenwaffe! Daß die Umbauten sich auch optisch keineswegs verstecken müssen, zeigt das Foto (Abb. 64) der beiden Waffen, oben Systembreuers SB II, darunter die einfachere (und dementsprechend preiswertere) Ausführung SB I. Bei anderen Waffentunern wird statt dessen zum Beispiel durch Verlängerung der Schlittenführung (Schlitten und Griffstück werden durch Anschweißen verlängert), durch eine konische vordere Laufausbildung, längere und auch in der Drallänge geänderte Matchläufe usw. versucht, die Schußpräzision so weit als möglich schon vom Laufbereich her zu steigern. Sie sehen, welcher Aufwand oft erforderlich wird, um einer Faustfeuerwaffe etwas mehr Präzision abzuringen.

ALTERNATIVEN

Bei all diesem Aufwand kommt es immer wieder darauf an, den Lauf möglichst freischwingend zu lagern und zugleich eine toleranzarme Halterung zum Rest der Waffe herzustellen. Es hat auch nicht an Versuchen gefehlt, Gewehrläufe (speziell Benchrestläufe) mit schwingungsdämpfendem Material im Schaft einzubetten. Dadurch würde man die nur durch Schrauben oder durch Klebung mit dem Schaft verbundenen Systeme entlasten können. Versuche mit Silikonkautschukbettung sind zum Teil recht vielversprechend, allerdings nur bei einigen Waffenmodellen.

Besonderheiten bei Revolvern

Der prozentual geringe Anteil von Revolvern bei sportlichen Leistungswettkämpfen ist nicht nur auf seine etwas umständlichere Handhabung zurückzuführen. Vor allem dürfte es an der Problematik der Schußpräzision liegen. Der Revolver hat nun mal im Gegensatz zu Pistolen oder auch Gewehren den gravierenden Unterschied, daß Lauf und Patronenlager voneinander getrennt sind und daß er nicht nur ein Patronenlager besitzt, sondern deren gleich fünf oder sechs, in Einzelfällen auch mehr. Diese Patronenlager drehen sich mehr oder weniger konzentrisch um die Achse der Revolvertrommel in der Hoffnung, im rechten Moment gut verriegelt vor dem Übergangskegel des Laufes zu stehen.

Gute Revolver, die dann aber auch entsprechend teuer sind (Abb. 104), haben aufgrund ihrer aufwendigen Fertigung damit weniger Probleme als billig gefertigte Revolver. Dennoch gibt es eine ganze Reihe von Schützen, die im Besitz von Revolvern aller möglichen Fabrikate sind und aufgrund der sehr begrenzten Möglichkeiten zum Kauf neuer Waffen nun mit diesen Revolvern präzise schießen wollen, besser gesagt schießen müssen. Deshalb soll hier versucht werden, dem Revolver etwas auf die Sprünge zu helfen bezüglich Lauf, Lager, Luftspalt usw.

DER REVOLVERLAUF

Der Lauf ist im allgemeinen im Rahmen eingeschraubt oder auch eingeschrumpft und verstiftet. Bei eingeschraubten Revolverläufen kommt es oft vor, daß das fest am Lauf sitzende Korn etwas schief zum Rahmen steht, weil der Lauf entweder eine Spur zu weit oder zu wenig in den Rahmen geschraubt wurde. Diese Arbeit ist sehr diffizil, weil beim Einschrauben ja nicht nur die effektive Gewindelänge und die Stellung des Korns zu beachten sind, sondern zugleich der Luftspalt zur Trommel. Je weiter der Lauf eingeschraubt würde (vorausgesetzt, das Gewinde gestattet es), desto kleiner würde dieser Luftspalt werden. Meist ist es aber die Gewindelänge, die hier nicht mitspielt. Der Lauf hat ja einen Absatz an der Stelle, wo sein Gewinde beginnt. Sitzt nun dieser Absatz bzw. Anschlagbund stramm am Waffenrahmen an, nutzt alles nichts, der Lauf läßt sich nicht weiter herumdrehen. Da bleibt beim Nacharbeiten nichts weiter übrig, als zunächst den Lauf zu demontieren. Dazu wird der Lauf quer in die Schraubstockbacken gespannt, nachdem Kunststoffbacken oder Gummiplatten dazwischengelegt wurden, damit der Lauf nicht leidet. Nun wird, nachdem man sich überzeugt hat, daß kein Stift den Lauf fixiert, die Trommel entfernt und mit einem Holzstück, das man in den Rahmen steckt, der Rahmen vom Lauf abgedreht. Oft wird das sehr schwergängig gehen. Ehe man nun etwas an der Waffe beschädigt, wird man zu physikalischen Mittelchen greifen: Die Waffe kommt zunächst eine Stunde in den Kühlschrank oder ins Tiefkühlfach. Dann wird sie wieder wie beschrieben eingespannt, und nun wird ohne großen Zeitverlust der Rahmen der Waffe mit einem Föhn oder Heizstrahler angewärmt, und zwar möglichst im Gewindebereich, aber ohne den Lauf (den man mit einem nassen Lappen abdeckt) mit aufzuheizen. Nun müßte sich im Normalfall, wenn man einigermaßen rasch gearbeitet hat, der Rahmen leichter vom Lauf abdrehen lassen; vorausgesetzt natürlich, daß weder der Lauf festgerostet noch verstiftet war. Der Lauf kann nun auf einer Drehbank am Bund so viel (besser gesagt: so wenig) abgedreht werden, daß beim Eindrehen des Laufs das Korn gerade steht.

DER LUFTSPALT

Mit dieser Abdrehmethode kann man auch den Luftspalt des Revolvers verringern, indem vom Anschlagbund so viel abgedreht wird, wie ein Gewindegang Steigung hat. Der Lauf wird also eine Umdrehung weiter hineingedreht. Da man meist keine Möglichkeit hat, das Gewinde am Laufende nach-

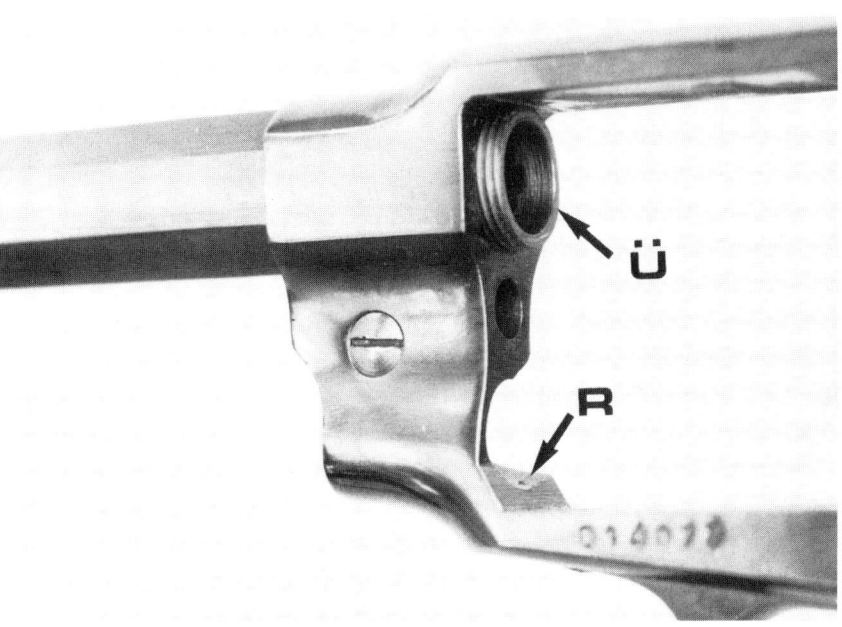

Abb. 65: Bei diesem Rogers & Spencer-Vorderlader-Revolver ist der Übergangskonus (Ü) schon mehr ein Grobgewinde. Vermutlich sollen sich die Geschosse in den Lauf ›hineindrehen‹. Auch die sonstige Verarbeitung (siehe Grat am Rahmen R) läßt bei einer Waffe, die mit Aufpreis für ›Matchtuning‹ verkauft wurde, nur Kopfschütteln übrig.

zuschneiden, muß man die Gewindebohrung im Rahmen etwas ansenken. Ein anderer Weg ist, den Rahmen an seiner Paßfläche zum Lauf hin um das erforderliche Maß flacher zu schleifen, damit der Lauf weiter zurückversetzt werden kann. Allerdings geht hierbei die Brünierung des Rahmens an dieser Stelle verloren und man muß möglicherweise die ganze Waffe neu brünieren (lassen). Bei diesem Nachsetzen des Laufes muß auch die Ausstoßerstange unter dem Lauf auf das neue Maß gebracht werden. Was die kritischen Stellen des Revolvers in bezug auf Timing, Achsfehler usw. angeht, so wird im Testteil des Buches darüber zu sprechen sein, wie man die Fehler möglichst schon vor dem Erwerb der Waffe feststellt, wie man sie maßlich kontrolliert usw.

DER KONUS

Hier geht es jetzt als nächstes darum, den Übergangskonus am Lauf, also den Übergang des Geschosses von der Trommel in den Lauf, zu prüfen.

Wie Sie aus dem Foto (Abb. 65) unschwer erkennen können, haben selbst Revolver, die für teures Geld ›Match-Überarbeitung‹ ab Waffenhändler aufweisen sollen, ihre ganz erheblichen Macken. Zum Beispiel dieser Übergangskonus eines Roger & Spencer-Vorderladers ähnelt mehr einem groben Gewinde (Ü) als einem polierten Konus. Solche Fehler müssen natürlich beseitigt werden, denn ein Geschoß, das über so einen Konus in die Laufzüge eintritt, wird bereits im Konus derart deformiert bzw. beschädigt, daß Präzision kaum noch erwartet werden kann. Am besten arbeitet man solch einen Konus natürlich bei ausgebautem Lauf nach. Aber oft ist es auch nur eine kleine Polierarbeit und dann lohnt es sich nicht, den Lauf zu demontieren. Für solche Zwecke wird man sich ein der Konusneigung entsprechend kegeliges Rundholz zurechtschleifen und mit Sandpapier oder Polierleinen (je nach Grad der Nacharbeit) bekleben. Mit dem Schleifkegel läßt sich nun der Konus zwar von Hand nachschleifen, aber bequem ist das nicht. Besser geht es, wenn der Schleifkegel längs durchbohrt wird und eine Messinggewindestange erst

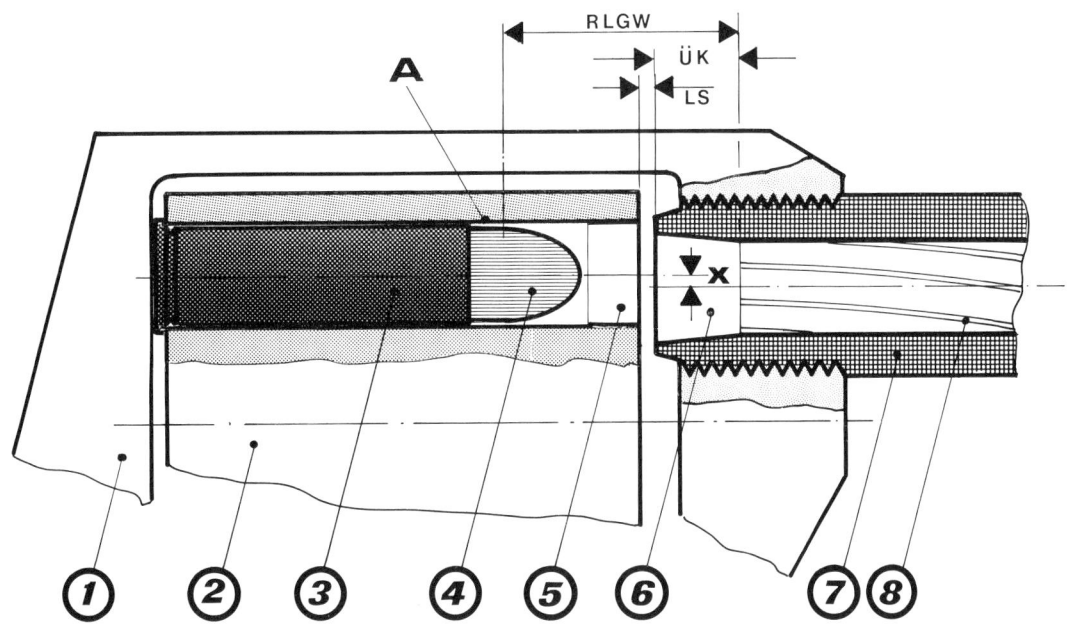

Abb. 66: Vereinfachte Schnittdarstellung durch Revolvertrommel und Laufkonus.

durch den Waffenlauf und dann durch den Schleifkegel durchgesteckt wird. Mit je einer Mutter oben und unten am Schleifkegel wird die Gewindestange am Schleifkegel festgeschraubt. Jetzt läßt sich das aus dem Lauf vorn herausschauende Gewindeteil in das Bohrmaschinenfutter spannen. Zieht man etwas an der laufenden Bohrmaschine, schleift der Kegel den Konus rasch in der gewünschten Oberflächengüte zurecht. Mit etwas Schleifpaste, notfalls sogar mit Zahnpasta oder Auto-Polierpaste, bekommt man eine sehr glatte Oberfläche. Wichtig ist bei diesem Nachschleifen, daß die Gewindestange zentrisch im Lauf sitzt, also diesen nirgends beschädigt und daß der Schleifkegel den Konus nicht schräg schleift. Sonst würden nämlich die Geschosse auch schief in die Laufzüge eingeführt werden und sich deformieren. In diesem Zusammenhang sollte als nächstes Thema das Zusammenspiel zwischen den einzelnen Kammern der Trommel, also den Patronenlagern, und dem Lauf betrachtet werden (Abb. 66). In der Zeichnung ist vom Rahmen (1) nur die Brücke dargestellt, die vorn mit Gewinde den Lauf (7) hält. Die Revolvertrommel (2) enthält in der einen dargestellten Kammer (5) die Patronenhülse (3) mit Geschoß (4). Dieses Geschoß muß beim Abfeuern durch den noch freien Raum der Kammer (5), durch den Luftspalt (LS) zwischen Trommel und Lauf in den Laufkonus (6) und von da in die Züge gelangen, und zwar ohne sich dabei zu verkanten, zu verformen und auch ohne allzuviel Gasdruckverluste. Diese Gasdruckverluste treten beim Revolver im Bereich des Luftspaltes immer etwas auf, je nach Breite des Luftspaltes verschieden. Unangenehm aber wird die Sache, wenn das Geschoß zwischen Hülse und Laufzügen Freiflug hat. Die wesentlich schnelleren Pulvergase überholen in diesem Bereich das Geschoß und gehen erstens der Geschoßenergie verloren, zweitens behindern sie das Geschoß im Lauf zusätzlich und beeinflussen so die Schußleistung.

DIE HÜLSENLÄNGE

Aus diesem Grunde sollte man es beispielsweise tunlichst vermeiden, kurze Geschosse aus Hülsen Kaliber .38 Spl. in einem Revolver des Kalibers .357 Magnum zu verfeuern. Je dichter das Geschoß am Übergangskonus sitzt, bevor es abgefeuert wird, desto kürzer ist der rotationslose Geschoßweg (RLGW), vom Freiflug ganz zu schweigen. Aber es tritt auch noch etwas auf in der Trommelbohrung, wenn zu kurze Patronen in langen Kammern abgefeuert werden. Es wird dabei nämlich im Bereich (A) rund um die Vorderkante der (kurzen) Hülse mit der Zeit zu Ausbrennungen der Kammerwandung durch die heißen Pulvergase kommen. Diese kraterartigen Vertiefungen können den Ausziehwiderstand der längeren, kalibergerechten Hülsen so erhöhen, daß es zu Hülsenabrißen kommt, zumindest aber zu Entladestörungen.

DIE TROMMELLÄNGE

In jedem Fall sollte man bei einem Revolverkauf darauf achten, daß die Trommel nur so lang ist wie die Patrone, die man daraus zu verschießen gedenkt. Jeder Millimeter mehr Trommellänge kostet Präzision. Aus diesem Grunde kann es auch durchaus anzuraten sein, die Trommel eines vorhandenen Revolvers gegebenenfalls zu kürzen und den dadurch entstandenen Zwischenraum durch Zurücksetzen des Laufes zu überbrücken. Das sieht zwar nicht mehr so gut aus, kommt aber der Präzision entgegen. Die Trommel sollte in solchem Falle tatsächlich nur etwa 1 mm länger sein als die daraus zu verschießende Patrone, und auch dieser eine Millimeter nur aus dem Grunde, um eventuelle Toleranzen beim Laden zu überbrücken. Wie lang dagegen der Übergangskonus im Lauf sein soll, hängt von der Materialhärte der Geschosse, von der Geschoßform und der Geschoßgeschwindigkeit ab. Harte, schnelle, stumpfnasige Geschosse bedingen einen schlankeren, also längeren Konus, aber auch die Tiefe der Züge spielt eine Rolle. Mittlere Konuslängen beim Kaliber .38 Spl./.357 Magnum liegen bei etwa 5 mm. Ein schlanker Konus erleichtert das Einfädeln der Geschosse, aber er erhöht auch den rotationslosen Geschoßweg. Wenn man also gezwungen ist, einen neuen Lauf mit Konus zu versehen, sollte man ihn zunächst lieber etwas steiler und kürzer halten und damit die Waffe probeschießen. Länger gestalten kann man den Konus jederzeit noch. Der in der Zeichnung dargestellt Luftspalt (LS) sollte bei einer guten Waffe etwa 0,05 bis maximal 0,15 mm betragen. Alles, was breiter ist, mindert die Schußleistung. Messen läßt sich so etwas ganz leicht mit einer Blattfühlerlehre. Zu geringe Luftspalte vermindern zwar den Gasverlust, aber sie führen auch leicht zu Waffenstörungen. Es kann sich nämlich beim Schießen am Übergangskonus Geschoßmaterial anlagern, das schließlich so dick aufwächst, daß sich die Trommel nicht mehr dreht. Das tritt besonders oft bei Revolvern mit relativ weichen Bleigeschossen, also z. B. bei Vorderladerrevolvern auf. Entsprechende Pflege allerdings kann hier viel gutmachen. Untersuchungen haben gezeigt, daß der Energieverlust durch den Luftspalt je nach Lauflänge, Geschoßgewicht, Pulversorte usw. zwischen 20 und 35 % betragen kann. Ein Grund, dieser Stelle der Waffe entsprechende Aufmerksamkeit zu widmen.

DER FLUCHTFEHLER

Aus der Zeichnung (Abb. 66) können Sie aber noch mehr Problemstellen des Revolvers ersehen. Beispielsweise den (möglichen) Versatz zwischen den einzelnen Bohrungen der Trommel und dem Lauf, in der Zeichnung mit ›x‹ bezeichnet. Dieser Fluchtfehler, wenn also Patronenlager (bzw. Kammer) und Lauf nicht exakt fluchten, ist auf Fertigungsfehler zurückzuführen. Die Folge eines solchen Fehlers ist, daß das Geschoß beim Übergang von der Kammer in den Konus schräg eintreten muß, dementsprechend auch schräg in die Züge gepreßt wird und die Schußleistung negativ beeinflußt. Dieser Fluchtfehler läßt sich nur entweder mit einer neuen Trommel beheben oder behelfsmäßig mildern, indem der Übergangskonus etwas größer

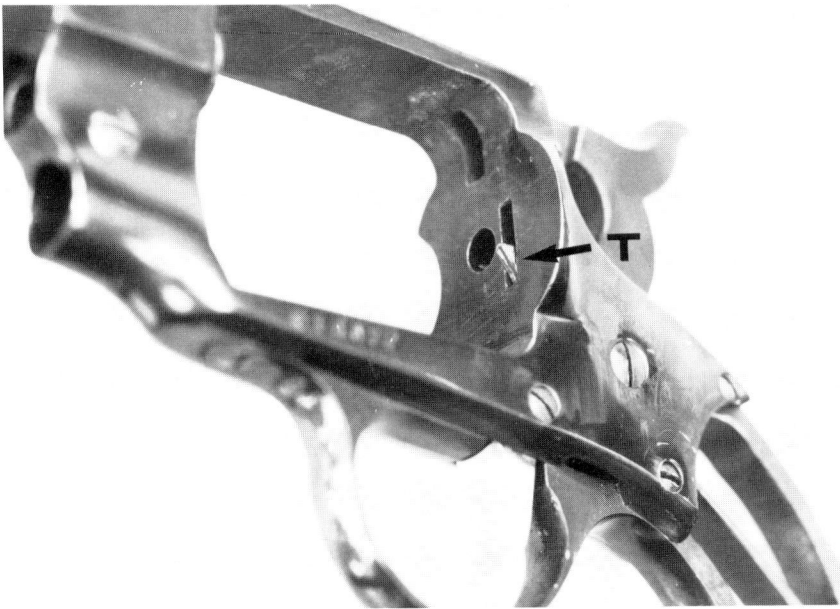

Abb. 67: Bei Timingproblemen ist oftmals die Transportklinke (T) für den Trommeltransport der Übeltäter. Nur genaue Abstimmung der Einzelfunktionen miteinander sorgt für störungsfreien Ablauf.

geschliffen wird. Dann tritt zwar das Geschoß immer noch schief über, aber es wird zumindest nicht mehr so viel Geschoßmaterial am Übergangskonus abgeschert. Zum Glück ist dieser Fluchtfehler nicht so häufig anzutreffen wie ein anderer, der zwar die gleichen Folgen hat, aber leichter zu beheben ist.

TIMINGFEHLER

Gemeint ist das Timing, also das mehr oder weniger exakte Weiterschalten der Trommel für den nächsten Schuß. Beim Timingfehler tritt unter anderem auch ein, daß die Kammer noch nicht oder nicht mehr genau vor dem Laufkonus steht. Es ist also ein seitlicher Versatz zwischen Patronenlager (Kammer) und Lauf, der natürlich wiederum zum Abscheren von Geschoßmaterial und zum Schiefeintritt des Geschosses führt. Wie man Timingfehler feststellt, steht im Testteil des Buches. Sie können aber mit der Laufleuchte bei (ungeladener) Waffe im Lauf sofort an einer hellen, mehr oder weniger stark ausgeprägten halbmondförmigen Stelle am Übergang zur Trommel einen seitlichen Versatz der Kammer feststellen. Ist dieser Fehler bei allen Kammern gleichmäßig vorhanden, läßt er sich relativ leicht beheben. Unangenehm ist, wenn dieser Fehler nur an einer oder einigen der Kammern auftritt. Dann ist nämlich die Trommel ungleich gebohrt und gehört auf den Schrott. Im anderen Falle, wenn also alle Kammern gleichmäßig versetzt sind, arbeitet der Umsetzer, der die Trommel jeweils um eine Kammer weiter transportiert, oder der Umsetzerstern (hinten an der Trommel) fehlerhaft. Entweder ist der Umsetzer zu lang (die Trommel wird zu weit transportiert) oder zu kurz (die Trommel wird nicht weit genug transportiert) (Abb. 67). Auch der Umsetzstern kann Schäden, Verschleiß oder ausgebrochene Teile aufweisen. Er läßt sich leicht auswechseln und oft bringt das Austauschen dieses Teils oder des Umsetzers schon ohne jede Nacharbeit den gewünschten Erfolg. Es kann aber auch an der Trommelsperre liegen, wenn die Trommel nicht exakt einrastet. Die Sperre kann verschlissen oder mit Grat versehen sein, sie kann ungenau gelagert sein usw. Diese Dinge werden jedoch im Kapitel über die ›Innereien‹ einer Waffe noch behandelt.

KAMMERDURCHMESSER

Zuvor muß ich jedoch noch einmal auf die Revolvertrommel und ihre einzelnen Kammern zurückkommen. Sie wissen ja, daß jede Kammer quasi ein Patronenlager darstellt. Sie wissen auch aus einem früheren Abschnitt dieses Buches, welche Bedeutung das Patronenlager für die Schußpräzision hat. Um wieviel mehr muß man dann bei einer Waffe 5 oder 6 Patronenlager beachten, wenn bei allen die Schußleistung gleich sein soll! Da die Waffenhersteller ja ihre ›Fertigungstoleranzen‹ haben und Sie damit den Ärger, sollten Sie die einzelnen Kammern einer Revolvertrommel einmal daraufhin untersuchen, ob diese wirklich alle den exakten gleichen Durchmesser aufweisen. Sollte nämlich auch nur eine Kammer ein geringfügig anderes Maß haben, so wird die Patrone in dieser Kammer anders reagieren und der Schuß auch woanders hingehen als bei den übrigen Geschossen. Wenn Sie keine entsprechende Innenmeßlehre haben, um die kleinen Toleranzen festzustellen, so müssen Sie wieder einmal improvisieren. Am einfachsten geht das mit einer in diesem Revolver abgefeuerten Patronenhülse. Sie nehmen diese eine Hülse, die möglichst stramm in einer der Kammern sitzt, heraus und tasten mit dieser als Lehre benutzten Hülse die anderen Kammern damit ab, indem Sie diese Hülse behutsam in jede einzelne der anderen Kammern einschieben und zwar so gefühlvoll, daß Sie jeden Unterschied in den Kammerdurchmessern am unterschiedlich schweren Einschieben der Probehülse feststellen. Sie können das Ausmessen der Kammern auch von der Laufseite der Trommel her ausführen, nur wird hierbei nicht die Hülse verwendet, weil sie dafür zu dick ist. Hierzu nimmt man entweder einen vorn konisch zulaufenden Kugelschreiber oder einen anderen, möglichst schlanken Konus. Man kann – sofern man passende Ogivalgeschosse hat – auch ein Geschoß von vorn reihum in die einzelnen Bohrungen halten und mit einer Rasierklinge oder einem scharfen Messer die jeweilige Eintauchtiefe am Geschoß markieren. So hat man eine Kontrolle, ob alle Kammern den gleichen Durchmesser aufweisen. Ein anderer, noch wesentlich genauerer Weg ist es, alle Kammern zugleich (nach entsprechender Vorfettung der Kammern) mit einer Masse auszugießen, wie sie auch für das Ausgießen der Patronenlager angewandt wurde. Also einen Schwefel-, Hartwachs- oder Silikonkautschukabguß jeder Kammer herzustellen und möglichst bald alle Abgüsse auszumessen, bevor Schrumpfung des Abgußmaterials die Messung beeinflußt. Ein anderes Problem im Zusammenhang mit den Kammern der Revolvertrommel sind 9-mm-Para-Patronen. Die speziell für dieses Kaliber für manche Revolver erhältlichen Wechseltrommeln sind störanfällig, wenn es wegen unterschiedlich gelängter Patronenhülsen zu einer unpräzisen Lage der einzelnen Zündhütchen kommt. Durch die Längenunterschiede der sich vorn auf dem Hülsenrand abstützenden Patronenhülsen stehen nämlich die Hülsenböden und damit die Zündhütchen unterschiedlich weit hinten aus der Trommel. In Extremfällen kann das sogar zu Transportproblemen führen, weil die Hülsen länger hervorstehen als der Spalt zwischen Trommel und Stoßboden breit ist.

TROMMELLAGERUNGEN

In bezug auf diesen Spalt sollten Sie gleich noch das axiale und radiale Spiel Ihres Revolvers überprüfen. Das geht ganz einfach: Die Trommel wird zunächst im eingerasteten Zustand daraufhin geprüft, ob sie sich in Längsrichtung etwas verschieben läßt oder auch, ob sie sich auf der Trommelachse kippeln läßt. Diese Probe wird dann noch einmal bei ausgeschwenkter Revolvertrommel gemacht. Eine einwandfreie Trommellagerung zeigt sich daran, daß bei eingerasteter Trommel kein Spiel fühlbar ist, bei ausgeschwenkter höchstens ein Längsspiel von 0,5 mm. Ein Kippeln auf der Achse dagegen ist in jedem Fall schlecht, denn es zeigt, daß die Kammer im Moment der Schußabgabe auch verkantet vor dem Lauf stehen kann. Der dadurch erfolgende schiefe Geschoßübertritt beeinträchtigt die Präzision. Eventuell vorhandenes Längsspiel läßt sich durch Einsetzen einer entsprechend dünnen Unterlegscheibe in der Trommelachse meist beheben. Ein Kippeln um die Achse deutet auf eine zu große Achsbohrung in der Trommel hin. Man kann dann entweder eine neue, dickere Achse einbauen (wenn man sie bekommt) oder wieder den Trick mit der Toleranzeinengung mit Hilfe eines galvanischen Überzugs auf der Trommelachse oder in der Bohrung (Hartverchromung oder ähnliches) anwenden.

Das radiale Spiel der Revolvertrommel, also das Spiel in Drehrichtung der Trommel, sollte bei diesem Versuch sowohl bei entspannter als auch bei gespannter (aber entladener) Waffe geprüft werden, es wird vermutlich bei entspanntem Hahn etwas größer sein. Bei gespanntem Hahn jedoch darf praktisch kein Spiel fühlbar sein, denn dieses Spiel, das von einer mangelhaften Trommelarretierung herrührt, führt zu axialem Versatz zwischen Kammer und Lauf. Mit all den negativen Auswirkungen auf die Präzision. Wenn man keine neue, etwas stärkere Trommelarretierung als Austauschteil bekommt, bleibt nur der Weg, die eventuell abgenutzte oder zu dünn gefertigte Trommelsperre nach dem Demontieren etwas dicker zu machen. Das ist nicht ganz einfach. Der relativ problemloseste Weg dürfte es sein, ein entsprechend dünnes Blättchen Stahl (z. B. einen Abschnitt von der Blattfühlerlehre oder einer Blattfeder) auf die Trommelsperre aufzukleben und paßgerecht zurechtzufeilen. Man kann natürlich auch mit Hilfe des E-Schweißgerätes einen Elektrodentupfer auf die abgenutzte Trommelsperrenseite aufsetzen und passend schleifen. Die Sperre muß natürlich nach erfolgter Funktionsprobe noch gehärtet werden.

VORDERLADER

Die Besitzer von Vorderlader-Revolvern haben bezüglich ihrer Revolvertrommel die gleichen Probleme, aber auch noch ein paar mehr. Weil nämlich die einzelnen Kammern der Trommel viel mehr Einfluß auf die Leistung der Waffe haben als allgemein angenommen. Da wäre zunächst ein unterschiedlicher Bohrdurchmesser der einzelnen Kammern:

Schon minimale Unterschiede lassen die in die Kammern gedrückten Weichbleirundkugeln verschieden fest in den Kammern sitzen. Dadurch ändert sich der Gasdruckverlauf in den einzelnen Kammern ebenfalls voneinander verschieden, weil ja der durch den Kugelsitz gegebene Widerstand unterschiedlich ist. Geänderte Gasdrücke lassen die Kugeln unterschiedlich schnell in den Lauf eintreten, die Folgen sind am Schußbild erkennbar. Deshalb müssen die einzelnen Kammern der Trommel weitestgehend den gleichen Durchmesser aufweisen. Aber auch die eingeschraubten Pistons, die den Zündfunken in die Kammern leiten, bedürfen großer Aufmerksamkeit. So ist es nicht nur von großer Wichtigkeit, daß die Pistons alle gleich hoch aus der Trommel hervorstehen (gleichmäßiger Hahnanschlag), sondern daß die Bohrdurchmesser aller Pistons, also die Zündkanäle, auch akkurat gleich sind. Verschieden große Zündkanäle verändern einmal den Durchgang des Zündfunkens und damit das Abbrandtempo des Pulvers. Zum zweiten ändert sich auch das Kammervolumen, wenn auch nur in sehr kleinem Maße. Man sollte daher darauf achten, alle Pistons mit derselben Bohrweite zu verwenden und sie notfalls alle auf das gleiche Maß aufzureiben. Messen kann man Differenzen der Bohrdurchmesser am einfachsten wieder mit einer etwas dickeren, spitz zulaufenden Nadel (Strick- oder Stopfnadel), die man in die einzelnen Pistonbohrungen führt und ihre Eintauchtiefe mißt. Ein zweiter Satz Pistons aus besonders gutem Material (z. B. Berylliumbronze), der beim Büchsenmacher vor dem Kauf auf seine Maßhaltigkeit geprüft wird, kann als Wettkampfset für optimale Präzision verwendet werden. Früher oder später braucht man ja doch einmal neue Pistons, dann lieber gleich einen Satz von vernünftiger Qualität anschaffen!

Wenn Sie neue Pistons montiert haben, prüfen Sie bitte auch gleich mit Schublehre oder Blattfühlerlehre, ob die Pistons alle den gleichen Abstand zum Hahn (bzw. beim Messen praktischer: zum Stoßboden) aufweisen. Unterschiede können, falls es nicht an zu lose eingedrehten Pistons liegt, durch Überschleifen der zu langen Pistons ausgeglichen werden.

Weitere Arbeiten am Lauf

Verbesserungen am Lauf lassen sich, wie Sie gesehen haben, in vielfältiger Weise ausführen. Abschließend zum Thema „Waffenlauf" sollen noch ein paar Tips und Hinweise gegeben werden:

Wer viel mit selbstgeladener Munition schießt und dabei Geschosse aus Bleilegierungen verwendet, sollte sich überlegen, den vermutlich rasch verbleienden Normallauf gegen einen speziellen Bleilauf auszuwechseln. Das kann entweder ein Lauf mit einer anderen (größeren) Drallänge, mit einem anderen Zugprofil (z. B. ein Polygonlauf) oder ein Lauf mit anders gefertigten Zügen (z. B. gehämmert, kaltfließgepreßt statt gezogen) sein. Einer der bekanntesten deutschen Laufhersteller für Sportschützen ist die Firma Lothar Walther. Diese Firma bietet nicht nur Rohlinge in fast jeder gewünschten Form, Länge und in verschiedenen Stahlsorten an, sondern gegen Mehrpreis werden auch Zusatzarbeiten wie das Einbringen von Patronenlagern, das Andrehen von Sondergewinden sowie die Ausführung von Sonderdralläufen an. Auch für Vorderladerschützen sind spezielle Läufe bzw. Rohlinge mit tiefen Zügen in drei Stahlqualitäten, darunter auch in Edelstahl, lieferbar, auch Schwanzschraubenrohlinge sind im Angebot enthalten. Gewehrschützen werden aus dem großen Angebot an weißfertigen, also unbrünierten Büchsenläufen sicher ebenso etwas passendes herausfinden. Beim Bezug dieser Läufe sind natürlich die waffenrechtlichen Voraussetzungen zu beachten, da es sich ja hierbei um wesentliche Teile von Waffen handelt. Anders ist das (noch) mit Laufrohlingen, also Läufen ohne Patronenlager und Mündungsbearbeitung. Die sind zur Zeit in Deutschland noch ohne Auflagen zu erwerben. Die Bearbeitung dieser Rohlinge dagegen ist wiederum genehmigungspflichtig!

Wenn jemand daher geht und beschafft sich für seine Fausfeuerwaffe einen neuen Lauf, so sollte er zuvor auch noch die Möglichkeiten prüfen, durch zweckmäßige Formgestaltung des Laufs die Eigenschaften der Waffe positiv zu beeinflussen. Beispielsweise die Balance. Sie werden es aus Ihrer Schießpraxis wissen, daß eine vorderlastige, schwere Waffe wesentlich ruhiger zu halten ist, sowohl beim Anvisieren des Ziels als auch beim Abziehen. Eine schwere Waffe schlägt auch nicht so stark hoch bei der Schußabgabe, und der Rückstoß wird meist auch als nicht so hart empfunden. Alles Gründe, beim Laufwechsel oder bei anderen Tuningarbeiten auf die Balance der Waffe zu achten.

Gegen das Hochschlagen der Waffe haben findige Köpfe auch andere Mittel ersonnen, so beispielsweise Gasentlastungsbohrungen oben im Mündungsbereich der Läufe. Sie haben die Aufgabe, einen Teil der Pulvergase und damit einen Teil der darin enthaltenen Energie nach oben umzulenken. Auf diese Weise soll erreicht werden, daß mit Hilfe eines ›Düseneffektes‹ die Waffe im Moment des Hoch- und Zurückschlagens wieder etwas heruntergedrückt, also nicht so weit aus der Ziellinie gebracht wird. Zu diesem Zweck wurden vorn am Lauf alle möglichen Bohrungen und Bohrformen angebracht. Seitliche Bohrungen, Bohrungen senkrecht oder unter bestimmten Winkeln nach oben führend. Auch die recht bekannten ›Mag-Na-Port‹-Schlitze sind solche Gasentlastungsbohrungen, nur eben als trapezähnliche Schlitze, die rechts und links des Korns in den Lauf gefräst werden. Verschiedene Untersuchungen haben erbracht, daß zwar bei bestimmten Bohranordnungen eine Reduzierung des Hochschlagens eine Verstärkung des Rückstoßes bewirkt, eine merklich verbesserte Schußleistung ist meines Erachtens jedoch dadurch nicht zu erreichen, da die Wirkung erstens nur bei rasanter Munition spürbar wird und zweitens die Bohrungen oder Schlitze sich relativ rasch mit Geschoßmaterial (Blei- bzw. Tombakabrieb) zuschmieren. Auch die Treffpunktlage ändert sich etwas, weil ja die Antriebsenergie für das Geschoß vermindert ist. Bei zuschmierenden Gasentlastungsbohrungen wird dann die Geschoßenergie wieder ansteigen und so laufend die Schußleistung in bezug auf die Treffpunktlage verändern. Einen ähnlichen Effekt zur Verminderung des Hochschlagens streben die sogenannten Mündungsbremsen an, wie sie beispielsweise als Austauschteil für die Laufhaltebuchse der Colt Gold-Cup usw. angeboten werden (Abb. 50). Auch hier war die Verminderung des Waffenhochschlags nur gering, jedoch veränderte sich die Treffpunktlage deutlich nach oben. Die geringe Wirkung dieser Mündungsbremsen ist darauf zurückzuführen, daß sie erst im Bereich vor der Laufmündung angebracht sind, also ein Teil der Pulvergase schon das Geschoß allseitig überholen kann. Dafür können aber die Schlitze nicht mehr zuschmieren, weil ja in dem Bereich kein Lauf mehr vorhanden ist. Ein Nachteil dieser Mündungsbremsen sollte aber auch nicht verschwiegen werden: Sie haben die gleiche Laufführungsart wie die alte, starre Laufhaltebuchse der Coltpistolen, also auch mit allen Nachteilen dieser toleranzabhängigen Führung. Wer also solche Mündungsbremse ausprobieren will, sollte meiner Ansicht nach an eine geschlitzte, federnde Buchse der neueren Ausführung für Coltpistolen ein passendes Stück Rohr mit entsprechenden Schlitzen oder Öffnungen anschweißen. Dann ist zumindest ein reeller Vergleich der Wirkung gegenüber vorher möglich.

Tuning an Griffstück und Verschluß

Im vorangegangenen Kapitel haben Sie gesehen, welcher Aufwand erforderlich ist, eine Waffe mit einem präzisen Lauf auszustatten und dann auch noch dafür zu sorgen, daß dieser Lauf optimal in der Waffe sitzt. Leider ist dieser Laufsitz in bezug auf die übrige Waffe bei verschiedenen Pistolen nur über eine weitere Fehlerquelle, nämlich das Zusammenspiel zwischen Verschluß und Griffstück, möglich. Sportpistolen wie die Colt Gold-Cup (bzw. Government) oder auch die schon von Haus aus recht präzise gefertigte SIG P 240 (.38 Spl.) und andere ähnliche Waffen haben die vordere Auflagerung im zurückgleitenden Verschluß untergebracht: entweder in Form einer gefederten oder starren Führungshülse, die am Verschluß sitzt und beim Zurückgleiten des Verschlusses über den Lauf gleitet, oder in Form einer mehr oder weniger genauen Paßbohrung direkt im Vorderteil des Verschlusses. Auch diese Paßbohrung gleitet beim Zurückgehen über den Lauf. Bei all diesen nach dem Browningsystem gebauten Waffen ist also zwischen Lauf und vorderer Laufhalterung sowie zwischen (zurückgleitendem) Verschluß und Griffstück Spiel erforderlich für die Funktion der Waffe. Was die Toleranzen und ihre Eingrenzung bei der Auflagerung betrifft, so wurde dies bereits im vorigen Kapitel behandelt.

TOLERANZEN VERRINGERN

Hier geht es darum, das erforderliche Spiel zwischen Verschluß und Griffstück weitgehend einzuengen. Sie kennen sicher alle das ungute Gefühl, das einen beschleicht, wenn man mal eine Gold-Cup, eine großkalibrige S&W oder eine andere Selbstladepistole neuerer Fertigung in die Hand nimmt und am Verschluß spürt, welches Spiel in der Schlittenführung zum Griffstück da vorhanden ist, und zwar sowohl quer zur Waffe als auch häufig vertikal. Beides bedeutet, daß der Lauf im Moment des Geschoßaustrittes nicht absolut präzise in eine bestimmte Richtung zeigt. Er kann sowohl in der Höhe als auch zur Seite hin von der Mittelstellung abweichen. Je größer das Spiel in den Schlittenführungen ist, desto stärker wird die Streuung der Waffe. Je kürzer so eine Schlittenführung ist, um so stärker wird das vorhandene Spiel sich auf die

Streuung auswirken, weil der Ablenkwinkel sich vergrößert. Man sollte daher schon beim Neukauf einer Waffe unter anderem darauf achten, daß der Verschluß auf einer möglichst langen Strecke im Griffstück geführt wird. Viele Waffentuner gehen von diesen Überlegungen ausgehend dazu über, den Verschluß und das Griffstück im vorderen Bereich durch Anschweißen neuer Teile soweit als zugelassen zu verlängern. Oft erfolgt das in der Weise, daß alte oder Dekowaffen zu diesem Zweck zersägt werden, um passende Verlängerungsteile zu liefern. Während das exakte, winkelgerechte Anschweißen eines Ansatzteils vorn an das Griffstück lediglich saubere Handwerksarbeit erfordert, ist die Sache beim Verlängern des Verschlusses insofern etwas komplizierter, als dort meist die vorn sitzende Lauflagerung erhalten werden muß. In solchem Fall ist der Verschluß an einer unkomplizierten Stelle winklig auseinanderzusägen und das Paßstück sauber dazwischenzuschweißen. Das ist allerdings keine so leichte Arbeit, weil es bei den Schweißarbeiten zu erheblichen Wärmespannungen kommt und sich die Teile unter Umständen beträchtlich verziehen. Wenn so etwas ausgeführt werden soll, empfiehlt sich entweder das Einschalten eines Fachmannes oder zumindest vorherige Paß- und Schweißversuche an einer billigen Dekowaffe oder Schrotteilen vom Büchsenmacher. Außerdem sollte man die zusammenzufügenden Teile in einer selbstgebauten Lehre oder Vorrichtung so fixieren, daß sie sich beim Schweißen nicht verlagern können. Die exakte Ausrichtung der Schlitten- bzw. Griffstücknuten ist dabei besonders wichtig, weil hier Nacharbeiten später nur noch im begrenzten Umfang möglich sind (Abb. 68). Wichtig ist aber auch die präzise Lage der Verriegelungsnuten im Verschluß bezüglich des Verschlußabstandes bei einem neuen Lauf. Diese Sachen müssen vor Beginn irgendwelcher endgültiger Trenn- oder Schweißarbeiten genau überlegt werden. Und noch etwas sollten Sie bedenken, bevor Sie solche Arbeiten in Angriff nehmen: Durch die verlängerte Schlittenführung wächst auch die Reibung des Verschlusses beim Rücklauf. Schwach geladene Patronen könnten dann bereits zu Funktionsstörungen führen.

ETWAS SPIEL IST NÖTIG

Das gleiche Problem ist zu erwarten, wenn man die Schlittennuten einer normalen Pistole so toleranzarm zusammenpaßt, daß dadurch der Verschluß schwergängiger zurückläuft. Das braucht noch nicht einmal sofort während des normalen Schießens aufzutreten, daß durch schwache Ladungen die Funktion gefährdet ist. Aber wenn man plötzlich einmal bei niedrigen Außentemperaturen schießen muß, können zu enge Passungen – auch schon wegen des bei Kälte steiferen Waffenfettes bzw. Waffenöls – zum Versagen der Waffe führen. In jedem Falle sollten Sie sich Ihre Waffe daraufhin einmal ansehen, ob sich zwischen Verschluß und Griffstück durch einfaches Hin- und Herrütteln sowie durch Auf- und Abbewegen des Verschlusses merkliches Spiel fühlen läßt. Wenn dieser Test keinerlei Spiel erkennen läßt, so sollten sie nach Entfernen des Magazins den Verschluß **langsam** und mit größter Aufmerksamkeit nach hinten bis zum Anschlag ziehen. Wenn es hierbei zu einem rukkelnden Rücklauf oder zu fühlbar unterschiedlichem Rückziehwiderstand kommt, können zwei Gründe dafür in Frage kommen. Der erste ist das Vorhandensein von kleinen Fremdkörpern, z. B. Schmutzpartikelchen in der Schlittenführung. Das läßt sich durch eine gründliche Reinigung der Waffe rasch beheben. Der zweite Grund ist unangenehmer, er deutet auf Schäden (Eindellungen, Verformungen) der Schlittenführung hin. Um das zu klären, wird der Verschluß der Waffe demontiert und die Schlittenführung durch Auswaschen mit Benzin, Aceton oder ähnlichem gereinigt. Dann wird die Vorholfeder aus der Waffe ausgebaut und der Verschluß wieder auf das Griffstück gesetzt. Nun bewegt man nochmals von Hand den Verschluß in den Schlittennuten langsam vor und zurück, um festzustellen, ob verengte Stellen merkbar sind und an welchen Stellen sie auftreten. Anschließend wird man sowohl nach diesem Test als auch im Falle eines fühlbaren (zu großen) Spiels zwischen Verschluß und Griffstück ermitteln, wie viel oder wie wenig Spiel an den Schlittenführungsnuten vorhanden ist. Zu diesem Zweck werden die Nuten mit Lösungsmittel

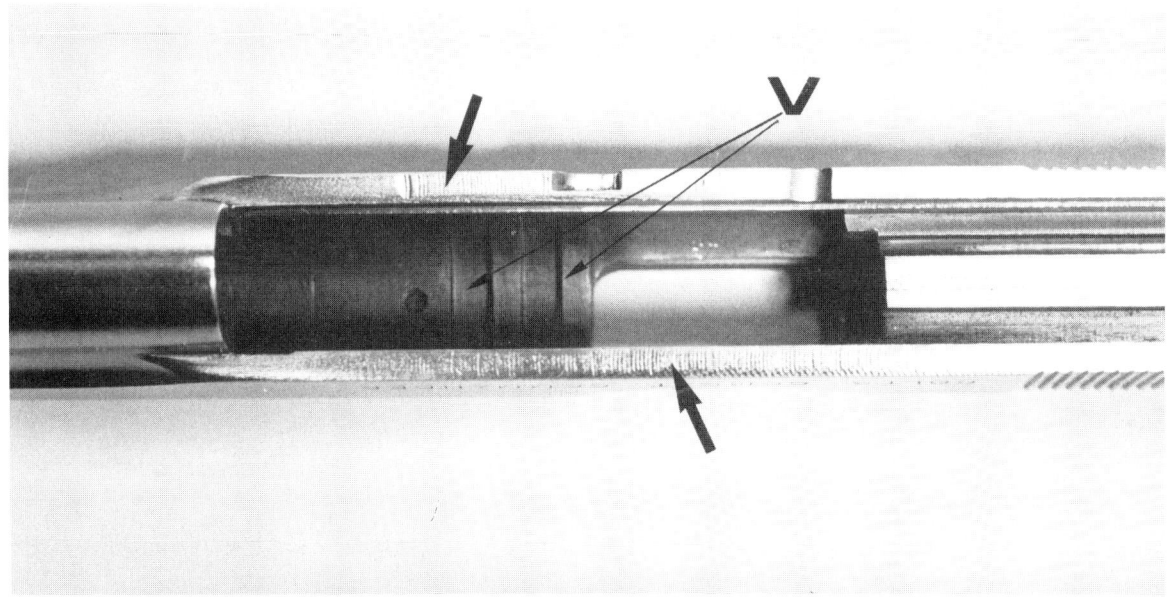

Abb. 68: Schlampige Verarbeitung bei neuen Waffen ist heute leider ›normal‹. Man kann sie da tolerieren, wo sie die Schußleistung nicht beeinflußt. Aber auf die inneren Werte (z. B. saubere, klapperfreie Laufverriegelung (V)) sollte man größten Wert legen und notfalls lieber den Händler wechseln als Schund kaufen.

ausgewaschen und mit der schon erwähnten Plakat- oder Binderfarbe, nach Belieben auch mit Wachs (z. B. Kerzenwachs), satt eingestrichen. Die (meist im Griffstück) angebrachten Gleitkufen oder Schienen, die in diesen Nuten laufen, werden hauchdünn mit Waffenöl oder Vaseline übergerieben. Ist die Farbe bzw. das Wachs in den Nuten fest, so wird der Verschluß behutsam auf das Griffstück aufgeschoben und bis zum Anschlag zurückgezogen. Dabei ist aber unbedingt darauf zu achten, daß der Verschluß nur in der Richtung der Schlittenführung gezogen oder geschoben wird.

PASSARBEITEN

Eine seitliche oder vertikale Bewegung verfälscht die Messung! Nach der Demontage des Verschlußstücks erkennt man in den Nuten an dem zurückgebliebenen Farb- bzw. Wachsansatz die Stellen, wo Spiel zwischen Griffstück und Verschluß vorhanden ist. An Stellen, wo keinerlei Farbe mehr vorhanden ist, kann es dagegen entweder einen genauen Sitz oder gar schon Verengungen geben. Verengungen haben sich aber auch meist schon an Schleifspuren und abgewetzter Brünierung deutlich gezeigt. Sofern sie nicht zu Störungen der Waffenfunktion führen, kann man sie meist belassen bzw. nur geringfügig überschleifen. Für diese Schleifarbeit lassen sich sehr gut Bierdeckel oder dicke Pappen verwenden: Man gibt zuvor etwas Schleifpaste an die betreffende Stelle der Nut und reibt mit der Kante des Bierfilzes bzw. bei längeren Bereichen mit einer Kante von starker Pappe so lange darüber, bis der gewünschte Paßsitz erreicht ist. Für dickere Nuten lassen sich mehrere Pappen nebeneinander verwenden. Wichtig ist, daß keine Schleifpaste an die Seiten der Pappe gelangt, sonst wird die Nut in der anderen Richtung ebenfalls weiter. Zwischendurch sollte immer wieder die Nut mit Spiritus oder einem anderen Lösungsmittel sauber ausgepinselt und der Paßsitz geprüft werden.

KLAPPERPASSUNGEN

Material wegzunehmen ist verhältnismäßig einfach, wie man sieht. Weit problematischer ist es, das wesentlich öfter auftretende zu große Spiel zwischen dem Verschluß und dem Griffstück, die sogenannte ›Klapperpassung‹, zu beseitigen. Hierbei gibt es zwei völlig verschiedene Wege zur Verringerung der zu groben Passungen. Eine Möglichkeit besteht im rein mechanischen Verformen der einzelnen Führungsflächen, der andere Weg besteht im Auffüttern fehlenden Materials auf verschiedene Weise. Jeder Weg hat Vor- und Nachteile. Zur Erläuterung der einzelnen Probleme und Arbeitsgänge zeigt die vereinfachte Schnittzeichnung (Abb. 69) durch einen Verschluß (V) und ein Griffstück (G), was gemeint ist. Angenommen, Ihre Waffe hat seitliches Spiel zwischen Verschluß und Griffstück, also an den gezeichneten Flächen ›F1‹ oder ›F2‹ zuwenig Materialstärke bzw. zuviel Luft gegenüber den Gegenflächen im Verschluß. Wollen Sie die Passungen auf mechanischem Wege verringern, so können Sie folgendermaßen vorgehen:

HORIZONTALSPIEL

Der Verschluß wird demontiert, außen vollkommen mit Tesakrepp oder ähnlichem beklebt (um die Brünierung zu schonen) und dann mit der Visierung nach oben so zwischen die Schraubstockbacken gespannt, daß diese beim behutsamen Zusammendrehen des Schraubstocks gleichmäßigen Druck auf die Außenflächen in Richtung der Pfeile ›D‹ ausüben. Zwischendurch immer mal wieder aus dem Schraubstock genommen und auf dem Griffstück probiert, hat der Verschluß bald die richtige Form bekommen. Aber, wie gesagt, behutsam muß man die Sache angehen, denn ein etwas schwach gebauter Verschluß oder zu dünne Wandstärken im Bereich der Schlittenführung können infolge grober Behandlung zu schweren Schäden an der Waffe führen. Der zweite Weg der mechanischen Beeinflussung des seitlichen Spiels besteht darin, daß diesmal das Griffstück (mit Tesakrepp oder ähn-

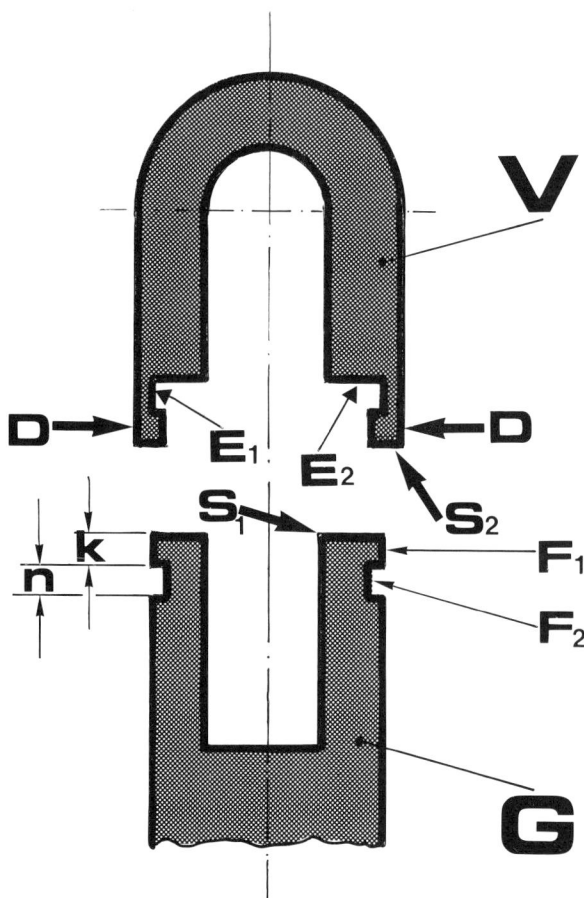

Abb. 69: Die vereinfachte Schnittdarstellung durch Griffstück (G) und Verschluß (V) zeigt, wo bei Nacharbeiten ›anzupacken‹ ist.

lichem beklebt) im Schraubstock festgespannt wird. Dabei muß jedoch unbedingt beachtet werden, daß durch den Schraubstock das Griffstück nirgends auch nur Millimeterbruchteile zusammengepreßt werden kann. Es empfiehlt sich daher, in die Hohlräume des Griffstücks Kunststoff- oder Metalleinlagen einzuschieben, bevor man das Griffstück einspannt. Es ist so einzuspannen, daß die Schlittenführung parallel zu den Schraubstockbacken verläuft und noch etwas darüber hinaussteht. Dann wird eine hölzerne oder Kunststoffleiste, eventuell auch eine Messingschiene, so von innen an die Führungsschienen angelegt, daß durch Hammerschläge in Richtung des Pfeiles ›S1‹ die Schlittenkufen gleichmäßig nach außen getrieben werden, bis der Verschluß bei zwischenzeitlichen Proben in der gewünschten Weise im Griffstück geführt wird.

VERTIKALSPIEL

Senkrechtes Spiel zwischen Verschluß und Griffstück, was durch zuwenig Material im Bereich ›k‹ der Griffstückkufen oder zuviel Luft im Bereich ›n‹ der Griffstücknut bzw. auch durch entsprechende Toleranzen an den Gegenflächen im Verschluß entstanden ist, kann ebenfalls mechanisch etwas verringert werden. Allerdings ist hier der Erfolg konstruktionsbedingt nicht so leicht. Der Verschluß wird für diese Arbeit umgedreht im Schraubstock eingespannt. Unter den Verschluß wird dabei ein Stück Holz zwischen Schraubstockspindel und Verschluß gelegt, damit weder die Visierung der Waffe leidet noch der Verschluß bei der Arbeit nach unten wegrutscht. Nun kann, wieder unter Zuhilfenahme eine Holzleiste oder ähnlichem (als Zwischenlage), durch leichte Hammerschläge in Richtung des Pfeiles ›S2‹ versucht werden, die Führungsnut im Verschluß etwas zu verengen. Das kann aber nur sehr begrenzt erfolgen, da sonst die unteren Flächen des Verschlusses zu schräg stehen. Außerdem tritt bei dieser Methode wiederum ein zu enger Sitz der seitlichen Führungsflächen ein, das heißt, die Waffe wird weitlich zuwenig Spiel haben, also unter Umständen klemmen. Das kann wiederum durch Nachschleifen dieser Flächen behoben werden.

PROBLEME

Eines muß jedoch bei derartigen mechanischen Verformungen der Schlittenführung bedacht werden: Die vorher, wenn auch mit zuviel Spiel, aufeinander gleitenden Flächen stehen nun nicht mehr parallel aneinander, sondern sind gegenseitig geringfügig verkantet. Es gleiten also, übertrieben gesagt, nur noch Kanten auf Flächen. Demzufolge ist die Abnutzung stärker und das Spiel in absehbarer Zeit wieder größer.

MATERIALAUFTRAG

Aus diesem Grunde ist der zweite Weg zur Beseitigung zu großen Spiels ein völlig anderer, es wird nämlich Material an den Stellen aufgetragen, wo das Spiel auftritt. In der Schemazeichnung (Abb. 69) wäre also seitliches Spiel der Flächen ›F1‹ und ›F2‹ durch Materialauftrag in den entsprechenden Nuten ›F2‹ und ›E1‹ auszugleichen. Das vertikale Spiel durch zu dünne Kufen ›k‹ bzw. zu breite Nuten ›n‹ kann durch Materialauftrag an der mit ›E2‹ bezeichneten Fläche erfolgen. Sie sehen an diesem Schema deutlich, daß der Materialauftrag stets an Stellen erfolgt, die erstens nutenartig ausgebildet sind und zweitens von außen an der zusammengebauten Waffe nicht mehr sichtbar sind. Nun bleibt nur noch die Frage offen, mit welchem Material der Auftrag erfolgen soll. Es gibt dabei nämlich auch wieder verschiedene Möglichkeiten mit verschiedenen Vor- und Nachteilen.

EIN PROVISORIUM

Die Besitzer alter, klappriger Militärpistolen, beispielsweise alter Colt-Government aus dem zweiten Weltkrieg, wissen, daß die Waffe durch nur seltenes Reinigen mit der Zeit eine etwas größere Präzision bekam. Weil der Dreck und die Pulverrückstände sich in die Führungsnuten und anderen Klapperpassungen festgesetzt hatte und mit der Zeit so das Spiel geringer wurde. Das ist natürlich keine Methode, die auf Dauer zu empfehlen wäre, weil ja der Verschleiß der Waffe durch das ständige Scheuern an den Schmutzpartikeln steigt. Aber zumindest für ein paar Probeschüsse reicht ein ähnliches Prinzip, nämlich das Ausgießen der Führungsnuten mit Hartwachs oder Talg. Zu diesem Zweck werden die Nuten waagerecht ausgerichtet und an ihren offenen Enden mit einem Kittklumpen oder mit Klebeband verschlossen. Dann wird das erhitzte Wachs in die mit dem Fön vorgewärmten Nuten eingegossen und, falls erforderlich, mit einem Streichholz in der Nut verteilt. Nach dem Erkalten wird das Gegenstück der Waffe langsam aufgeschoben und formt sich so seinen Sitz. Wie gesagt, das Hartwachs hält aber nur zwei oder drei Schüsse lang. Gerade genug, um zu probieren, ob man sich auf dem richtigen Weg befindet. Der nächste Gang ist dann das Auffüttern der Nuten mit einem haltbareren Material. Die Nuten werden zu diesem Zweck vollkommen fett- und rückstandsfrei gereinigt und an den Enden geschlossen wie vorher auch. Zum waagerechten Ausrichten kann man das Waffenteil natürlich in den Schraubstock klemmen (Zwischenlage zur Schonung der Brünierung nicht vergessen!), man kann aber auch die Ausrichtung mit Hilfe des guten, alten Kittklumpens (Abb. 70) vornehmen. Das hat mehrere Vorteile: Man kann die Arbeit an jedem Tisch vornehmen, man kann das Waffenteil so ausrichten, daß man optimale Beleuchtung hat, und man kann auch jede gewünschte Neigung beim Ausrichten der Waffe einstellen. Schließlich lassen sich auch noch Korrekturen der Ausrichtung vornehmen, während das Füllmaterial abbindet.

GIESSHARZ

Als gut haltbares und leicht zu verarbeitendes Füllmaterial kommt nun beispielsweise Gießharz (mit Härterzusatz) oder Zweikomponentenkleber in Betracht. Man kann diese Materialien noch zusätzlich verbessern, indem man der Harzkomponente vor dem Zugeben des Härters etwas Metallpulver zumischt. Diese sehr fein zerkleinerten Metallpartikelchen gibt es ebenfalls in Hobbygeschäften, in denen man Gießharz bekommt. Es wird dort für das Gießen von Kunststoffreliefs mit Metalleffekt verwendet. Man bekommt beispielsweise Zinn-, Bronze-, Kupfer- oder Eisenpulver abgepackt und kann davon so viel zumischen, daß die Fließfähigkeit des Harzes noch gewährleistet ist. Da mit der Zugabe des Metallanteils die Kleb- bzw. Haftwirkung des Harzes vermindert wird, sollte die Zumischung von Metallpulvern höchstens etwa 15 bis 25% betragen. Man kann natürlich auch fertige Metallharzgemische verwenden wie z. B. Kaltmetall oder Flüssigstahl, die im Handel in Tuben erhältlich sind.

DAS AUFTRAGEN

Große Beachtung sollte man der einwandfreien Haftung des Materials auf der Waffenoberfläche zukommen lassen. Auch das besonders gut haftende Epoxydharz, das in vielen Zweikomponentenklebern verwendet wird, erfordert eine absolut fettfreie, leicht angerauhte Metalloberfläche. Die Nut wird hierfür durch gründliches Auswaschen in Aceton entfettet und mit einer kleinen Feile oder mit der Spitze einer Stahlnadel etwas aufgerauht. Dann erfolgt das Auftragen der Harzmasse (gegebenenfalls mit Härterzusatz) unter Zuhilfenahme eines Holzspans oder Streichhölzchens. Anschließend kann man zwei Wege zur Endbearbeitung gehen: Entweder wird noch vor dem endgültigen Abbinden der aufgetragenen Masse das Gegenstück der Waffe, das man zuvor mit Vaseline oder ähnlichem dünn, aber gründlich eingefettet hat, in die aufgefüllten Nuten geschoben und formt so die endgültige Schichtstärke des Auftrags. Dabei muß natürlich sofort nach dem behutsamen Aufschieben des Waffenteils das austretende überflüssige Harz sorgfältig entfernt werden. Zuerst durch Abheben mit einem Holzspan, danach wird mit einem in Aceton getränkten Lappen nachgewischt. Aber Achtung: Keine Klebstoffreste in andere Waffenteile hineinwischen, wo sie sich festsetzen und die Waffe verkleben könnten! Nun läßt man die zusammengeschobenen Waffenteile je nach Auftragsmaterial bis zur vollen Aushärtung unbewegt ruhen und nimmt sie dann nochmals auseinander, um die ausgeführte Arbeit zu prüfen und eventuell vorhandene Rückstände zu beseitigen. Es wird vielleicht auch nötig sein, mit Schleifpaste oder der Flachfeile geringfügig die Paßflächen nachzuarbeiten.

DER 2. WEG

Die zweite Möglichkeit der Einpassung besteht darin, daß man nach dem gleichmäßig verteilten Auftragen der Harz- bzw. Klebermischung die Teile erst vollkommen aushärten läßt, ehe eine weitere Feinbearbeitung der aufgetragenen Schichten er-

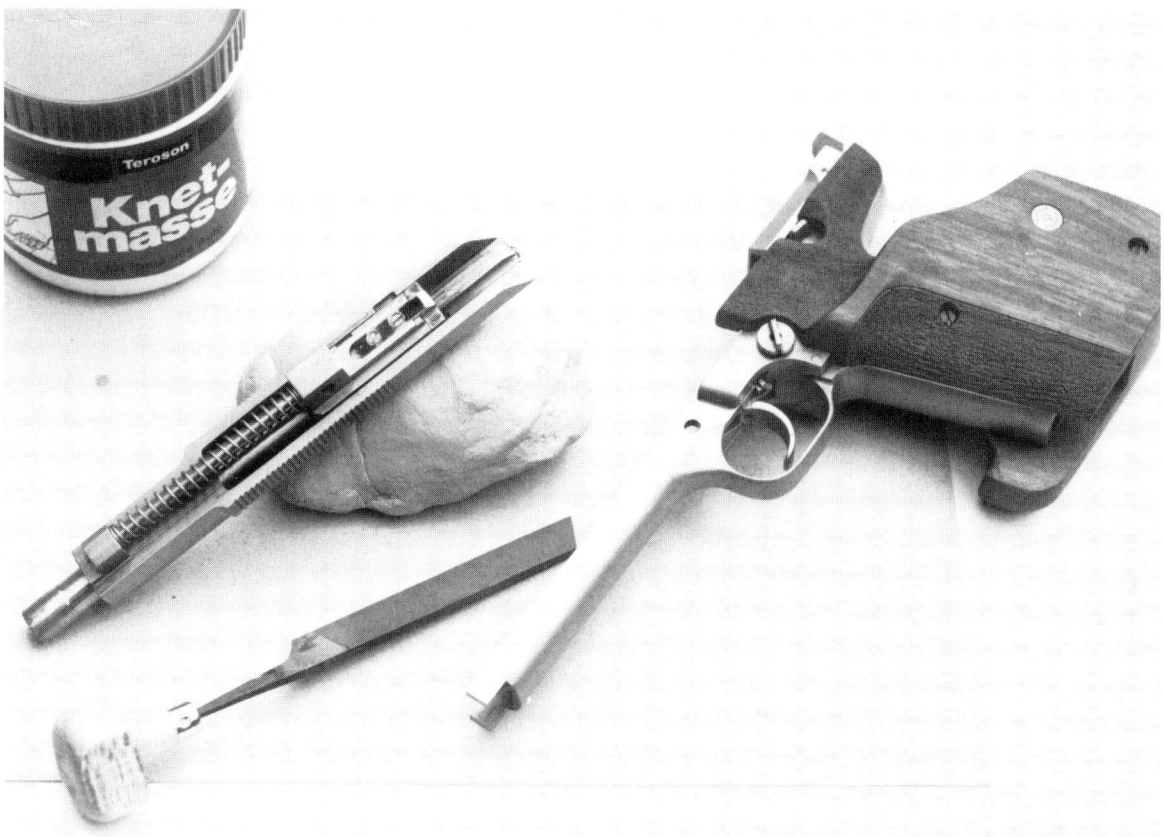

Abb. 70: Wenn es darum geht, Teile z. B. bei Klebe- oder Ausgießarbeiten in einer bestimmten Stellung zu halten, ersetzt so ein Klumpen Knetmasse jeden Spezialschraubstock.

folgt. Übrigens wird bei vielen Harzmischungen oder Zweikomponentenklebern die Härte der aufgetragenen Schichten durch Wärmezufuhr erhöht. Hierzu sollte man aber unbedingt die Gebrauchsanleitungen der Hersteller dieser Materialien beachten. So ist beispielsweise ein hochfester Zweikomponentenkleber bei Raumtemperatur nach rund 24 Stunden ausgehärtet, er kann aber auch durch Erwärmung z. B. in einem Backofen bei 100 bis 120 °C bereits nach einer halben bis einer Stunde ausgehärtet sein und zusätzlich eine größere Härte als bei Raumtemperaturhärtung aufweisen. Auch mit einem Fön oder ähnlichem läßt sich der Aushärteprozeß in den meisten Fällen beschleunigen. Allerdings sollte die Wärmebehandlung erst einsetzen, wenn das Harz schon abgebunden, also erstarrt ist. Das Schöne bei derartigen Werkstoffen ist: Sie lassen sich jederzeit wieder entfernen. Hat man also etwas falsch gemacht oder ist man mit der Ausführung nicht mehr zufrieden, so wird die betreffende Stelle einfach auf etwa 250 bis 300 °C erhitzt und das erweichte Harzgemisch kann wieder entfernt werden. Nach der endgültigen Aushärtung der aufgetragenen Harzschichten werden die Waffenteile zusammengepaßt. Dazu wird meist erforderlich sein, zu dick aufgetragene Kunststoffschichten zuvor mit einer feinen Flachfeile (Schlüsselfeile) oder mit der Kimmenfeile (Abb. 8) auf das gewünschte Maß zu bringen. Den letzten Schliff bringt dann wieder ein Stück in die Nut passende Pappe, deren Kante man zuvor mit etwas Schleifpaste bestrichen hat. Übrigens sollte man bei diesen Beschichtungsarbeiten mit Kunstharz immer all die Teile, die keinesfalls mit der Masse in Berührung kommen dürfen, durch Auftragen von Trennwachs, Vaseline oder Waffenfett schützen. Da der Kunststoff trotz relativ großer Festigkeit selbst durch den Zusatz von Metallpulver immer noch mit der Zeit Verschleißerscheinungen zeigen wird, ist für Perfektionisten eine weitere Methode ausführbar: Die Führungsnuten erhalten eine massive Stahlauflage in der gewünschten Stärke. Das ist kaum schwieriger als die vorhergehende Technik. Wieder werden die Nuten entsprechend entfettet und angerauht, dann wird wiederum etwas Zweikomponentenkleber in die Nuten gestrichen, und schließlich werden (in Nutenbreite geschnittene) schmale Streifen der erforderlichen Stahlstärke (aus der Blattfühlerlehre oder ähnlichem) in den Klebstoffauftrag gedrückt.

STAHLEINLAGEN

Natürlich müssen die Stahlstreifen ebenfalls entfettet und aufgerauht sein, sie sollen ja angeklebt werden. Und ebenso müssen sie so gerade wie möglich in die Nuten gelegt und dort eventuell durch Papp- oder Sperrholzstreifen in ihrer Lage fixiert werden, bis der Kleber ausgehärtet ist. Man sollte immer möglichst dünne Streifen verwenden, weil sie sich leichter in den Klebstoff drücken lassen und auch besser dort während des Aushärtens haften. Nach der endgültigen Aushärtung des Zweikomponentenklebers, die durch Wärmebehandlung (siehe oben) abgekürzt werden kann, werden die Paßflächen wie gewohnt auf Sitz geschliffen und poliert.

GUT GESCHMIERT?

Diese Auffütterung (Abb. 71) ist durchaus eine haltbare und technisch einwandfreie Lösung, weil jetzt wieder Metall auf Metall gleiten kann und der Verschleiß in Grenzen gehalten wird. Allerdings kann auch hier, bei Verwendung von ungeeigneten Schmierstoffen bei der Waffenpflege, mit der Zeit eine Beeinflussung des Klebers erfolgen. Der Kleber wird sich zwar nicht sofort auflösen, aber durch die häufige Einwirkung kann mit der Zeit entweder eine Versprödung des Kunststoffes oder ein Weichwerden möglich sein. Schmiermittel auf der Basis von Grafit oder Teflon sowie reine Wachsprodukte werden kaum Schäden hervorrufen, andere Mittel sollte man zuvor einmal testen. Schlimmstenfalls muß man eben die Einpaßarbeit wiederholen.

VERRIEGELUNGSNUTEN

Auch die Verriegelungsnuten (V) im Verschluß (Abb. 68) bedürfen Ihrer Aufmerksamkeit, denn in diese Nuten greifen ja die Verriegelungswarzen des Laufes und fixieren diesen bei der Schußabgabe. Sollte also hierbei erhebliches Spiel festgestellt werden, was man leicht durch Ausbauen des Verschlusses und Einlegen des Laufes in die Verriegelungsnuten ermitteln kann, so kann auch hier eine Nacharbeit erforderlich werden. Um sich über die Maßverhältnisse ein Bild zu machen, werden die Nuten (V) im Verschluß mit Wachs oder Geschoßfett ausgegossen und der Lauf in seiner **hinteren** Stellung mit den Warzen in die Nuten gedrückt. Dann läßt sich am Abdruck feststellen, wieviel Luft (als Wachs) noch in den Nuten ist und durch ein entsprechendes Material ausgefüttert werden muß. Es ist wichtig, den Lauf dabei hinten in den Verschlußnuten anliegen zu lassen, denn dort kann der Rückschlag der Waffe beim Schuß ins Metall des Verschlusses geleitet werden. Würde der Rückschlag auf eine Kunststoffschicht oder ähnliches treffen, wäre es mit deren Haltbarkeit bald vorbei.

DAS AUSFÜTTERN

Die vorher erwähnte ›Luft‹ wird nunmehr ähnlich wie bei den Führungsnuten mit einem hochfesten Kunststoff aufgefüllt, und dann können die Verrie-

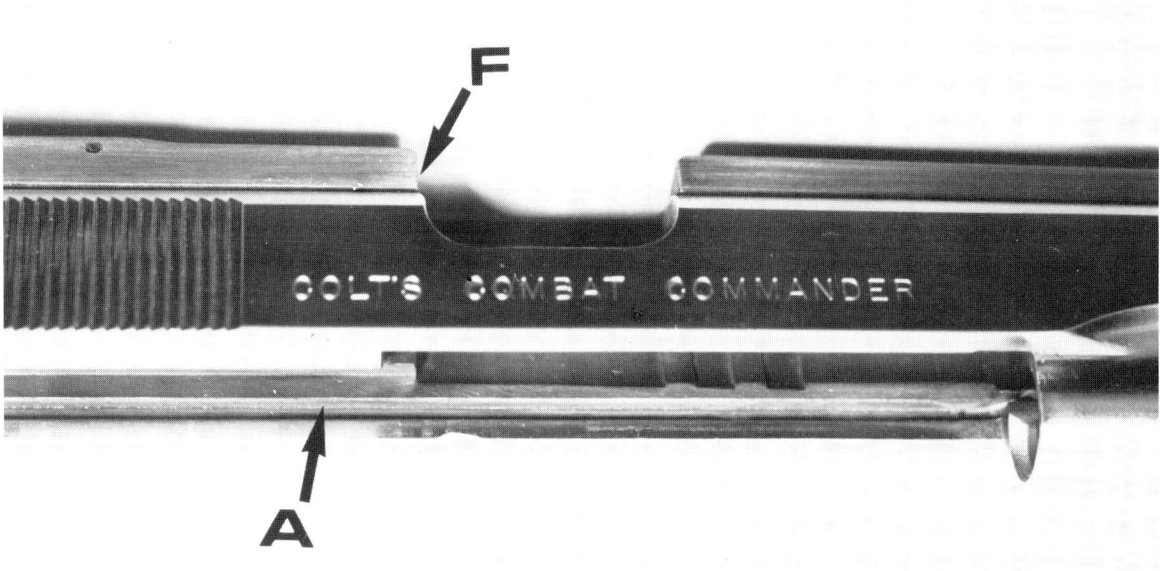

Abb. 71: Wenn der Schlitten auf dem Griffstück schlottert, kann man die zu großen Toleranzen in Schlitten- oder Griffstücknuten (A) auf verschiedene Weise verringern (s. Text). Eine zu kleine Auswurföffnung, die Hülsenmacken verursacht, läßt sich vergrößern (F).

gelungswarzen (eingefettet) in die Nuten eingelegt werden. Es ist auch denkbar, die zu großen Nuten mittels Hartlötung mit einem relativ harten Messinglot auszufüttern, allerdings ist danach der mechanische Aufwand bei der Einpaßarbeit erheblich größer. Durch die Hitze beim Hartlöten kann es auch zu Verspannungen innerhalb des Verschlusses kommen, der sich schlimmstenfalls sogar verzieht. Dann ist ein neuer Lauf mit passend eingeschliffenen Verriegelungswarzen oft die einfachere Lösung. Zur Anpassung eines neuen Laufrohlings an den vorhandenen Verschluß empfiehlt sich zuvor die Herstellung eines genauen Abdrucks der Verschlußinnenseite. So eine Negativform wird ähnlich wie beim Abguß des Patronenlagers entweder in Hartwachs oder Schwefel erfolgen, wenn der Verschluß anschließend die leichte Entnahme des (harten) Abgusses erlaubt. Oder macht, was ich in den meisten Fällen für empfehlenswerter halte, einen Abguß aus Silikonkautschuk. Den kann man nämlich immer wieder entfernen, selbst bei starken Hinterschneidungen im Verschluß. Nur das Aufmessen der weichen Form ist nicht so einfach.

WEITERE ARBEITEN

Weitere Arbeiten an Griffstück und Verschluß: Präzisionsfördernde Maßnahmen an Griffstück und Verschluß beschränken sich nicht nur auf die optimale Schlittenführung. Es gibt noch eine Reihe Bearbeitungsmöglichkeiten, die ebenfalls leistungsverbessernd wirken, wenn auch vielleicht nicht so wesentlich wie die oben behandelten. Am Griffstück läßt sich beispielsweise durch trichterförmiges Anfeilen der Magazinschachtöffnung (anschließende Brünierung erforderlich) das Einführen des Magazins wesentlich erleichtern. Wieso präzisionsfördernd? Weil die empfindlichen Magazinlippen nicht mehr so leicht an den sonst scharfen Kanten der

Magazinschachtöffnung verformt werden können und weil außerdem die Konzentration des Schützen bei einer leichteren Magazineinführung nicht so beansprucht wird. Da wir gerade so schön beim Feilen sind: Weisen Ihre Patronenhülsen nach dem Auswerfen Macken an der Hülsenwand auf? Dann ist vielleicht die Auswurföffnung (Abb. 71) Ihrer Pistole zu ungünstig geformt. Vergleichen Sie einmal die Auswurföffnungen einer Colt Government und Gold-Cup miteinander. Die Gold-Cup-Öffnung ist anders geformt und etwas größer. Hülsen (für den Wiederlader) können nicht mehr beschädigt werden. Bei Armeewaffen ist das egal, da verwendet normalerweise sowieso keiner mehr die ausgeworfenen Hülsen. Mit einer Halbrundfeile läßt sich das Auswurffenster relativ rasch vergrößern. Aber in jedem Fall muß darauf geachtet werden, daß durch diese Arbeit nicht die Stabilität der Waffe gefährdet wird! Beachten Sie beim Auswerfen der leeren Hülsen bitte einmal die Flugbahn der Hülsen. Wenn Sie das nicht selbst beim Schießen tun können, bitten Sie jemanden, die Waffe unter Ihrer Aufsicht im Schießstand abzufeuern. Dann haben Sie Muße, den Hülsenflug zu verfolgen. Oder Sie betätigen den Verschluß von Hand, nachdem Sie eine leere Hülse eingelegt hatten. Auch dabei können Sie die Wurfbahn verfolgen. Fliegen die Hülsen nämlich zu steil oder in einem sonst ungünstigen Winkel aus der Waffe, so können durch die relativ heißen Hülsen bei Ihnen oder dem neben Ihnen stehenden Schützen Verletzungen auftreten. Zumindest ist ein Schreckmoment da, das Sie aus der Konzentration reißt. An solchen Hülsenflugbahnen ist unter anderem die Form des Auswerfers schuld. Schon durch ein paar bewußte Feilstriche läßt sich die Flugbahn etwas beeinflussen und die Gefahr störender Hülsen im Kragenausschnitt mindern. Gegebenenfalls, das ist vom Auswerfer abhängig, läßt dieser sich auch geringfügig zur Seite biegen oder anders formen. Der Bediensicherheit einer Waffe dient auch die Erreichbarkeit des Magazinhalteknopfes. Ist dieser Magazinhalter unten am Griffstück montiert, so muß man stets zum Magazinwechsel die zweite Hand hinzunehmen. Das ist unbequem, lenkt ab und kostet Zeit. Einfacher zu bedienen sind Magazinhalter, die seitlich am Griffstück sitzen und vom Daumen der Schußhand betätigt werden. Sie sollten deshalb einmal an Ihrer Waffe prüfen, ob sich durch einen sinngemäßen Umbau der Magazinhalter vom Boden des Griffstücks zur Seite verlegen läßt. Das wird zwar nicht, oder kaum, ohne ein paar neue oder neugefertigte Teile machbar sein, aber der Aufwand lohnt sich meist. Oft lassen sich dafür auch Teile anderer Waffen ›zweckentfremden‹. Allerdings wird es ohne Bohr- und Einpaßarbeit am Griffstück nicht abgehen. Gleiche Probleme ergeben sich auch für Linksschützen, die sich die Bedienelemente ihrer Waffe von der linken Waffenseite nach rechts verlegen wollen. Auch hier wird man mit etwas mechanischem Aufwand rechnen müssen, aber solche Arbeiten sind selbst in mittelmäßig ausgestatteten Hobbykellern fast immer problemlos auszuführen. Über eines muß man sich allerdings klar sein: In den meisten Fällen mechanischer Änderungen am Griffstück oder Verschluß wird anschließend eine optische Aufarbeitung der Waffe anfallen. Entweder müssen kleine Brünierschäden ausgebessert werden (mit Kaltbrüniermittel aus der Flasche), oder es muß die ganze Waffe neu brüniert werden. Da sowohl die handelsüblichen Heißbrüniermittel als auch die anderen Brünierverfahren (Aufstreichmittel usw.) eine sehr sorgfältige und umständliche Bearbeitung verlangen und dennoch nicht immer zu dem gewünschten Ergebnis führen, rate ich zu einer Radikallösung: Bearbeiten Sie das Griffstück und den Verschluß so, wie Sie es sich vorgestellt haben, wie es technisch möglich und sicherheitsmäßig vertretbar ist ohne allzugroße Rücksicht auf die vorhandene Brünierung. Runden Sie also ruhig störend scharfe Kanten außen an der Waffe ab, feilen Sie mit einer Fischhautfeile für Metall (Abb. 8) das Griffstück im Haltefingerbereich und am (eventuell umgeformten) Abzugsbügel so zurecht, daß die eingefeilte Fischhaut die Griffigkeit der Waffe erhöht. Bringen Sie, falls gewünscht, Gewindebohrungen für ein Zusatzgewicht zur Erhöhung der Vorderlastigkeit der Waffe an, schrägen Sie den Magazinschacht an usw. usw. Dann nehmen Sie die Waffenteile und lassen Sie sich diese in einer guten Fachfirma ent-

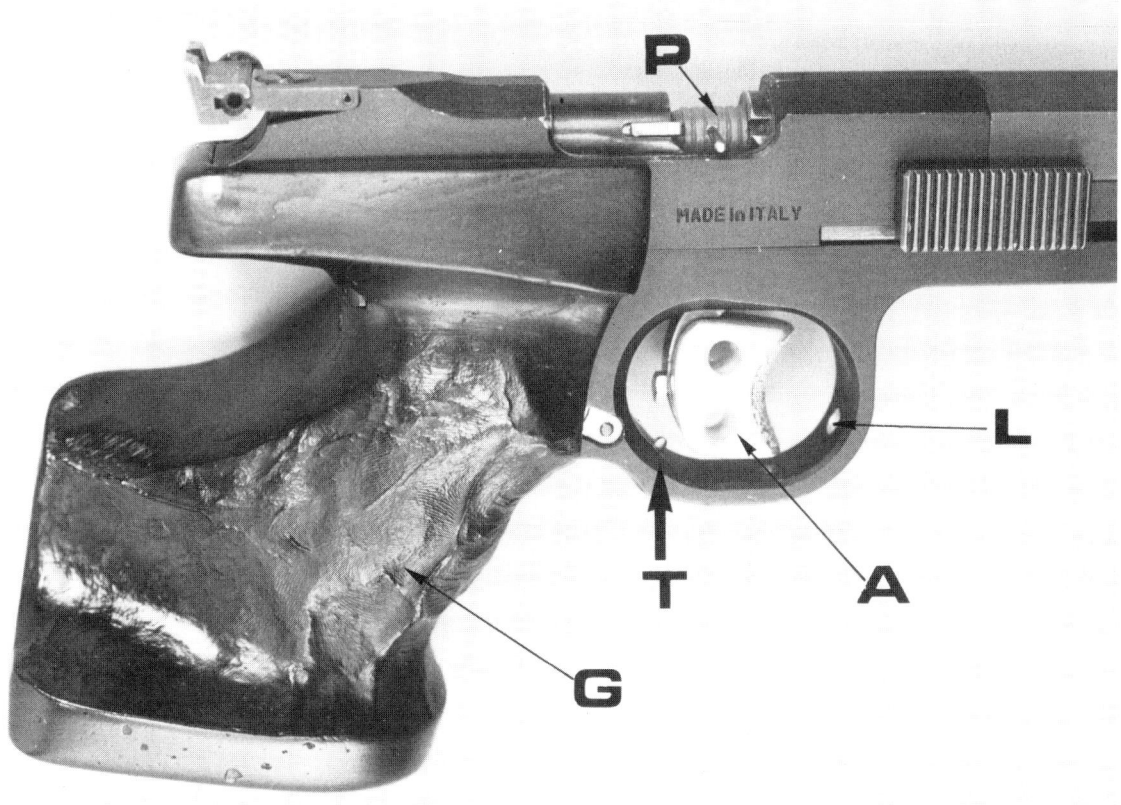

Abb. 72: Manche ›Sportwaffen‹ muß man erst zu Hause fertigbauen. Ein Abzugsschuh (A) aus Alu, ein im Bügel eingelassener Triggerstop (T) und eine von der Schußhand direkt geformte Griffschale (G) ermöglichen erst präzise Schußabgabe. Dem Trockentraining dient der Puffer (P) aus Silikonkautschuk.

weder neu brünieren oder, noch besser, hartverchromen. So bekommen Sie eine Waffe, die optimal Ihren Wünschen entspricht und durch die neue Oberfläche auch optisch sauber aussieht. Wenn sie hartverchromt ist, ist sie dann wesentlich pflegeleichter und nimmt eine rauhe Behandlung nicht so schnell übel. Natürlich sind auch andere Oberflächenbehandlungen wie z. B. Mattvernickeln, Versilbern, Vergolden usw. für darauf spezialisierte Firmen (Branchenbuch) kein Problem.

Natürlich erfordert eine glatte Oberflächenbehandlung wie z. B. das Brünieren, Vergolden usw. eine tadellos polierte Oberfläche der Waffe. Andernfalls wird die Oberfläche an manchen Stellen rauh, matt und fleckig aussehen. Bei matt verchromten oder matt vernickelten Waffen ist zwar auch eine gute glatte Oberfläche erforderlich, aber lange nicht in dem Maße wie bei Brünierungen usw.

TRIGGERSTOP UND ANDERE TRICKS

Ein paar weitere kleine Verbesserungen im Bereich des Griffstücks sind beispielsweise das Einsetzen eines Triggerstops (falls noch nicht vorhanden), das Einsetzen eines Patronensichtfensters in einer Griffschale und die verbesserte Bedienbarkeit des Magazinladeknopfes.

Der Triggerstop ist für die Präzision einer Faustfeuerwaffe von erheblicher Bedeutung. Beim Durchziehen des Abzugs kommt ja eine Stelle, wo der Abzug gerade den Schuß auslöst. Zieht der Schütze diesen Abzug nun noch ein Stück weiter nach hinten, so verreißt er dabei die Waffe gerade in dem Moment, wo das Geschoß aus der Mündung tritt. Deshalb ist ein Triggerstop, der längs einstellbar ist, so wichtig. Er verhindert nämlich das weitere Zurückziehen des Abzugs nach der Schußauslösung. Wie man sich so einen Triggerstop leicht selbst einbauen kann, zeigt das Foto (Abb. 72). Der Abzugsbügel wird an der Stelle, wo der Abzug in seiner hintersten Stellung noch erreicht wird, mit einer Gewindebohrung M 3 versehen. Eine M-3-Madenschraube wird mit Loctite oder einer ähnlichen Schraubensicherung betupft und eingedreht. Die Bohrung sollte dabei so angebracht sein, daß bei zusammengebauter Waffe die Schraube noch verstellt werden kann. Andernfalls muß man eine Schraube verwenden, die von der Seite her einzujustieren geht. Es ist auch denkbar, die Triggerstopschraube in der Abzugszunge anzubringen und über eine Bohrung (L) im Abzugsbügel einzustellen. Eine weitere Erleichterung ist ein Sichtfenster aus Plexiglas, das man in eine ausgefräste Längsnut in einer der beiden Griffschalen so einklebt, daß man noch den Vorrat an Patronen im Magazin erkennen kann. Man kann auch die gefräste Nut mit klarem Epoxydharz ausgießen. Anschließend wird die eingeklebte oder -gegossene Fensterscheibe durch Schleifen und Polieren der Griffaußenseite nahtlos angepaßt. Das Magazin selbst kann dann noch mit einem Sehschlitz oder mehreren größeren Bohrungen versehen werden. Der Ladeknopf des Magazins läßt sich ebenfalls verbessern, sofern der Platz im Griffstück ausreicht. Eine kleine Stahlplatte (U-Scheibe) wird auf den vorhandenen Magazinladeknopf aufgeschraubt (Gewindestift anschweißen). Die Stahlplatte wird dann mit einer Fischhaut versehen und läßt sich so viel sicherer greifen beim Herabdrücken des Patronenzubringers.

Arbeiten am Abzug

Gerade bei neugekauften Waffen erlebt man bezüglich der Verarbeitung leider nur selten angenehme Überraschungen. Selbst Waffen, die für teures Geld eigentlich eine gute Qualität aufweisen müßten, enttäuschen häufig in mancher Hinsicht. Es kann also durchaus sein, daß die verwendeten Schafthölzer oder Stahlsorten und sogar die Laufqualität voll den Käuferwünschen entsprechen, aber die Feinarbeit im Abzug, im Schloß, nicht befriedigt. Kratzende, schleppende Abzüge mit viel zu hohem Abzugsgewicht, schwergängige oder klappernde Sicherungshebel, unsaubere und ungenau auslösende Schlagbolzen usw. sind an der Tagesordnung. Weil deren saubere Bearbeitung Zeit kostet. Und Zeit ist Geld. Das wird zwar gern kassiert, aber nicht immer wird der ensprechende Gegenwert geliefert. Das ist zwar ärgerlich, aber noch kein Grund, die Flinte ins Korn zu schmeißen. Sowohl bei neugekauften als auch bei alten, ausgeleierten Waffen läßt sich mit etwas Geduld und ein paar Schweißtropfen noch eine ganze Menge machen.

Das Problem bei derartigem Abzugstuning ist, daß es Abzüge und Systeme wie Sand am Meer gibt. Daß fast jede Waffe ein eigenes System mit vollkommen anderen Teilen und oft sogar anderen Bezeichnungen aufweist. Und vermutlich ein eben so großes Problem ist, daß Sie Ihre Waffe höchstwahrscheinlich noch nicht bis in alle Kleinteile zerlegt haben. Häufig ist der Grund in der (nicht unbegründeten) Furcht zu suchen, daß zum Schluß ein paar Teile übrigbleiben oder falsch wieder eingebaut wurden. Im Kapitel über vorbereitende Arbei-

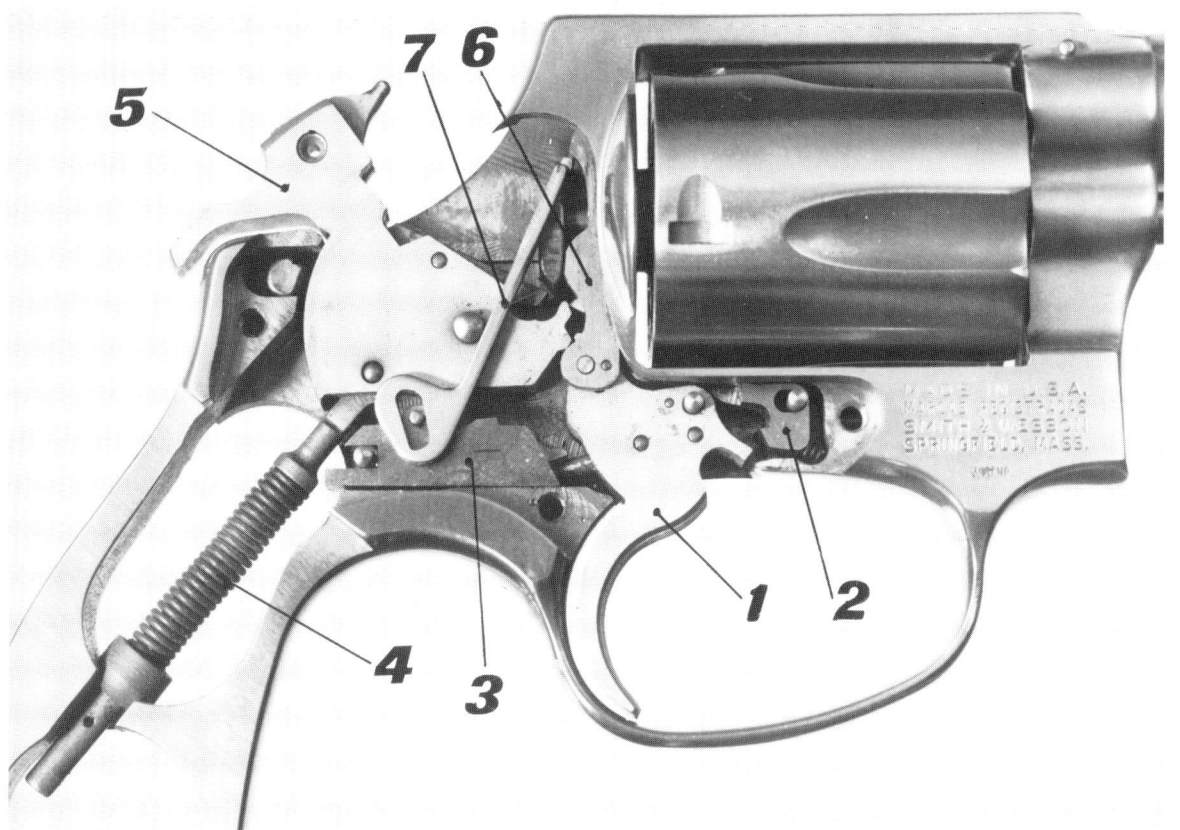

Abb. 73: Bei abgenommener Deckplatte läßt sich nicht nur die Funktion der Waffe gut prüfen, sondern auch der Zustand aller Einzelteile, ihr Paßsitz, ihre möglichen ›Verschleißmarken‹ usw. Vor einer möglichen Nacharbeit steht immer die Bestandsaufnahme.

ten habe ich Ihnen schon ein paar grundlegende Tips, z. B. mit dem Sortierbogen, gezeigt. Natürlich kann so ein Sortierbogen, so nützlich er auch ist, nicht die Kenntnis von der Funktion eines Abzugssystems vermitteln. Und diese Kenntnis ist, neben dem sachgerechten völligen Zerlegen des Systems, die wichtigste Voraussetzung einer erfolgreichen Nacharbeitung.

Es ist daher von großer Wichtigkeit, sich an Hand der Bedienungsanleitung der Waffe, an Hand von Explosionszeichnungen oder Testartikeln Ihrer Waffe einen möglichst umfassenden Überblick über die Funktionsweise zu verschaffen. Auch das ebenfalls schon erwähnte systematische Zerlegen mit Hilfe eines nebenher laufenden Tonbandgerätes, auf dem man jeden einzelnen Handgriff beim Zerlegen der Waffe schildert, ist eine bewährte Methode, die Waffe später zumindest wieder genauso zusammenzubekommen, wie sie am Anfang war. Auch Fotos der einzelnen Demontagephasen oder, optimal, eine laufende Videokamera sind Hilfsmittel, die dem Ungeübten die Arbeit erleichtern und die ›Schwellenangst‹ nehmen können. Am einfachsten haben es Besitzer bekannter Revolvermodelle beim Zerlegen ihrer Waffe und beim Begutachten des Funktionsablaufes (Abb. 73). Sie brauchen nur die Deckplatte des Revolvers abzuschrauben und haben einen vollkommenen Überblick über das ge-

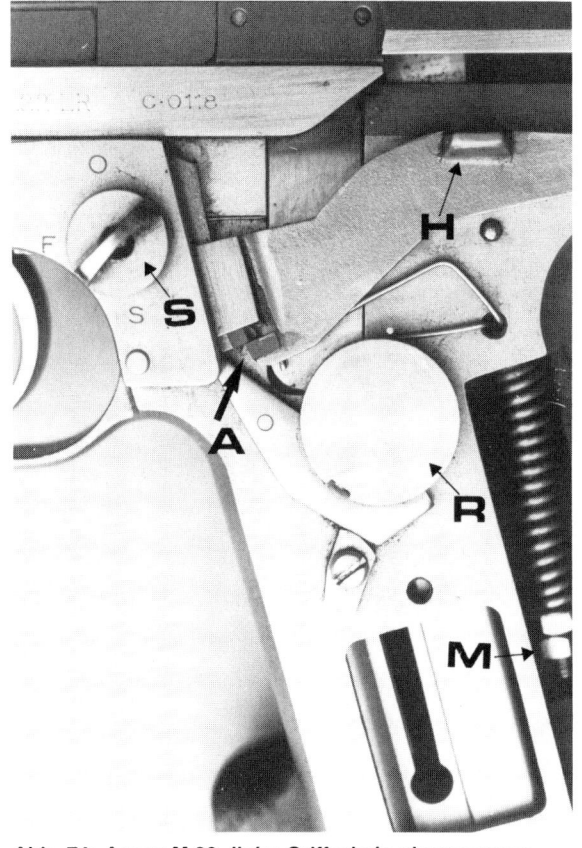

Abb. 74: Agner M 80, linke Griffschale abgenommen: Über die Muttern ›M‹ kann die Schlagenergie des Hahns eingestellt werden. Über das Rändelrad ›R‹ und die darunter befindliche Schraube wird das Abzugsgewicht fein bzw. grob einreguliert. Eine interessante Lösung der Abzugsklinke bzw. Abzugsstange zeigt Pfeil ›A‹: Zwei Hartmetallplättchen gleiten aufeinander und ergeben einen samtweichen, verschleißfreien Abzug.

samte System. Da bei den meisten Waffen auch die Paßstifte und Schrauben zum großen Teil noch an Ort und Stelle sitzen, läßt sich durch Betätigen des Abzugs oder durch Spannen des Hahns jeder einzelne Funktionsablauf genau kontrollieren. Bei Revolvern ohne solche Deckplatten, also auch bei den ganzen Vorderladerrevolvern, geht das leider nicht so einfach. Auch die Pistolenbesitzer haben es nicht leicht, denn es kommt sehr selten vor, daß eine Waffe einmal so konstruiert ist, daß sie einfach zu zerlegen geht. Ein ›servicefreundliches‹ Modell in dieser Hinsicht ist beispielsweise die Agner M 80 (Abb. 74), bei der man nach Abnahme der linken Griffschale zumindest an viele wichtige Details herankommt. Eine ebenfalls bis zu einem gewissen Grad positive Lösung bietet auch die Walther GSP mit ihrer herausnehmbaren Abzugseinrichtung (Abb. 82). Leider ist diese Einrichtung starr vernietet, so daß ein weiteres Zerlegen nur schwer möglich ist. Andere Pistolen wie z. B. die Hämmerli-Modelle 208/215 (Abb. 75) sind da schon weit schwieriger zugänglich, wie sogar das Anschnittfoto erkennen läßt. Auch viele Gewehrschützen haben in bezug auf das vollkommene Zerlegen des Schlosses gelegentlich ein paar Hemmungen, obwohl z. B. gerade die weitverbreiteten Mausersysteme recht einfach zu zerlegen sind. Auch Langwaffen mit abnehmbaren Deckblechen verschiedenster Bauart sind relativ gut zu zerlegen und nachzuarbeiten. Vorderlader, zumindest die meisten Pistolen und Gewehre, weisen durch ihre herausnehmbaren Schlosse optimale Bedingungen für Kontrolle und Tuning auf.

DIE FUNKTIONSPALETTE

Um aber all denen, die eine möglichst übersichtliche Funktionsprüfung der Einzelteile des Waffenschlosses vornehmen wollen, die Arbeit zu erleichtern, schlage ich die Anfertigung einer ›Funktionspalette‹ vor. Was das ist? Eine simple Span- oder Sperrholzplatte, auf der sich die einzelnen Bewegungsabläufe der Schloßteile nachvollziehen lassen. Man braucht dafür eine etwa 200 x 200 m große und zirka 10 bis 20 mm dicke, vollkommen plane Sperrholz- oder Spanplatte, die auch beschichtet sein darf. Zunächst wird an der Waffe die linke Griffschale demontiert (sofern sie dieselben Bohrungen wie die rechte aufweist) und plan auf die Spanplatte gelegt. Mit einem spitzen Bleistift oder Nagel wird akkurat angezeichnet, wo die Löcher der Befestigungsschrauben der Griffschale auf der Spanplatte sitzen. Diese markierten Stellen

Abb. 75: Hämmerli Mod. 208: Die Innenansicht des Verschlusses zeigt die massive Hammerlagerung und den präzise geführten Schlagbolzen. Diese Waffe erfordert noch heute zu ihrer Herstellung 665 Arbeitsgänge.

werden nun mit einem Spiralbohrer (Durchmesser = Stärke der Griffschalenschrauben) senkrecht durchbohrt. So, daß man mit von unten durchgesteckten, entsprechend längeren Schrauben das Griffstück flach auf die Spanplatte festschrauben könnte. Bei Gewehren würden die Bohrungen sinngemäß ähnlich angebracht an den Stellen, wo das Systemgehäuse anzuschrauben geht. Bevor jedoch das Griffstück auf die Spanplatte geschraubt wird, legt man entweder Kohlepapier (Schicht zur Spanplatte) zwischen Griffstück und Spanplatte oder man gießt eine etwa 1 bis 2 mm dicke Wachsschicht vorher auf die Spanplatte auf (Rand aus Tesakrepp rundum und waagerechte Ausrichtung erleichtern diese Arbeit). Bei Waffen, wo ein Anschrauben oder anderweitiges exaktes Befestigen auf der Spanplatte nicht möglich ist, oder bei Waffen, deren Systemgehäuse (Schloßkasten, Griffstück) so geformt ist, daß es nicht ruhig auf der Spanplatte liegt, gibt es noch eine weitere, sehr gute Lösung: Drücken Sie auf die Spanplatte eine etwa 10 bis 15 mm dicke Schicht Plastilin oder Knetmasse auf, und drücken Sie anschließend das Griffstück oder ähnliches **waagerecht** so in das Kittbett, daß das Griffstück mit seinen am weitesten vorstehenden Teilen auf der Spanplatte aufliegt. Also so weit wie möglich das Griffstück eindrücken und darauf achten, daß es waagerecht liegt und nicht kippeln kann.

Egal, ob Sie nun mit Kohlepapier, Wachsschicht oder Kittbett ihr Waffengriffstück (bzw. System) auf der Spanplatte befestigt haben, die Arbeit geht jetzt erst los: Mit einem kleinen Hämmerchen und genau passenden Durchschlägen (oder vorn flach gefeilten Nägeln) werden nun die einzelnen Paßstifte, die zur Führung der Schloßteile dienen, etwas in Richtung Spanplatte getrieben. So, daß sie sich dort durch das Kohlepapier, das Wachs oder im Kittbett exakt abzeichnen. Dabei darf nichts verrutschen oder wackeln, sonst ist die Arbeit für die Katz. Nun können Sie die Waffe wieder von der Spanplatte abnehmen und kontrollieren, ob sich wirklich alle Paßstifte präzise abgezeichnet haben. Die Waffe kann nun sorgsam zerlegt werden, wobei die oben angeführten Möglichkeiten gute Hilfe bieten. Das leere Griffstück kann nun nochmals auf die Spanplatte gelegt und die Richtigkeit aller markierten Stellen geprüft werden. Man könnte nun das Griffstück als Bohrhilfe auf der Spanplatte belassen, aber das würde in manchen Fällen zu einer unkontrollierbaren Ausweitung der Paßbohrungen im Griffstück führen. Es ist deshalb besser, das Griffstück abzunehmen und in der Spanplatte die markierten Löcher senkrecht (Bohrständer benutzen!) mit Spiralbohrern zu bohren. Der Bohrdurchmesser sollte gleich oder geringfügig kleiner sein als die Paßstifte der entsprechenden Stellen im Griffstück.

NOCH EIN TRICK

Um hierbei eine größtmögliche Präzision zu erreichen, noch einen kleinen Trick: Messen Sie mit einer Schublehre das Maß von Außenkante zu Außenkante zweier wieder halb in die entsprechenden Bohrungen des Griffstücks gesteckter Paßstifte. Von diesem Maß ziehen Sie nun den halben Durchmesser einer der beiden Paßstifte (die zuvor ebenfalls gemessen wurden) ab und stellen dieses Maß auf der Schublehre ein. Der andere Paßstift (dessen halber ⌀ nicht abgezogen wurde) wird mit leichtem Druck in die entsprechende Bohrung in der Spanplatte etwa zur Hälfte eingedrückt. Legt man jetzt die eine Innenkante der beiden Meßschenkel auf Mitte des zweiten Paßstiftes an, so zeigt der andere Meßschenkel auf Mitte des zweiten Paßstiftes. Hier wird dann die nächste Bohrung angebracht usw. Zur Kontrolle kann man nach dem Einsetzen aller Paßstifte in der Spanplatte noch-

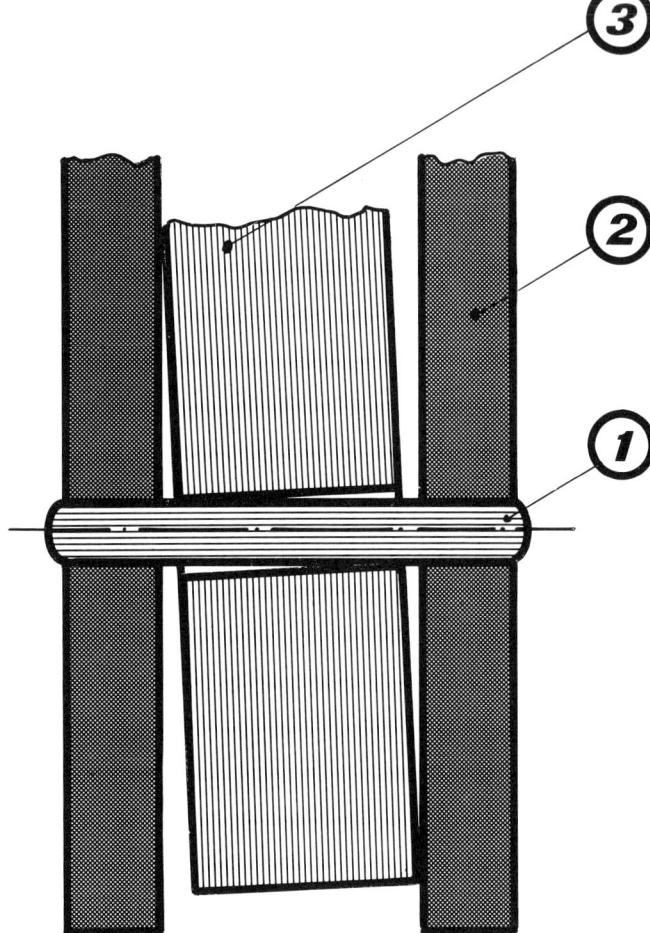

Abb. 76: Schematische Darstellung von Passungen: Zuviel Spiel der Teile durch zu große Bohrungen oder untermaßige Paßstifte stören den präzisen Funktionsablauf.

mals deren Maße von Außenkante zu Außenkante Paßstift mit den Maßen beim Griffstück vergleichen.

DAS ›SCHAUBILD‹

Wenn alles stimmt, kann man nun die einzelnen Funktionsteile des Schlosses auf die entsprechenden Paßstifte auf der Spanplatte auflegen und hat eine genaue Wiedergabe der Schloßfunktion. An diesem ›Schaubild‹ können Sie nun sofort feststellen, an welchen Stellen der Schloßmechanismus beispielsweise Spiel aufweist, Klapperpassungen hat, schwergängig geht usw. usw.

DETAILS

In diesem Zusammenhang sollten Sie vor allem auf ein paar Details achten, die ich anhand (übertrieben dargestellter) Zeichnungen erläutern möchte. Ein häufig anzutreffender Fehler (Abb. 76) sind Funktionsteile (3) mit zu großer Bohrung für den Paßstift (1). Dadurch ist ihre exakte Lage zu dem anschließenden Funktionsteil nicht gewährleistet, weil sie ja um die Differenz zwischen Bohrdurchmesser und Paßstiftdurchmesser hin- und hergeschoben werden können. Wenn diese Teile (3) dann auch noch dünner sind als der Zwischenraum zwischen den Griffstückflächen (2), so kippeln sie zusätzlich quer zur Paßstiftachse und haben ein völlig undefinierbares Verhalten gegenüber dem nächsten Funktionsteil. Fazit: Einzelteile des Schlosses, die zu locker auf den Paßstiften sitzen (Bohrdurchmesser zu groß) oder die zu dünn sind (Spiel in Achsrichtung der Paßstifte), können keine präzise Funktion ausüben. In der Zeichnung (Abb. 77) sehen Sie bei Darstellung (1), welche Folgen ›haltlose‹ Schloßteile haben können: Die beiden Teile A und B sollen mit ihren Kanten parallel aufeinander stehen. Durch den Schiefsitz des Teils B und zusätzlich durch eine schief geschliffene Kante des Teils B kommt es aber nur zu einer unpräzisen Kontaktfläche (X). Bei Waffenabzügen ist entscheidend, daß bestimmte Kontaktflächen, z. B. der Rastenübergriff zwischen Spannstück und Schlagstück, sauber und absolut parallel aufeinander gleiten können. Die Darstellung (3) (Abb. 77) zeigt, wie dieser Rastenübergriff von der Seite gesehen aussehen muß. Mit der Kontaktfläche (Z) liegt das Teil A auf Teil B. Wird nun Teil B (z. B. durch ziehen am Abzug) um das Maß ›Ü‹ des Rastenübergriffs nach links gezogen, so fällt Teil A nach unten (und löst dadurch z. B. den Schlagbolzen aus). Sind jedoch eine oder beide Kanten der Rastenteile unsauber oder schief gefertigt oder sitzen ungenau in ihren Führungen, so kann der genaue Auslösezeitpunkt nicht vorhergesagt werden. Der Schuß fällt irgendwann, je nachdem, wie schlecht die Teile zusammenpassen und wie langsam man am Abzug zieht. Noch viel unpräziser wird die Sache, wenn die bei-

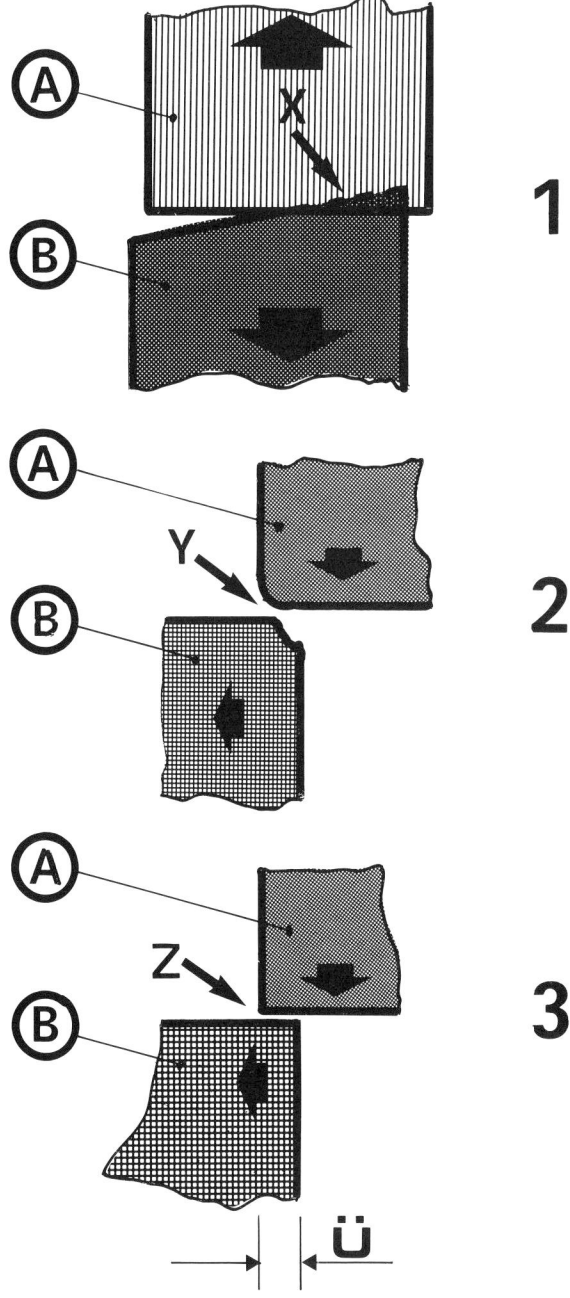

Abb. 77: Schief geschliffene Rasten, ausgefressene oder zu weiche Kanten müssen nachgearbeitet werden, wenn die Abzugsfunktion exakt ablaufen soll.

den Rastenkanten, wie in Darstellung 2 durch ›Y‹ gekennzeichnet, abgerundet, abgewetzt oder ausgebrochen sind. So ein Abzug muß in seiner Gesamtheit präzise wie ein gutes Uhrwerk zusammenpassen. Es darf also, um es nochmals zu sagen, nirgends mehr Spiel als absolut nötig geben. Es darf nirgends gratige, schwergängige Teile geben. Es darf nirgends verschlissene, abgewetzte Funktionskanten oder schiefsitzende Kontaktflächen geben. Es darf nirgends zu weiche oder leicht verformbare Teile geben, sie dürfen aber auch nicht glashart und spröde sein. Auch die Federn, die ein Schloß funktionsfähig machen, müssen in ihrer Abstimmung zueinander passen. Wie erreicht man das alles nun im einzelnen?

FUNKTIONSKONTROLLE

In Ihrer Waffe oder auch auf dem Funktionsbrett haben Sie alle wichtigen Funktionsteile im gegenwärtigen Zustand vor sich (Abb. 73). Sie können erkennen, wie z. B. der Hahn (5) beim Spannen mit seinem Spannarm in den Schnabel des Abzugskörpers (1) greift und dadurch die Abzugsfeder im Schieber (3) spannt. Zugleich wird die gefederte Trommelsperre (2) vom Mitnehmer am Abzugskörper nach unten bewegt und gibt die Trommel so lange frei, bis der Umsetzer (6) die Trommel um eine Kammer weitergedreht hat. Inzwischen ist die Trommelsperre wieder in die nächste Nut der Trommel eingerastet und der Hahn steht mit seiner Spannrast an der Abzugsrast an. Wird der Abzug jetzt durchgezogen, gleitet die Abzugsrast höher und gibt die Spannrast und damit den Hahn frei. Dieser schlägt durch die Kraft der gespannten Hahnfeder (4) mit seinem (bei dieser Waffe beweglich aufgehängten) Zündstift nun auf das Zündhütchen der Patrone und der Schuß bricht. Der Abzug wird, sobald man ihn losläßt, durch die gespannte Abzugfeder wieder in seine ursprüngliche Stellung zurückgedrückt. Der Sicherungsschieber (7) soll hierbei zunächst nicht interessieren. Dieses Beispiel soll nur einmal zeigen, wie man Schritt für Schritt jede einzelne Bewegung der Teile verfolgt

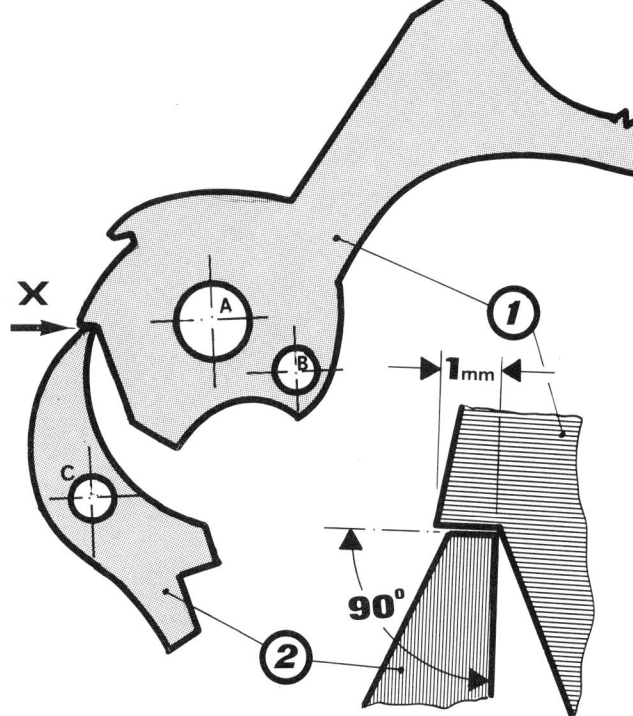

Abb. 78: Detail am Hahn: Rastenabstimmung.

und sich dabei zugleich Gedanken darüber macht, wie das Zusammenspiel noch genauer, spielfreier und reibungsloser vor sich gehen könnte. Nach dieser Kontrolle der Waffenfunktion sollte man nun die einzelnen Teile entnehmen und je nach Zustand bearbeiten. Zuerst werden die Funktionskanten, also die Stellen unter die Lupe genommen (ich meine das wörtlich!), die mit anderen Teilen zusammenarbeiten müssen. Sie sollten rechtwinklig geschliffen und scharfkantig, aber nicht etwa gratig sein. Ihre Oberfläche sollte poliert sein. Ein Beispiel für das Zusammenspiel zwischen Spannrast des Hahns (1) und Klinke des Abzugstollen (2) zeigt die Zeichnung (Abb. 78) einer Colt Gold-Cup. Die Berührungsfläche (= Rastenübergriff) ›X‹ sollte bei diesem Beispiel nicht breiter als etwa 1 mm sein und unter 90° zurechtgeschliffen werden. Eine

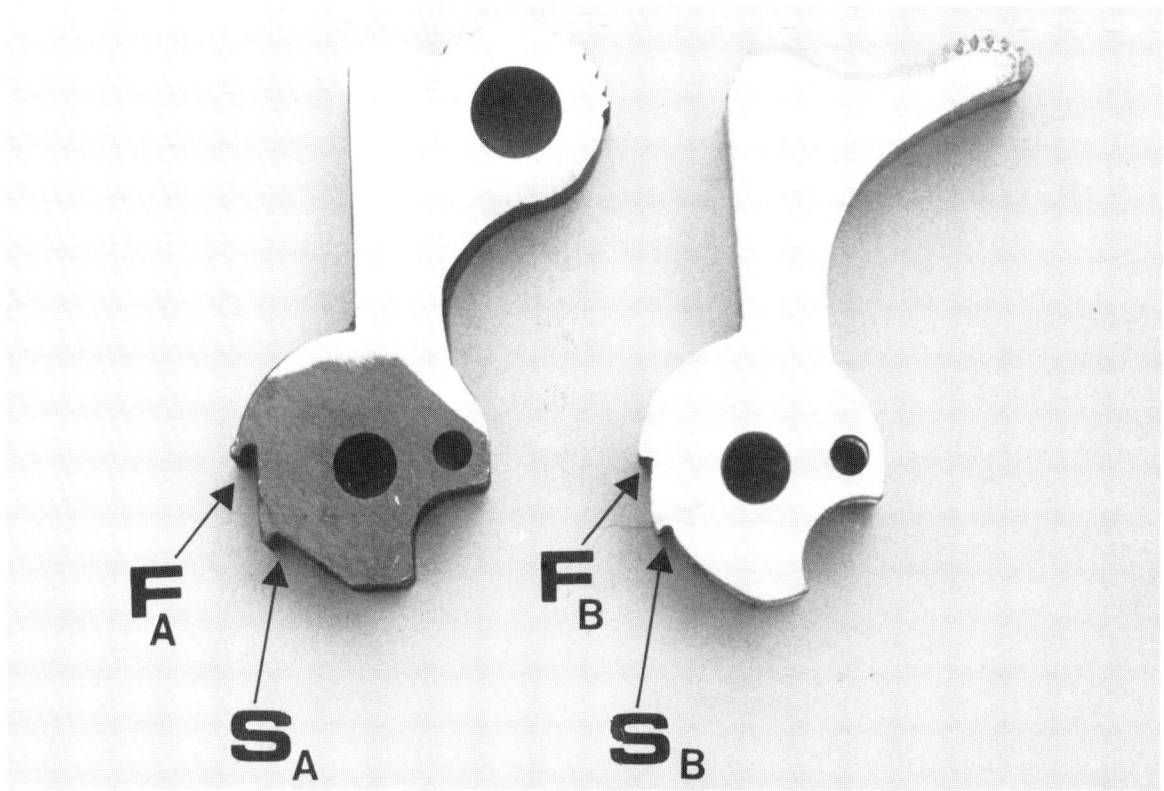

Abb. 79: Immer wieder Anlaß zu Problemen ist die oft unsauber gefertigte Spannrast (S), deren Gestaltung entscheidend die Abzugscharakteristik mitbestimmt. Eine zu weit vorstehende Fangrast (F) kann ebenfalls zu Störungen führen.

schmalere Berührungsfläche oder ein größerer Winkel würde den Abzug unsicherer machen und zu Waffenstörungen führen. Eine breitere Fläche oder ein spitzerer Winkel dagegen erschwert das Abziehen unnötig. Dieser Rastenübergriff ist auch bei der Agner M 80 (Abb. 74) gut sichtbar (A), nur sind hier die beiden Klinkenflächen zum Schutz gegen Verschleiß (!) und zur präzisen Schußauslösung in Hartmetall ausgeführt. Daran können Sie ersehen, welch Aufwand von manchen Herstellern betrieben wird, diese wichtige Stelle des Schlosses in den Griff zu bekommen. Bei vielen Coltpistolen dagegen sind diese Teile (Abb. 79) zwar auch aus Stahl, aber die Härte läßt leider oft zu wünschen übrig. Nicht nur bei Colt, um auch das einmal klar zu sagen!

NACHARBEITEN

Wenn Sie bei der Kontrolle der Rastenkanten oder der übrigen Teile des Abzugs auf verquetschte oder abgenutzte Stellen stoßen (unter der Lupe erkennt man das besonders leicht), so deutet das auf zu weichen Stahl oder auf fehlerhafte oder mit falschem Spiel montierte Teile hin. In jedem Fall sollten Sie bei solchen Stellen besonders aufmerksam die Zusammenarbeit der betreffenden Teile prüfen, weil der angezeigte Verschleiß ja mit der Zeit weiter fortschreitet und die Waffe früher oder später unbrauchbar macht. Abgenutzte Kanten werden, soweit noch genug Material vorhanden ist, winklig und scharf zurechtgeschliffen. Das kann mit einem ölgetränkten drei- oder viereckigen Abziehstein, bei wenig gehärtetem Stahl sogar schon mit einer feinen Dreikantfeile geschehen. Anschließend werden die einzelnen Flächen mit Polierleinen, das man auf eine Fläche eines Stückchens Dreikantleiste aufgeklebt hat, winklig und vollflächig nachpoliert. Damit die Flächen der Funktionsteile auch absolut plan und winklig werden, empfiehlt es sich, sie unter Zuhilfenahme einer Lupe so in den Backen eines kleinen Schraubstocks einzuspannen, daß beim Bearbeiten dieser Flächen der Ölstein oder die Polierleiste so lange eingesetzt werden können, bis bearbeitete Flächen und Oberkante Schraubstockbacken bündig sind. Das empfiehlt sich immer dann, wenn nur geringe Materialmengen abgenommen werden dürfen. Anschließend sollten Sie auch die Seitenflächen der einzelnen Funktionsteile unter die Lupe nehmen und hier eventuell vorhandene Grate, rauhe Flächen usw. überarbeiten. Das geht ebenfalls sehr gut mit Polierleinen verschiedener Feinheit, das man zu diesem Zweck auf einer ebenen Fläche, z. B. ein Stück Tischlerplatte, aufklebt oder zumindest rundum mit Reißzwecken aufspannt. Die Teile werden dann mit der zu bearbeitenden Fläche auf das Polierleinen gelegt und mit kreisenden Bewegungen der Finger über die Polierfläche bewegt. Allerdings sollte man auch bei dieser Arbeit keineswegs zu viel des Guten tun, denn alles, was hierbei an Material abgetragen wird, führt in der Waffe zu seitlichem Spiel der Teile. Die Teile müssen also so weit nachgearbeitet werden, daß sie möglichst reibungsarm, aber ohne zu viel Spiel in der Waffe gleiten können. Dazu ist natürlich auch erforderlich, daß die Gegenflächen (die Innenseiten der Waffe) entsprechend glatt sind. Erforderlichenfalls müssen diese Flächen ebenfalls nachgearbeitet werden.

HILFSMITTEL

Dies ist insofern oft schwierig, weil die Flächen z. B. im Inneren eines Griffstücks nicht so leicht zugänglich sind. Oft wird man aber mit einem Streifen Polierleinen, den man sich auf die nötige Breite zugerissen hat, durch vorhandene Öffnungen an die Arbeitsflächen gelangen. Auch ein passend geschnitztes Stück Holzleiste, das mit Schleifleinen beklebt oder mit Schleifpaste bestrichen wird, ermöglicht die Bearbeitung schwer zugänglicher Stellen. Hierbei sollte man nicht seiner Bequemlichkeit nachgeben und die Stellen unbearbeitet oder rauh lassen! Nach der Feinbearbeitung dieser Teile sollten Sie zunächst die Einzelteile auf die entsprechenden Paßstifte oder Achsen aufsetzen (entweder in der Waffe oder auf dem Funktionsbrett) und sowohl das Zusammenspiel der Teile untereinander als auch den Paßsitz auf den Paßstiften prüfen. Oft genug kommte es nämlich vor, daß die Teile nur durch zu klapprigen Sitz auf den Paßstiften ein unpräzises Verhalten zeigen. Paßstifte heißen ja so, weil sie **passen** sollen. Die Funktionsteile müssen satt und ohne merkliches Kippeln auf die Paßstifte aufgeschoben werden können. Ist dies nicht der Fall, müssen die Lagerstellen enger gehalten werden. Das geht aber nicht bei den Funktionsteilen, weil man ja vorhandene Bohrungen nur schwer kleiner machen kann. Man könnte es zwar, indem man beispielsweise durch Hartverchromung der Teile eine gewisse Schichtstärke auftragen läßt.

NEUE PASS-STIFTE

Bequemer und sicherer aber ist immer das **Auswechseln der Paßstifte**. Denn Bohrungen kann man mühelos erweitern, wenn es erforderlich werden sollte. Sowohl die Bohrungen in den Funktionsteilen des Schlosses als auch in den Seitenteilen des Griffstücks bzw. Systemkastens. Wenn nun die Frage nach der Beschaffungsquelle geeigneter Paßstifte auftaucht, so kann ich Sie in den meisten Fällen beruhigen: Viele Heimwerker besitzen in ihrer Werkzeugkiste bereits eine ganze Menge geeigneter Paßstifte. Ich meine nämlich Spiralbohrer. Der gerade, glatte Schaftteil dieser Bohrer ist optimal für die Anfertigung von Paßstiften geeignet. Da spielt es keine Rolle, ob die Bohrer selbst vielleicht stumpf oder abgebrochen sind. Wenn nur der Schaft noch gut ist, läßt sich mittels Schleifstein rasch ein passendes Stück davon abtrennen und auf die gewünschte Länge zurechtschleifen. Die

Spiralbohrer, möglichst in HSS-Qualität, bekommen Sie aber auch in jedem Eisenwaren- oder Heimwerkergeschäft. Und zwar in Durchmessern um jeweils 1/10 mm steigend. Sie sollten dann jeweils den Durchmesser des Bohrers wählen, der einen sehr strammen Sitz in der Bohrung des Schloßteils hat.

AUFREIBEND

Die Bohrung und gegebenenfalls auch die Bohrungen in den Griffstück- bzw. Systemkastenseiten werden dann mit einer passenden Reibahle oder einem 1/10 mm kleinerem Bohrer und Schleifpaste auf das richtige Maß gebracht. Nach dem Zusammenbau von Paßstiften und Funktionsteilen unter Zuhilfenahme dünnflüssigen Waffenöls werden Sie feststellen, daß das Spiel der Teile in radialer Richtung verschwunden ist. Auch kippeln die Teile nicht mehr. Lediglich das seitliche Versetzen der Teile, also das Spiel zwischen den Funktionsteilen und der Griffstückwandung, ist noch fühlbar bzw. meßbar. Es kann durch fertigungsseitige Toleranzen entstanden sein, aber auch durch die Oberflächenbehandlung beim Glätten und Polieren der Flächen.

SEITLICHES SPIEL

In jedem Fall sollte es so weit als möglich beseitigt werden. Man kann das auf verschiedene Weise erreichen. Man kann beispielsweise auf die Griffstückwandung Abschnitte der Blattfühlerlehre oder einer Rasierklinge aufkleben. Man kann aber auch dünne Unterlegscheiben beim Zusammenbau auf die Paßstifte setzen und so selbst größere Toleranzen beseitigen. Unterlegscheiben kann man durch Zurechtschleifen auf jede gewünschte Dicke bringen und sie haben einen Vorteil: Man kann sie jederzeit, falls etwas klemmt, wieder ausbauen. Beim Einkleben von dünnen Stahlblechen (Fühlerlehre, Rasierklinge) muß man beachten, daß vom Zurechtschneiden her nirgends an den Schnittkanten noch Grat ist, der zur Behinderung der Funktionsteile führen könnte. Auch ein unbedacht hervorquellender und nicht rechtzeitig entfernter Klebstofftropfen kann zu Störungen führen.

Auf eines sollte aber bei dieser Feinanpassung immer wieder hingewiesen werden: Beschädigte oder zu stark abgenutzte Teile sollten in jedem Fall ausgewechselt werden! Bei der Nacharbeit im Bereich der Schloßfunktionen darf keine Veränderung der Teile und des Zusammenwirkens dieser Teile erfolgen, sondern nur eine Qualitätsverbesserung!

AUSTAUSCHTEILE

Stark abgenutzte Einzelteile lassen sich zwar durch Materialaufschweißung in einer Fachwerkstatt noch retten, besser aber ist das Auswechseln gegen Neuteile oder sogar die Neuanfertigung entsprechender Teile aus gutem Werkzeugstahl. Und noch etwas Wichtiges: Die zurechtgeschliffenen und polierten Kleinteile haben durch diese Bearbeitung ihre Oberflächenhärte verloren. Sie sind also nicht mehr so widerstandsfähig wie zuvor. Deshalb müssen Sie nachgehärtet werden. Da es aber vermutlich im Laufe der weiteren Arbeiten innerhalb des Abzugs- bzw. Schloßsystems noch zu weiteren Nacharbeiten an Teilen, z. B. Federn, kommen kann, finden Sie im Anschluß hieran ein kleines Kapitel zum Thema ›Stahlteile härten‹. Eine anschließende Funktionsprobe der wieder zusammengebauten Waffe zeigt Ihnen, ob alle Teile in der vorgesehenen Weise arbeiten. Dabei haben Sie ja zunächst noch nichts weiter gemacht als für ordentliche Passungen der vorhandenen Teile zu sorgen.

FUNKTIONSVERBESSERUNG

Der nächste Schritt ist das Verbessern der Funktion der Waffe, also die Abstimmung zum Beispiel des Abzugsgewichtes, der Zündstiftschlagkraft, der Vorholfeder und anderer Teile. Durch die vorangegangene Feinbearbeitung der Einzelteile kann man davon ausgehen, daß zu großes Abzugsgewicht oder ein zu schlapper Schlagbolzen nicht auf schwergängige Teile oder Passungsprobleme und auch nicht auf Abnutzungen zurückzuführen ist, sondern auf die fehlerhafte Abstimmung der Federn. Federn, besonders Blattfedern in preiswerten Vorderladerrevolvern, haben die Eigenschaft, mit der Zeit in ihrer Elastizität nachzulassen.

SCHLAGBOLZEN UND FEDERN

Aus diesem Grund und auch, weil der Waffenhersteller ja in jedem Fall (auch bei schlechter Munitionsqualität) eine sichere Funktion seiner Waffe gewährleisten muß, werden Federn häufig überdimensioniert. Das heißt, sie werden entweder zu hart oder unnötig groß ausgewählt. Ein Beispiel hierzu: Beim Betrachten von Patronenhülsen ist Ihnen sicher schon aufgefallen, daß der Eindruck des Schlagbolzens bzw. des Zündstiftes von Waffe zu Waffe unterschiedlich aussieht (Abb. 130). Mal ist er mehr, mal weniger tief eingedrückt, mal ist er rund, mal rechteckig oder oval. Es kommt vor, daß bestimmte Patronensorten in manchen Waffen laufend Zündversager haben, andere Patronensorten dagegen nie. Schuld ist selten eine schlechte Munition. Meist liegt es daran, daß entweder der Schlagbolzen zu kurz (abgenutzt) ist oder die Schlagbolzenfeder zu schwach. Eine geringfügige Abnutzung des Schlagbolzens kann man meist durch Nachschleifen der Anlageflächen beheben. In den meisten Fällen ist es besser, den verschlissenen Bolzen insgesamt auszuwechseln. Eine stärkere Schlagbolzenfeder bringt Abhilfe, aber sie kann auch bei Muniton mit dünnwandigen Zündhütchen zum Durchstoßen der Zündhütchen und damit zur Gefährdung des Schützen führen. Wenn man also die Schlagbolzenfeder wechselt, sollte man sie nur geringfügig stärker wählen und darauf achten, daß die Spitze des Schlagbolzens so abgeflacht bzw. abgerundet ist, daß dadurch keine Gefahr für das Zündhütchenmaterial entsteht. Man kann aber auch ganz bewußt eine erheblich härtere (und damit schneller reagierende) Feder einsetzen, wenn man gleichzeitig dafür sorgt, daß der Zündstift nicht spitz oder meißelförmig, sondern flach gehalten wird und die Anschlagtiefe exakt so begrenzt wird, daß jede Gefahr für das Zündhütchen ausgeschlossen ist. Diese ›schnelle‹ Feder sorgt nämlich dafür, daß die Zeitspanne zwischen Abziehen und Brechen des Schusses verkürzt wird. Das hat den Vorteil, daß in dieser kürzeren Zeit (auch wenn es nur Millisekunden sind) die Waffe weniger stark ›verrissen‹ werden kann. Allerdings, jeder Vorteil hat auch Nachteile: Durch den härteren Schlag wird, besonders bei schwereren Schlagbolzen oder gar bei einem Revolverhahn, der Anprall dieses (gewichtigen) Hahnes die Waffe etwas erschüttern und zumindest einen Teil der Mühe wieder zunichte machen. Je leichter der Schlagbolzen oder der Hahn ausgeführt ist, je weniger Masse er also hat, desto schneller wird er beschleunigen (Zeitverkürzungen) und desto geringer wird sein Aufprall auf die Waffe sich auswirken. Mit leichtem Schlagbolzen und schneller Schlagbolzenfeder ist also am meisten zu gewinnen, solange die Funktion darunter nicht leidet. Die Zündverzugszeit zwischen Auslösen und Zündbeginn liegt, um auch dies einmal zu erwähnen, bei Sportpistolen etwa zwischen 5 und 10 Millisekunden. Auch ein möglichst kurzer Schlagbolzenweg bzw. eine kurze Bewegungsstrecke des Hahnes verkürzen die Zündzeit. Allerdings sind hierbei Eingriffe in die Waffenfunktion nötig, die über das übliche Bearbeiten hinausgehen. Was die Frage der Wahl geeigneter Federn betrifft, so vergleichen Sie einmal etwas ältere Revolverkonstruktionen mit modernen. Bei älteren Revolvern findet man noch recht häufig z. B. als Hahnfeder aufwendig geformte Blattfedern. Moderne Waffen dagegen verwenden Schraubenfedern, weil sie erstens einfach zu fertigen sind, weil sie zweitens nicht so rasch ermüden und weil sie drittens schneller sind als Blattfedern. Bei Waffen, die eine Blattfeder oder Schenkelfeder als Hahn- oder Abzugsfeder besitzen, ist oft das Auswechseln der Feder gegen eine ähnliche, härtere oder längere Feder aus Beschaffungsgründen problematisch. Meist wird dann versucht, die alte Feder noch einmal aufzuarbeiten. Man kann sie zu dem Zweck weichglühen, zurechtbiegen und neu härten. Das ist aber nicht jedermanns Sache und will gekonnt sein. Oft wird deshalb eine größere Spannkraft der Feder, also eine

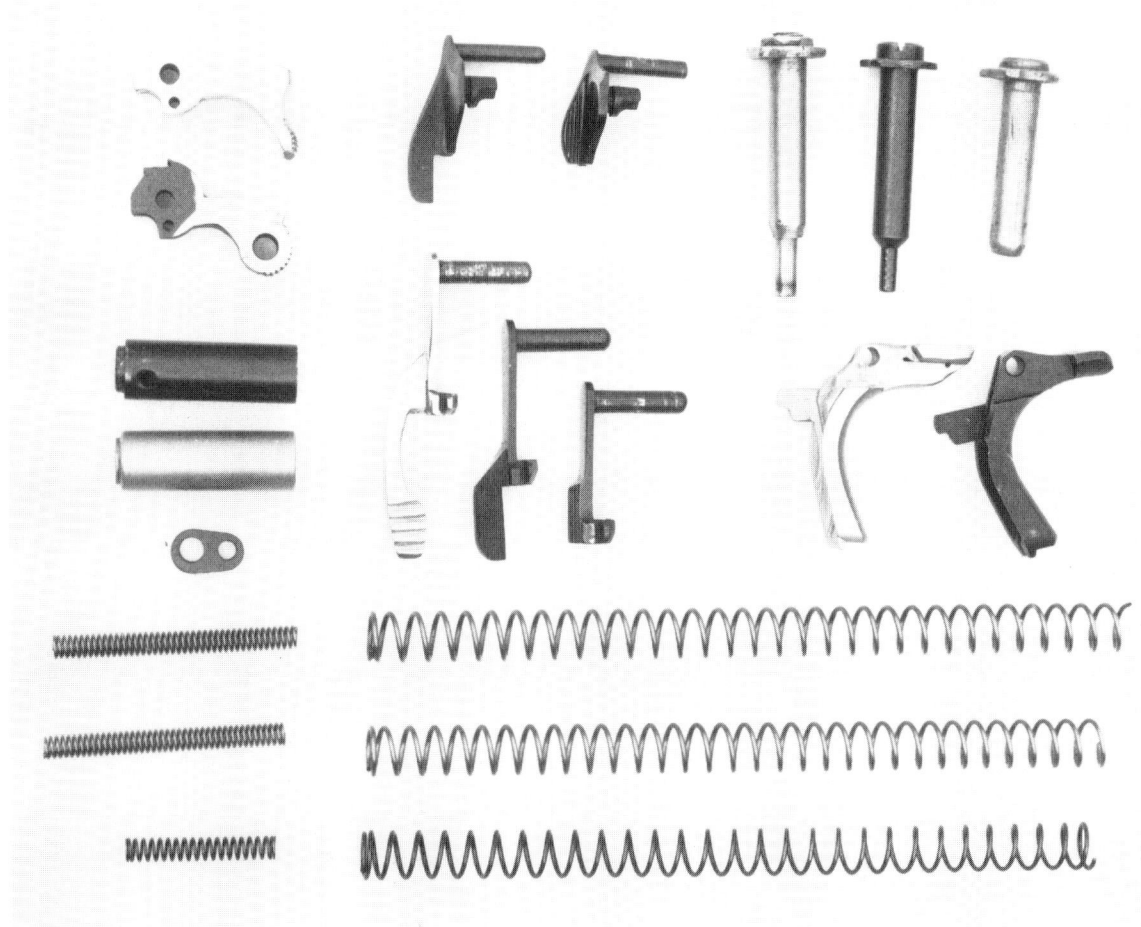

Abb. 80: Für viele Waffen, bei denen ein Umbau Verbesserungen bringt, gibt es Austausch- oder Tuningteile. Notfalls besorgt man sich normale Ersatzteile und arbeitet diese vor dem Einbau entsprechend den Anforderungen um.

größere Federhärte dadurch erzielt, daß man eine Stellschraube (meist eine kleine Madenschraube) zusätzlich im Rahmen bzw. Griffstück so anbringt, daß die Vorderseite der Schrauben an einer bestimmten Stelle auf die Blattfeder drückt und sie so steifer macht. Derartige Abstimmschrauben findet man häufig bei Vorderladerrevolvern. Eine solche Madenschraube kann aber auch bei der Gold-Cup (Abb. 32, Position 9) in der stillgelegten Griffsicherung eingebaut werden. Sie drückt dabei auf die linke (lange) Zinke der dreizinkigen Abzugs- und Stollenfeder. Durch Einjustieren dieser kleinen Madenschraube läßt sich in bestimmten Grenzen das Abzugsgewicht der Pistole regeln. Sinngemäß kann man auch bei anderen Waffen mit Blattfedern verfahren. Muß man sich eine Blattfeder vollkommen neu anfertigen, so benötigt man einen entsprechenden Federstahl. Man kann derartige Federstähle als Bandmaterial kaufen. Firma Triebel z. B. bietet drei verschiedene Querschnitte, nämlich 1,6x13 mm,

2,5x8 mm und 3,0x10 mm in Längen von jeweils 900 mm als Federstahlstäbe an. Das Material ist noch ungehärtet, läßt sich also entsprechend einfach formen und bearbeiten. Natürlich läßt sich auch aus anderen, vorhandenen Federn das eine oder andere Stück zurechtarbeiten, nur sind diese Federn oft genug nicht auf die gewünschte Zähigkeit und Federkraft zu bringen.

SCHRAUBENFEDERN

Waffen, die mit Schraubenfedern ausgerüstet sind, kennen nur in seltenen Fällen Federbrüche oder schlapp gewordene Federn. Auch Beschaffungsprobleme gibt es kaum, denn Schraubenfedern in fast jeder gewünschten Ausführung bekommt man heutzutage in Eisenwarengeschäften oder auch in bestimmten Größen (Abb. 80) im Waffenfachhandel als Zubehör zu kaufen. Man sollte sich in jedem Fall angesichts recht günstiger Preise für Schraubenfedern ein kleines Sortiment verschiedener Größen anschaffen. Besonders kleine Federn, die schon mal beim unvorsichtigen Zerlegen einer Waffe verlorengehen können, kann man häufig durch Federn aus Feuerzeugen, Kugelschreibern usw. ersetzen. Neugekaufte Federn müssen aber bestimmte Maße einhalten und bestimmte Federkräfte aufweisen. Entweder nimmt man die aus der Waffe ausgebaute Feder zu Vergleichszwecken mit zum Händler oder man mißt sie zuvor aus. Eine simple Vorrichtung (Abb. 81) kann gute Vergleichswerte liefern: Die Federn werden an einem Metermaß (Zollstock) entlang gegen einen Anschlag gedrückt. Mit der Federwaage als Druckgeber wird die Feder nun auf ein bestimmtes, am Zollstock ablesbares Maß zusammengedrückt und der Endwert des Druckes dabei an der Federwaage abgelesen. So können Sie rasch vergleichen, ob eine andere Feder bei gleicher Einbaulänge (und gleichem ⌀) härter oder weicher ausfällt. Wenn die Federwaage wie in diesem gezeigten Fall nur eine kleine Druckfläche am Meßarm hat, kann ein zwischen Feder und Meßarm gelegtes Ogivalgeschoß oder eine Kugelschreiberkappe als Zwischenlage

dienen. Auch eine Briefwaage können Sie zu solchen Meßzwecken verwenden, indem Sie die Feder senkrecht draufstellen und auf ein bestimmtes Maß herunterdrücken. Als Maßvergleich kann z. B. ein daneben auf die Waage gestellter Fingerhut, Korken oder ähnliches dienen. Beim Einkauf neuer Schraubenfedern können Sie auch die Gelegenheit nutzen und sich die Federn in einer rostfreien Ausführung beschaffen. Das erspart Pflege und erhöht damit die Funktionssicherheit der Waffe.

FEDERN ANPASSEN

Federn, die zu lang sind oder die, auf richtige Länge gedrückt, zu hart sind, werden mit dem Seitenschneider gekürzt und am Schleifbock plan geschliffen. Danach sollte man die Schleifstelle noch mit Glaspapier abschmirgeln, um Schleifgrate zu entfernen. Auf die gleiche Weise kann man auch in der Waffe vorhandene Federn in der Härte etwas reduzieren, indem sie einfach um einige Windungen (Schrittweise probieren!) gekürzt werden. Kommt es beispielsweise bei Softpatronen zu Auswurfproblemen, sollte die zu harte Hahnfeder weicher eingestellt werden. Der Rückstoßimpuls dieser Patronen ist sonst nämlich zu schwach, den Hahn in seine Spannstellung zu drücken. Auch die Vorholfeder, die den Verschluß wieder in seine vordere Stellung drückt, kann sowohl in härterer als auch in weicherer Ausführung zweckmäßig sein. Das muß von Fall zu Fall ausprobiert werden. Je nachdem, ob es zu Zuführ- oder Auswurfstörungen an der Waffe kommt. Es ist auch vom Zusammenspiel mit dem Waffenmagazin abhängig. Unter Umständen verschwinden die Störungen schon, sobald man ein anderes Magazin verwendet. Zum Thema Vorholfeder noch einen Tip: Die Kraft zum Zurückdrücken des Verschlusses können Sie bei Pistolen dadurch messen, indem Sie einen Holzstab durch den Lauf schieben, bis er am Verschlußboden anliegt. Dann wird die Waffe, Mündung nach unten, auf eine Waage gestellt und bis zum Öffnen des Verschlusses nach unten gedrückt. Die erforderliche Kraft läßt sich an der Waage dann ganz bequem ablesen.

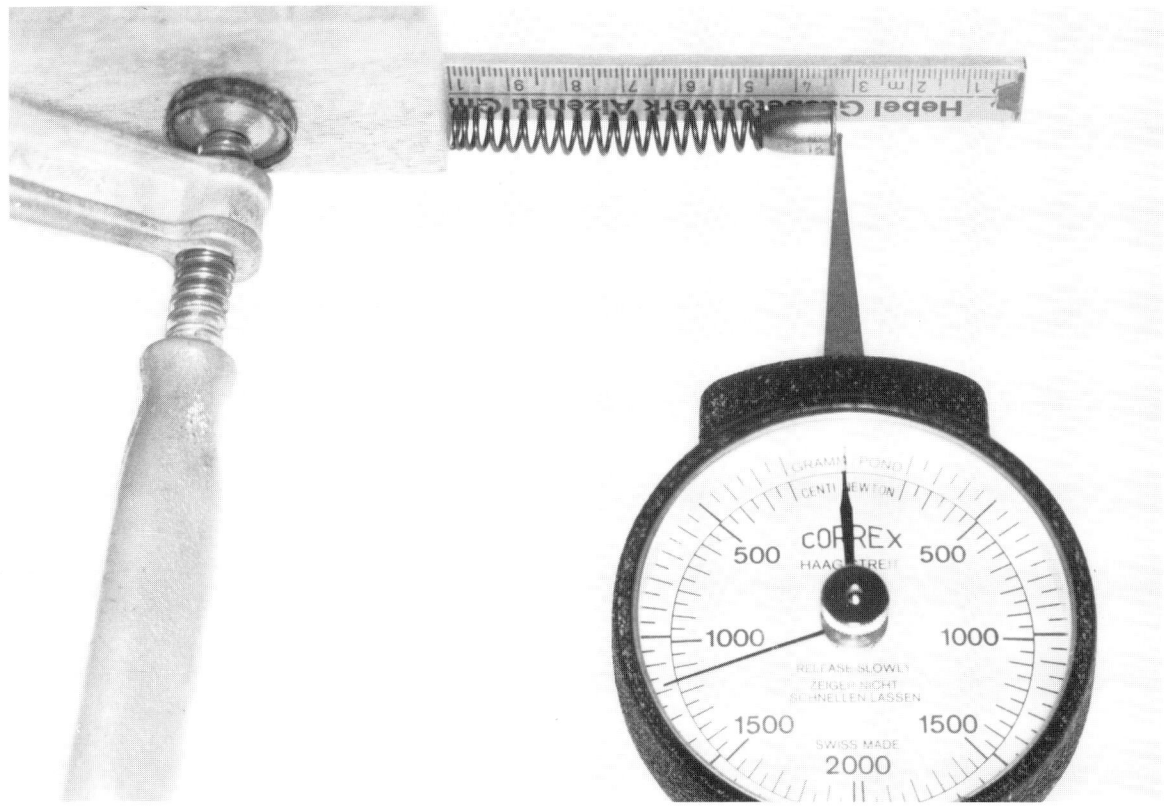

Abb. 81: Beim Prüfen und Vergleichen von Waffenfedern hilft oft eine so simple Vorrichtung: Ein Zollstock als Skala, ein Stückchen Holz als Anschlag und ein Geschoß als mittiger Andruckpunkt für diese Gehmann-Federwaage.

Das Einstellen des Abzugs

Beim wettkampfmäßigen Schießen schreiben die Sportordnungen für viele Sportwaffendisziplinen unter anderem bestimmte Mindestabzugsgewichte vor. Das geschieht, um gleiche Ausgangsbedingungen für alle zu haben und das ist auch vollkommen in Ordnung so, zumindest im sportlichen Bereich. Wenn man also am Sportschießen teilnehmen will, müssen diese Mindestabzugsgewichte eingehalten werden.

Aber kein Mensch zwingt uns, ein höheres Abzugsgewicht (oder ander Erschwernisse) als unbedingt nötig zu akzeptieren. Es ist deshalb richtig, den Abzug der Sportwaffe so genau wie möglich einzustellen. Und zwar sowohl bezüglich Abzugsgewicht als auch betreffs eines trocken stehenden Druckpunktabzugs ohne merkliches Durchfallen. Eine sehr genau einstellbare Abzugseinheit hat die Walther GSP (Abb. 82) und ähnlich auch die OSP aufzuweisen. Die Einheit kann nach Abheben des Verschlusses durch eine halbe Schraubendrehung entriegelt und komplett aus dem Griffstück entnommen werden.

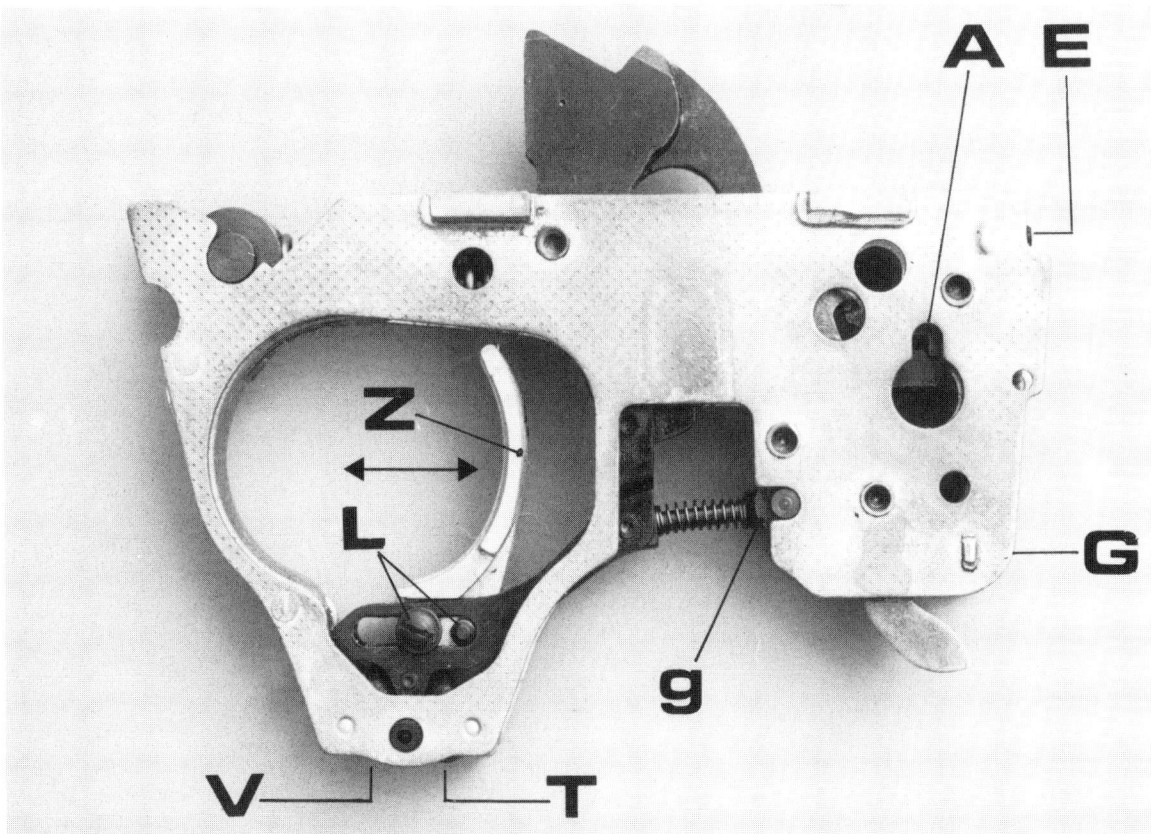

Abb. 82: Die komplett aus der Waffe herauszunehmende Abzugseinrichtung der Walther GSP bietet trotz der kompakten Bauweise eine ganze Menge Justiermöglichkeiten.

BEISPIELE

Über die Schraube ›E‹ wird das Eingreifen der Abzugsklinke in den Abzugsstollen eingestellt, über die (auch bei montierter Waffe zugängliche) Schraube ›V‹ die Stellung der Abzugsstange zur Abzugsklinke. Die Stellung kann im Ausschnitt (A) kontrolliert werden. Das Abzugsgewicht wird grob über die Schraube ›G‹ voreingestellt. Über die gefedert gelagerte Schlitzschraube ›G‹ wird das Abzugsgewicht dann fein eingestellt. Wie das alles erfolgt, steht in der übersichtlichen Bedienungsanleitung der Firma Walther und soll hier nur kurz als Beispiel für optimale Einstellmöglichkeiten dienen.

Auch das Längsverstellen der Abzugszunge (Z) durch Lösen der beiden Schrauben (L) im Längsschlitz des Abzugshebels ist vorbildlich gelöst. Eine Schwenkmöglichkeit der Zunge ist leider nicht gegeben, aber dafür kann die Zunge wenigstens gegen eine anders geformte ausgewechselt werden. Nacharbeiten innerhalb des Abzugs sind ebenfalls nicht möglich, weil die Abzugseinrichtung vernietet ist. Man ist deshalb auf gelegentliches gründliches Reinigen (Baden in Terpentinersatz oder Benzin) und nachfolgendes Einsprühen mit Waffenöl angewiesen, wenn man sämtliche Einstellungen optimal vorgenommen hat. Bei anderen Waffen ist bauart-

Abb. 83: Wenn, wie bei dieser Pistole, der Abzug derart viel Spiel hat (zwischen den Pfeilen), dann kann der Abzug gar nicht gleichmäßig arbeiten. Und noch etwas: Wenn die Abzugszunge über die (im Schlitz schlotternde) Inbusschraube (i) nicht exakt mittig eingestellt wird, klemmt oder blockiert der Abzug.

bedingt die Feineinstellung des Abzugsgewichtes entweder gar nicht oder oft nur unter Schwierigkeiten möglich. Ein anderes, positives Beispiel ist die Agner M 80 zumindest in dieser Hinsicht (Abb. 74). Über das Rändelrad (R) läßt sich auch bei dieser Waffe das Abzugsgewicht fein einregulieren. Im Verlaufe des Schießens ist es allerdings bei dieser Waffe gelegentlich vorgekommen, daß sich das Abzugsgewicht veränderte. Erst nach Fixierung der in der Rändelschraube untergebrachten, gefederten Madenschraube konnte das Abzugsgewicht konstant gehalten werden. Bei diesem Foto sehen Sie übrigens noch eine praktische Lösung: Die Hahnfeder läßt sich in ihrer Härte nach dem Lösen der Mutter (M) und Kontermutter durch Einstellen des Federweges in bestimmten Grenzen regeln. Die Einstellung der Hahnschlagkraft ist aus verschiedenen Gründen wichtig. Einmal muß sichergestellt sein, daß die verwendete Muniton sicher zündet. Zweitens soll der abschlagende Hahn keine unnötige Erschütterung auf die Waffe übertragen. Im Normalfall, ich erwähnte es schon vorhin, wird man die Hahnfeder oft etwas weicher einstellen können, also entweder um einige Windungen kürzer oder gegen eine weichere austauschen. Bei Zündstörungen, die auf zu hartes Zündhütchenmaterial zurückgeführt werden können, muß die Feder entsprechend härter eingestellt (kürzerer Federweg) oder gegen eine strammere Feder gewechselt werden.

FEINABSTIMMUNG

Für die Feinabstimmung Ihres Waffenabzugs sollten Sie sich wirklich Zeit nehmen. Ein optimal abgestimmter Abzug kann vieles wettmachen, was durch fehlendes Training oder durch simple Abzugsfehler verursacht wurde. Natürlich kann er keine Wunder vollbringen, aber er ermöglicht in jedem Fall eine optimale Nutzung der Waffe. Der Abzug sollte weich und ruckfrei zurückzuziehen gehen und dabei schon möglichst einen Teil des Abzugsgewichtes überwinden. Er sollte einen ganz bestimmten, fühlbaren Druckpunkt aufweisen, nach dessen Überwindung (Restabzugsgewicht) der Abzug kurz und ›trocken‹ den Schuß auslöst. Danach darf sich der Abzug fast gar nicht mehr nach hinten weiter durchziehen lassen bzw. durchfallen, denn durch dieses Durchfallen wird ja bekanntlich die Waffe etwas aus der Ziellinie herausgerissen, bevor das Geschoß den Lauf verlassen hat. Um dieses Durchfallen des Abzugs zu verhindern, haben Waffen für Sportschützen und andere Präzisionswaffen einen Triggerstop. Er dient als einstellbarer Anschlag für die Abzugszunge und muß sich so präzise einjustieren lassen, daß die Waffe zwar noch einwandfrei auslöst, aber die Abzugszunge nur noch Millimeterbruchteile weiter zurückgezogen werden kann. Andererseits darf der Triggerstop auch nicht so knapp eingestellt werden, daß der Abzug hängt und die Waffe dadurch repetiert. Nach dem möglichst präzisen Einjustieren aller Teile des Abzugs anhand der Bedienungsanleitung sollten Sie folgendes machen: Legen Sie Ihre Waffe für ein paar Stunden in einen Kühlschrank oder zumindest an einen möglichst kühlen Platz. Anschließend nehmen Sie die Waffe und probieren sämtliche Funktionen der (entladenen) Waffe aus. Weder der Abzug noch andere Waffenteile dürfen dabei haken oder wesentlich schwergängiger funktionieren. Am besten prüft man auch die Zündfunktion aus, indem man eine leere Hülse mit einem scharfen Zündhütchen lädt und die Waffe damit probiert. Dabei muß man beachten, daß auch die herausspritzenden Partikelchen der Zündmasse Schäden anrichten können. Deshalb die Waffe bei so einem Versuch am besten nach unten halten. Wenn Sie Gelegenheit haben, das Abzugsgewicht Ihrer Waffe nicht nur mit einem simplen Gewicht (Abb. 107) zu prüfen, sondern mit einer speziell für solche Zwecke erhältlichen Federwaage (z. B. Firma Gehmann), sollten Sie sowohl an der aus dem Kühlschrank genommenen wie auch an der anschließend auf Raumtemperatur gebrachten Waffe das Abzugsgewicht messen. Und zwar **mehrmals hintereinander!** Erst die mehrfache Messung zeigt Ihnen, ob das Abzugsgewicht beim ersten Mal vielleicht durch Schmutzpartikelchen oder starres Fett zu hoch war.

KONSTANTES GEWICHT

Und die mehrfache Messung zeigt dann auch gleich noch, ob das Abzugsgewicht **ständig konstant** bleibt. Ein schwankendes Abzugsgewicht sollte für Sie ein Alarmzeichen sein, denn es zeigt, daß im System irgend etwas nicht stimmt, daß es also nicht zu stets gleichbleibenden Bewegungsabläufen kommt. Das kann ein Grat an einem Funktionsteil sein, das kann Schmutz im Schloß sein, es kann aber auch ein abgenutztes Teil, eine wackelige Passung oder eine gebrochene Feder oder etwas anderes bedeuten. In jedem Fall ein Grund, die Waffe nochmal gründlich zu überprüfen! Wenn dagegen das Abzugsgewicht über mehrere Messungen hinweg konstant ist und die zulässigen Werte anzeigt, sollten Sie die zugänglichen Justierschrauben des Systems mit etwas aufgetupftem Nagellack oder Kleber in ihrer Stellung markieren. Erstens haben Sie so eine Kontrolle, ob etwas daran verstellt wurde, wenn nach einiger Zeit eine neue Messung des Abzugsgewichtes andere Werte ergibt und zweitens dient der Lackpunkt dazu, die selbsttätige Lockerung der Einstellschrauben, z. B. durch Rückstoßeinflüsse, zu verhindern. Die Einhaltung des konstanten Abzugsgewichtes ist bei mechanischen

Systemen wesentlich schwerer als z. B. bei elektronischen. Diese haben je nach Modell eine Gewichtskonstanz von ± 0,5 Gramm! Machen Sie das mal mit einem simplen Sportpistolenabzug nach, bei dem die Federn allein schon durch Temperaturänderungen mal steifer und mal flexibler sind, von der unterschiedlichen Konsistenz der Schmierstoffe bei Wärme oder Kälte oder den unterschiedlichen Materialdehnungen gar nicht zu reden. Um hier wenigstens über die Schmierstoffprobleme etwas hinwegzukommen, sollten Sie innerhalb des Schlosses möglichst temperaturunempfindliche Schmiermittel verwenden, z. B. vollsynthetische Öle oder Fette, graphithaltige Schmiermittel usw.

Stahlteile härten

Bei der Nacharbeit einzelner Teile der Waffe, speziell im Abzugssystem, haben Sie sich vermutlich von der Härte der dort verwendeten Stahlteile ein Bild machen können. Beispielsweise dadurch, ob sich einzelne Teile noch mit der Feile bearbeiten ließen oder ob die Feile nicht mehr richtig gefaßt hat, weil die Teile härter waren. Bei guten Waffen wird man in vielen Fällen davon ausgehen können, daß auch vernünftiger Stahl verwendet wurde. Aber schließlich läßt sich das ja, wie oben beschrieben, ganz leicht feststellen. Auch das Anritzen mit einer Nadel kann als Härtetest eingesetzt werden. Harte Teile, die weder Verschleiß zeigen noch nachgearbeitet wurden, läßt man am besten, wie sie sind. Zu weicher Stahl (wenn es überhaupt härtbarer Stahl ist), oder stark überarbeitete Stahlteile, denen die Oberflächenhärte durch die Bearbeitung genommen wurde, sollte man härten (lassen). Selbst recht ordentlich ausgerüstete Heimwerker haben nicht immer die Möglichkeit, Stahlteile sachgerecht zu härten. Deshalb sollte man, wenn die Gelegenheit besteht, die Härtearbeit in einer Fachfirma (Härtereien stehen im Branchenadreßbuch) ausführen lassen. Selbst kann man allenfalls Kleinteile mit Hausmitteln härten, aber man bekommt weder eine Gewähr für optimale Härte und Zähigkeit noch ist man vor Überraschungen geschützt. Die Teile werden zum Zwecke der Härtung entweder in einem Härteofen (oder im regelbaren Brennofen einer Töpferei) auf Härte- bzw. Abschrecktemperatur erhitzt. Man kann es auch in der Flamme eines Gasherdes mit einem Bunsen- oder Schweißbrenner machen, wenn man den Stahl dabei nicht über eine bestimmte Temperatur hinaus erhitzt. Härtbar ist Stahl mit einem bestimmten Kohlenstoffgehalt (etwa zwischen 0,5 und 1,5%), also sogenannter Werkzeugstahl. Den einfachen Baustahl kann man also nicht merklich härten, zumindest nicht so einfach. Je höher der Kohlenstoffgehalt des Stahls ist, desto niedriger ist die erforderliche Härte- bzw. Abschrecktemperatur. Unnötig hohe Temperaturen beim Härten führen zu einer geringeren Werkstoffhärte, schaden also nur. Der Stahl wird also in einer Wärmequelle auf Temperaturen zwischen zirka 760 und 820 °C erhitzt. Das erkennt man an der Farbe, die der Stahl bei diesen Temperaturen annimmt. Er wird nämlich zuerst dunkelrot und dann schließlich kirschrot. Heller als kirschrot, also z. B hellrot oder gar weißglühend, darf der Stahl keinesfalls werden. Bei gleichmäßig kirschroter Farbe des Stahlteils wird dieses entweder mit einer Zange oder einem zum Haken gebogenen Draht genommen und abgeschreckt. Das Abschrecken, das wegen der kleinen Massen der Stahlteile umgehend erfolgen sollte, bevor die Teile ihre Härtetemperatur verlieren, erfolgt in einem Behälter mit dünnflüssigem Öl. Man könnte die Teile auch in temperiertem (20 °C) Wasser abschrecken, aber die geringfügig höhere Härte durch die Abschreckung in Wasser wird teuer erkauft, weil die Gefahr besteht, daß sich beim raschen Abkühlen verschiedener Querschnittsgrößen Spannungen bilden, die zu Härterissen führen. Eine

Möglichkeit der gemilderten Abschreckung, wenn man schon nicht Öl in ausreichender Menge zur Verfügung hat, ist ein Wasserbehälter, auf dessen Oberfläche eine Schicht Öl aufgegossen wird. Die Teile überziehen sich dann beim Eintauchen erst mit einer Ölschicht, bevor sie ins Wasser gelangen, und die Abschreckung erfolgt nicht so schroff.

Durch die Abschreckung erhalten die Stahlteile eine Härte und Sprödigkeit fast wie Glas. Egal, ob die Abschreckung in Öl oder Wasser erfolgte. Man kann die Teile so nicht verwenden, sie müssen durch einen Anlaßvorgang etwas Härte und Sprödigkeit verlieren und dafür an Zähigkeit zunehmen. Das Anlassen der gehärteten Teile kann auf verschiedene Weise erfolgen, es müssen jedoch für das Anlassen bestimmte Temperaturen eingehalten werden. Da nur wenige über einen entsprechend regelbaren Anlaßofen verfügen, muß ein anderer Weg gegangen werden. Die Stahlteile werden nach dem Abschrecken durch Abreiben mit Polierleinen oder Polierpaste, eventuell auch mit Stahlwolle, metallisch blankgerieben. Dann werden sie in einer Wärmequelle auf eine bestimmte Anlaßfarbe erwärmt. Das blanke Metall läuft nämlich bei Wärmezufuhr in bestimmten Farben, die bestimmten Temperaturen entsprechen, an. Als Wärmequelle kann man entweder einen Backofen, eine heiße Herdplatte, eine mittels Bunsen- oder Schweißbrenner von unten erhitzte Stahlplatte, ein Schmiedefeuer oder sogar den Holzkohlegrill verwenden. Die Teile werden in dieser Wärmequelle auf Temperaturen zwischen etwa 240 °C und 320 °C erwärmt. Die Anlaßfarbe ändert sich dabei von dunkelgelb (240 °C) über braunrot (260 °C) und dunkelblau (290 °C) bis zu kornblumenblau (300 °C) und schließlich graublau (320 °C). Allerdings muß bei diesen Anlaßfarben als Temperaturvergleich etwas beachtet werden: Sie gelten nur bei Anlaßzeiten von einigen Minuten. Bei kürzeren Anlaßzeiten entsprechen die Anlaßfarben höheren Temperaturen, bei längerer Anlaßdauer niedrigeren. Sollen Teile aus Gründen hoher Härte nicht so hoch angelassen werden, kann man sie durch Auskochen in Wasser (100 °C) oder Öl (180 °C) entspannen. Kann man Einzelteile nicht blankreiben, um die Anlaßfarbe zu kontrollieren, kann man auch die Teile, z. B. Federn, etwa eine Stunde bei 290 bis 300 °C im Backofen erwärmen. Eine weitere Möglichkeit ist für Wiederlader das Eintauchen der blankgeriebenen Teile in die Bleischmelze des Geschoßgießofens bis zum Erreichen der gewünschten Anlaßfarbe. Die Höhe der Anlaßtemperatur steht in direktem Zusammenhang mit Härte und Zähigkeit der Stahlteile. Eine niedrigere Anlaßtemperatur läßt die Teile also härter bleiben, aber bei verminderter Zähigkeit. Umgekehrt bringt hohe Anlaßtemperatur eine große Zähigkeit bei etwas geringerer Härte.

In der oben beschriebenen Härtetechnik können Sie auch Federn härten, zum Beispiel solche, die aus Federstahlstäben selbst angefertigt wurden. Die richtige Federhärte erkennt man entweder an der Anlaßtemperatur (280 bis 290 °C) oder der Anlaßfarbe (Violett bis Dunkelblau). Natürlich kann man auch mittels Feilprobe (Federstahl läßt sich mit scharfer Feile gerade noch feilen) die richtige Federhärte prüfen. Auch ausgeleierte oder zu weiche Federn kann man wieder in gewissem Umfang auf die richtige Elastizität bringen. Dazu werden sie zunächst einmal auf Kirschrotglut erhitzt. Sie werden jedoch nicht abgeschreckt, sondern man läßt sie im Gegenteil ganz langsam abkühlen, indem man sie beispielsweise mit der Holzkohleglut im Grill oder durch Ausschalten des Härteofens auskühlen läßt. Dadurch bekommen die Federn die erforderliche Weichheit, um in die gewünschte Form gebogen oder anderweitig bearbeitet (bohren, feilen usw.) zu werden. Anschließend wird die Erhitzung auf Kirschrotglut, die Ölbadabschreckung und das Anlassen auf blaue Anlaßfarbe ausgeführt, dann hat die Feder wieder die bestmögliche Federhärte erreicht.

Abschließend noch ein Hinweis: Durch den Härteprozeß entstehen Spannungen und Wärmedehnungen in den Teilen. Es kann bei unsachgemäßer Härtung dazu kommen, daß sich die Teile mehr oder weniger stark verziehen. Deshalb sollte vor einem Wiedereinbau gehärteter Teile eine Kontrolle erfolgen, ob durch Verzug Waffenstörungen auftreten können. Erforderlichenfalls müssen verzogene Teile nachgeschliffen und neu eingepaßt werden.

Waffen reinigen und pflegen

Die gute Schußleistung einer Waffe kann über längere Zeit nur durch eine sachgerechte Reinigung und ständige Pflegemaßnahmen erhalten werden. Ablagerungen von Geschoßblei beziehungsweise Tombak im Lauf sowie Rückstände von Pulverschmauch, unverbrannten Pulverpartikeln, Geschoßfett, Staub, Metallabrieb usw. sorgen für eine Minderung der Schußleistung ebenso wie Witterungseinflüsse (Feuchtigkeit, Wärme usw.).

GRUNDREINIGUNG

Am Anfang jeder gründlichen Pflegemaßnahme steht zunächst eine Grundreinigung der gesamten Waffe. Diese wird deshalb in ihre Hauptbestandteile zerlegt und die Metallteile werden von den übrigen Waffenteilen aus Holz oder anderen Werkstoffen (Gummi, Kunststoffe usw.) getrennt. Während die Holzteile der Waffe mit den üblichen Pflegemitteln wie Schaftreiniger, Schaftöl usw. in bekannter Weise behandelt werden, müssen die Metallteile zunächst vollkommen entfettet werden. Das erfolgt am einfachsten durch Waschen bzw. Baden in einem geeigneten Lösemittel wie beispielsweise Waschbenzin, Terpentinersatz, Aceton usw. Größere Waffenteile sollte man satt mit einem weichen Pinsel abwaschen, kleinere Teile kann man in ein sauberes Leinentuch oder Mull einwickeln und in einen Behälter (Marmeladeglas oder ähnliches) voll Lösemittel eintauchen. Das verschlossene Gefäß wird einige Male gründlich geschüttelt, dann können die Teile entnommen und getrocknet werden.

HINWEISE

Achtung: Nur bei guter Raumlüftung oder im Freien arbeiten! Lösemittel sind oft gesundheitsschädlich. Beachten Sie deshalb die auf den Behältern stehenden Hinweise! Als nächstes werden Blei- oder Tombakablagerungen aus dem Lauf und dem Übergangskonus entfernt. Bei stärkeren Ablagerungen, die sich (zumindest bei Blei) mit der Laufleuchte oder beim Durchblicken gegen eine Lichtquelle als dunkelgraue Schatten erkennen lassen, muß der Lauf wenigstens 24 Stunden lang mit einem blei- oder tombaklösenden Mittel benetzt werden. Am einfachsten geht das, indem man Wattebäusche mit dem Mittel satt tränkt und mit einem Holzstab oder dem Putzstock an die betroffenen Stellen schiebt. Nach Möglichkeit sollte man sie innerhalb der 24 Stunden ein paarmal erneuern. Geringfügige Blei- oder Tombakansätze können schon beim mehrfachem Durchschieben des Putzstocks mit getränkten Watte- oder Wergpfropfen beseitigt werden. In jedem Fall muß zum Durchschieben von Reinigungspfropfen oder zum Reinigen des Laufs mit Messing- oder Haarborsten ein Laufstock mit **drehbarem** Ansatzkopf verwendet werden, damit sich die in den Lauf geschobenen Pfropfen oder Bürsten mit dem Laufdrall mitdrehen können und ihn dadurch nicht so rasch verschleißen. Die Läufe guter Präzisionswaffen sind, besonders bei Benchrestwaffen, gar nicht aus besonders hartem Stahl, weil weicherer Stahl schwingungsdämpfend wirkt und sich außerdem spannungsärmer mit dem Laufprofil versehen läßt. Wichtig ist beim Reinigen der Läufe auch die Richtung, aus der das Reinigungswerkzeug in den Lauf geführt wird. **Grundsätzlich** sollten Sie sich angewöhnen, Reinigungsbürsten, -pfropen, -filze immer nur **vom Patronenlager her** in den Lauf einzuführen. Das ist zwar manchmal etwas umständlich, besonders bei Revolvern, aber es dient der Erhaltung der Schußleistung. Wenn Sie sich schon die Mühe machen, die Waffe auf eine hohe Leistung zu trimmen, sollten Sie nicht aus Bequemlichkeit den Erfolg durch falsche Reinigung zunichte machen. Gerade bei Revolvern, wo der Putzstock meist nicht von der Konusseite her in den Lauf geschoben werden kann, sondern nur von der Mündung her, muß man zwei Dinge beachten: Erstens darf der Putzstock nicht aus Metall sein und er darf auch beim Einschieben nie die Laufmündung berühren. Zweitens muß man ihn erst durch den Lauf bis in die Rahmenöffnung schieben und dann erst das Reinigungswerkzeug aufschrauben bzw. Watte oder ähnliches um den drehbaren Reinigerkopf wickeln. Wenn der mit Laufreiniger getränkte Wattebausch (ich verwende zum Laufreinigen gern Hoppes Nr. 9) nach dem mehrmaligen Durchschieben keine Verfärbung mehr aufweist, kann man davon ausgehen, daß die Metallablagerungen im Lauf bzw. im Übergangskonus weitgehend beseitigt sind. Die chemische Laufreinigung bei Metallablagerungen halte ich zumindest bei Präzisionswaffen für den verschleißärmeren Weg. Metallbürsten, selbst aus relativ weichem Messing, sind mit der Zeit doch imstande, die Feldkanten etwas abzuschleifen oder zumindest durch Abrieb des Borstenmaterials für neue Metallablagerungen zu sorgen. Wenn Sie also schon für normale Laufreinigungszwecke Bürsten verwenden, achten Sie vorsichtshalber darauf, nur mittelharte Naturborsten zu verwenden. Achten Sie ferner darauf, daß sich die Bürsten mit dem Laufdrall mitdrehen und daß last not least weder Borsten noch Fusseln von Reinigungsläppchen oder Wattefasern in der Waffe zurückbleiben. Sie könnten zu unerwarteten Waffenstörungen führen! Für Präzisionsbüchsen sollte man zur Lauf- oder Lagerreinigung eine Putzstockführung (Abb. 84) anstelle des Verschlusses einsetzen, weil dadurch der Putzstock absolut zentrisch in das Patronenlager eingeführt wird und kein einseitiger Verschleiß die Präzision mindert. So eine Putzstockführung läßt sich übrigens auch aus einem passenden alten Verschluß, aus einem Stück Rundmessing oder -alu fertigen und notfalls sogar aus Kunststoff maßgerecht gießen. Verwendet man Bürsten zum Laufreinigen, sollte man diese immer durch den gesamten Lauf voll durchschieben und nicht etwa im Lauf zurückziehen. Erstens kann es zu Schäden an den empfindlichen Zügen bzw. Feldern des Laufes kommen, wenn sich die relativ harten Borsten der Bürste aufspreizen. Zweitens laden die Bürsten bei dieser Gewaltkur ihren aufgesammelten Dreck an der Umkehrstelle im Lauf ab.

PROBLEME BEI REVOLVERN

Das Reinigen von Revolvern erfordert besondere Umsicht, weil es hierbei eine ganze Menge Ecken gibt, wo sich Schmutz besonders gern sammelt. Zum Beispiel unter dem Auswerferstern der Trommel und in der Nut der Trommelachse. Das kann dazu führen, daß sich die Trommel laufend schwerer schließen läßt oder das Einschwenken ganz unmöglich macht. Wenn das Auswaschen mit dem Pinsel oder einem Watte-Ohrstäbchen erfolgt, so achten Sie bitte darauf, daß hiervon keine Pinselhaare oder Wattereste unter dem Stern hängenbleiben. Sie wirken genauso störend wie vorher der Schmutz. Man kann derart unzugängliche Stellen auch gut mit einem passend geschnittenen Holzspan reinigen, der zu dem Zweck mit Waffenreiniger getränkt wird. Ein paar weitere komplizierte Stellen am Revolver sind die Bereiche im Rahmen rund um den Laufkonus sowie im Stoßboden rund um den Hahn. Achten Sie bei diesen Reinemachearbeiten aber darauf, daß die abfallenden Schmutzpartikel nicht in das Waffenschloß geraten können. Deshalb die Waffe lieber auf den Kopf stellen und Schmutz sofort wegblasen. Ein besonderes Augenmerk bei Revolvern sollten Sie den Trommelkammern zukommen lassen, weil sich hier an den Stellen, wo die Patronenhülse endet, gern Schmauch ansetzt und mit der Zeit zu Waffenstörungen führen kann, weil sich die Patronen nicht mehr voll einschieben lassen. Bei den Revolvern Kal. 357 Magnum kann es, wie ich schon erwähnte, bei häufiger Verwendung von Munition Kal. 38 Spl. dann zu Störungen kommen, wenn diese kürzeren Hülsen zu Ausbrennerscheinungen oder Ablagerungen in den Kammern führen und die normale längere Hülse nicht mehr eingesetzt werden kann. Wenn solchen Veränderungen der Kammerwandungen nicht mehr mit normal üblichen Laufreinigern beizukommen ist, muß man notgedrungen mit feinster Stahlwolle, die um eine Holzachse gewickelt wird, die Ablagerungen behutsam abschleifen. Auch eine passende leere Patronenhülse, die mit feiner Polierpaste eingestrichen und im Zündloch mit einer Holzschraube als Handgriff versehen wird, kann

Abb. 84: Beim unsachgemäßen, hastigen Waffenreinigen wird der Präzision von Lauf, Patronenlager und Hülse mehr geschadet als genutzt. Eine wesentlich genauere und vor allem waffenschonende Reinigung wird mit der Anschütz-Putzstockführung erreicht, weil der Putzstock absolut zentrisch eingeführt wird.

zum Abbau von Ablagerungen verwendet werden. Bleiablagerungen, die in den Trommelkammern ebenfalls entstehen können, werden in der beschriebenen Weise mit Laufreiniger und Wattebausch oder Werg entfernt.

Nach dem Einsatz von Laufreinigern sollten die damit in Kontakt gekommenen Flächen mit sauberer Watte oder Putzlappen nachgewischt werden. Für den Lauf selbst verwendet man am besten Werg, das zu einem passenden Polster auf dem Putzstockgewindekopf zusammengedreht wird. Da die Laufreinigungsmittel keinen Rostschutz bringen, sollte man den Lauf und die anderen Flächen hauchdünn mit einer Spur säurefreien Waffenöls oder mit einem Hauch Vaseline überziehen. Aber wirklich nur mit einer Spur, denn ›Abschmieren‹ ist bei Waffen für Präzisionszwecke wirklich das Verkehrteste, was man machen kann. In diesem Zusammenhang sollte bedacht werden, daß das Patronenlager oder die Kammern der Revolvertrommel fettfrei bleiben müssen wegen der möglichen Einflüsse auf die Präzision der Waffe. Durch die Patronenhülsen, die man ja anfaßt, kommt sowieso schon immer etwas Talg von den Händen und auch Spuren von Geschoßfett an die Patronenlagerwandung. Bei möglicher Einwirkung größerer Luftfeuchte (Regen, Nebel usw.) sollte man allerdings alle nicht gefetteten Waffenteile entweder mit einem Rostschutzmittel **hauchdünn** überziehen oder ein Teflonspray oder ähnliches für diesen Zweck ver-

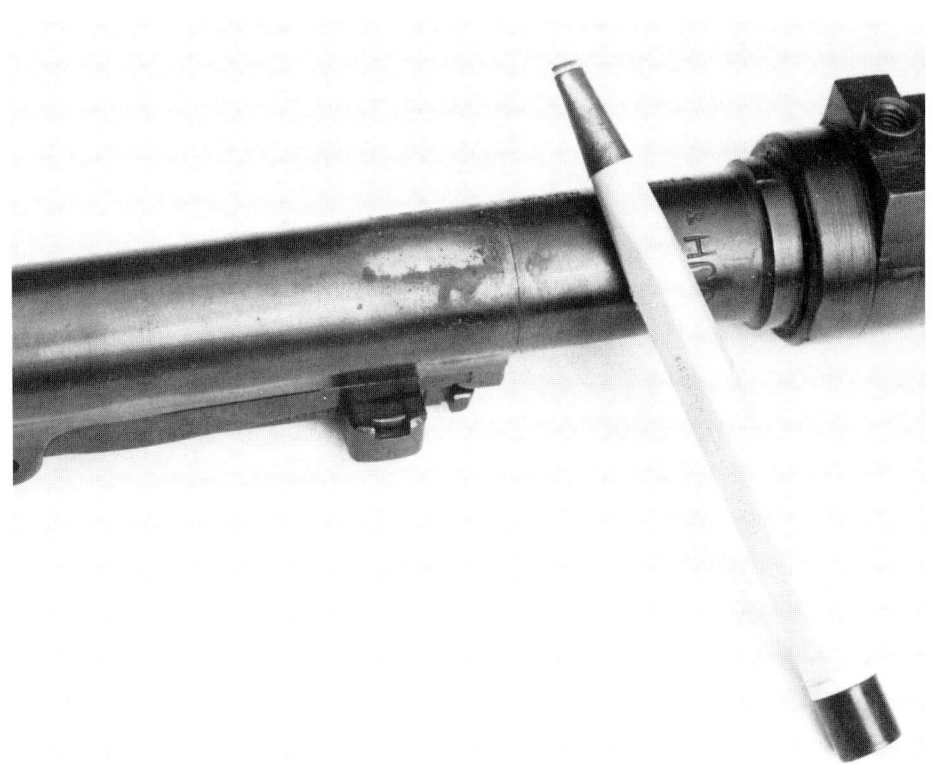

Abb. 85: Mit einem Glaspinsel, wie er auch in Zeichenbüros verwendet wird, lassen sich sowohl leichte Rostflecke mühelos und schonend von Waffenteilen entfernen als auch feinste Schleifarbeiten an Kleinteilen oder Flächen ausführen.

wenden. Auch ein sparsames Einsprühen der Waffenteile mit einem korrosionsschützenden Waffenöl (z. B. Ballistol oder ähnlichem) schützt die Waffe einige Zeit.

Die entfetteten Teile des Waffenschlosses werden ebenfalls mit einem dünnflüssigen Waffenöl sparsam eingesprayt. Sparsam nicht aus Kostengründen, obwohl auch dies eine Rolle spielen kann, sondern vor allem aus dem Grund, daß Öl- oder Fettschichten geradezu ideale Schmutzfänger darstellen. Jedes unverbrannte Pulverteilchen, jeder Krümel und jedes Staubkorn setzt sich gewissermaßen hocherfreut auf so einem gut haftenden Untergrund fest. Die Folge: Statt zu nützen schadet der Fettfilm nur. Wichtig innerhalb des Abzugssystems ist Öl nur an Lagerstellen und Reibflächen, weil es hier wirklich seine Aufgabe als Schmiermittel erfüllen soll. Um trotz aller Tuningarbeiten noch vorhandene Reibstellen nochmals leichtgängiger zu halten, kann an diesen Stellen der gezielte (sparsame) Auftrag von Graphit- oder Molybdändisulfidhaltigen Schmierstoffen (z. B. Molykote oder ähnliches) die Lagerreibung verringern helfen.

VORDERLADER

Ein besonderer Fall sowohl bezüglich Reinigung als auch Pflege sind Waffen für Schwarzpulver. Als Reinigungsmittel (nach jedem Wettkampf bzw. Gebrauch) hat sich ganz normales, kochendheißes Leitungswasser mit einem Schuß Geschirrspülmittel bestens bewährt. Der Lauf und bei Revolvern auch die Trommelkammern werden damit mehrmals hintereinander kräftig durchgespült und gleichzeitig mit einer Naturfaserbürste in Kaliberstärke (am Putz-

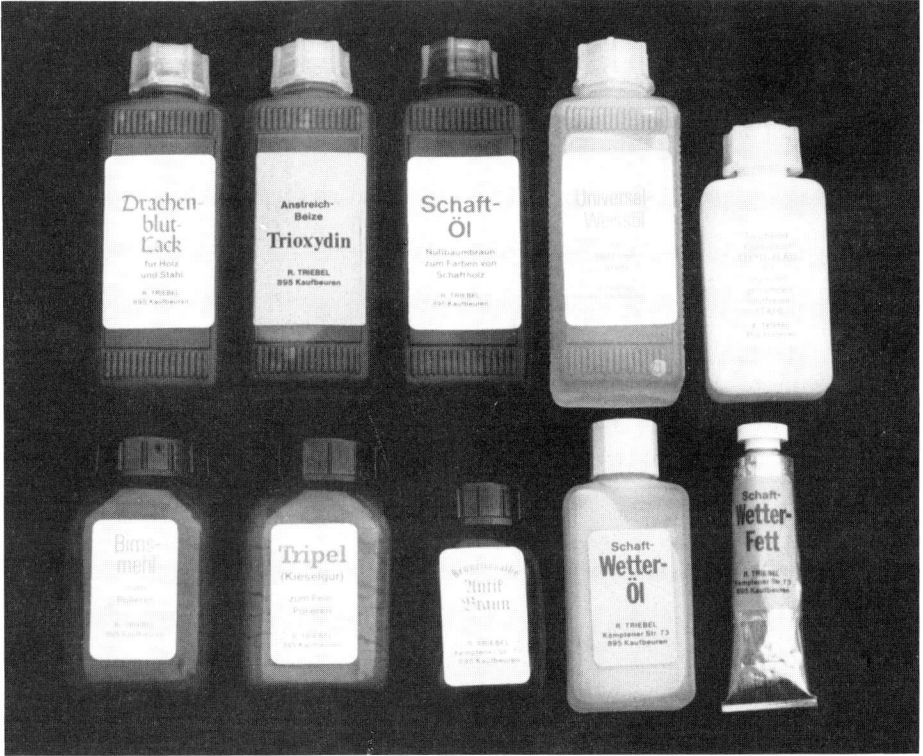

Abb. 86: Verschiedene Chemikalien (Triebel) für den Gelegenheitsbüchsenmacher: Drachenblutlack, Trioxydin, Schaftöl, Weißöl, Oxydblau (oben), Bimsmehl, Tripel, Antikbraun, Schaftwetteröl und Wetterfett (unten).

stock) gereinigt. Dem letzten Spülgang kann man eine Schnelltrocknung mit dem Haarfön folgen lassen. Man kann die Waffenteile aber auch an der Luft trocknen lassen, zumal sie vom Waschen her noch recht heiß sind. Als andere Reinigungsmöglichkeit bietet sich ein Schwarzpulverlöser an, wie er z. B. bei Fa. Frankonia in Sprayform angeboten wird. Dieses Mittel hat zudem den Vorteil, daß eine Mineralölbeimischung die gereinigten Teile kurzzeitig vor Rostansatz schützt. Das ist nämlich bei der normalen Heißwasserreinigung nicht gegeben, der Rostschutz muß dort nach dem Trocknen der Waffe zusätzlich aufgetragen werden. Aber: Vor dem nächsten Schießen muß die Waffe weitgehend saubergewischt werden, zumindest im Lauf und den Trommelkammern sowie im Bereich der Pistons. Schwarzpulverrückstände und Öl geben eine harte, nur schwer entfernbare Kruste. Abgesehen davon, daß Öl in den Trommelkammern oder an den Pistons die Schußleistung beeinflußt. An der Waffe in verborgenen Winkeln zurückbleibende Schmauchkrusten ziehen mit der Zeit Luftfeuchtigkeit an, und es kann sich Rost unter den Krusten bilden. Daher auch an verzwickten Waffenstellen die Reinigung nicht vernachlässigen! Hat sich einmal Flugrost oder stärkerer Rost an Waffenteilen angesetzt, kann man zunächst mit einem käuflichen Rostlöser in Sprayform den Stellen zu Leibe rücken. Bei hartnäckigem Rost hilft ein Glaspinsel (Abb. 85), der in Geschäften für Zeichenbedarf oder als Restaurierpinsel auch im Waffenhandel zu bekommen ist. Die scharfen harten Borsten aus Glas nehmen jeden Rost weg, der Pinsel läßt sich aber auch für andere Feinarbeiten als Schleifpinsel einsetzen.

Waffenteile, die keine Funktionsaufgaben haben, also z. B. das Systemgehäuse, die Verschlußhülse,

Teile des Griffstücks unter den Griffschalen, die Innenseiten des Verschlusses usw., werden als Rostschutz entweder mit einem der vielen käuflichen Waffenpflegemittel versehen oder dünn, aber vollständig, mit Vaseline oder Waffenfett überzogen. Auch ein Wachsspray ist ein guter Rostschutz, man kann auch normales Hartwachs verwenden, wie es zur Autopflege in Pastenform oder flüssig angeboten wird. Der beste Schutz solcher Teile ist jedoch nach wie vor eine genügend dichte Beschichtung durch Hartverchromen oder ähnliches. Dann können noch nicht einmal verschwitzte Hände ihre Spuren auf der Waffe hinterlassen, eine hartverchromte oder hartvernickelte Waffe behält so länger ihr gutes Aussehen und damit ihren Wert.

Waffen, die für längere Zeit gelagert werden sollen oder nicht häufig verwendet werden, kann man mit einer Mischung aus gleichen Teilen Ballistol und Vaseline satt einpinseln, in Ölpapier wickeln und an einem trockenen Ort möglichst luftdicht verwahren.

Die Munition zur Waffe

Es gibt allen Ernstes Leute, die kaufen sich eine sehr teure, aufwendig vom Spezialisten getunte Waffe und ›verballern‹ daraus die billigste Munition, die sie auftreiben können. Es gibt auch Jäger, die in ihren edlen Jagdwaffen Munition aus Sonderangeboten oder überlagerten Restbeständen verbraten und das womöglich noch waidmännisch finden. Auch die Wiederlader, die selbstgegossene Bleigeschosse unkontrolliert in wahllos zusammengesuchte Hülsen pressen, handeln nicht gerade präzisionsbewußt. Dabei gibt es doch wahrhaftig genug ausgezeichnete Fachliteratur zu diesem Thema.

MATCHMUNITION

Da die Herstellung von Matchmunition nicht Thema dieses Buches ist, will ich auch nur ganz kurz auf ein paar wesentliche Punkte hinweisen. Benchrester haben den Schützen in aller Welt vorgemacht (und tun das auch weiterhin), wie man durch eine optimale Abstimmung der Munition auf die jeweilige Waffe zu kleinsten Streukreisdurchmessern kommt. Das ist nämlich schon das ganze Geheimnis: Die auf die jeweilige Waffe ganz präzise abgestimmte Munition! Es ist doch klar, daß eine fabrikgefertigte Munition immer so ausgelegt werden muß, daß sie in alle Patronenlager paßt, daß alle Waffen (auch schwergängige) damit einwandfrei funktionieren und daß die Schußleistung bei allen Waffen zumindest guter Durchschnitt ist. Genauso klar ist aber dann auch, daß es eben nur durchschnittliche Schußleistungen sind, die Sie von dieser Munition in Ihrer Waffe zu erwarten haben.

MASSARBEIT

Ein Konfektionsanzug paßt ja ebenfalls nicht so akkurat wie ein maßgeschneiderter. Außerdem gibt es natürlich noch zu bedenken, daß fabrikgefertigte Munition von Hersteller zu Hersteller in der Qualität schwanken kann. Der gleiche Ladenpreis oder die aufwendige Verpackung sagen noch nichts über die Präzision einer Patrone aus. Klar, bei ganz bekannten Marken und einer ausgesprochenen Matchqualität kann man davon ausgehen, daß die Streuung in der Fertigungsgüte relativ gering ist. Ob die Munition aber von Ihrer Waffe auch gut ›verdaut‹ wird, ist damit noch lange nicht gesagt. Deshalb muß ›maßgeschneiderte‹ Munition ran. Nur so können Sie sicher sein, wirklich das Optimum an Präzision zu erreichen. Das bedeutet aber, daß Sie sich Ihre Munition selber machen müssen, also wiederladen.

DREI GRUPPEN

Bei den Wiederladern gibt es drei Gruppen: Die erste Gruppe will ›billig‹ schießen können. Das sind die Pfuscher. Der größte Teil der Wiederlader ist in der zweiten Gruppe zu finden: Hier wird sehr gute Qualitätsmunition gemacht, die in ihrer Leistung nicht hinter Fabrikfertigungen zurücksteht. Diese Wiederlader sind technisch durchaus in der Lage, mit nur wenig mehr Aufwand auch erstklassige Munition zu fertigen. Meist tun sie das aber nicht, weil sie es nicht für erforderlich halten oder weil ihnen der zeitliche Mehraufwand zu hoch erscheint. Die dritte Gruppe Wiederlader besteht aus präzisionsbewußten Tüftlern, aus Genauigkeits- oder Perfektionsfanatikern und Benchrestern. Selbst wenn man als engagierter Sportschütze noch nicht zu der dritten Gruppe zählen sollte, so ist es doch nicht verkehrt, von diesen Leuten ein paar Tips für die eigene Wiederladepraxis zu übernehmen. Auf welche Details sollte man beim Wiederladen besonderen Wert legen? Worauf sollte man achten?

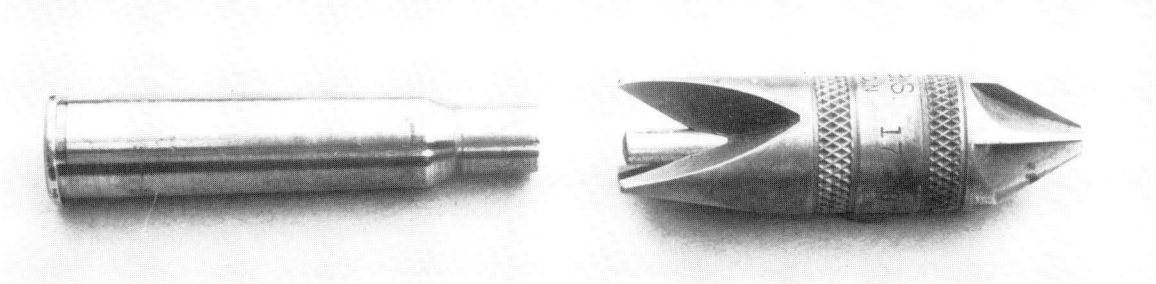

Abb. 87: Ein kleines, aber für den Wiederlader unentbehrliches Werkzeug ist der Hülsenmundfräser, mit dem die Hülse entgratet und auf Sollmaß gebracht wird.

1. DIE PATRONENHÜLSE

Verwenden Sie nur Hülsen, die von einem Hersteller und möglichst nur aus einer Serie stammen. Sortieren Sie deshalb gründlich, wenn Sie die Hülsen bisher nicht schon jeweils gesondert gelagert hatten. Benchrester kaufen extra fabrikneue Hülsen, die (nach Prüfung auf erkennbare Defekte) einzeln ausgewogen werden. Größere Gewichtstoleranzen als ± 1 Grain werden nicht akzeptiert. Nach Kontrolle der Zündkanäle werden hier eventuell vorhandene Differenzen beseitigt und die Zündbohrungen auch innerhalb der Hülse entgratet. Nach dem Vollkalibrieren werden die Hülsenhälse mit sehr hoher Genauigkeit auf rundum gleiche Wandstärke geschliffen. Der Hülsenhals wird anschließend entgratet. Ein kleines Werkzeug (Abb. 87) leistet hierfür gute Dienste. Nun werden die Hülsen mit der vorgesehenen Zündhütchensorte, dem Pulver und dem Geschoß versehen, dann werden die ›fertigen‹ Patronen einmal geschossen. Dieses Schießen hat aber nur die Aufgabe, die Hülsen der Form des Patronenlagers anzupassen! Es ist das ›Fireforming‹ der Benchrester. Die so nachgeformten Hülsen werden im Bereich des Hülsenhalses und der Zündglocke gereinigt, im Bereich des Hülsenhalses (nicht der ganzen Hülse!) mit Spezialmatrizen kalibriert und mit dem Zündhütchen versehen. Die Hülsen, und das ist ein wichtiges Merkmal ›maßgeschneiderter‹ Munition, passen dann möglicherweise nicht mehr in andere Patronenlager des gleichen Kalibers. Aber sie passen optimal in das Patronenlager der Waffe, in der sie ›geformt‹ wurden und für die sie bestimmt sind.

Da sich Patronenhülsen je nach Hülsenform beim Schießen stets etwas dehnen, mit der Zeit also länger werden, müssen die Hülsen von Zeit zu Zeit auf ihre Gesamtlänge kontrolliert werden. Wie häufig diese Längenkontrolle nötig wird, ist von der Hülsenform, dem Messingmaterial und dem Gasdruck abhängig und muß von Fall zu Fall entschieden werden. Zur Längenprüfung der Hülsen läßt sich entweder eine simple Schublehre verwenden oder man setzt ein kleines, aber vielseitig verwendbares Gerät wie z. B. den Ammotester (Abb. 127) ein. Zu kurze Hülsen erhöhen den rotationslosen Geschoßweg und mindern damit erheblich die Präzision. Zu lange Hülsen sind aber auch nicht gut, da sich der Hülsenhals leicht im Übergangskegel des Patronenlagers zusammenpreßt und damit der Sitz des Geschosses im Hals übermäßig stramm wird. Ein (unregelmäßig) erhöhter Gasdruck ist die Folge. Zu lange Hülsen werden deshalb entweder mit einem speziellen Hülsenfräsgerät oder notfalls mit dem kleinen Hülsenmundfräser auf gleiches Sollmaß gebracht. Da Hülsen durch häufiges Kalibrieren selbst nur im Hülsenhalsbereich mit der Zeit spröder werden, das Material sich also verhärtet, kann es bei entsprechender Vorsicht zwar in weniger anspruchsvollen Fällen weichgeglüht werden. Besser ist aber in den meisten Fällen, die Hülsen nur eine bestimmte Zahl von Malen wiederzuladen und dann als Schrott auszusortieren. Deshalb kann es wichtig sein, sich die Zahl der Wiederladevorgänge auf den Patronenschachteln zu vermerken. Und noch eins: Sie können den perfekten Sitz Ihrer maßgeschneiderten Patronenhülsen im Patronenlager Ihrer Waffen sogar recht einfach kontrollieren: Messen Sie den Ausziehwiderstand. Wie das gemacht wird, wurde beim Tuning am Patronenlager beschrieben.

2. DAS ZÜNDHÜTCHEN

Regel Nr. 1: Verwenden Sie nur Zündhütchen gleicher Fertigung! Es gibt zwischen den einzelnen Marken Unterschiede, die sich oft nicht mit dem bloßen Auge erkennen lassen, die aber die Schußpräzision beeinflussen. Es kann sich von Marke zu Marke um geringfügige Veränderungen der Zündzeit (Zeitpunkt zwischen Auftreffen des Schlagbolzens und Entflammoment des Pulvers, normal etwa 0,1 bis 0,3 Millisekunden), um Unterschiede in der Zündempfindlichkeit (unterschiedliche Zündsatzarten, verschiedene Blechstärken des Zündhütchens usw.) und im Anbrennvermögen (Zündflamme und Zündtemperatur müssen konstant sein) handeln. Bei Billigzündhütchen kommen noch mäßliche Differenzen hinzu, sowohl in der Höhe der Zündhütchen als auch im Durchmesser. Dadurch können dann weitere Probleme (unterschiedliche Zündung, verschieden guter Preßsitz in der Zündglocke usw.) auftreten. Wenn Sie wegen Beschaffungsproblemen eine andere Marke wählen müssen, sollten Sie das jedenfalls **nicht** innerhalb einer Munitionsserie tun. Für eine neue Serie kann man dagegen ohne merkbar große Unterschiede meist das Fabrikat wechseln, aber konstanter bleibt die Schußleistung bei Markentreue.

3. DAS PULVER

Die Auswahl an Treibladungsmitteln ist recht groß, wenn auch längst nicht alle in den USA erhältlichen Sorten bei uns lieferbar sind. Das Angebot reicht von den offensiven, schnell reagierenden Pulversorten für kurzläufige Waffen bis zu den progressiven Sorten, die bei längeren Läufen ihre Energie über einen etwas größeren Zeitraum gestreckt abgeben. Die Wahl des geeigneten Pulvers ist aber auch noch von anderen Faktoren wie Geschoßgewicht usw. abhängig. Es würde jedoch im Rahmen dieses Kapitels zu weit führen, das alles zu erläutern. Wichtig für den Wiederlader ist, im Rahmen von Ladetabellen der Pulverhersteller die Laborierung auszuprobieren, die höchste Präzision bei geringstmöglicher Ladung erbringt. Keinesfalls sollten Sie also im Bereich der angegebenen Maximalladung herumprobieren oder diese Werte gar zu überschreiten versuchen! Ebenso falsch aber wäre es, die angegebenen Mindestdaten noch zu unterschreiten. Auch hierbei könnte es zu unkontrollierten Gasdrucksteigerungen kommen! Bleiben Sie also bei Ihren Versuchen stets im mittleren Bereich der zulässigen Ladedaten. Untersuchungen des Munitionsexperten W. Krüper bei der DEVA haben eindeutig bewiesen, daß Gasdrücke im Bereich der höchstzulässigen Werte in den meisten Fällen eine Verschlechterung der Präzision bewirkten und durch die unnötig hohen Gasdrücke nur die Waffe einem verstärkten Verschleiß ausgesetzt wird. Lediglich bei Hochleistungspatronen mit progressivem Pulver kann es in Einzelfällen zu besserer Präzision führen, mit der Ladung dicht unter dem zulässigen Maximalwert zu bleiben. Optimale Ladungen lassen sich jedoch nur in Abstimmung mit den anderen Munitionskomponenten und durch Präzisionstests mit der Waffe in der Schießmaschine ermitteln. Wesentlich ist eine möglichst exakte Dosierung der Pulvermenge je Patrone. Bei großkalibrigen Benchrestpatronen wird die Toleranzgrenze von ± 0,1 Grain noch akzeptiert. Bei den Patronen für Faustfeuerwaffen mit den wesentlich geringeren Pulvermengen kann meines Erachtens bei Matchmunition **nicht** auf das Abwiegen jeder einzelnen Ladung verzichtet werden. Genauso wichtig ist, von der jeweils verwendeten Pulversorte einen gewissen Vorrat zu haben, um sicherzustellen, daß das Pulver aus einer Fertigungsserie stammt und seine Eigenschaften konstant sind. Da die Sprengstoffvorschriften dem oft entgegenstehen, sollte man sich vielleicht mit seinem Waffen- und Pulverhändler über eine Lagerung in dessen zugelassenem Pulverlager einigen. Daß beim Wiederladen das verwendete Pulver natürlich ebenfalls unter möglichst konstanten Bedingungen (Temperatur, Luftfeuchte) gelagert wird, versteht sich von selbst.

4. DAS GESCHOSS

Auf die außerordentlich große Genauigkeit, die ein Matchgeschoß haben muß, wurde schon hingewiesen. Diese Präzision in bezug auf das Gewicht, die Formgebung, die Maßhaltigkeit und Rundheit, die Oberflächengüte und die Ausführung des Geschoßbodens kann nur durch eine sehr aufwendige Fertigung und eine funktionierende Qualitätskontrolle gewährleistet werden. Deshalb ist der Sport- und Benchrestschütze, wie ich meine, gut beraten, wenn er Qualitätsgeschosse bekannter Markenhersteller erwirbt. Zumindest, was Mantelgeschosse betrifft, egal ob Teilmantel- oder Vollmantelgeschosse. Die Eigenfertigung solcher hochwertiger Geschosse ist weder einfach noch rentabel. Unter den Benchrestern sind allerdings, wie zu erwarten, eine ganze Reihe von Schützen anzutreffen, die auch ihre Geschosse mit allergrößter Akribie selber fertigen oder fertigen lassen. Ausschließlich aus dem Grund, um auch allerletzte Toleranzen fabrikgefertigter Geschosse auszuschließen. Da hier jedoch der Aufwand im Verhältnis zum Gewinn relativ sehr hoch ist, reicht es im Normalfall aus, fertig gekaufte Qualitätsgeschosse renommierter Hersteller einer Maß- und Gewichtskontrolle zu unterziehen und auf diese Weise mögliche Ausreißer rechtzeitig auszusortieren. Bei Vollgeschossen, die also nur aus einem Werkstoff, z. B. Blei, bestehen, sieht die Sache dagegen schon wieder anders aus. Hier kann sich eine präzisionsbewußte Eigenfertigung durchaus rentieren.

SONDERKOKILLEN

Daß beim Gießen von Bleigeschossen nur Präzisionskokillen und genau temperaturkonstant geführte Gießöfen eingesetzt werden, versteht sich. Daß auch die Bleilegierungen sowohl in ihrer Zusammensetzung als auch bezüglich ihrer Härte einer Kontrolle bedürfen, ist leider oft nicht ausreichend beachtet worden. Zur Härtekontrolle des Bleis gibt es eine ganze Reihe Geräte, die im Testteil erläutert werden. Dort steht auch der Hinweis auf die zeitabhängige Nachhärtung von Geschoßblei. Aus dem dort erklärten Grund empfiehlt es sich für Wiederlader, ihre gegossenen Geschosse wenigstens 3 Wochen gesondert zu lagern, bevor sie verschossen werden. Daß die unter stets gleichen Bedingungen gegossenen Bleigeschosse anschließend auch auf geringste Herstellfehler hin sowie in bezug auf ihre Gewichtskonstanz sortiert und mangelhafte Geschosse sofort vernichtet werden, sollte für den Präzisionswiederlader selbstverständ-

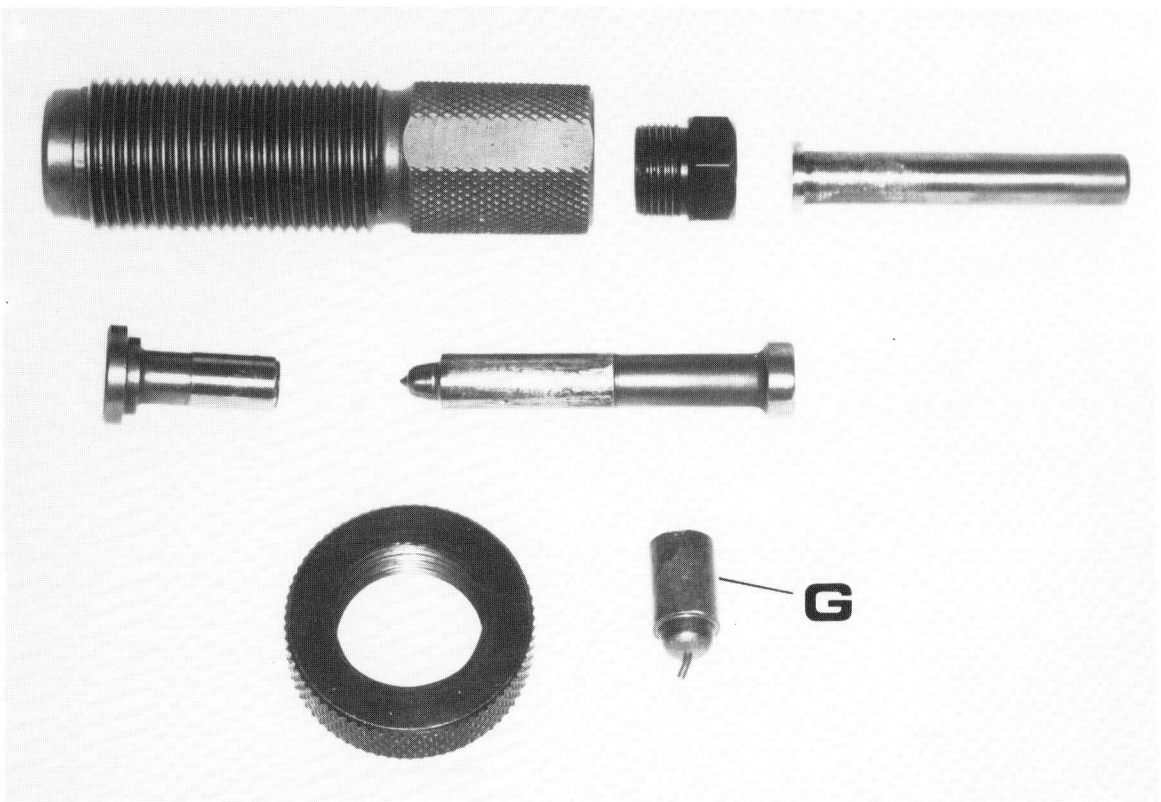

Abb. 88: Eine in Einzelteile zerlegte Geschoßfließpreßform (Triebel) mit Kopf- und Bodenstempeln entsprechend der Geschoßart. Das fertige Geschoß (G) hat noch das abgespritzte ›Schwänzchen‹ anhängen.

lich sein. Ein paar Hinweise aber noch zum Gießen von Sonderformen: Mancher Wiederlader möchte vielleicht eine **eigene** Geschoßform ausprobieren und kann dies mangels geeigneter Kokille nicht machen. In dem Buch ›Schußwaffenzubehör selbermachen‹ habe ich die Anfertigung eines Modells (beliebige Geschoßform) und die Herstellung einer Musterkokille aus hitzebeständigem Silikonkautschuk ausführlich beschrieben. In so einer Form lassen sich bei normaler Bleigießtemperatur eine ganze Reihe Geschosse der gewünschten Form gießen. Experimentierfreudigen Tüftlern sind damit alle Möglichkeiten gegeben. Und noch etwas ist in dem oben angeführten Buch für Wiederlader interessant: Man kann sich auch selbst mit relativ wenig Aufwand eine Multikokille für Bleiabschnitte fertigen. Solche Bleiabschnitte oder Rohlinge benötigt der Wiederlader, der Geschosse aus Qualitätsgründen (Lunker, Risse, Härteschwankungen) nicht gießen, sondern pressen will. Hierzu werden spezielle Fließpreßmatrizen in einer stabilen Ladepresse verwendet. Eine solche Fließpreßmatrize zeigt das Foto (Abb. 88). In diesen Matrizen können Sie durch Wahl geeigneter Einsätze das Geschoßgewicht, die Kopfform, die Bodenform selbst bestimmen. Auch Hohlspitz- und Hohlbodengeschosse lassen sich so bequem herstellen. Nur: Erstens müssen die Geschosse aus relativ weichem Blei

Abb. 89: Einige Zusatzteile (Triebel) zur Dreheinrichtung RCBS für die Geschoßfertigung: Bodenführung mit Mitnehmer für Flachboden (1), Hohlboden (2) und Bodennäpfchengeschosse (3). Kugelgelagerte Kopfführungen (4+5) sowie Messer für Hülsenschnitt (6) bzw. Rohmesser für den eigenen Zuschliff. Das fertige Geschoß mit eingedrehten Fettrillen (7).

bestehen, weil sich hartes Blei nur unter erheblichem Kraftaufwand pressen läßt. Und zweitens enthält das Geschoß keine Fettrillen, die müssen nachträglich mit Spezialzubehör an dem Hülsenfräsgerät (Abb. 89) ins Geschoß ›gedreht‹ werden. Daß dann auch noch die Geschosse von Hand gefettet werden müssen, ist eine weitere Erschwernis.

BODENNÄPFCHEN

Mit der Fließpreßmatrize lassen sich auch Bodennäpfchen aufpressen, so daß dadurch zumindest ein kleiner Nachteil weicher Bleigeschosse wieder gutgemacht werden kann. Dazu noch ein Hinweis: Untersuchungen haben gezeigt, daß Bleigeschosse um so besser den Zügen folgen, also geführt werden, desto härter das Geschoßblei ist. Weichblei überspringt gern Züge und kommt mehr oder weniger taumelnd im Ziel an. Das ist oft die Ursache merkwürdig länglicher Schußlöcher auf der Scheibe.

Schon um dies weitgehend zu vermeiden, empfiehlt es sich, gegossene Geschosse mit großer Härte (Zusatz von Letternmetall o. ä.) zu verwenden und vor allem beim Kalibrieren der Geschosse eine Matrize zu verwenden, die **optimal** auf die Laufweite abgestimmt gekauft wurde. Daß natürlich

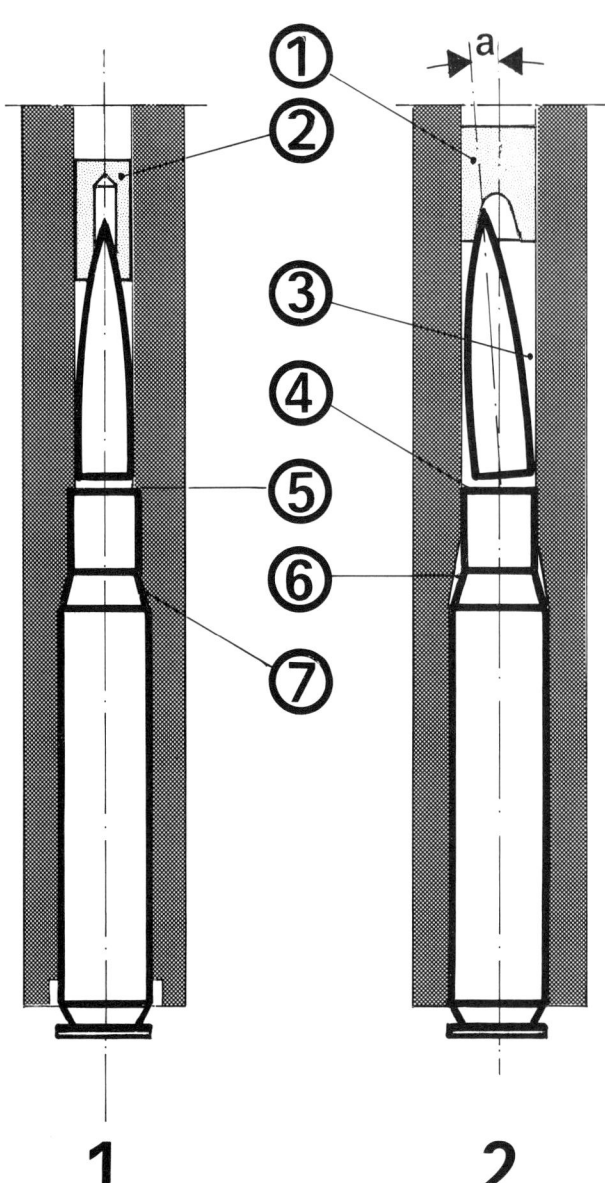

Abb. 90: Wird das Geschoß in der Geschoßsetzmatrize nicht einwandfrei geführt, muß es mehr oder weniger schief im Hülsenhals sitzen. Die Folge ist eine verschlechterte Schußpräzision.

1 **2**

auch das übrige Ladezubehör wie Matrizensätze Benchrestqualität haben sollte, dürfte selbstverständlich sein. In der Setzmatrize mangelhaft geführte Geschosse und zu groß dimensionierte Hülsenaufnahmen (Abb. 90, Pos. 2) sind die Totengräber jeder Präzision. Da helfen dann auch keine Super-Präzisionsgeschosse mehr. Auch das Krimpen der Hülsenhälse beim oder nach dem Geschoßsetzen mindert die Schußleistung, da es kaum möglich ist, den Krimp stets gleichmäßig auszuführen! Zusätzlich kann durch Krimpen auch noch eine Lockerung des Geschoßsitzes entstehen, wenn sich der Hülsenhals beim Krimpen staucht. Deshalb ist der reibungsfeste Sitz des Geschosses im Hülsenhals stets vorzuziehen. Hierfür kann eine Taper-Krimpmatrize (Abb. 91) gute Dienste leisten.

DER TAPER-KRIMP

Die Zeichnung stellt vereinfacht einen Schnitt durch diese Matrize dar. In der Matrizenhülse (1) werden sowohl das Geschoß (2) als auch die Patronenhülse (3) sauber geführt. Beim Betätigen der Ladepresse drückt der konisch verlaufende Bereich (k) den Hülsenhals rundum zentrisch an das Geschoß. Der Reibschluß wird so gleichmäßig erhöht. Diese Form des Taper-Krimps ist außerdem wesentlich hülsenfreundlicher als der sonst verwendete Rollkrimp, bei dem der Hülsenhals regelrecht verwürgt wurde und dies durch die ständig wechselnde Belastung (krimpen/weiten) rasch zur Materialermüdung des Hülsenhalses führte.

Beim Wiederladen von Matchmunition kommt noch eine wichtige, präzisionsfördernde Sache ins Spiel, nämlich die Geschoßsetztiefe. Sie haben es als Wiederlader buchstäblich in der Hand, die Geschosse in den Hülsen so zu setzen, daß der rotationslose Geschoßweg (RLGW) so kurz wie möglich ausfällt und Freiflug sogar vollkommen ausgeschlossen werden kann. Nach Untersuchungen der DEVA wird die beste Schußpräzision für Kleinkaliberwaffen bei einem RLGW von 0,5 bis 1,5 mm erreicht. Größere Kaliber sollten einen maximalen RLGW von 3 bis 5 mm nicht überschreiten. Die Differenzen in der Setztiefe der Geschosse gegenüber den Standardsetztiefen normaler Patronen sollten ±2 mm nicht übersteigen, sonst kann es durch die Veränderung des Pulverraumvolumens zu erheblichen Änderungen des Gasdrucks kommen. Besonders bei offensiven Pulvern ist diese Gefahr verstärkt vorhanden. Deshalb muß bei Veränderungen der Setztiefe auch das Treibladungsmittel auf das neue Hülsenvolumen abgestimmt werden, um höchstmögliche Präzision zu erzielen. Sollte die Verringerung des RLGW mit dem vorhandenen Geschoß nicht möglich sein, so lohnt sich in jedem Fall ein Versuch mit einem entsprechend anders geformten oder längeren Geschoß. Freiflug des Geschosses ist in jedem Falle zu vermeiden. Es kann dabei nicht nur zum Taumeln des Geschosses vor Eintritt in den Laufkonus kommen, sondern durch den schlagartigen Eintritt des dabei schon recht

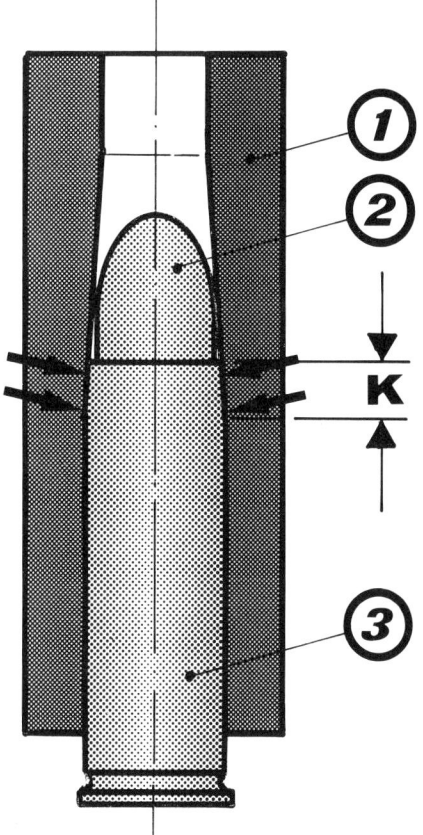

Abb. 91: Eine Taper-Krimp-Matrize preßt den Hülsenhals zentrisch um das Geschoß. Der Geschoßsitz wird so wesentlich genauer.

schnellen Geschosses kommt es zu verstärkten Laufschwingungen und einer erheblichen Minderung der Schußleistung. Ein weiterer Faktor, der sich mindernd auf die Schußleistung auswirken könnte, ist die zu reichliche Geschoßfettung. Und zwar noch nicht einmal bezüglich des Fettes, das in den Fettrillen des Geschosses (bei Bleigeschossen) sitzt, sondern in bezug auf das Fett, das sich sowohl am Geschoßboden befindet (und einen Teil des Treibladungspulvers phlegmatisiert) als auch das Fett, das innerhalb der Geschoßsetzmatrize über die Matrizenwände auf die Patronenhülsenwandung gerät und später zu einer Fettschicht im Patronenlager führt. Die Folgen davon sind bekannt.

Teil 2
Das Testen

Warum Waffen testen?

Es war einmal ein Schütze, der ging eines schönen Tages in ein Waffengeschäft, erstand für wenig Geld dort eine wunderbare Waffe und ebenso gute Munition dazu, ging auf den nächsten Schießstand und gewann jeden Wettkampf. Ein Märchen? Zumindest ist diese Geschichte zu schön, um wahr zu sein. Die Realität heutzutage sieht leider Gottes ganz anders aus. Nach langen Laufereien haben Sie endlich die Erlaubnis, eine Waffe erwerben zu dürfen. Vielleicht auch die Erlaubnis für die zugehörige Munition. Damit ausgerüstet bestellen Sie beim Händler, womöglich sogar noch auf dem Versandwege, die Waffe Ihrer Wahl. Ist sie vorrätig, wird sie Ihnen vom Händler in einer billigen Pappschachtel auf den Ladentisch geknallt. Zubehör? Bedauerlicherweise nicht vorrätig. Bedienungsanleitung? Nur auf amerikanisch oder russisch. Wenn Sie Glück haben, in unverständlichem Deutsch auf einem hektographierten Zettel. Explosionszeichnung? Ist nicht lieferbar. Schußbild? Glück gehabt, es liegt der Waffe bei, aber es besagt weder, mit welcher Munition noch unter welchen Bedingungen es zustande kam. Probeschießen? Bedauerlicherweise ist dem Geschäft kein Schießstand angegliedert. Erfahrungswerte? Leider hat der Händler noch nie mit dieser Waffe ernsthaft geschossen. Und so geht es munter weiter mit dem Dienst am König Kunden. Merken Sie etwas? Wenn Sie sich heutzutage noch auf irgend etwas verlassen können, dann nur auf sich selber. Dem Händler ist es in vielen Fällen schnurzegal, ob Sie mit der gekauften Waffe zurechtkommen. Wenn er sein Geld hat und die Waffe in Ihrer WBK steht, ist er zufrieden. Und Sie stehen dann da und wollen mit der neuen Waffe Wettkämpfe mitmachen. Möglichst noch nicht einmal unter ›ferner liefen‹, sondern in der vorderen Reihe. Schließlich haben Sie ja eine Menge Geld investiert.

Deshalb müssen Sie noch vor dem Kauf einer Waffe oder einer unbekannten Munitionssorte wissen, was Sie erwartet und wofür Sie Geld ausgeben sollen. Sie müssen also schon vor dem Kauf Waffe und Munition testen. Daß dies nicht bis ins letzte Detail schon vor dem Kauf möglich ist, versteht sich. Aber so viel als irgend möglich sollten Sie schon herausfinden, bevor Ihr gutes Geld auf dem Ladentisch liegt. Und wenn Sie dann Waffe und Munition erworben haben, kommt es darauf an, aus den gegebenen Möglichkeiten das Beste zu machen. Indem Sie die Waffe testen, die optimale Munition ermitteln, die Waffe entsprechend tunen und anschließend nochmals den Erfolg Ihrer Arbeit durch ausführliche und präzise Waffen- und Munitionstests kontrollieren. Nur so können Sie heutzutage noch mit Aussicht auf Erfolge ›vorne‹ mitmischen.

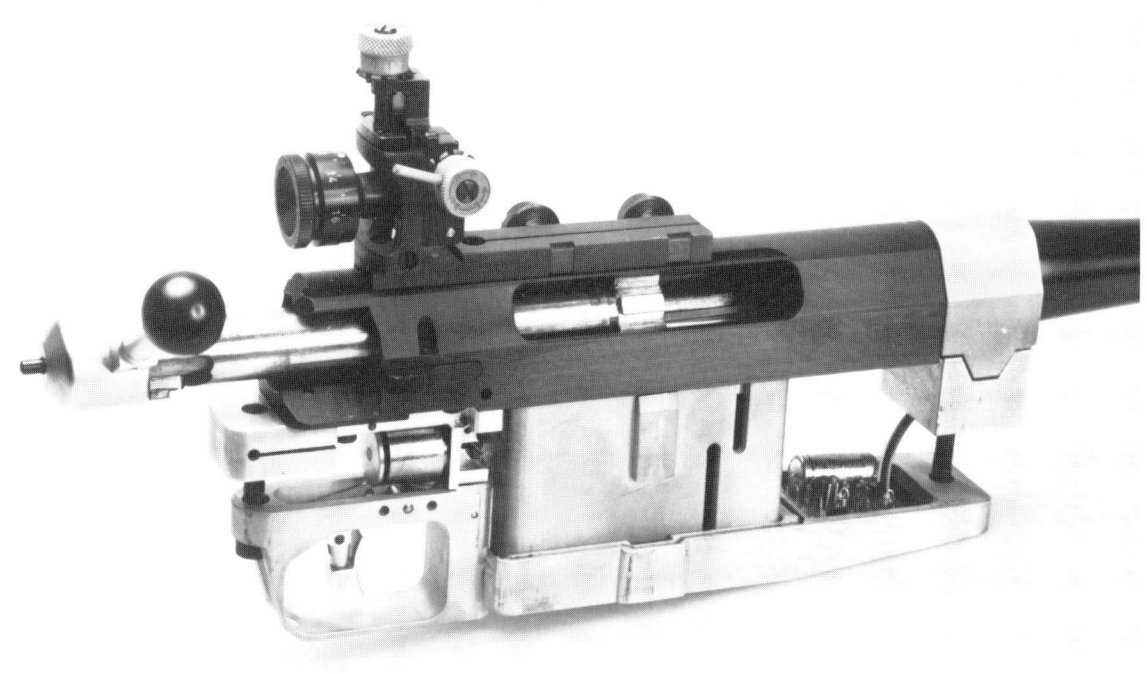

Abb. 92: Das Schloß der ›Grünel Super-Target 200‹ ist ein Stück Schweizer Präzisionsarbeit. Der elektronische Abzug (einstellbar als Druckpunkt- oder Direktabzug) ist bezüglich Abzugsgewicht, Vorzugsweg und -gewicht einstellbar. Die Abzugszunge läßt sich in Längsrichtung und Höhe verstellen. Der leichtgängige Verschluß mit drei Verriegelungswarzen hat eine kugelgelagerte Kompressionshülse. Der Auswerfer ist abschaltbar (Hülsenschonung!). Weitere Details: Der vordere Lagerblock ist spielfrei im Gegenlager eingezogen, die hintere Auflage nimmt als Puffer die Verschlußschwingungen auf. Da der Verschlußkasten mit dem Schaft keinen Kontakt hat, kann er nicht verspannen.

Wer testet was?

Testen kann man praktisch fast alles. Die Möglichkeiten, alles zu messen und zu kontrollieren, zu prüfen und zu vergleichen, sind oft nur noch vom finanziellen und zeitlichen Aufwand abhängig. Die Frage ist nur, ob diese ganzen schönen Testergebnisse überhaupt gebraucht werden. Und von wem. Für Waffen- und Munitionstests interessieren sich, grob unterteilt, vier Hauptgruppen. In der ersten Gruppe finden sich die Waffen- und Munitionshersteller, die Tests und Vergleiche mit Konkurrenzprodukten aus kommerziellen Gründen benötigen. Sie setzen dafür riesige Summen und aufwendige Testlabors in Bewegung. Auch Großabnehmer wie z. B. Bundeswehr oder Polizei sind an den Industrietests interessiert. Selbst die Verlage von Fachzeitschriften könnte man noch zur ersten Gruppe rechnen, da sie an aufwendigen und allgemein interessierenden Tests aus journalistischen Gründen

Interesse haben. Mit dieser ersten großen Gruppe haben die anderen Gruppen nur sehr wenig zu tun, weil sie sich diesen finanziellen und zeitlichen Aufwand nicht leisten können. Zu der zweiten Gruppe gehören all die vielen Sportschützen und Jäger, die ihrem Hobby in ungezählten Vereinen und Verbänden nachgehen und Tests nur als Hilfestellung beim Kauf einer guten Waffe und halbwegs dazu passender Munition benötigen. Diese zweite Gruppe wird deshalb auch nur mit wenigen und einfachen Tests zufrieden sein, eben mit einer Entscheidungshilfe. Die dritte Gruppe sind Sportschützen oder Jäger, die Hochleistungswaffen und Matchmunition erwerben und einsetzen wollen und dafür auch bereit sind, einen vertretbaren Testaufwand in Kauf zu nehmen. Die letzte Gruppe schließlich sind die Fanatiker unter den Schützen, die Benchrestschützen. Ich meine das keineswegs abfällig, denn vieles von dem, was aufgrund der Tüftelei von Benchrestern an Waffen- und Munitionspräzision entstanden ist, hat seinen Niederschlag in vielen Alltagswaffen und in verbesserter Munitionsqualität gefunden. Die Benchrester sind sozusagen die ›Vor-Denker‹, sie erproben Dinge, die vielleicht eines Tages zum Schießstandard gehören. Dazu müssen sie natürlich aufwendige Tests und langwierige Erprobungen in Kauf nehmen, um wirklich immer noch ein Quentchen mehr Präzision herauszuschinden. Dadurch schließt sich der Kreis der Gruppen insofern wieder, als die Benchrestgruppe für ihre Arbeit schon fast wieder den Aufwand treiben muß, der in der Industrie und Forschung die Regel ist.

WER HILFT WEITER?

Aufwendige Industrietestanlagen kann sich der einzelne in den seltensten Fällen leisten. Schauen wir deshalb, was an Test- und Prüfmöglichkeiten im Normalfall erreichbar ist und wie man sie sinnvoll einsetzt. Es gibt auch unter den guten Schützen und Jägern immer welche, die aufgrund ihrer Ausbildung oder infolge mangelnder Übung mit zwei linken Händen ausgestattet sind. Die sich also nicht ohne weiteres zutrauen, ihre Waffe oder ihre Munition in der erforderlichen Weise selbst zu testen. Oder auch aus dem Grunde, daß sie dafür einfach keine Zeit haben, Tests selbst durchzuführen. Diese Schützen und Jäger sind nun entweder auf Gedeih und Verderb auf ihren Büchsenmacher bzw. Waffenhändler angewiesen und müssen notgedrungen dem vertrauen, was er ihnen erzählt. Oder aber sie wenden sich an entsprechende Institutionen, die ihnen die Probleme abnehmen. In solchen Institutionen sitzen Experten, die den Ratsuchenden oft schon bei einer kurzen Anfrage mehr helfen können als stundenlange Diskussionen im Bekanntenkreis es vermögen. Eine solche unabhängige, fachlich hervorragend ausgestattete Einrichtung ist beispielsweise die DEVA, die Deutsche Versuchs- und Prüf-Anstalt für Jagd- und Sportwaffen e. V., deren Geschäftsstelle sich in Altenbeken befindet. Bei der DEVA werden laufend auf den verschiedensten Gebieten der Waffen- und Munitionstechnik Untersuchungen angestellt, deren Ergebnisse teilweise für die Industrie, zum großen Teil aber auch für Veröffentlichungen in Fachzeitschriften bestimmt sind. Die DEVA steht mit ihren Erkenntnissen jedem Anfragenden gegen entsprechende Gebühren zur Verfügung, Mitglieder erhalten darauf sogar noch einen Rabatt.

BESCHUSSÄMTER

Andere hilfreiche Einrichtungen sind die einzelnen Beschußämter. Neben der eigentlichen Aufgabe, Waffen zu beschießen, führen sie auch je nach Möglichkeit für Kunden z. B. die Begutachtung des Laufinneren mittels Endoskop, die exakte Feststellung von Laufinnenabmessungen, von Kalibergrößen usw. aus. Auch Geschoßgeschwindigkeitsmessungen aus kundeneigenen Waffen, Gasdruckmessungen (in bestimmten Fällen auch parallel zu durchgeführten Geschwindigkeitsmessungen) und Materialhärteprüfungen nach Vickers werden ausgeführt.

Ferner zählen zu den angebotenen Dienstleistungen noch beispielsweise das Nachschneiden von

Patronenlagern bei zu kleinem Verschlußabstand, das Nachsetzen des Laufes bei zu großem Verschlußabstand sowie die Anfertigung von Schwefelabgüssen der Patronenlager. Selbst Gravierungen von Firmennamen, Kalibern usw. gehören zu der reichen Angebotspalette. Schließlich auch noch Gutachten über gesprengte Waffen (wichtig bei Reklamationsfällen!) und der Beschuß beliebiger Materialien, z. B. bei der Erprobung von Kugelfängen, Panzerungen und anderen Werkstoffen. Eine Anfrage nach diesen und möglichen weiteren Untersuchungen und Dienstleistungen kann z. B. an das Beschußamt Ulm erfolgen, wo Ihnen bestimmt weitergeholfen werden kann.

Waffentest vorm Waffenkauf

Sicher gibt es vereinzelt Händler, die ihrem guten Kunden entweder auf einem zum Laden gehörenden Schießstand ein paar Probeschüsse mit der neuen Waffe gestatten. Es kommt auch vor, daß einzelne Händler einmal dem Kunden gestatten, eine Waffe probehalber mit nach Hause zu nehmen, um sie im praktischen Einsatz auszuprobieren. Leider ist weder das eine noch das andere die Regel. Meist steht der Kunde im Laden und soll sich innerhalb weniger Minuten entscheiden, ob die angebotene Waffe seinen Wünschen entspricht. Das kann gut gehen, es kann aber genauso leicht auch mächtig ins Auge gehen. Derartige Entscheidungen sollte man daher gar nicht erst provozieren, man sollte sich schon lange vor dem Erwerb einer neuen Waffe sachkundig machen, also sein Fachwissen über die neue Waffe auf den aktuellen Stand bringen, bevor man überhaupt in den Laden des Waffenhändlers geht.

Es kommt wohl kaum vor, daß jemand zum Waffenhändler geht, ohne eine bestimmte Waffe im Auge zu haben. Deshalb muß man sich zunächst einmal darüber klar werden, wie es denn zu der Wahl gerade dieses Waffenmodells gekommen ist. Es liegt daher zunächst an Ihnen, ganz sachlich die Frage zu klären, wieso Sie gerade auf diese Waffe gekommen sind. War es eine Anzeige in der Fachpresse? Die Werbesprüche der Industrie hören sich ja ganz gut an, aber halten die Waffen immer, was die Werbung verspricht? Vielleicht war es ein Vereinskamerad, der eine solche Waffe besitzt und Ihnen zu diesem Waffenmodell rät. Aber: Sind die Schußleistungen, die Ihr Vereinskamerad mit der Waffe erbringt, auch von Ihnen mit so einer Waffe zu erreichen? Vielleicht ist es nur der zufällige Griff oder die anders ausgebildete Visierlinie oder sogar überhaupt bloß der Reiz einer anderen Waffe, der Sie zu dieser Wahl veranlaßte? Es kann natürlich auch sein, daß Sie aufgrund von Fachartikeln und von Waffentests zu der Ihnen optimal erscheinenden Waffe hingeführt wurden. Wie dem auch sei, Sie müssen sich klar sein, ob es rein sachliche, logische Gründe sind oder mehr gefühlsmäßige, die zu der speziellen Waffe führen. Beim Waffenkauf aufgrund von persönlichen Gefühlen oder Vorstellungen ist jede weitere Diskussion überflüssig. Sie würden die Waffe vermutlich trotzdem kaufen. Mit dem Herzen und nicht aus sachlichen Gründen.

GUTES WERKZEUG

Wenn Ihnen jedoch klar ist, daß eine Waffe im Grunde nichts weiter darstellt als ein technisches Werkzeug, das eine bestimmte Aufgabe möglichst zufriedenstellend erfüllen muß, dann sollten Sie sich durch umfangreiche Vorinformationen die bestmögliche Waffe für Ihren ganz persönlichen Bedarf auswählen. Das Angebot ist sehr umfangreich, es kommt deshalb darauf an, daß Sie die zu Ihnen passende optimale Waffe finden. Zunächst geht das so vor sich, daß Sie alle Artikel, die bisher in der Fachpresse erschienen sind, alle Testberichte und Explosionszeichnungen usw. sammeln und gründlich studieren. Machen Sie sich ausführliche Notizen über das, was Sie gelesen haben. Schreiben Sie sich sofort Fragen auf, die Ihnen zu der Waffe, zur Handhabung, zur Schußleistung usw. einfallen. Notieren Sie auch sofort, welches Zubehör Sie brauchen, welches Zubehör es außerdem gibt, welche Lauflängen, welche Sondermodelle der Waffe im Handel angeboten werden. Schreiben Sie sich auch die Preise der Händler auf, die in Fachzeitschriften inserieren. Schließlich wollen Sie ja nicht nur eine optimale Waffe, sondern Sie wollen vermutlich auch nicht unbedingt mehr als nötig dafür bezahlen. Kurz und gut, bereiten Sie sich für den Waffenkauf so vor, wie Sie das früher einmal für eine Klassenarbeit gemacht haben. Sogar mit Spickzettel, denn hier ist er erlaubt und erspart Ihnen unter Umständen viel Ärger. Weil Sie ja nach einem verpatzten Waffenkauf nicht einfach in den Laden gehen und die Waffe umtauschen können.

SPICKZETTEL

Und noch etwas Wichtiges: Machen Sie sich die Notizen nicht nur für eine bestimmte Waffe, sonst sind Sie ja schon wieder voreingenommen! Schreiben Sie Ihre Spickzettel ruhig für wenigstens zwei oder drei verschiedene Waffen auf, und zwar jedes Detail einer Waffe neben das zugehörige der anderen Waffen. So bekommen Sie am Ende einen korrekten Vergleichsbogen, auf dem nebeneinander die wichtigen Angaben zu den einzelnen Waffen übersichtlich aufgegliedert sind. Wenn eine Waffe beispielsweise ein bestimmtes Detail nicht hat, was die anderen haben, so machen Sie eben in der betreffenden Spalte einen Strich. Dann merken Sie beim Vergleich sofort, daß dieser Waffe etwas fehlt. Wenn Sie bei Ihrer Vorentscheidung noch etwas weiter gehen wollen, können Sie auch die einzelnen Merkmale der verschiedenen Waffen mit Punkten versehen oder nach der Wichtigkeit farbig kennzeichnen. Beispielsweise können Sie einer optimal für Sie passenden Waffe 100 Punkte geben. Die für Sie z. B besonders wichtige Lauflagerung bekommt dann wegen der damit verbundenen Präzision meinetwegen 30 Punkte, die Visierung 20 Punkte, die Griffform und der Preis der Waffe jeweils 15 Punkte und schließlich die Magazinkapazität und das Zubehör nochmal je 10 Punkte. Das ist, wohlgemerkt, nur als Beispiel gedacht, die Punkteverteilung müssen Sie selbst nach den Ihnen wichtigen Entscheidungsmerkmalen vornehmen. Sie können auch z. B. noch den Büchsenmacherservice (bei Versandhandel stets ein Problem), die Ersatzteilbeschaffung, die Funktionssicherheit mit unterschiedlicher Munition, die Materialgüte (z. B. rostträger Stahl oder Aluminium usw.) und weitere Kriterien in Ihre Bewertungsliste aufnehmen. Wenn Sie das konsequent durchführen, haben Sie noch vor dem Entscheid für ein bestimmtes Waffenmodell eine logisch begründete Entscheidungshilfe zur Hand.

WAFFENAUSWAHL

Mit Ihrem Fragezettel in der Hand können Sie schon wesentlich beruhigter zum Händler gehen. Wenn Sie auch noch eine Explosionszeichnung der in Frage kommenden Waffentypen bei sich haben, dürfte auch die Frage nach Austausch- oder Umbauteilen sowie nach Verschleißteilen und ihrem Einbau rasch zu klären sein. Außerdem müssen Sie sich noch mit ein paar kleinen, in jede Tasche passenden Utensilien ausrüsten, die Sie für die erste Prüfung der in Frage kommenden Waffen benötigen. Es handelt sich dabei um eine Blattfühlerlehre, eine handliche Lupe, eine kaliberentsprechende leere Patronenhülse, eine Taschenlampe (besser noch eine Laufleuchte), einen kleinen Satz Schraubendreher und nicht zuletzt eine Federwaage oder Anglerwaage mit einem Stück Bindfaden dazu. Wenn möglich, sollten Sie auch noch eine Schublehre und einen vorn winklig geschliffenen Holzstab oder Bleistift (der in den Lauf paßt) mitnehmen.

Es kann natürlich sein, daß der Händler Sie des-

Abb. 93: Waffenprüfung: Der Abzug muß sowohl bei DA- wie auch bei SA-Betätigung sauber, ohne Kratzen und trocken kommen. Bei der Gelegenheit kann man auch gleich die Handlage und Deutschußeignung des Griffes ausprobieren.

halb etwas erstaunt ansieht. Aber erstens will er ja seinen Kram verkaufen, zweitens brauchen Sie nicht alle Gerätschaften gleich auf dem Ladentisch auszubreiten und drittens sind Sie letztendlich der Geschädigte, wenn Sie sich eine Waffenkrücke andrehen lassen! Deshalb sollten Sie sich von dem Händler nicht nervös machen lassen. Lassen Sie sich die Waffenmodelle zeigen, die in Frage kommen. Prüfen Sie zunächst nach Ihrer Liste all die Punkte durch, die für Ihre Vorentscheidung wichtig waren. Wenn Sie schließlich zu einem bestimmten Waffenmodell tendieren, bitten Sie den Händler, er möge Ihnen doch davon noch wenigstens ein oder zwei Waffen zur Auswahl zeigen. Kulante Händler, die von dieser Waffe mehrere vorrätig haben, gehen sicher auf einen interessierten Kunden ein. Fragen Sie den Händler vorsichtshalber, ob er etwas dagegen hat, daß Sie die Waffen prüfen. Ein Händler, der nichts zu verbergen hat und keinen Schund verkauft, dürfte normalerweise nichts einzuwenden haben. Wenn doch, so gibt es ja noch andere Händler, die weniger stur sind oder sogar selbst Interesse an Ihrer Auswahltechnik haben.

DAS GEFÜHL

Der allererste Kontakt mit der neuen Waffe findet in dem Moment statt, wo man sie in die Hand nimmt (Abb. 93). Viele entscheiden sich schon dabei innerlich, vielleicht unbewußt, für oder gegen diese Waffe. Das kann mit der Griffform, mit der Holzoberfläche des Griffes (oder Schaftes), mit der Handlage oder sonst etwas zu tun haben und ist nicht immer logisch zu begründen. Es spielt hier wieder viel das Gefühl mit, aber denken Sie daran: Sie wollen ein technisches Produkt, ein Werkzeug kaufen.

DIE HANDLAGE

Wie gesagt, der erste Kontakt mit dem Waffengriff zeigt Ihnen, wie die Waffe in der Hand liegt. Prüfen Sie, wie der Griff in der Hand liegt. Zum Beispiel bei Verteidigungswaffen, ob Sie die Waffe in der richtigen Position für den Deutschuß in der Hand halten, wenn Sie den Griff blind greifen müssen. Oder müssen Sie erst ein-, zweimal nachfassen, bis die Waffe gut sitzt? Bei Sportwaffen ist zu entscheiden, ob der Waffengriff nach Einnahme der gewohnten Schießhaltung das Handgelenk aus der gestreckten Position abknicken will oder ob Sie die Waffe entspannt halten können. Ferner müssen Sie prüfen, wie die Waffe beim Anheben mit ihrem Lauf hochgeht. Liegt die Visierung dann in der richtigen Stellung zu Ihrem Zielauge? Oder ist die Waffe seitlich verkantet? Hängt sie womöglich nach unten durch oder zeigt schräg nach oben? Es kommt für das spätere Schießen (bei Verwendung dieses Waffengriffs) entscheidend darauf an, daß die Waffe beim Hochgehen mit dem Arm in Zielrichtung steht und nicht irgendwo in die Gegend deutet. Denken Sie dabei an die Tatsache, daß Sie z. B. bei der Disziplin ›Duellschießen‹ oder ›Standardpistole‹ usw. nur begrenzt Zeit haben, mit der Waffenvisierung das Ziel zu erfassen. Aber auch schon beim ganz normalen Präzisionsschießen ist es sehr hinderlich, für jeden Schuß die Waffe wieder aus dem Handgelenk in die Zielrichtung schwenken zu müssen. Natürlich läßt sich in bestimmten Grenzen durch einen Maßgriff noch viel verbessern, aber wenn eine andere, sonst gleich gute Waffe einen besseren Griff hat, kann man sich möglicherweise den teuren Maßgriff vorerst sparen. Für eine Verteidigungs- oder Combatwaffe sind auch noch andere Kritierien maßgebend. Beispielsweise die Rutschsicherheit des Griffs bei schweißnassen Händen, die Dämpfungseigenschaften des Holz- oder Neoprengriffs bei langen anstrengenden Schußserien oder gegen einen harten Rückstoß usw. Da Sie diese Dinge nicht im Laden feststellen können, sollten Sie zumindest den Waffengriff ein paar Minuten lang **fest** in der Hand halten. Dann merken Sie am ehesten, wo er drückt. Außerdem kann man Druckstellen an den roten Flecken in der Schußhand erkennen und feststellen, ob der Griff in dem Bereich ungünstig geformt ist. Ein Sportwaffengriff sollte nirgends drücken, weil jede zusätzliche Belastung die haltende Schußhand beeinflußt. Ein Maßgriff (Abb. 94) vermeidet solche Probleme, aber auch ein gut geformter, verstellbarer Universalgriff (Abb. 37) ist eine akzeptable Erstausstattung. Vor den kleinen, mickrigen Holzgriffchen, wie sie mit aufgepreßter Fischhaut an den meisten Revolvern oder Pistolen aus Übersee zu finden sind, sollte man in jedem Fall die Finger lassen. Solche Griffchen kann der Händler am besten gleich da behalten und richtige, passende Formgriffe montieren. Sammler von Handfeuerwaffen werden natürlich, aus Gründen des originalen Wiederverkaufs, die albernen Holzgriffchen sorgsam verpackt mit nach Hause schleppen.

SCHLOSSFUNKTION

Als nächsten Prüfgang sollten Sie jetzt die mitgebrachte leere Patronenhülse aus der Tasche ziehen und in der Waffe so einsetzen, daß Sie diese Waffe ohne Schaden trocken abziehen können. Beim Kauf eines Revolvers oder einer Pistole mit Spannabzug (DA = double action) ziehen Sie nun zunächst einmal ganz bewußt und langsam den Abzug durch. Dabei können Sie schon dreierlei feststellen: Erstens, ob die Abzugszunge in der richtigen Entfernung für Ihre Hand steht. Zweitens, ob der Abzug in DA-Funktion sehr schwergängig ist, und drittens schließlich, ob das Abziehen sanft und ruckfrei oder holprig und kratzend vor sich geht.

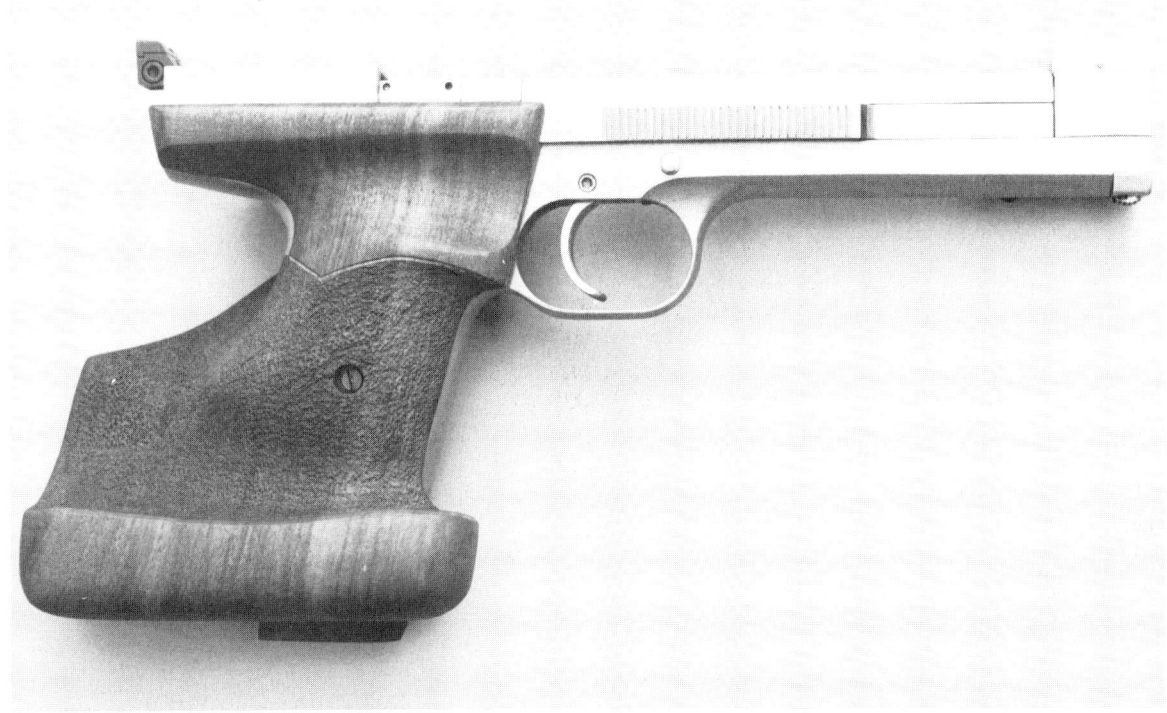

Abb. 94: So sieht ein Hofmann-Maßgriff aus: Beim Hochführen sitzt die Waffe auf Anhieb im Haltepunkt.

DER ›TROCKENE‹ ABZUG

Aber, wie gesagt, das merken Sie zunächst nur dann, wenn Sie den Abzug ganz langsam zurückziehen. Plötzlich und unerwartet muß dann ein guter Abzug den ›Schuß‹ auslösen. Das heißt in Ihrem Fall, daß der Abzug trocken und ohne merkliches Nachziehen auslöst. Noch besser merken Sie die Abzugseigenschaften beim Auslösen mit gespannter Waffe, also in SA-Stellung (SA = single action). Weil hier der Kraftaufwand für das Auslösen nicht so hoch ist, kann man genauer auf das Abschlagen des Hahns achten. Das ist bei Langwaffen genau so, daß der Abzug möglichst kurz und trocken auslösen muß. Haben Sie Ihre Federwaage dabei, so können Sie das Abzugsgewicht der Waffe gleich auch noch messen. Und zwar sowohl bei der DA- wie bei der SA-Funktion. Logisch ist, daß die aufzuwendende Kraft in DA-Stellung höher ist, weil ja die Mechanik der Waffe Kraftaufwand erfordert. Dennoch sollte der Kraftaufwand in DA-Funktion nicht wesentlich über 4,5 bis 5 kg liegen. Alles, was darüber ist, beeinflußt sehr stark die Treffsicherheit der Waffe, wenn sie in DA-Funktion geschossen werden muß. SA-Abzüge oder Waffen in SA-Funktion sollten Abzugsgewichte um 1,4 bis max. 1,7 kg aufweisen, wenn sie zum Sportschießen nicht sowieso ein einstellbares Abzugsgewicht aufweisen. Die für Wettkämpfe erlaubten Mindestabzugsgewichte entnehmen Sie bitte der jeweils gültigen Sportordnung für Ihre Schießdisziplin. Waffen, die darunter liegen, werden bei Wettkämpfen nicht zugelassen. Bitte

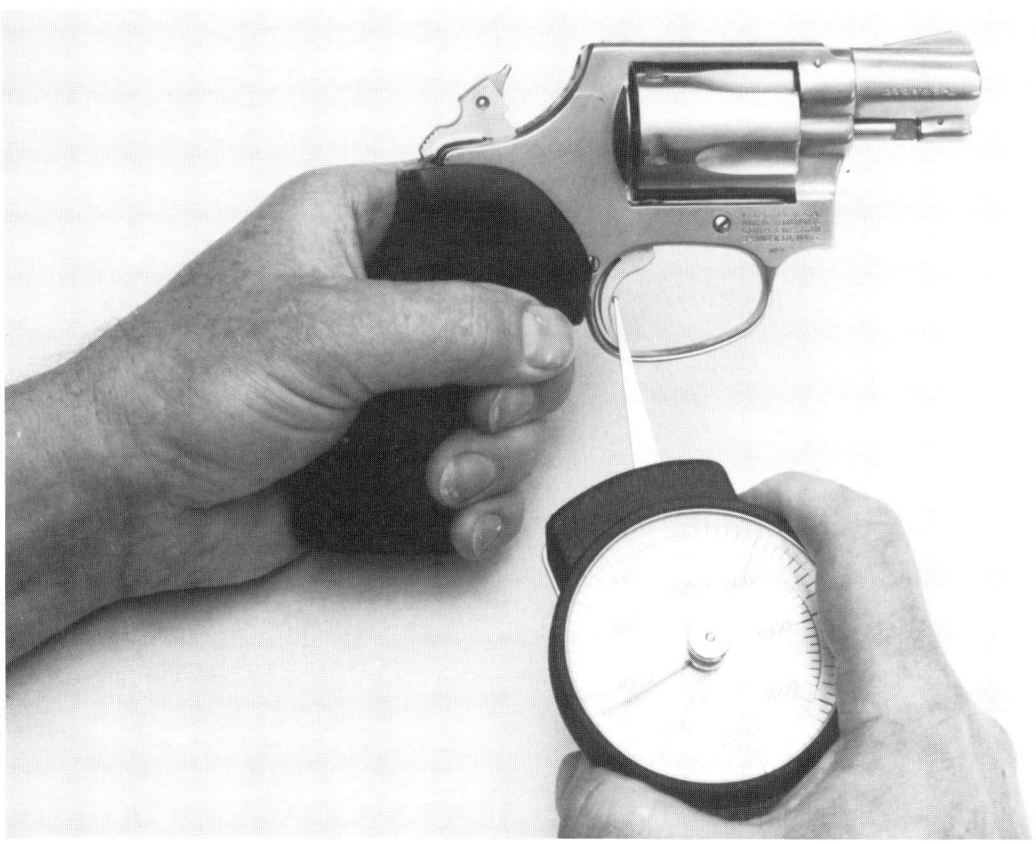

Abb. 95: Das exakte (und konstante?) Abzugsgewicht wird so mit der Federwaage geprüft.

Sie den Händler gegebenenfalls um Abhilfe, wenn Sie die Arbeit nicht selbst ausführen wollen. Zur Messung des Abzugsgewichtes können Sie die Federwaage (Abb. 95) mittig an der Abzugszunge ansetzen und mit dem Meßarm der Waage den Hahn abschlagen lassen. Da diese Federwaagen einen Schleppzeiger haben, läßt sich das Abzugsgewicht im Moment der Schußauslösung exakt ablesen. Allerdings reicht der Meßbereich der Federwaagen meist nicht aus, um die erforderliche Kraft in der DA-Funktion anzuzeigen. In solchen Fällen hilft dann die gute alte Fisch- oder Anglerwaage. Um die Abzugszunge wird dazu ein Stück Bindfaden gelegt und hinter der Waffe zu einem Ring zusammengeknotet. Jetzt läßt sich die Fischwaage mit ihrem Haken am Bindfaden ansetzen. Nun können Sie an der Fischwaage so lange von der Waffe weg nach hinten ziehen, bis der Hahn abschlägt. Dabei müssen Sie allerdings die Waage im Auge behalten, weil sie keinen Schleppzeiger besitzt. Im Moment der ›Schußauslösung‹ wird dann das (ungefähre) Abzugsgewicht abgelesen. Wenn Sie Pech haben, kann das selbst bei Markenwaffen noch gut bei 8 bis 10 kg liegen! Solche hohen Abzugsgewichte, manchmal konstruktionsbedingt, erfordern entweder die Wahl einer anderen Waffe oder Nacharbeit, wenn man sich nicht mit dem schwergängigen Abzug abfinden will.

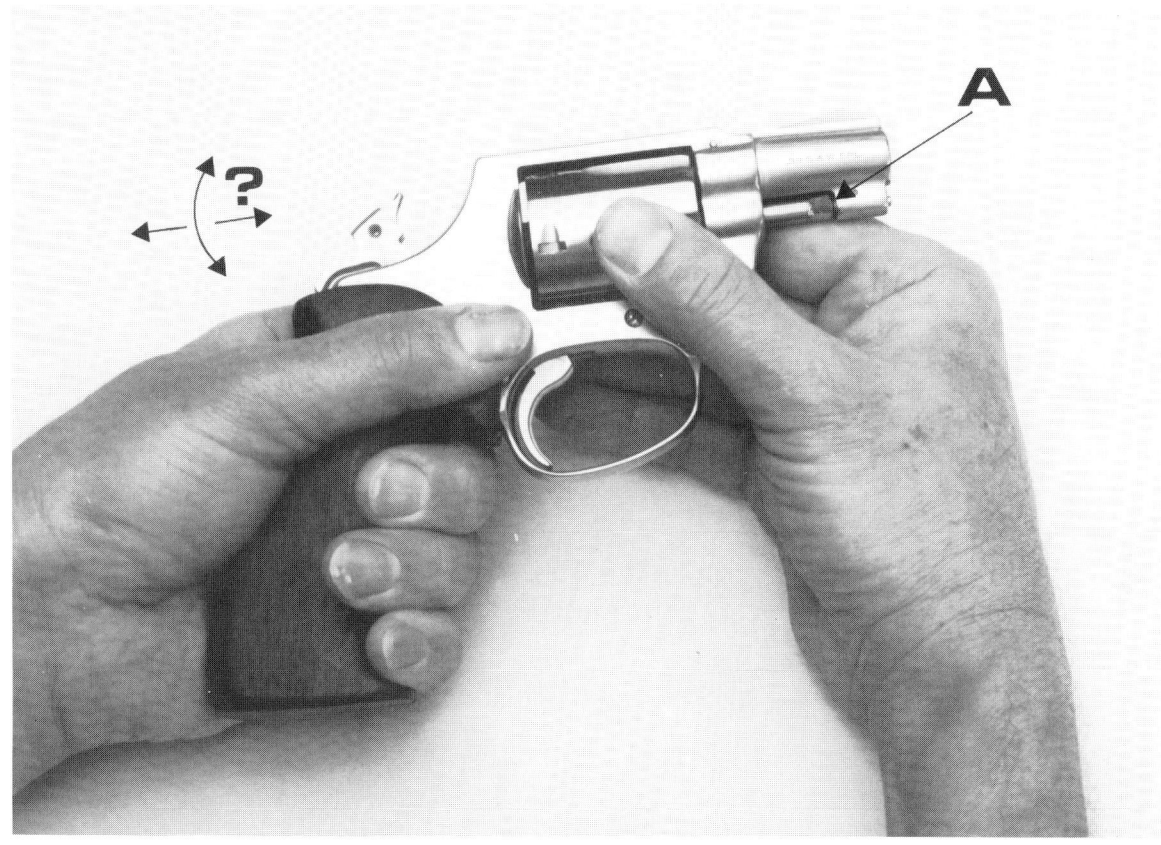

Abb. 96: Waffenprüfung: Hat die Revolvertrommel im gespannten (aber entladenen!) Zustand axiales oder radiales Spiel? Ist die Trommelachse vorn (A) spielfrei gelagert?

WEITERE MERKMALE

Auch ein besonders langer Abzugsweg sowohl in DA- wie auch in SA-Funktion ist zwar oft konstruktionsbedingt, aber keineswegs angenehm. Ein zu langer Abzugsweg erfordert über eine entsprechend lange Zeitspanne die volle Aufmerksamkeit des Schützen, der den Abzug ja sanft betätigen will. Das mindert die Konzentration. Ein optimaler Abzug kommt ohne langen Vorzugweg nach einem genau fühlbaren Druckpunkt kurz und trocken, er fällt auch nicht nach dem Abschlagen des Hahns merklich weiter durch, sondern wird nach längstens ½ mm Weg vom Triggerstop gestoppt. Beim Messen des Abzugsgewichtes in der SA-Funktion unter Zuhilfenahme der Federwaage sollten Sie sich keinesfalls nur mit einer einmaligen Messung begnügen! Wiederholen Sie die Messung des SA-Abzugsgewichtes wenigstens zwei- bis dreimal. Dann können Sie feststellen, ob das Abzugsgewicht bei allen Proben **konstant** war oder geschwankt hat. Unterschiedliche Abzugsgewichte unter sonst gleichen Bedingungen deuten auf Mängel im Abzugssystem hin. Das kann im günstigsten Fall bloß Dreck im Schloß sein, es kann aber auch für Sie (oder den Händler) bedeuten, daß die Funktionsteile im Abzugssystem nachgearbeitet werden müssen, weil sie klapperig, gratig oder gar verformt (zu weicher Stahl?) sind. In jedem Fall sollte dann entweder die Waffe vom Händler überprüft bzw. nachgebessert werden, oder der Händler geht mit dem Preis entsprechend herunter. Man kann natürlich auch eine andere Waffe wählen und dort die Messungen wiederholen. Beim beabsichtigten Erwerb eines Revolvers kann, schon durch simple Handprüfung, eine ganze Anzahl weiterer Kriterien geprüft werden. Zum Beispiel sollte man die (selbstverständlich entladene) Waffe spannen und dann (Abb. 96) durch Hin- und Herschieben der Trommel feststellen, ob sie in axialer Richtung Spiel hat. Solches Spiel hätte zur Folge, daß sich bei jedem Schuß der Abstand zwischen Trommelvorderkante und Laufhinterkante, also der Luftspalt, verändert. Die ballistischen Folgerungen sind klar abzusehen. Auch der Abstand zwischen Trommelhinterkante und Stoßboden ist dementsprechend unterschiedlich, so daß die Patronenhülsen und ihre Zündhütchen verschieden dicht am Stoßboden bzw. Zündstift sitzen. Derartiges Achsspiel der Trommel ist daher von negativem Einfluß auf die Schußleistung einer Präzisionswaffe. Auch radiales Trommelspiel, bei dem die Trommel auf einer zu dünnen Trommelachse ›schlottert‹, mindert die Schußleistung, weil die einzelnen Geschosse unter verschiedenen Neigungswinkeln in den Laufkonus eintreten können. Radiales Spiel wirkt sich zwar meist nicht so stark aus wie das in axialer Richtung, aber immerhin ist es keineswegs positiv zu bewerten. Man erkennt es, wenn man an der Revolvertrommel kippelt (Abb. 96). Eine weitere Prüfung sollte bezüglich der Trommellagerung erfolgen: Läßt sich die Trommel mit ihrer Achse in der vorderen oder hinteren Achslagerung quer bewegen? Ein winziges Spiel ist konstruktionsbedingt, aber wirklich nur ein winziges Spiel, weil ja beim Einschwenken der Trommel die Achse einrasten muß. Wenn dagegen die Trommel samt Trommelkran in den Lagerungen merkliches Spiel aufweist, so wird beim Schuß logischerweise auch die jeweilige Trommelkammer nicht zentrisch vor dem Laufkonus stehen, sondern versetzt. Folge: Das Geschoß tritt schief in den Lauf ein, verformt sich und verschlechtert in erheblichem Maße die Präzision. Dort, wo der Kran in den Revolverrahmen einschwenkt, erkennen Sie an der (veränderlichen?) Spaltbreite auch schon rein optisch ein seitliches Spiel der Trommel gegenüber dem Lauf. Um Feinheiten zu erkennen, sollten Sie sich nicht scheuen, die Lupe aus der Tasche zu ziehen und sich Details gründlich anzuschauen. Daß Sie bei der Gelegenheit auch gleich die Brünierung und die sonstige Verarbeitung der Waffe mit ›unter die Lupe‹ nehmen, versteht sich von selbst. Ein weiterer sehr wichtiger Test betrifft das Timing beim Revolver, also das Zusammenspiel der einzelnen Funktionen beim Abziehen und Trommeltransport bis zum Abschlagen des Hahns.

DAS TIMING

Wenn es hierbei zu Differenzen kommt, kann sich dies in starkem Maße auf die Schußleistung bzw. sogar auf die Gesamtfunktion auswirken. Das Revolver-Timing (Abb. 97) können Sie leicht wie folgt prüfen: Die ungeladene und entspannte Waffe wird mit der Schußhand gehalten. Der Abzugsfinger zieht nun ganz langsam den Abzug nach hinten. Die andere Hand bremst dabei etwas die Trommel ab. Beim weiteren, gleichmäßigen Zurückziehen muß an einer Stelle die Trommelsperre mit einem leicht hörbaren Klick in die Arretiernut der Trommel einrasten. Der Abzug muß danach noch eine Kleinigkeit weitergezogen werden können (und der Hahn sich noch etwas weiter spannen), bevor der Hahn abschlägt. Das heißt, die Trommel muß in ihrer Lage zum Lauf (durch die Trommelsperre) arretiert sein, bevor der Schuß ausgelöst wird! Nur so können Sie sicher sein, daß sich die Trommelkammer und der Lauf gegenüber stehen. Achten Sie anschließend auch darauf, ob die Trommelsperre fast spielfrei in den einzelnen Trommelnuten sitzt oder viel Luft hat. Minimale Luft ist nötig, weil die Sperre ja beim DA-Schießen sicher einrasten muß. Prüfen Sie auch die Scharfkantigkeit der Trommelsperre und der Nuten in der Trommel. Eine aus zu weichem Stahl bestehende Sperre nutzt sich rasch ab und arretiert dann die Waffe nicht mehr einwandfrei. Wenn diese Prüfungen zu Ihrer Zufrie-

Abb. 97: Waffenprüfung: Beim sehr langsamen DA-Abziehen des Revolvers sollte die Trommel bereits kurz vor dem Fallen des Hammers mit hörbarem Geräusch in der Trommelsperre einrasten. Der Hammer muß sich danach noch eine Winzigkeit weiterziehen lassen, bevor er abschlägt.

denheit ausgefallen sind, nehmen Sie den vorne plan geschliffenen Bleistift oder Holzstab und fahren Sie (Abb. 98) damit in den Lauf. Fühlen Sie mit der scharfkantigen Vorderseite des Bleistiftes im Übergangsbereich zwischen Lauf und Trommel, ob irgendwelche Vorsprünge oder Widerstände zu bemerken sind. Das könnte Differenzen zwischen Trommelkammerstellung und Laufachse bedeuten. Prüfen Sie das bei allen Kammern der Trommel. Wenn Sie nämlich Pech haben, ist die Trommel ungleich gebohrt und ein oder zwei Kammern sitzen nicht exakt. Dann lassen Sie bloß die Finger von einer solchen Waffe. Da läßt sich nur durch (teuren) Trommeltausch noch was machen. Im anderen Fall, wenn alle Kammern gleichmäßig einseitig sitzen, ist das zwar ein (wertmindernder) Fehler, aber er läßt sich meist durch Änderungen am Trommeltransport bzw. der Trommelsperre beheben. Zur abschließenden Kontrolle können Sie noch mit der Laufleuchte (Abb. 108) oder notfalls mit der Taschenlampe den Lauf ausleuchten und auch darauf achten, ob sich eventuell am Laufende leicht halbmondförmige, helle Flächen abzeichnen. Das könnte ebenfalls auf einen Trommelversatz, also auf höhen- oder seitenversetzte Trommelkammerstellung hindeuten und muß überprüft werden.

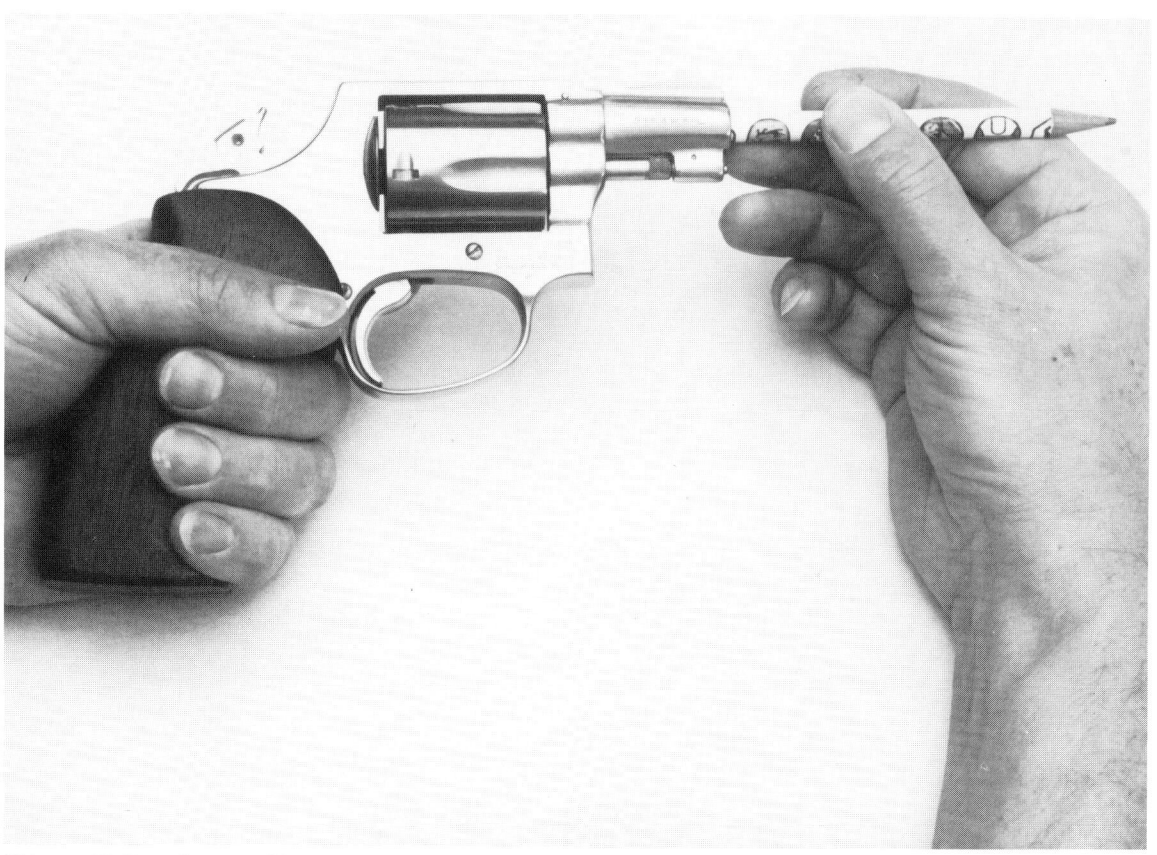

Abb. 98: Waffenprüfung: Läßt sich bei dem gespannten (entladenen!) Revolver mit einem flachen Bleistiftende oder mit der Laufleuchte ein Versatz zwischen Lauf und den einzelnen (alle prüfen!) Kammern der Trommel feststellen?

MASSNEHMEN

Nach diesen praktisch ohne großen Aufwand ausgeführten Kontrollen der Waffe greifen Sie nun zu Ihrer Blattfühlerlehre und messen die kritischen Stellen der Trommel aus (Abb. 99). Dazu nehmen Sie auch die leere Patronenhülse zur Hilfe. Als erstes legen Sie diese einmal so auf die Trommel, wie das aus dem Foto ersichtlich ist. So haben Sie eine Vorstellung davon, wie groß die Strecke des rotationslosen Geschoßwegs ist bzw. ob die Trommel für Ihre Patronen zu lang ist. Auf die Folgen solch langer Trommeln und des RLGW wurde ja schon hingewiesen. Anschließend kommt die leere Patronenhülse in eine der Trommelkammern und die Trommel wird eingeschwenkt. Jetzt können Sie sehen, ob der Rand der Hülse wesentlich dünner ist als der Platz, der dafür zwischen Trommelrückseite und Stoßboden, das Maß ›A‹, zur Verfügung steht. Eine dort hin- und herklappernde Hülse würde zu unterschiedlicher Schußleistung führen. Zu eng darf der Spalt ›A‹ aber auch nicht sein, sonst könnte die Waffe bei unterschiedlichen Hülsenrandstärken (das sollte bei Ihnen aber nicht vorkommen!) klemmen. Mehr als 0,1 bis 0,15 mm sollte das Maß ›A‹ nicht die Hülsenranddicke übersteigen. Vorausge-

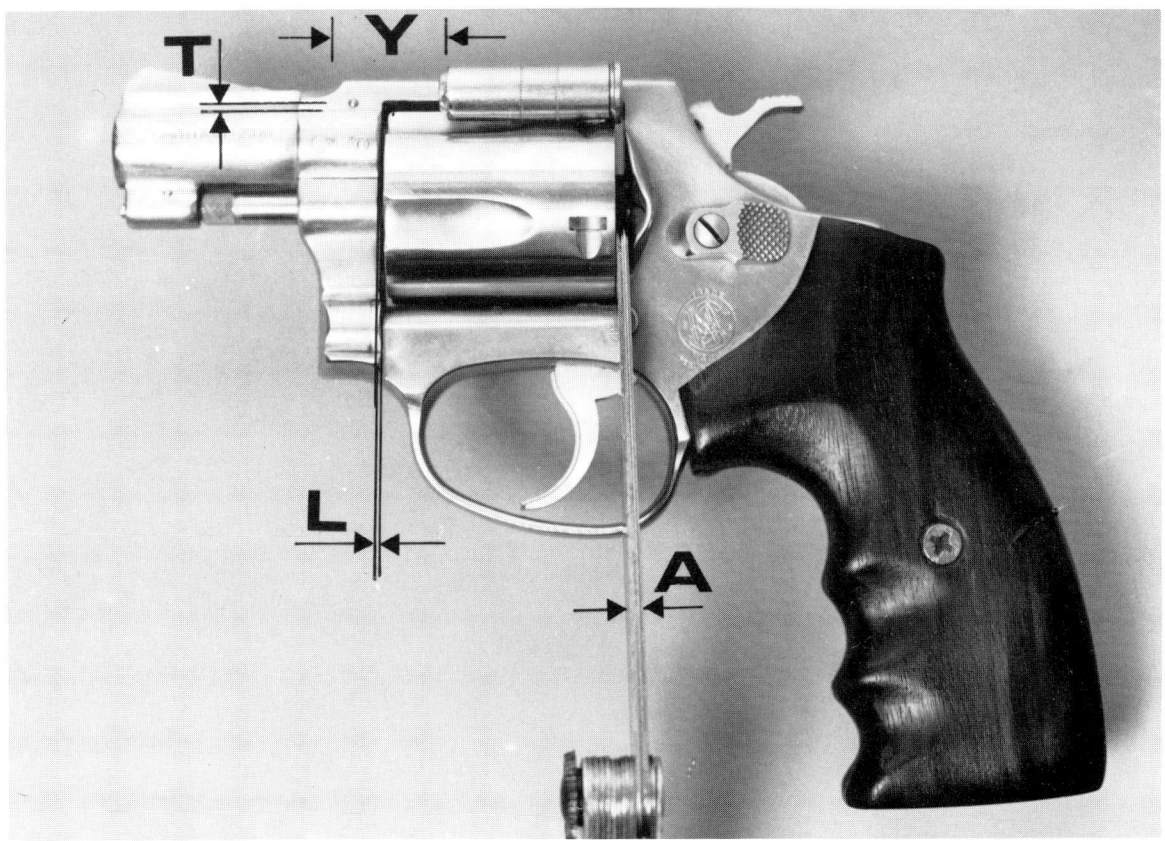

Abb. 99: Mit einer (preiswerten) Blattfühlerlehre läßt sich z. B. am Revolver der Abstand Trommel/Stoßboden (A), der Luftspalt Lauf/Trommel (L) und der Trommelrundlauf (T) messen. Die WC-Patrone auf der Trommel soll demonstrieren, wie groß schon bei einem .38er Revolver der rotationslose Geschoßweg (Y) ist.

setzt, man verwendet stets dieselbe Patronensorte. Messen kann man das, indem man mit der Blattfühlerlehre zwischen Hülse und Stoßboden den Abstand mißt. Gute Waffen weisen hier Maße unter 0,05 mm auf. Ein weiterer, sehr wichtiger Prüfvorgang betrifft den Luftspalt zwischen Lauf und Trommel, das Maß ›L‹ im Foto. Er sollte bei guten Revolvern im Bereich von 0,05 bis max. 0,15 mm liegen. Alles, was darunter ist, kann kritisch werden, wenn durch Blei- oder Tombakanlagerungen ein zu enger Luftspalt den Trommeltransport behindert. Ein zu weiter Luftspalt dagegen kostet Energie (Gasverlust) und kann auch durch austretende Pulverpartikelchen oder Bleispritzer benachbarte Schützen gefährden. Wenn Sie nun anschließend noch den Rundlauf der Trommel messen, indem Sie zwischen Rahmenbrücke und Trommelaußenkante Ihre Blattfühlerlehre einsetzen und dabei die Trommel drehen (Maß ›T‹), haben Sie schon einen guten Überblick über die Fertigungsgenauigkeit des Revolvers bekommen. Als weitere Maßnahme empfehle ich nun, die Trommel auszuschwenken und mit der Hand die leere Patronenhülse in jede einzelne Kammer behutsam einzuschieben. Dadurch läßt sich grob feststellen, ob die einzelnen Kammern gleiche Bohrweite aufweisen. Unterschied-

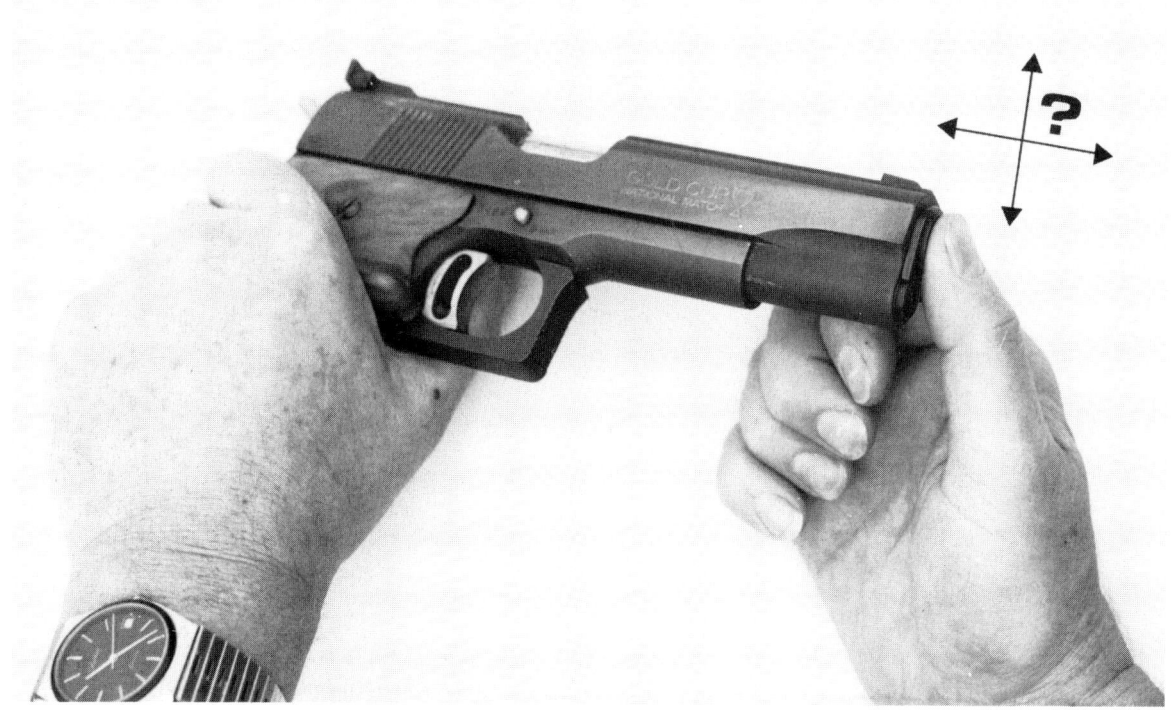

Abb. 100: Oft ein Problem ist die vordere Laufführung. Toleranzen, die über das für die Funktion erforderliche Maß hinausgehen, erfordern aufwendige Nacharbeit, bestenfalls kommt man mit einem passenden Austauschteil hin.

liche Bohrweiten würden sich durch verschieden losen Sitz der Hülse bemerkbar machen. Wenn Sie die Hülsen nur zur Hälfte einschieben, können Sie Maßdifferenzen durch Kippeln der Hülse in den einzelnen Kammern sehr gut fühlen. Ein Blick mit der Laufleuchte in die Kammern zeigt Ihnen, ob die Kammern blank poliert und gleichmäßig sauber ausgeführt sind. Auch der Laufkonus (Abb. 65) verdient einen Blick durch die Lupe! Hier wird in der Fertigung oft gespart! Testen Sie anschließend noch das exakte Auswerfen Ihrer leeren Hülse aus den einzelnen Kammern durch Betätigen des Auswerfers. Bei herausgezogenem Auswerfer sollten Sie auch nicht versäumen, an diesem etwas zu kippeln. Da läßt sich leicht prüfen, ob die Trommelachse zur Trommelachsbohrung zuviel Spiel hat.

Wenn Sie nun noch mit einem passenden Schraubenzieher die Deckplatte des Revolverrahmens lösen und durch Klopfen mit dem Fingerknöchel (zur Schonung der Brünierung sollte nicht mit etwas Hartem geklopft werden) die Platte abnehmen, so kann ein Blick in das Abzugssystem klären, ob die Waffe auch da optisch sauber verarbeitet wurde, wo sonst keiner hinguckt. Weitere Kontrollen können nun abschließend den geraden Sitz des Kornes, die Breite des Kornes im Verhältnis zum Kimmenausschnitt (schmale oder breite Lichtspalte beim Visieren) sowie die Präzision der Laufmündung (versenkt, grade usw.) und auch noch die gute, möglichst toleranzarme Führung von Abzugszunge und Hahn im Waffenrahmen zum Inhalt haben.

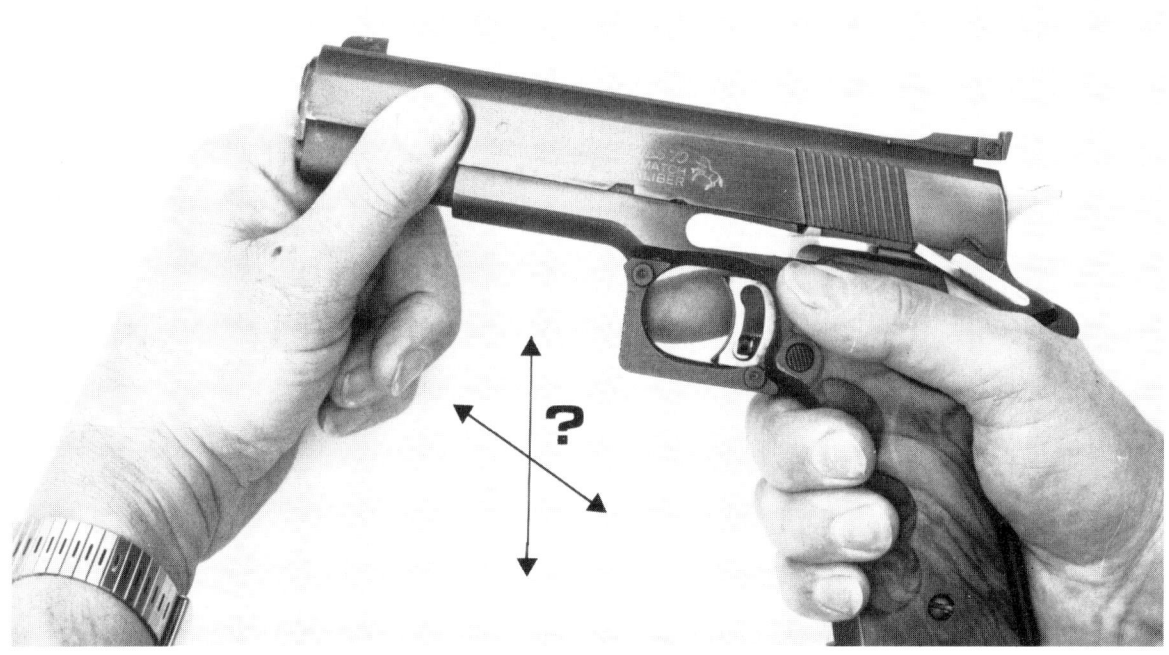

Abb. 101: Zuviel Spiel in senkrechter oder waagerechter Richtung zwischen Schlitten und Griffstück kostet Präzision und erfordert entsprechende Nacharbeit an der Waffe.

PISTOLEN

Auch bei Pistolen läßt sich durch die ›Handprobe‹ eine ganze Menge zusätzlicher Informationen über die in Frage kommende Waffe sammeln. Neben den schon erwähnten Prüfungen (Griffbeschaffenheit, Handlage, Griffweite, Abzugscharakteristik) und den Messungen (Abzugsgewicht, Abzugskonstanz usw.) kommt es dabei vor allem auf die Lauflagerung an. Ist der Lauf vorn nur über den Verschluß bzw. Schlitten gelagert, wie es im Foto (Abb. 100) der Fall ist, so kann eine Tastprobe schon erste Toleranzen feststellen, wenn man die Laufmündung mit dem Daumen in alle Richtungen zu bewegen versucht. Aber Achtung: Wirklich nur Luft zwischen Lauf und Lagerung im Verschlußschlitten prüfen. Notfalls den Verschluß fest mit der anderen Hand halten bei dieser Prüfung. Minimal vorhandenes Spiel ist noch kein Beinbruch, es ist unter Umständen sogar wegen der Wärmedehnung des Laufs erforderlich, gegebenenfalls kann man es mit einer anderen Laufhaltebuchse oder durch andere, bereits erwähnte Maßnahmen auf das gewünschte Maß verringern. Der nächste Versuch betrifft die Kontrolle der Verschlußführung (Abb. 101). Die Schußhand hält hierfür die Waffe fest, die andere Hand rüttelt am Verschluß sowohl in waagerechter wie senkrechter Richtung. Hier sollte sich möglichst überhaupt kein Spiel fühlen lassen, sonst wird eine recht aufwendige Nacharbeit nötig. Zusätzlich zu dem Rütteltest kann man auch einen Blick auf die Schlittenführungen am Ende der Waffe (Abb. 102)

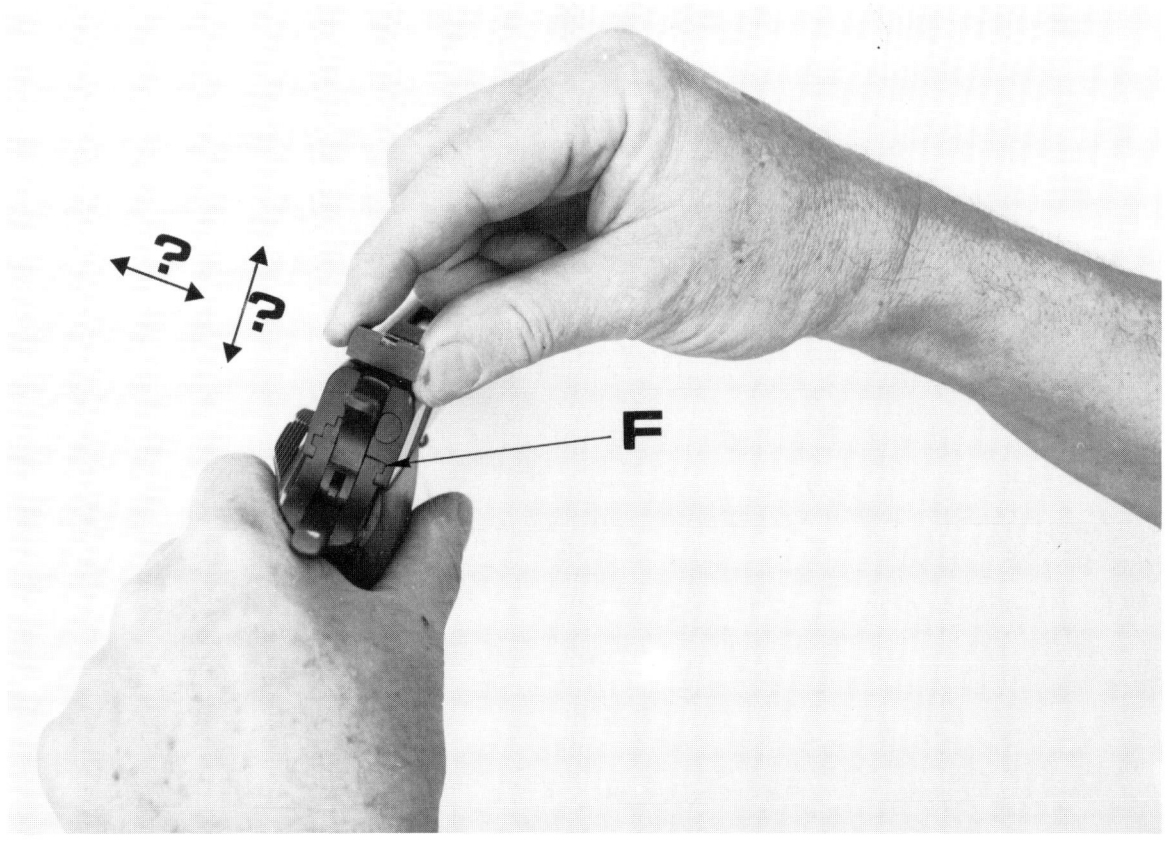

Abb. 102: Ein wackeliges, nicht genau (!) einzustellendes Visier bringt Unsicherheit in das Schießen. An der Waffenrückseite erkennt man oft eine mangelhafte Schlittenführung (F) schon durch einen Blick auf die – womöglich unterschiedlich breiten – Luftspalte.

werfen. Oft erkennt man da schon an deutlich sichtbaren Fugen zwischen Verschluß und Griffstück, ob der Hersteller gepfuscht hat. Zur weiteren Prüfung der Schlittenführung sollten Sie nun den Verschluß langsam nach hinten ziehen. Dabei können Sie feststellen, ob der Verschluß sehr schwergängig zurückläuft. Wenn er nicht gerade trocken ist, also noch Spuren von Waffenöl oder Waffenfett erkennbar sind, so könnte dies auf eine stramme Passung oder eine zu harte Vorholfeder hindeuten. Eine stramme Passung ist im Prinzip gut, kann aber bei schwach geladener Munition zu anfänglichen Auswerferstörungen führen. Man kann sich in solchen Fällen zwar mit einer stärkeren Munition oder mit etwas Nachschleifen der Schlittenführungen behelfen, aber meist arbeitet sich die Schlittenführung schon nach ein paar hundert Schuß von selbst ein.

VERSCHLUSSFÜHRUNG

Eine zu harte Vorholfeder zeigt dieselben Symptome, sie ist aber relativ schnell gegen eine etwas weichere auszutauschen. Beim Zurückziehen des Verschlusses achten Sie bitte auch gleich noch darauf, ob er gleichmäßig und ruckfrei zurückgleitet.

Abb. 103: Bei geöffnetem Schlitten kann man durch die Auswurföffnung eine ganze Menge prüfen: das Patronenlager, die Zuführrampe, den Magazinsitz, die Magazinlippen, die Auszieherkralle, den Auswerfer, den Schlagbolzen usw.

Ruckeln oder unterschiedlich schweres Zurückziehen deutet auf ungleichmäßig gefräste oder verformte Schlittenführungen hin, sofern nicht bloß Schmutz oder Fremdkörper (Metallspäne) die Ursache der Störungen sind. Bei geöffnetem Verschluß können Sie durch die Auswurföffnung das Patronenlager des Laufes, die Zuführrampe und den Sitz des Magazins, ferner den Zubringer, die Auszieherkralle, den Auswerfer und die Zündstiftbohrung begutachten. Sie sollten dabei wieder von der mitgebrachten Lupe Gebrauch machen, denn erst in der vergrößerten Abbildung erkennt man Verarbeitungsmängel oder beginnende Verschleißerscheinungen (Abb. 103). Eine wackelig in der Führung sitzende Auszieherkralle wird genau so bald Ärger machen wie ein aus zu dünnem Blech gefertigter Auswerfer. Ein zu breiter Zubringer, der seitlich an den Lippen des Magazins entlangstreift, verheißt ebenfalls nichts Gutes. Nehmen Sie nun einmal Ihre leere Patronenhülse zur Hand und laden damit das Magazin. Man könnte es natürlich auch mit scharfen Patronen probieren, aber das wäre in jedem Fall zu gefährlich! Die leere Hülse wird mit dem Magazin in die Waffe eingeschoben und man läßt den Verschluß aus seiner hinteren Stellung **langsam (!)** nach vorn gehen. Dabei muß man ihn natürlich festhalten, sonst geht alles so schnell, daß man nichts mehr erkennen kann. Jetzt sehen Sie genau, wie der Zubringer den Hülsenboden berührt und die Hülse langsam in Richtung Patronenlager geschoben wird. Achten Sie bei diesem Versuch auch darauf, wie sich die Hülse zwischen den Magazinlippen vorschiebt, wie sie die Zuführrampe hinaufgleitet und schließlich (hoffentlich) im Patronenlager sitzt. Beim behutsamen Zurückziehen des Verschlusses können Sie nun auch noch kontrollieren, ob der Auszieher richtig gefaßt hat und an welcher Stelle die Hülse gegen den Auswerfer stößt. Diese Kontrollen dienen nicht nur der Qualitätsprüfung der Waffe, sondern sie dienen Ihnen später dabei, etwaige Waffenmängel rascher zu erkennen und eine schnelle Abhilfe zu ermöglichen.

DIE VISIERUNG

Eine weitere Kontrollmöglichkeit der Waffe bietet sich im Visierbereich (Abb. 102). Gerade bei Waffen mit verstellbaren Klickvisieren kommt es vor, daß erstens diese Visiere in sich Spiel haben, also nicht stramm geführt sind. Und zweitens, daß die Visiermontage über längs oder quer montierte Schwalbenschwanzbefestigung oder auch mittels gerader Nuten mit zu großen Toleranzen erfolgte. Dann wackelt ein vielleicht sonst sehr brauchbar gestaltetes Visier wegen fehlerhafter Montage auf der Waffe herum. Deshalb der Fingertest: Visier zwischen Zeigefinger und Daumen nehmen und prüfen, ob es in waagerechter oder senkrechter Stellung oder sogar bei einem Kippelversuch Spiel erkennen läßt. Auch das Ausmessen der Kornbreite und der Breite des Kimmenausschnittes gehört zur Kontrolle, ob das Visier Ihren Wünschen entspricht. Ein mangelhaftes Visier ist zwar noch kein Grund, die Waffe nicht zu erwerben, wenn diese ansonsten gut ist. Aber es erfordert entweder Nacharbeit, den Austausch des Visiers oder das Abfinden mit Mängeln. Deshalb ist es oft einfacher, den Händler um eine andere Waffe des gleichen Modells zu bitten, bei dem dieser Fehler vielleicht nicht auftritt. Es gibt ja bekanntlich nicht nur bei Autos Montagsfertigungen. Aber: Bei einer anderen vom Händler zur Musterung zur Verfügung gestellten Waffe müssen Sie sämtliche Tests nochmals wiederholen! Es ist durchaus denkbar, daß sich bei der neuen Waffe ganz andere Fehlerpunkte herausstellen oder daß Toleranzen anders ausfallen! Keine Waffe ist absolut gleich der anderen, das sollten Sie bedenken.

DIE RICHTUNG

Auch wenn Sie vorher ausgiebig Tests über die Waffe Ihrer Wahl gelesen haben, so können diese Tests nur als Anhaltswerte und allgemeine Richtung aufgefaßt werden. Ihre Waffe, die Sie im Moment gerade vor sich liegen haben, kann in entscheidenden Details dennoch anders ausgefallen sein und eine andere Schußleistung bringen. Tests in Waffenzeitschriften usw. geben eine Richtung an, geben Hinweise, auf welche Details man achten muß. Alles andere liegt dann bei Ihnen und Ihren persönlichen Testmaßnahmen.

SERVICEFREUNDLICHKEIT

Wenn Sie sich nun für eine bestimmte Waffe weitgehend entschieden haben, so nehmen Sie die zugehörige Bedienungsanleitung zur Hand und probieren im Laden, die Waffe wie beschrieben für Reinigungszwecke zu zerlegen. Bei modernen Waffen ist das meist ohne Werkzeug möglich und der Händler dürfte im allgemeinen auch nichts dagegen haben. Bei dieser sogenannten ›kleinen‹ Zerlegung erkennen Sie, wie sauber die Verarbeitung der Waffe erfolgte, ob irgendwo Verschleißerscheinungen oder Materialschwächen ersichtlich sind und wie gut die Waffe gepflegt werden kann. Auch der Erwerb einer Langwaffe erfordert große Aufmerksamkeit und eine ganze Anzahl von Prüfungen.

LANGWAFFENKONTROLLE

Vieles läßt sich schon aus dem vorher bei Faustfeuerwaffen Gesagten sinngemäß ableiten. Die

Abb. 104: Die aufwendig verarbeiteten (und entsprechend teuren) Korth-Revolver haben als besondere Extras einen Spannabzug mit Druckpunktregulierung (Schloßgang weich bis hart einstellbar) und von außen verstellbares Abzugsgewicht.

Kontrollen werden sich bei Gewehren also vor allem auf die Schäftung, den Lauf, die Lauflagerung, das Schloß bzw. den Abzug und nicht zuletzt auf die Visierung konzentrieren. Bei der Schäftung ist das Allerwichtigste nicht etwa die schöne Holzmaserung, sondern der Sitz der Waffe beim Anschlagen. Zwar läßt sich ein zu kurz geratener Schaft durch Schaftkappen usw. verlängern und ein zu langer Schaft kürzen, aber das erfordert Aufwand, den man sich durch Wahl eines anderen Schaftes sparen kann. Aber Vorsicht: Man kann nicht einfach den Schaft einer anderen Waffe auf die vorliegende Waffe ummontieren, selbst wenn es das gleiche Modell ist. Jeder Schaft ist (zumindest bei guten Waffen) speziell für diese eine Waffe eingepaßt worden. Schon millimetergroße Differenzen können zur wesentlichen Verschlechterung der Schußleistung (infolge Verspannung oder zu großem Lagerspiel) führen.

FREIER LAUF

Wenn der Schaft zufriedenstellend ausfällt, nehmen Sie einen Bogen normales Schreibpapier (oder ein Prospektblatt) und versuchen Sie, dieses zwischen Lauf und Vorderschaft rundherum zu schieben. Bei einer gut geschäfteten Waffe mit freischwingendem Lauf ist das kein Problem! Liegt dagegen der Lauf aus irgendeinem Grunde am Schaft auch nur geringfügig an, so kann das auf verzogenes Schaftholz, auf unsaubere Einpaßarbeit usw. hindeuten. In jedem Falle wird die Schußleistung der Büchse beeinträchtigt. Als nächsten Versuch packen Sie mit einer Hand den Lauf, mit der anderen halten Sie den Vorderschaft. Wenn Sie jetzt am Lauf rütteln, können Sie hören, ob ein unsauber angepaßter Schaft irgendwo an den Lauf schlägt. Das könnte später in der Schießpraxis bedeuten, daß sich das Schaftholz auch beim Halten der Waffe an den Lauf legt und die Laufschwingungen beeinträchtigt. Jetzt stellen Sie das Gewehr senkrecht auf den Boden, halten den Schaft mit einer Hand fest, drücken ihn gegen den Boden und ziehen am Lauf senkrecht hin und her. Lose Befestigungsschrauben oder ein schlecht eingepaßtes System könnten sich dann bemerkbar machen. Wenn es nur die losen Schrauben sind, ist der Fehler zwar scheinbar schnell behoben, aber es zeigt, daß sich durch den Waffenrückstoß doch immer wieder das System losrütteln könnte, weil es nicht exakt genug eingepaßt ist. Wie man das System nachträglich einpassen kann, wurde bereits erwähnt. Aber warum sollen Sie die Nacharbeit auf sich nehmen, wenn dafür der Waffenhändler zuständig ist? Ein weiterer Versuch betrifft den Kammerstengel. Bei verriegeltem Verschluß darf er sich nicht merklich bewegen lassen, wenn man ihn mit zwei Fingern behutsam zu rütteln versucht. Spiel, das hierbei fühlbar wird, deutet auf vorhandenes Spiel in der Lagerung der Kammer in der Schloßhülse hin. Entweder sind die Verriegelungsnuten zu groß geraten oder die Führungsleisten an der Kammer zu schmal. Langfristige Abhilfe könnte nur eine komplette neue Kammer bringen.

TOLERANZEN

Das Auffüttern der Nuten oder Führungsleisten ist eine sehr aufwendige Nacharbeit, die man bei einer neuen Waffe in jedem Falle vermeiden sollte. Wenn Sie nun die Kammer öffnen, so können Sie durch Rütteln am Kammerstengel schnell feststellen, wie genau die Kammer in der Schloßhülse eingepaßt ist. Derartige Toleranzen sagen zwar nicht unbedingt etwas über die gute oder schlechte Schußleistung aus, aber sie lassen die Vermutung zu, daß der Hersteller auch an anderen Stellen ›großzügig‹ verfahren ist. In der offenen Verschlußhülse können Sie anschließend wiederum Patronenlager, Zuführrampe, Auszieherkralle usw. begutachten und auch, soweit vorhanden, das Magazin bei mehrschüssigen Büchsen. Schieben Sie gleich einmal den Zubringer im Magazin nach unten und prüfen Sie, ob das Magazin die Patronen durch eingebaute Steuerkurven (Abb. 56) vor Deformierungen der Geschoßspitze schützt. Während preiswerte Waffen auf solche Feinheiten nur selten Rücksicht nehmen, legen Präzisionswaffenhersteller großen Wert darauf, daß die Geschoßspitzen nicht bereits deformiert bzw. angestaucht in das Patronenlager gelangen. Wenn Sie den Magazinzubringer jetzt wieder nach oben schnellen lassen, so achten Sie gleich noch darauf, ob er irgendwo anhakt oder klemmt. Derartige Mängel könnten beim Schießen zu Störungen in der Munitionszufuhr führen.

DER VERSCHLUSSABSTAND

Ein weiterer wichtiger Test ist die Prüfung des Verschlußabstandes. Also des Spielraums zwischen Hinterkante Patronenhülse im Patronenlager und dem Stoßboden der Kammer bzw. des Verschlusses. Dabei muß man natürlich unterscheiden, ob man die Messung an einem klapprigen Militärkarabiner oder einer Präzisionsbüchse durchgeführt. Beim Militärkarabiner ist der Abstand mit hoher Wahrscheinlichkeit größer. Gemessen wird der Abstand am einfachsten mit einer kaliberentsprechenden Patronenhülse oder Übungspatrone. Optimal geeignet wäre eine Hülse, die schon einmal in dieser Waffe abgefeuert wurde und noch nicht wieder kalibriert ist. So eine Hülse, die sich durch das ›Fireforming‹, also das Lidern beim Schuß, dem Patronenlager exakt angepaßt hat, wird auf ihrer Rückseite mit einem Schußlochabkleber versehen und in das Lager von Hand eingesetzt. Läßt sich die Kammer noch einwandfrei verriegeln, so ist das vorhandene Spiel des Verschlußabstands noch im

174

Abb. 105: Schnitt durch die ›Walther P 38‹ Kal. 9 mm Para. Eine solche Schnittzeichnung oder auch eine Explosionszeichnung erleichtert sowohl das Zerlegen einer Waffe wie auch das Tunen. Auch für Ersatzteilbeschaffungen sollte man sich eine solche Zeichnung seiner Waffe möglichst in die Tasche stecken.

zulässigen Bereich. Mit einem zweiten Abkleber auf dem Hülsenboden darf sich allerdings eine Präzisionswaffe nicht mehr ohne Gewalt schließen lassen. Ursachen für zu großen Verschlußabstand bei neuen Waffen sind immer Fertigungsmängel. Bei gebrauchten Waffen deutet ein zu großer Verschlußabstand dagegen auf abgenutzte Verriegelungsflächen, auf abgebrochene Verriegelungswarzen oder auf einen abgenutzten Kammerstoßboden hin. Eine mögliche Fehlerquelle könnte auch in einem nicht weit genug in den Systemkasten eingeschraubten Lauf zu suchen sein. Eine andere, ebenfalls nicht zu unwahrscheinliche Fehlerquelle ist, daß die Messung mit einer falschen Patronengröße erfolgte oder das Patronenlager zu weit ausgefallen ist. Wer solche Messungen ganz präzise ausführen will und die Kosten nicht scheut, kann sich auch z. B. bei Fa. Triebel ganz präzise Lagerlehren in dem gewünschten Kaliber bestellen und mit diesen Präzisionsmeßlehren etwaige Fehlermöglichkeiten im Bereich des Patronenlagers kontrollieren. Natürlich können Sie auch bei einer Waffe, die Sie mitnehmen, die Messungen anhand von Patronenlagerabgüssen vornehmen und so notfalls dem Händler den Waffenfehler beweisen.

LAUFKONTROLLE

Aber hier geht es ja erst einmal um Prüfmöglichkeiten vor dem Waffenkauf. Wenn Sie den Waffenverschluß öffnen bzw. die Kammer herausnehmen, so können Sie meist mit einem Stück weißem Papier, das Sie als reflektierende Fläche in die Verschlußhülse halten, den Lauf von der Mündung her ausreichend begutachten. Besser ist natürlich die Verwendung der Laufleuchte (Abb. 109), die man sowohl von der Mündung her als auch über das Patronenlager in den Lauf einführen kann. So lassen sich auch winzige Fehler, Rostflecken, Tombakansätze usw. problemlos feststellen. Daß Sie bei der Gelegenheit auch die Laufmündung eingehend prüfen, versteht sich wohl von selbst. Bei der Prüfung des Abzugs kommt es wieder auf den möglichst gut fühlbaren Druckpunkt und die kurzstehende ›trockene‹ Schußauslösung an. Daß der Abzug nicht schwergängig, kriechend oder schleppend gehen soll, versteht sich ebenso wie die Tatsache, daß er auch nach der Schußauslösung nicht nach hinten durchfallen darf. Das wirkt sich zwar lange nicht so dramatisch aus wie bei Faustfeuerwaffen, aber etwas Einfluß ist zweifellos vorhanden.

DER ABZUG

Über die Messung von Abzugsgewicht, Abzugskonstanz usw. gilt sinngemäß das bei Kurzwaffen Gesagte. Was die Wahl der Abzugsart angeht, so ist dies bei Jagdwaffen ohne Frage vielfach vom persönlichen Geschmack des Waffenkäufers, von seiner Vorliebe für ein bestimmtes System abhängig. Bei Matchwaffen dagegen hat sich zweifellos der trockene, leichtgängige Flintenabzug mit Abzugsgewichten z. B. bei Benchrestwaffen von rund 50 bis 60 Gramm durchgesetzt. Die dabei verwendeten präzisen Abzugssysteme sind selbstverständlich in jeder Hinsicht fein einstellbar. Sportschützen dagegen müssen sich mit den in den Sportordnungen vorgeschriebenen Abzugsgewichten und anderen Vorgaben bescheiden, deren Einhaltung sie allerdings schon im Laden prüfen sollten. Großen Wert sollten Sie auf die möglichst vielseitige Verstellbarkeit Ihrer Langwaffe legen. Weil nämlich in der doch relativ kurzen Zeit, die Ihnen für die Prüfung der Gewehrqualität im Laden zur Verfügung steht, noch viele Dinge nicht vollends ausprobiert werden können. So ist z. B. die Längsverstellung der Abzugszunge ein großer Vorteil für den Schützen, denn erst im Liegendanschlag stellt man fest, daß die Hand unter Umständen ganz anders den Griff umfaßt als beim stehenden Anschlagen. Auch auf andere Verstellmöglichkeiten, die der vollkommenen Anpassung an die Körpermaße des Schützen dienen, sollten Sie achten. So z. B. auf die einfach auszuführende Schaftbackenverstellung, die leichte Verlängerungs- oder Verkürzungsmöglichkeit des Schaftes, die verstellbare Handkantenauflage bei Präzisionsgewehren usw. Auch das für Reinigungs- und Pflegezwecke möglichst gut zugängliche Gewehrschloß sollte ein Prüfpunkt in Ihrem privaten Testprogramm sein. Ein Schloß, das sich nur umständlich erreichen läßt, wird seltener gepflegt und wird demzufolge auch nicht so konstant seine Präzision ausspielen können. Andererseits sollten Sie aber auch darauf achten, daß das Abzugssystem nicht so offen liegt, daß Staub, Feuchtigkeit oder Pulverschmauch allzuschnell eindringen können.

FEDERN

Wenn Sie schon einmal Gelegenheit haben, das Schloß in Augenschein zu nehmen, so achten Sie bitte auch auf die dort verwendeten Federn. Blatt- oder Schenkelfedern ermüden und brechen nicht nur schneller, sie sind auch in ihrer Reaktion nicht so flink wie Schraubenfedern. Schraubenfedern verkürzen die Auslösezeit und erleichtern die Instandhaltung. Beim Erwerb einer Vorderlader-Langwaffe ist man allerdings nach wie vor auf Schenkel- und Blattfedern angewiesen, weil es sich um historisch getreue Nachbauten handelt. Deshalb sollte man bei diesen Waffen nicht nur auf den Preis sehen, sondern ein Markengewehr wählen, das schon aufgrund seines Fabrikates eine vernünftige Qualität verspricht. Billige Waffen brauchen nicht schlecht zu sein, aber die Gefahr dabei ist, daß minderwertige Qualität unter Umständen erst nach einiger Zeit festgestellt werden kann, und dann geht die Bastelei los. Auf jeden Fall sollten Sie deshalb vor dem Kauf prüfen, welche Ersatzteile beim Händler vorrätig sind, ob er Garantiearbeiten oder kleine Verbesserungen in eigener Werkstatt durch einen gelernten Büchsenmacher ausführen kann, ob er autorisierter Fachhändler ist oder ob er bloß möglichst schnell seine Lagerbestände umsetzen will.

BR-GEWEHRE

Benchrester wählen ihre Langwaffe natürlich nach ganz anderen Gesichtspunkten aus als z. B. Sportschützen oder Jäger. Eine gute Benchrestbüchse, die in der Lage ist, praktisch ›Loch in Loch‹ zu schießen, muß eine ganze Reihe bestimmter Merkmale aufweisen, die oft bei ›normalen‹ Gewehren nicht zu finden sind. Da ist als erstes der Lauf. Bei Benchrestwaffen ist er meist vollkommen rund (oder mit Längsrillen versehen) und relativ dick und kurz wegen des besseren Schwingverhaltens. Benchrestläufe sind oft noch nicht einmal brüniert, sondern metallisch blank. Das hat damit zu tun, daß sich ein aufwendiger Korrosionsschutz häufig nicht lohnt, weil die aus verhältnismäßig weichem Stahl gefertigten Läufe sowieso nach ein paar tausend Schuß ›ausgeschossen‹ sind und ihre Präzision verloren haben. Allergrößter Wert dagegen wird bei der Fertigung der Läufe auf vollkommen zentrische Bohrung und über die Lauflänge gleichbleibende Zugweite gelegt. Die Züge werden entweder spanlos gedrückt oder auch spanabhebend gezogen, was bei dem weichen Laufstahl ebenfalls sehr gute Präzision bringt. Besonderes Augenmerk erfordert die Drallänge der Benchrestläufe, weil hiervon die Stabilisierung der Geschosse abhängt. Bei den im Benchrestschießen üblichen Geschoßgewichten von etwa 60 bis maximal 75 Grain (also rund 4 bis knapp 5 Gramm) haben sich Drallängen von etwa 14″ (knapp 36 cm) als günstig erwiesen. Großer Wert wird auf die absolut winklige Laufmündung gelegt, die zu ihrem Schutz nach Möglichkeit versenkt angebracht sein sollte. Mindestens ebenso wichtig ist auch die zur Laufseele vollkommen zentrische Ausführung des Patronenlagers und des Übergangskonus, wobei die Dimensionierung des Patronenlagers an der unteren Grenze liegen sollte. Als Systeme haben sich überall die Zylinderverschlüsse durchgesetzt, alles andere kann nicht in der erforderlichen Präzision hergestellt werden. Die kurz stehenden, ›trockenen‹ Flintenabzüge gehören ebenso zur Standardausrüstung wie die durch entsprechende Technik hochfrisierten kurzen Zündzeiten im Bereich von 2 bis 3 Millisekunden. Daß solche aufwendigen Waffen statt der üblichen Holzschäfte mit leichten, maßhaltigen und verzugfreien Fiberglasschäften oder anderen Kunststoffschäften ausgestattet werden, ist verständlich. Das System wird dabei in den meisten Fällen nicht mehr am Schaft verschraubt, sondern eingeklebt. Es tauchen in neuer Zeit auch vermehrt Schäfte aus Aluminium auf, die aufgrund ihrer Rahmenbauweise nur noch die Schaftform ahnen lassen. Da diese Benchrestwaffen nur aufgelegt geschossen werden, finden als Zielfernrohre solche mit 20- bis 40facher Vergrößerung Verwendung.

Wo kann man Waffen testen?

Ein paar erste Untersuchungen und Tests konnten Sie schon im Laden Ihres Waffenhändlers vornehmen. Oder eben zu Hause, wenn es sich um vorhandene Waffen handelte. Für diese ersten Tests sind Sie mit recht wenigen Werkzeugen und geringem Aufwand ausgekommen. Dabei konnten Sie aber noch nichts über die wirkliche Schußleistung der Waffe feststellen, sondern lediglich Vorsorge treffen, daß von den angebotenen oder vorhandenen Waffen das fehlerfreieste Modell ausgewählt wurde. Ob die ausgewählte Waffe nun auch hält, was die Vorwahl versprochen hat, das gilt es nun festzustellen. Natürlich soll auch bei den folgenden Tests der Aufwand in vertretbarem Rahmen bleiben, aber bevor es an das eigentliche Testen mit allen möglichen zum Teil selbstgebauten Meßvorrichtungen geht, sollte die Frage geklärt werden, wo Sie solche Tests ausführen können. Schließlich geht es in den seltensten Fällen, daß Sie im Keller Ihres Hauses Schießübungen veranstalten. Erstens ist das verboten, und zweitens sind die technischen Probleme wie Sicherheit, Schallschutz usw. nur selten befriedigend zu lösen. Ganz abgesehen davon, daß die für die Präzisionsmessung erforderlichen Schußdistanzen von 25 bzw. 50 oder sogar 100 Meter nur selten auf Privatgelände zu verwirklichen sind. Im Keller eines Einfamilien- oder Mietshauses lassen sich allenfalls Schußweiten von vielleicht 10 Meter realisieren. Das reicht aber nur für das Einschießen von Luftdruckwaffen. Und gegen das Einschießen von solchen Waffen im Privatkeller wird allgemein auch nichts einzuwenden sein, wenn ein paar selbstverständliche Sicherheitsmaßnahmen beachtet werden.

DIE SICHERHEIT

Zum Beispiel, daß niemand ohne Wissen des Testers in das Schußfeld gelangen kann. Zum Beispiel, daß durch die eventuell abprallenden Geschosse weder Personen noch Gegenstände beschädigt werden können. Zum Beispiel, daß nicht Kinder oder Unbefugte an die Waffen gelangen können. Solche Luftdruckwaffen sind zwar im Verhältnis zu den anderen Sportwaffen einigermaßen ungefährlich, aber ein Auge kann man damit immer noch ausschießen. Bei der Kontrolle der Leistungsfähigkeit scharfer Waffen kann man also im Normalfall nicht außerhalb zugelassener Schießstände oder entsprechend eingerichteter Jagdreviere schießen. Mit einer Ausnahme: Wenn es nur darum geht, z. B. einen Probeschuß (Funktionsprüfung) abzufeuern oder ein Geschoß zum Nachmessen der Feld-/Zugmaße zu erhalten, so läßt es sich unter Beachtung der entsprechenden Sicherheitsmaßnahmen in Einzelfällen gegebenenfalls ermöglichen, einen solchen Schuß z. B. in einen mit Sand gefüllten Eimer oder in ein entsprechend großes Wasserbecken bzw. in einen Wattekasten mit dahinter angebrachtem Kugelfang abzugeben. Wird beim Funktionstest einer Waffe von oben in einen mit Sand gefüllten Eimer geschossen, ist das Geschoß für Meßzwecke natürlich unbrauchbar. Ein Wasserbecken, in das man schräg hineinschießen könnte, haben die wenigsten Schützen aufzuweisen. Man könnte es allenfalls im wassergefüllten Schwimmbecken probieren, aber je nach Rasanz und Geschoßform kann es selbst da noch zu Schäden an der Beckenwandung kommen. Bleibt als letzte Möglichkeit, Geschosse unverformt aufzufangen, der Wattekasten. Das ist eine etwa 3 Meter lange Holzkiste, die vollgestopft (!) ist mit Watte oder Textilfasern. Man schießt auf der einen Stirnseite in Längsrichtung in die Kiste (die an dieser Eintrittsstelle eine Öffnung hat) und muß dann das Geschoß in der Watte suchen. Aus Sicherheitsgründen sollte aber die Rückseite der Kiste mit einer wenigstens 10 mm starken Blei- oder Stahlplatte gegen durchschlagende Geschosse gesichert und vor einer massiven Wand abgestellt werden. Noch besser ist, hinter der Wattekiste einen richtigen Kugelfang aufzustellen. Sie sehen, welch Aufwand nötig ist, um ein Geschoß unbeschädigt

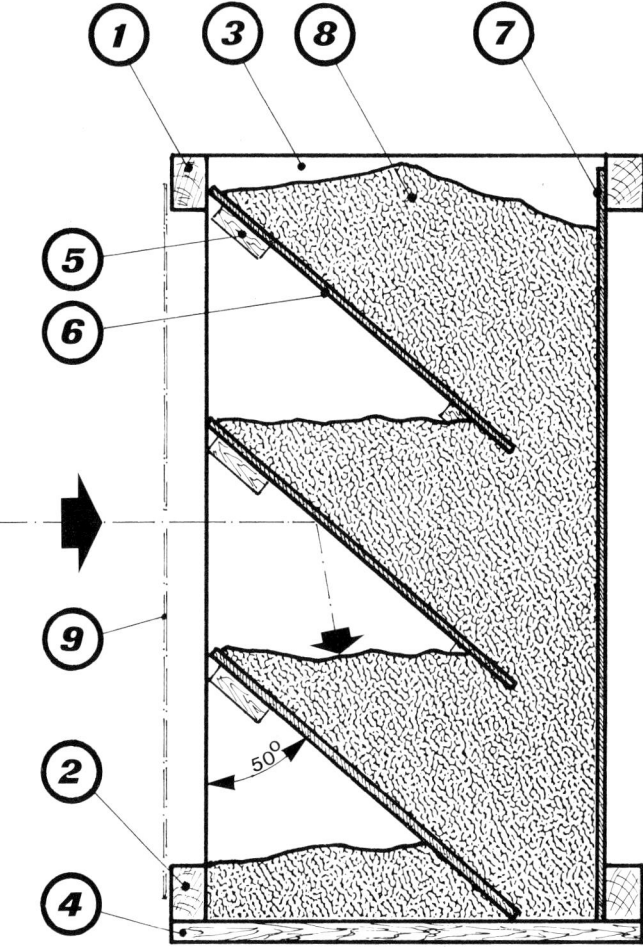

Abb. 106: Schnitt durch einen Eigenbaukugelfang, der für Testzwecke leicht transportabel ist.

dacht. Dieser Kugelfang ist mit geringem Aufwand herzustellen. Man benötigt dafür zwei Rahmen aus normalen Dachlatten, die hochkant so verschraubt werden, daß sie ein lichtes Innenmaß von 300×550 mm aufweisen (Rahmen Pos. ›1‹ und ›2‹). Der untere Rahmen wird auf der Unterseite durch eine 16 mm starke Tischler- oder Spanplatte (Pos. ›4‹) verstärkt. Diese Platte ist so groß, wie der untere Lattenrahmen außen. Rechts und links wird jeweils eine ebenfalls 16 mm starke Platte (Pos. ›3‹) in den Maßen 300 mm breit × 550 mm hoch zwischen den unteren und oberen Dachlattenrahmen geschraubt. Nun besorgt man sich als Rückwand des Kugelfangs ein ca. 5 bis 8 mm starkes Stahlblech (Pos. ›7‹) in den Maßen 515 mm breit × 550 mm hoch. Dieses Stahlblech wird, wie dargestellt, lotrecht als Rückwand zwischen die beiden Plattenseitenwände gestellt und mit breitem Klebeband so an den Seitenwänden befestigt, daß später die Sandfüllung (Pos. ›8‹) des Kugelfangs nicht herausrieseln kann. Schließlich werden noch die Kugelfangbleche benötigt, und zwar insgesamt drei Stück. Material: ebenfalls 5 bis 8 mm starkes Stahlblech mit den Abmessungen 300×515 mm. Diese Stahlbleche werden auf kleine Holzleisten (Pos. ›5‹) aufgelegt, die man aus Vierkantleisten 20×20 mm von jeweils etwa 100 mm Länge fertigt. Diese Holzleisten werden unter dem angegebenen Winkel von 50° mit Holzschrauben auf den Seitenwänden (3) so befestigt, daß die Stahlbleche wie abgebildet draufliegen können. Damit die Bleche nicht nach hinten wegrutschen, bekommen die hinteren Leisten eine Holzschraube senkrecht eingedreht, wo sich die Bleche gegenlegen. Man kann statt dessen auch kleine Holzstücke senkrecht zu den Leisten (5) als Anschlag an die Seitenwände schrauben.

Jetzt können die Stahlbleche (6) auf ihre seitlichen Halteleisten (5) lose aufgelegt werden. Der Kugelfang wird nun in seine Position gebracht, und zwar so, daß Geschosse nur von der noch offenen Seite (dicker Pfeil) waagerecht eintreten können. Der Kugelfang **muß** (!) noch vor dem ersten Probeschuß mit trockenem Sand wie dargestellt gefüllt werden. Dieser Sand (8) hat mehrere wichtige Aufgaben zu erfüllen. Erstens gibt er den Stahlblechen

aufzufangen und die Laufabmessungen abzunehmen. Wesentlich einfacher geht es dagegen mit dem Bleidurchtrieb, wie er im ersten Teil des Buches beschrieben wurde. Für alle diejenigen Schützen, die, aus welchen Gründen auch immer, einen robusten, dennoch leicht transportablen Kugelfang benötigen, ist die als Schnittzeichnung (Abb. 106) dargestellte Selbstbau-Kugelfangvorrichtung gedie erforderliche Masse, um die auftreffenden Geschosse ohne größere Verformung auffangen zu können. Zweitens dient er als Geschoßfang, weil die an den Stahlblechen abprallenden Geschosse in Richtung des kleinen Pfeils in den Sand treffen. Drittens verhindert er das Herumspritzen von zerlegten Geschoßteilchen, Blei usw. Viertens gibt er dem Kugelfang die nötige Schwere, um stabil zu stehen und fünftens schließlich wirkt er durch seine Sandmasse geräuschdämpfend, so daß die Stahlbleche nicht dröhnen können.

Wer den abgebildeten Kugelfang zu Präzisionsübungen verwenden will, kann auf die Vorderseite, wo die Geschosse eintreten, mit Reißwecken oder Tacker die normal üblichen Scheiben für Gewehr 100 m, Pistole 25 und 50 m sowie für Vorderlader befestigen. Diese Scheiben sind 550×550 mm groß (9) und decken so die Eintrittsfläche des Kugelfanges voll ab. Zur besseren Befestigung der Scheiben kann man in diesem Fall auch noch Dachlatten senkrecht rechts und links an die Seitenplatten nageln, dann ergibt sich für die Scheibenbefestigung rundum ein Rahmen aus Dachlatten. Soll der Kugelfang von Geschossen gereinigt oder woanders aufgestellt werden, wird er einfach nach vorn auf eine untergelegte Folie gekippt und der Sand samt Geschossen so zur Wiederverwendung aufgefangen. Sollen kleinere Scheiben verwendet werden, z. B. für Luftgewehr oder ähnliches, so kann man eine Zwischenplatte, z. B. aus Hartfaser, anstelle der großen Scheibe vor den Kugelfang schrauben und darauf dann die kleinen Scheiben mit Tesafilm oder ähnlichem festmachen. Sollte im Lauf der Zeit zuviel Sand aus dem Kugelfang herausspritzen oder -rieseln, so wird er einfach zusammengekehrt und oben wieder eingefüllt. Durch den Spalt hinten zwischen Rückwand (7) und Stahlblechen (6) kann der trockene Sand sich immer wieder bis unten verteilen.

Damit der Kugelfang trotz seines im gefüllten Zustand beträchtlichen Gewichtes nicht von der Wucht großer Geschosse umgekippt wird, sollte er in solchen relativ seltenen Fällen vorbeugend vor eine Wand gestellt oder durch eine schräge Stütze hinten abgesichert werden. Das Prinzip dieses Kugelfangs läßt sich auch bei entsprechender Dimensionierung selbst für große Schießstände als Kugelfang anwenden. Allerdings muß in solchen Fällen dafür Sorge getragen werden, daß von Zeit zu Zeit das eingefangene Geschoßmaterial entfernt werden kann, weil das Gewicht dieser Geschosse mit der Zeit beträchtlich wird und dann möglicherweise die Standfestigkeit des Kugelfangs gefährdet.

Am zweckmäßigsten ist natürlich immer, wenn man das Einschießen von Handfeuerwaffen auf den dafür zugelassenen Schießständen vornehmen kann. Allerdings sollte man sich nicht gerade einen Tag aussuchen, an dem besonders viele andere Schützen den Stand bevölkern. Ruhe beim Einschießen von Waffen ist außerordentlich wichtig. Nicht nur, weil der Schütze selbst nervös werden könnte, sondern auch, weil durch die Bewegung der anderen Schützen Erschütterungen über den Boden auf die Einschießvorrichtung übertragen werden. Und mit verfälschtem Meßergebnis kann man bekanntlich nichts anfangen. Deshalb lieber zu einer ruhigen Zeit auf den Stand gehen oder einen Sondertermin mit dem Standwart vereinbaren.

Womit kann man Waffen testen?

Die einfachen Testmethoden, die im Laden des Waffenhändlers zur ersten Kontrolle einer Waffe gebraucht wurden, können natürlich immer wieder zu Nachkontrollen eingesetzt werden. Da es aber nicht mehr darum geht, die Gerätschaften in der Jackentasche unterzubringen, kann man eine Reihe Meßgeräte auch in größerer Ausführung verwenden. Beispielsweise kann statt der Federwaage oder Fischwaage, die man zur Kontrolle des Abzugsgewichts benutzte, jetzt sogar eine simple Küchenwaage, Personenwaage, für kleine Abzugsgewichte sogar eine Briefwaage eingesetzt werden. Dazu ist es nur erforderlich, den Abzug mit einem Haken aus stabilem Draht oder einem spazierstockähnlichen Gegenstand auszulösen, indem man diesen Haken zwischen Abzugszunge und Waage stellt und die Waffe bis zum Auslösen des ›Schusses‹ in Richtung Waage drückt. Natürlich muß man dabei auf die angezeigten Werte achten.

EIGENBAUHILFSMITTEL

Eine weitere Möglichkeit ist das im Foto (Abb. 107) dargestellte Abzugsgewicht, das man sich aus einer leeren Plastikflasche basteln kann. Der Verschluß (V) wird durchbohrt, ein stabiler Haken (H) aus Draht gebogen und im Verschluß eingeklebt oder geschraubt. Die Plastikflasche bekommt eine Füllung z. B. aus Sand oder alten Bleigeschossen. Das Gesamtgewicht kann man mit jeder genauen Waage prüfen. Um den Haken (H) kommt oben

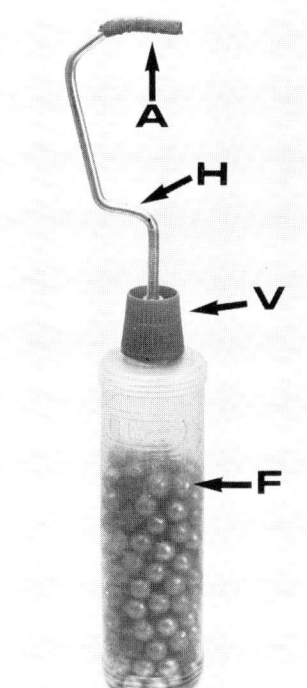

Abb. 107: Ein preiswert und schnell zu fertigendes Prüfgerät für das Abzugsgewicht.

Abb. 108: Eine preiswerte und praktische Laufleuchte: eine kleine Batterie, eine Minibirne mit Fassung und zwei Stückchen Isolierdraht. Damit kommt man in fast jede Ecke!

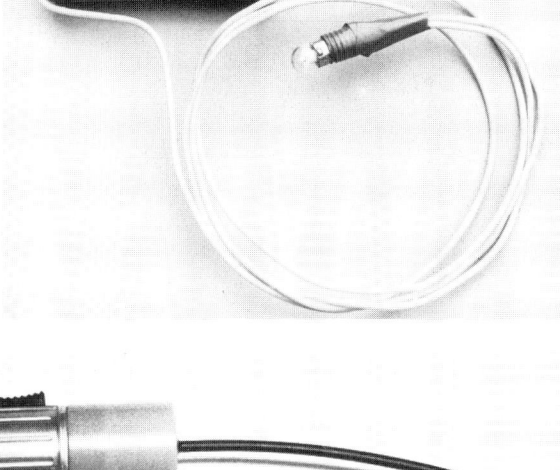

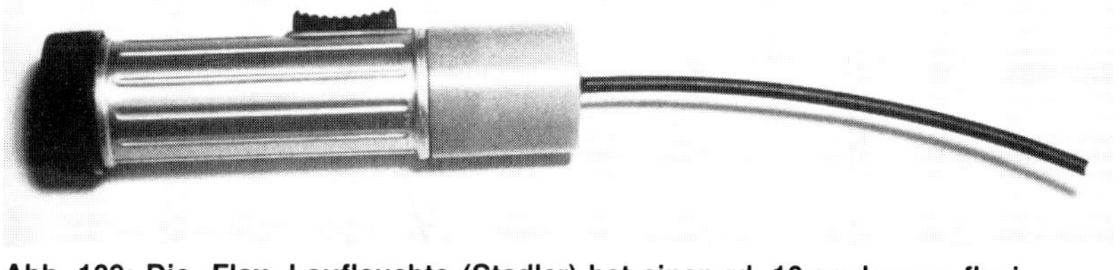

Abb. 109: Die ›Flex‹-Laufleuchte (Stadler) hat einen rd. 10 cm langen flexiblen Lichtleitdraht, der sich bequem in jeden Lauf einführen läßt.

noch ein kleines Plastikschlauchende oder eine Bandage aus Isolierband an der Stelle (A), wo die Abzugszunge der Waffe angesetzt wird. Mit vorgewogenen Füllungen kann man notfalls sehr rasch bestimmte Abzugsgewichte prüfen, indem einfach die Füllung der Flasche gewechselt wird. Ein ebenfalls sehr einfach zu fertigendes Prüfgerät ist die Laufleuchte (Abb. 108). Sie besteht aus einer Minibirne, wie man sie in Spielzeuggeschäften z. B. für Modelleisenbahnen bekommt, und aus einer Taschenlampenbatterie sowie zwei Stückchen isoliertem Klingeldraht. Man kann die Batterie, statt sie direkt an die Drähte zu löten, auch in einem kleinen Batteriekasten unterbringen, dann läßt sie sich leiter wechseln, wenn sie verbraucht ist. Auch die Birne wird in einer passenden Miniaturfassung eingeschraubt. Durch Lockern bzw. Festschrauben der Birne wird so die Laufleuchte ein- und ausgeschaltet. Diese Laufleuchte hat den Vorteil, daß man damit wirklich in fast jede Ecke kommt und sie sich notfalls sogar von der Rückseite einer Revolvertrommel oder durch das Gewehrschloß hindurch in den Lauf schieben läßt. Man kann aber auch eine im Waffenhandel (Abb. 109) erhältliche Laufleuchte verwenden, die aus einer Taschenlampe mit angesetztem flexiblem Lichtleiter besteht. Weitere einfache und preiswerte Hilfsmittel zum Messen und Testen sind beispielsweise die Blattfühlerlehren (Abb. 110), im Foto zusammen mit einer Feldzuglehre abgebildet. Die Blattfühlerlehre ist nicht nur ein sehr preiswertes und vielseitiges Meßmittel, sondern sie liefert bei Bedarf auch eine ganze Menge Stahlblechabschnitte für Tuning-Arbeiten. Aber sie hat noch einen Vorteil, wenn sie so ausgeführt ist wie die im Foto: Durch die nach vorn konisch zulaufenden Meßblätter kann man sie auch zu Vergleichs-

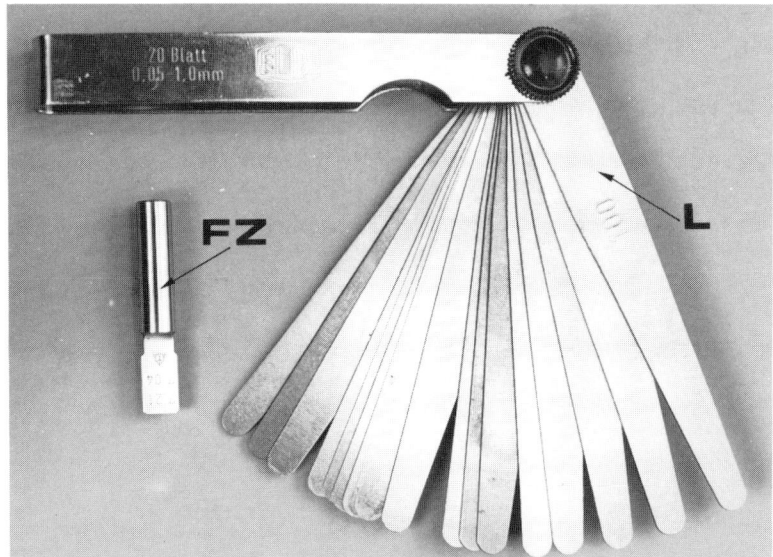

Abb. 110: Während die Blattfühlerlehre (L), preiswert wie sie ist, zur Grundausstattung jedes Waffenbesitzers gehören sollte, ist die Feldzuglehre (FZ, Fa. Triebel) für jene Leute gedacht, die ihre Läufe ganz exakt vermessen wollen.

Abb. 111: Diese Federwaagen (Gehmann) bekommt man in zwei Ausführungen: Meßbereich 25 bis 250 g und Meßbereich 200 bis 2000 g. Für das exakte Messen des Abzugsgewichts, zur Kontrolle der Abzugskonstanz, für Federprüfungen usw. eine unentbehrliche Hilfe.

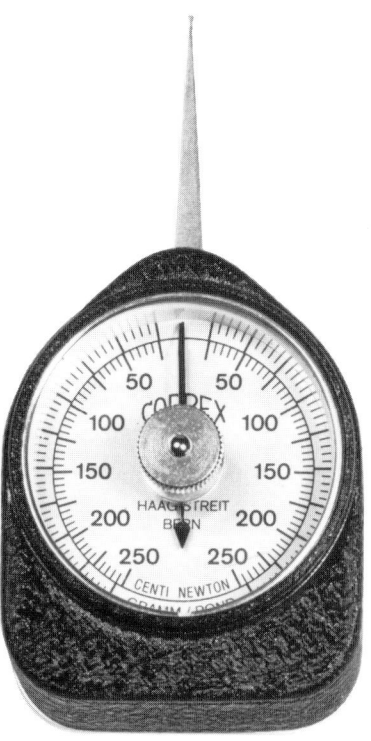

Abb. 112: Jeder Benchrestlauf wird mit einem optischen Rohrwandprüfer, ähnlich einem Endoskop, auf absolut einwandfreie Laufbeschaffenheit und absolute Gleichmäßigkeit untersucht. Eine Untersuchung, die auch mancher ›hochwertigen‹ Sportpistole auf die Sprünge helfen würde.

messungen von Bohrungen einsetzen. Beispielsweise bei der Überprüfung, ob alle Kammern einer Revolvertrommel gleich groß sind oder ob eine Bohrung nicht rund, sondern oval ist. Zu dem Zweck wird die Messung so vorgenommen, daß man eines der Meßblätter in die zu prüfende Bohrung bis zum Anschlag einführt und die festgestellte Eintauchtiefe mit einer Stahlnadel oder einem Bleistiftstrich (eventuell Tesakrepp zuvor auf das Meßblatt kleben) markiert. Oft reicht es auch schon, wenn man die Eintauchtiefe nur mit dem Daumennagel fixiert. Dann wird die Lehre ein paar Millimeter aus der Bohrung herausgezogen, um 90° versetzt und wieder eingetaucht. Bei einer runden Bohrung müssen nun die Markierungen an der Lehre wieder der Eintauchtiefe entsprechen. Beim Vergleichen mehrerer Bohrungen miteinander gilt das sinngemäß.

WEITERE MESSGERÄTE

Ein wichtiges, für den ernsthaften Waffentuner kaum zu entbehrendes Gerät ist die Federwaage (Abb. 111). Es gibt sie in mehreren Meßbereichen, man sollte sie deshalb in dem am meisten zu messenden Bereich kaufen. Optische Rohrwandprüfer auf ähnlicher Basis wie die für ärztliche Untersuchungen gebauten Endoskope (Abb. 112) ermöglichen zwar eine sehr genaue Innenkontrolle von

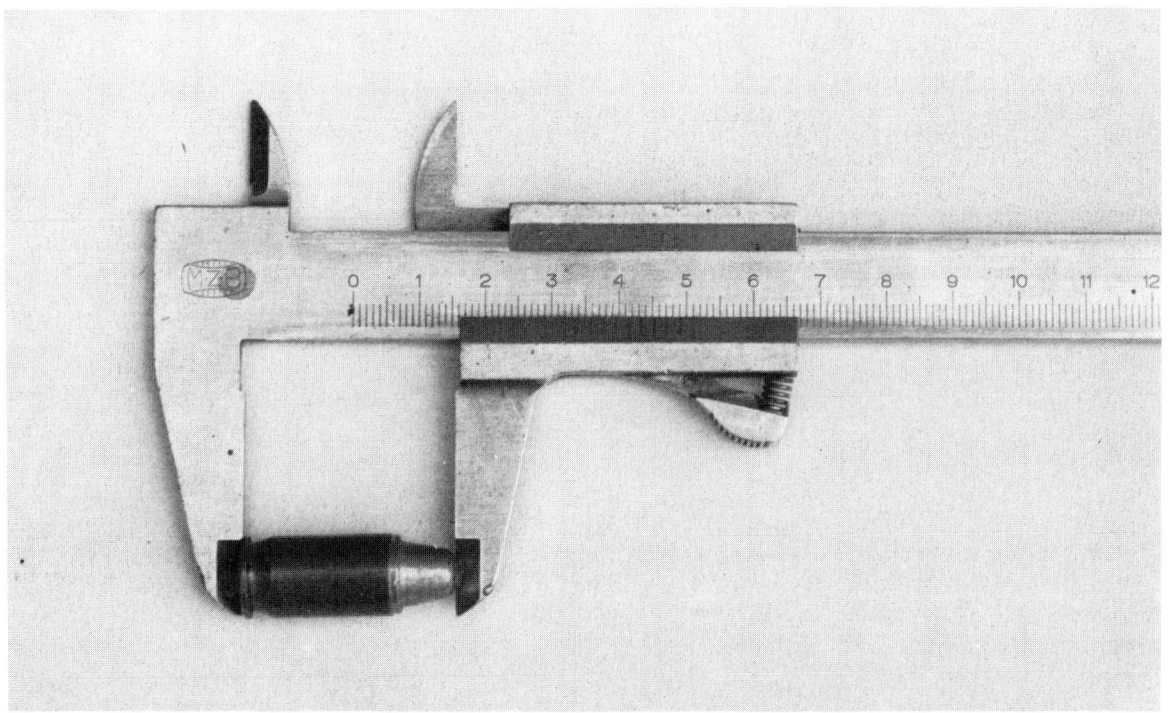

Abb. 113: Zur Messung der Geschoß- oder Hülsenlänge, der Setztiefe usw. kann man, wenn auch etwas umständlich, mit der normalen Schieblehre arbeiten.

Läufen, sind jedoch schon ein Aufwand, den man dem dafür spezialisierten Büchsenmacher überlassen sollte. Eine gute Schublehre dagegen, möglichst sogar mit Meßuhr ausgestattet, sollte in jedem Fall zur Standardausrüstung gehören. Mit ihr lassen sich nicht nur viele Messungen an der Waffe oder der Munition (Abb. 113) ausführen, sie kann auch zur Ermittlung der Streukreisdurchmesser herangezogen werden. Benchrester verwenden dafür sogar Speziallehren, bei denen Kaliberdorne aus Plastik auf den Meßschenkeln angebracht sind. Da beim Messen der Schußbilder aus Benchrestwaffen der Kaliberdurchmesser abgezogen wird (um Kalibervorteile auszuschließen), können mit diesen Meßlehren Streukreise auf $1/100$ mm genau ermittelt werden. Dagegen sind die im normalen Sportschießen verwendeten Schußlochprüfer, Vorderladerschußlehren (System Kowar) usw. doch recht einfache und grobe Meßhilfen. Für die Ermittlung der Streukreisdurchmesser beim Schießen mit einer Schießmaschine oder Einschießvorrichtung kann man entweder ein ganz normales durchsichtiges Lineal mit gut ablesbarer Millimeterteilung benützen. Oder: Man nimmt Millimeterpapier, das es auch als Transparentpapier gibt, um die Maße rasch ablesen zu können. Wer es dagegen noch einfacher und bequemer haben will, kann sich sogar mit wenig Aufwand eine Streukreislehre anfertigen, wie sie in der Zeichnung (Abb. 114) vereinfacht dargestellt ist.

STREUKREISLEHRE

Dazu wird ein etwa 150×150 mm großes (oder größeres) Stück feste Klarsichtfolie benötigt. Die Folie sollte aus einem Kunststoff bestehen, auf dem

Zeichentusche oder Filzstift gut haften. Zunächst wird die Folie durch zwei gerade Linien mittig gekreuzt. Von dem Schnittpunkt dieser beiden eingezeichneten Linien werden dann mit dem Zirkel (mit Tuscheinsatz oder angebundenem Filzstift) Kreise auf der Folie eingezeichnet. Zunächst mit etwas dickerer Strichstärke Kreise mit Durchmessern von z. B. 25 mm, 50 mm, 75 mm und 100 mm. Danach kann man mit dünnerer Strichstärke noch weitere Kreisdurchmesser, beispielsweise 20, 30, 40, 60, 80 und 90 mm ⌀ einzeichnen. Die einzelnen Durchmesser werden gekennzeichnet, damit man nachher beim Auswerten nicht so lange überlegen muß, welcher Kreis welches Maß hat. Diese Meßfolie, die man natürlich noch nach Belieben verfeinern, notfalls auch größer gestalten kann, wird dann nach jeder 10-Schuß-Serie auf die Einschußlöcher gelegt und so lange verschoben, bis die Mitten der am weitesten auseinanderliegenden Einschüsse auf einer gemeinsamen Kreislinie liegen. Das ergibt dann den Streukreisdurchmesser. Aber da hierbei auch andere Dinge zu erörtern sind, kommen wir später auf diese Messungen noch zu sprechen. Hier geht es ja zunächst nur um die Frage, mit welchen einfachen Mitteln Waffentests durchzuführen gehen. Eine ganze Reihe von Möglichkeiten hierzu sind schon im ersten Teil des Buches bei den einzelnen Tuning-Arbeiten usw. mit erwähnt, sie brauchen hier nicht nochmal aufgezählt zu werden. Aber vielleicht eine Ergänzung zu der rechnerisch erfolgten Ermittlung der Drallänge eines Laufes (Kapitel ›Qualität des Waffenlaufs‹):

DRALLMESSUNG

Man kann die Drallänge auch recht simpel mit einem einfachen Holzstab messen. Dazu wird möglichst fest um das eine Ende des (unterkalibrigen) Holzstabs Watte oder Waffenwerg gewickelt. So viel, daß sich dieser Wattebausch gerade noch in

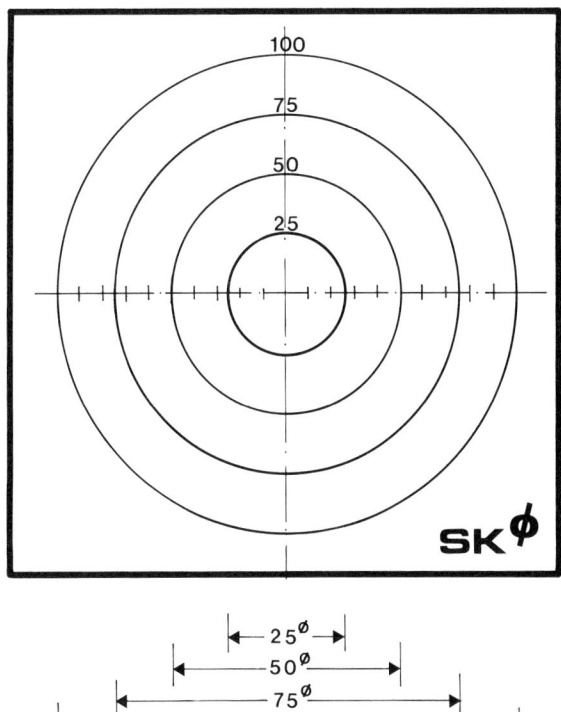

Abb. 114: Eine Eigenbau-Streukreis-Schablone aus Klarsichtfolie erleichtert das Ausmessen von Streukreisdurchmessern wesentlich.

die Laufmündung schieben läßt. Dann markiert man sowohl, wie weit der Holzstab aus dem Lauf herausschaut als auch durch Bleistiftlängsstriche auf Laufmündung wie Holzstab, in welcher Richtung der Stab gerade im Lauf steht. Drückt man den Holzstab nun (unter Zwischenlage eines kleinen Bretts oder ähnlichem) langsam in den Lauf, so schiebt sich der Wattebausch in den Zügen entlang und dreht den Holzstab mit. Nach einer vollen Umdrehung des Holzstabs kann man an der Eintauchtiefe die Drallänge abmessen.

Die Ermittlung von Vo und Eo

Zur Erzielung optimaler Schußleistung bei Handfeuerwaffen ist es von ausschlaggebender Bedeutung, daß sämtliche Vorgänge beim Abfeuern jedes einzelnen Geschosses **immer absolut konstant** ablaufen.

Das heißt im Klartext: Wenn sich auch nur irgend eine Kleinigkeit bei einzelnen Schüssen gegenüber den anderen Schüssen verändert, kann keine verbindliche Aussage über die Schußleistung gemacht werden. Deshalb muß Ihr Augenmerk immer darauf gerichtet sein, möglichst sämtliche Fehlerquellen entweder auszuschalten oder mit stets gleicher Fehlermenge die Tests auszuführen. Denn: Auch ein sich ständig wiederholender Fehler ist ein konstanter Faktor! Bevor es deshalb an das eigentliche Einschießen einer Waffe oder an Streukreismessungen geht, ist es erforderlich, mögliche Fehlerquellen auszuschalten.

FEHLERQUELLEN

Eine der größten Fehlerquellen, die direkt Einfluß auf die Schußleistung der Waffe haben, ist die Munition. Es ist deshalb wichtig, zu Schußleistungsmessungen eine Munitionssorte von **konstanter** Leistung zu verwenden. Die Frage ist nur, woher man wissen soll, ob die verwendete Munition tatsächlich konstante Werte bringt? Die fabrikgefertigte Munition hat zwar eine gewisse Gleichmäßigkeit, die aber für Leistungsmessungen in den seltensten Fällen ausreicht. Bei fabrikgefertigter Munition ist nicht immer gewährleistet, daß selbst bei ein und demselben Fabrikat stets gleiche Mengen derselben Pulversorte mit absolut gleichem Abbrandverhalten usw. enthalten sind. Weil die Munitionsfabriken von Fertigungslos zu Fertigungslos zwar möglichst ähnliche Pulver verwenden, aber fertigungstechnische Schwankungen durch Änderungen der Laborierung oder Mischung aufgefangen werden müssen. Für den normalen Schießbetrieb machen sich derartige kleine Leistungsschwankungen überhaupt nicht bemerkbar, weil der Mensch ja keine Schießmaschine ist, sondern ebenfalls Leistungsschwankungen aufweist. Für Meßzwecke brauchen wir also eine besonders sorgfältig gefertigte, exakt laborierte Munition mit konstanten Werten. Viele Präzisionsschützen sind Wiederlader, und Benchrester ohne selbst wiedergeladene Matchmunition sind sowieso kaum denkbar. Als Wiederlader hat man es daher in der Hand, seine Munition so exakt wie irgend denkbar zu laden. Das fängt beim Bearbeiten leerer Hülsen an, geht über das behutsame exakte Setzen der Zündhütchen bis zum Abwiegen jeder einzelnen Pulverladung, bis zum zentrischen Einsetzen von Präzisionsgeschossen. Aber das alles ist ja Wiederladern bekannt.

KONSTANZMESSUNGEN

Sowohl diese Wiederlader als auch der Schütze, der für seine Waffentests die bestmögliche Fabrikmunition sucht, sind darauf angewiesen, ihre Munition auf konstante Werte zu testen. Welche Mittel kommen dafür in Betracht? Als Vergleichsmaßstab gibt es neben der Schußleistung aus Meßläufen nur zwei Werte, die der Schütze mit relativ geringem Aufwand ermitteln kann. Erstens die **Geschoßgeschwindigkeit** und zweitens die **Geschoßenergie.** Da hier vorausgesetzt wird, daß alle für die Messungen verwendeten Geschosse das gleiche Gewicht bzw. die gleiche Masse aufweisen, so stehen die Geschoßgeschwindigkeit und die Geschoßenergie in einem bestimmten Verhältnis zueinander. Das hat schon der alte Einstein nachgewiesen. Eine (Geschoß-)Masse, die mit einer bestimmten (Geschoß-)Geschwindigkeit fliegt, enthält eine bestimmte Menge an (Geschoß-)Energie. Da wir durch simples Nachwiegen das Gewicht eines Geschosses ermitteln können, läßt sich bei Kenntnis eines weiteren Faktors (Geschwindigkeit oder Energie) der dritte, fehlende Faktor errechnen. Zumindest in einer hier ausreichenden Genauigkeit.

Abb. 115: Weinlich-Geschoßgeschwindigkeitsmesser VM 25 MC: Ein optimales Meßgerät für Handfeuerwaffen. Die Messung erfolgt über zwei Lichtschranken, sämtliche erforderlichen Daten werden in einem integrierten Prozeßrechner gespeichert und sind auf Knopfdruck abrufbar.

Es kommt somit darauf an, entweder die Geschwindigkeit (V) oder die Energie (E) der Geschosse zu messen. Meist erfolgt die Messung dieser Werte als Vo bzw. Eo, also als Werte unmittelbar hinter der Mündung. Da dies jedoch aus verschiedenen Gründen für die hier verwendeten Meßeinrichtungen problematisch ist, kann auch die Messung einen halben bis einen Meter vor der Mündung erfolgen, ohne das Meßergebnis bemerkbar zu verändern. Denn für unsere Messungen wichtig ist ja die **Konstanz** der Werte, nicht die Frage, wie weit vor der Laufmündung die Messung erfolgte.

V-MESSGERÄTE

Wer in der glücklichen Lage ist, einen elektronischen Geschoßgeschwindigkeitsmesser zu benutzen, wird natürlich die V-Messungen damit vornehmen. Moderne V-Meßgeräte arbeiten mit einem Schwingquarz, der durch Stromimpulse eingeschaltet und ausgeschaltet wird. Der Einschaltimpuls wird durch das Geschoß ausgelöst, das entweder eine elektrische Lichtschranke kurz unterbricht oder in einer Leitfolie einen Draht durchtrennt. Der Ausschaltimpuls kommt auf die jeweils gleiche Weise zustande, nachdem das Geschoß die Meßstrecke durchflogen hat. Die inzwischen gezählten Quarzschwingungen werden von der Elektronik entsprechend der Meßstreckenlänge auf m/s oder ft/s umgerechnet und über Digitalanzeige angezeigt. Ein Beispiel für ein solches, allen Schützenwünschen gerecht werdendes Gerät zeigt das Foto (Abb. 115). Daß solche präzisen und aufwendigen Geräte nicht ganz billig sind, versteht sich von selbst. Trotzdem kann es z. B. innerhalb von Vereinen oder Wiederladergruppen bzw. für engagierte Benchrester von großem Vorteil sein, sich ein solches Gerät anzuschaffen, zumal es praktisch wartungsfrei und sehr robust ist. Wenn innerhalb einer Gruppe die Kosten aufgesplittet werden, ist es noch nicht einmal teuer. Wer technisch versiert und mit der Elektronik halbwegs vertraut ist, kann sich ein Vo-Meßgerät auch selbst bauen. Im DWJ (Deutsches Waffen-Journal) erschienen hierzu verschiedene Artikel. Eine andere Möglichkeit, Geschwindigkeiten von Geschossen zu ermitteln, besteht in der Ermittlung des Geschoßimpulses bzw. der Geschoßenergie und der anschließenden Umrechnung auf die Geschwindigkeit. Dazu wurde früher, schon im vorigen Jahrhundert, ein ballistisches Pendel verwendet. Dabei wurde ein genau gewogenes Gewicht unter Einhaltung bestimmter Maße pendelnd so aufgehängt, daß ein dagegen prallendes Geschoß dieses Pendel um einen bestimmten Winkel aus seiner Ruhelage brachte. Anhand dieses Ablenkungswinkels und der Gewichte von Geschoß und Pendel hat man dann die Geschoßenergie und daraus resultierend die Geschoßgeschwindigkeit errechnet. Da diese Methode im Zeitalter der Taschenrechner kaum noch Schwierigkeiten bereitet und nur ein paar handwerkliche Arbeiten erfordert, kann sie durchaus auch heute noch zur Messung herangezogen werden. Vor allem ist dabei eines interessant: Sie brauchen ja im Normalfall überhaupt keine Berechnungen von Geschoßenergie oder Geschoßgeschwindigkeit anzustellen, denn Sie wollen ja nur wissen, ob denn die Munition **gleichmäßig, konstant** schießt! Deshalb ist es für Sie, wenn Sie keinen Geschoßgeschwindigkeitsmesser einsetzen können, vollkommen schnuppe, welche Werte wie errechnet werden müssen. Sie brauchen nur festzustellen, ob das ballistische Pendel **bei jedem Schuß gleich weit** ausschlägt. Damit Sie aber auch die Möglichkeit haben, die aufgenommenen Werte des Pendels in Geschoßenergie oder -geschwindigkeit umzurechnen, habe ich Ihnen im Anschluß an die Bauhinweise mit einem Rechenbeispiel die nötigen Formeln erläutert.

EIN PAAR WERTE

Sie brauchen dennoch nicht zu befürchten, daß diese Berechnungen in Arbeit ausarten. Unter Verzicht auf jeden wissenschaftlichen Ballast sind in allgemein verständlicher Form ein paar einfache Berechnungen auszuführen, die mit ausreichender Genauigkeit die gewünschten Werte erbringen. Allerdings wird beim ballistischen Pendel nicht Eo oder Vo ermittelt, also die Werte nicht für den Mündungsbereich angegeben, sondern für eine Entfernung von etwa 1,5 m vor der Mündung der Faustfeuerwaffe. Wie ich schon erwähnte, ist dies sowohl für die Konstanzmessungen als auch für die V- und E-Messungen mehr von theoretischer Bedeutung. Auch die Messungen der Geschoßgeschwindigkeit mit dem Lichtschrankenmeßgerät der Fa. Weinlich (und anderer) erfolgen ja nicht direkt an der Mündung, sondern je nach Gerät erst 50 oder mehr Zentimeter dahinter.

Ein ballistisches Pendel

Nur aus relativ wenigen, einfachen Teilen besteht das ballistische Pendel, das Ihnen recht brauchbare Messungen der Geschoßenergie, der Konstanz der Munition und die Berechnung der Geschoßgeschwindigkeit ermöglicht. Ohne großen finanziellen Aufwand kann sich jeder Heimwerker so ein Pendel in ein paar Stunden selber bauen. Das Grundprinzip ist ganz einfach: Ein mit Sand gefülltes Stück Plastikrohr hängt an Bindfäden in zwei Haken an der Zimmerdecke. In dieses Rohr wird hineingeschossen. Der Sand fängt das Geschoß weich ab, das Pendel kommt dadurch in Schwingungen. Der größte Pendelausschlag wird gemessen und dient als Vergleichs- und Rechenwert.

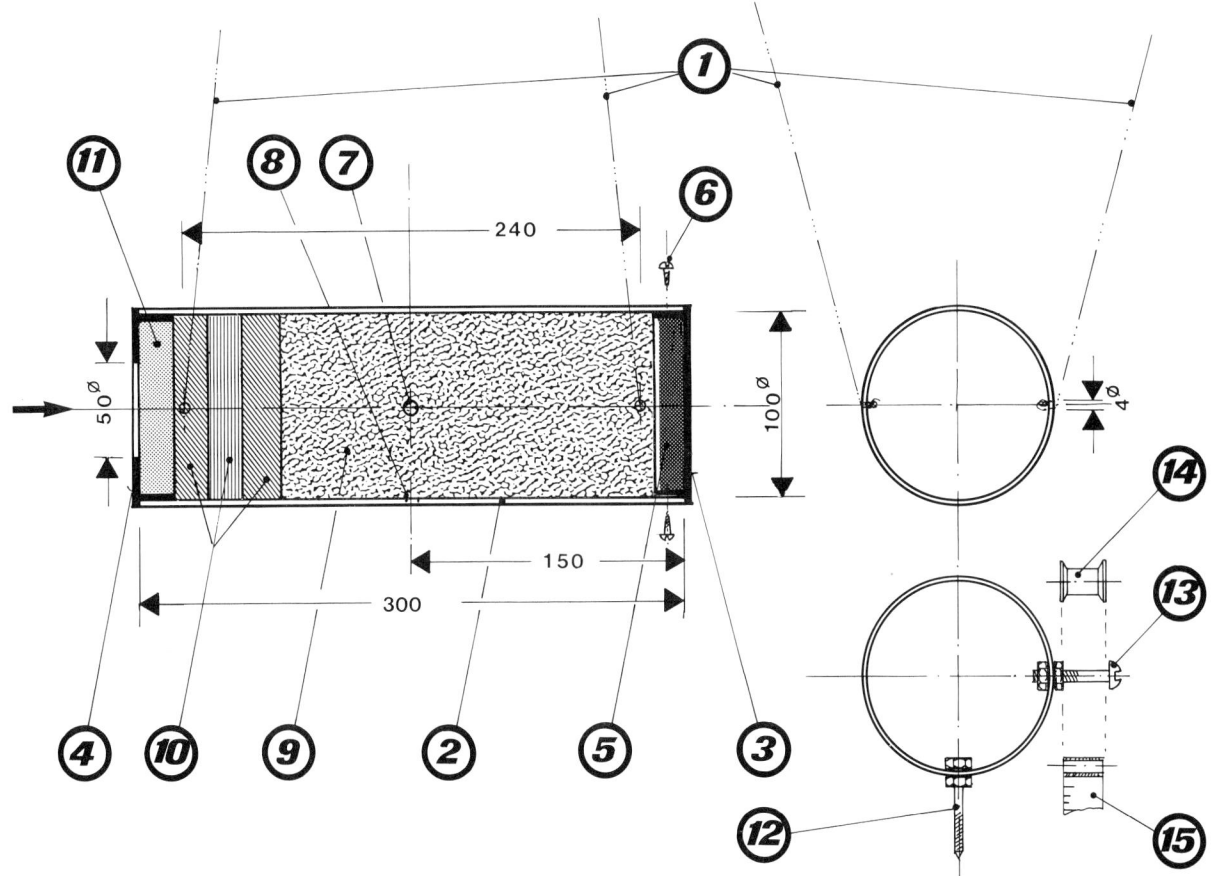

Abb. 116: Schnitt durch das ballistische (Eigenbau-)Pendel zur Messung von Geschoßenergie bzw. zur Errechnung von Geschoßgeschwindigkeiten.

Die Schnittzeichnung (Abb. 116) durch das Plastikrohr zeigt die Einzelteile des Pendels. Als Plastikrohr eignet sich z. B. Regenfallrohr NW 100 (= 100 mm lichte Weite) in einer Länge von 300 mm (2). Ein ebenfalls im Baumarkt erhältlicher Abschlußdeckel NW 100 (3) wird als Boden auf eine Seite des Rohrs geklebt und mit Schrauben (6) gesichert. Der gleiche Abschlußdeckel (4) wird auf die andere Rohrseite lose aufgesetzt und bekommt als Einschußöffnung mittig ein Loch von etwa 50 mm ⌀. Je nachdem, für welches Kaliber (wir kommen später noch darauf) das Pendel mit Ballast gefüllt wird, wird nun eine rundgeschnittene Platte aus Gummi, Stahl, Blei oder anderen festen Werkstoffen in den Rohrboden (5) eingelegt. Diese Platte dient als Kugelfang für den Fall, daß ein Geschoß den Sand aus irgend einem Grund durchdringt. Nun werden seitlich im Rohr jeweils zwei Bohrungen (pro Seite) im Abstand von 240 mm angebracht, sie dienen dazu, das Rohr an 4 Punkten mit Bindfäden (1) anzuhängen. Eine weitere Bohrung von 4 mm ⌀ wird entweder auf der Seite (Pos. 7) oder unten mittig (Pos. 8) angebracht. Das hängt davon ab, für welche Anordnung der Meßein-

Abb. 117: Bei dieser Pendelanordnung wird der wichtige Winkel ›a‹ direkt abgelesen. Die Schußdistanz von ca. 1,5 m ist erforderlich, damit die Pulvergase nicht die Pendelschwingung beeinflussen können.

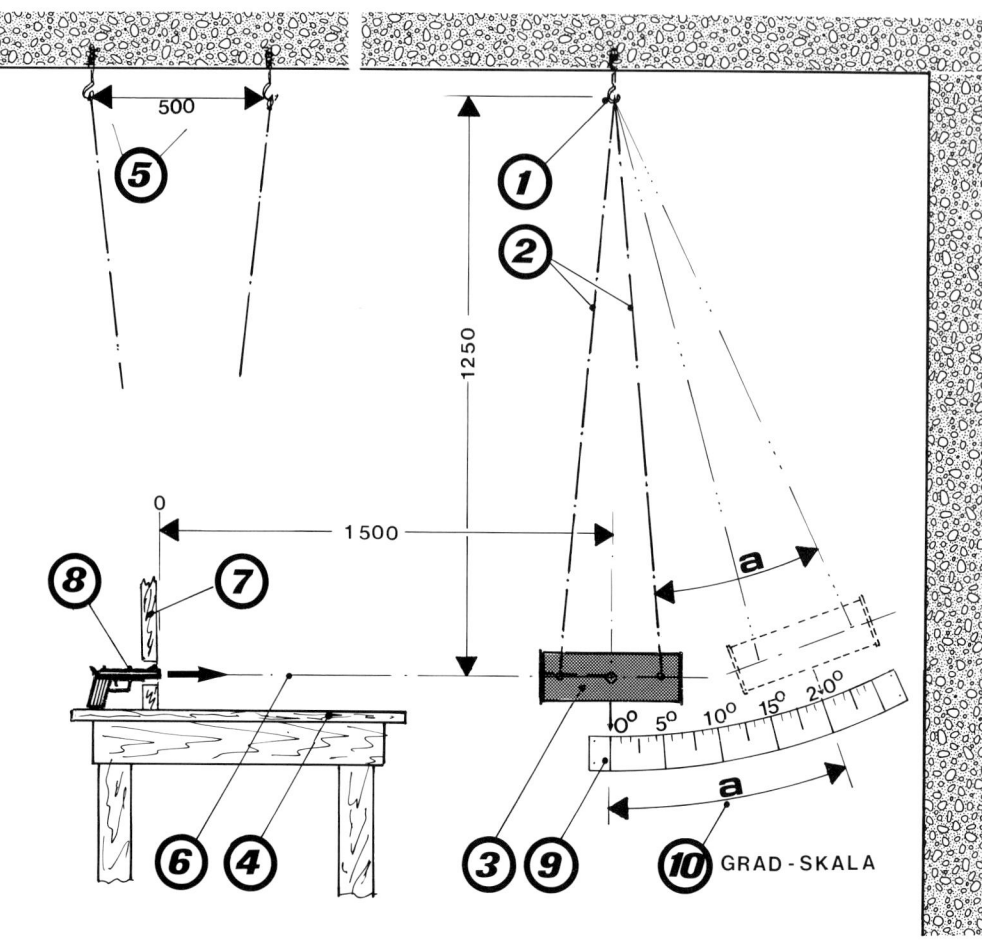

richtung man sich entscheidet (s. Abb. 117, 118 oder 119). Nun werden die Bindfäden (reißfeste Gardinenschnur oder ähnliches) so auf jeder Rohrseite befestigt, daß sie wie bei Pos. 1 dargestellt außen an den Rohrseiten nach oben zur Zimmerdecke führen. Die Bindfäden jeweils einer Rohrseite werden an der Zimmerdecke zusammengeführt und über einen in die Zimmerdecke geschraubten Haken gehängt (Abb. 117 zeigt die Haken als Pos. 1). Die beiden Haken haben einen Abstand von rund 500 mm (5). Das Pendel wird in einem Abstand von 1,25 m (gemessen von Haken bis Mitte Rohrpendel) frei schwingend aufgehängt. Durch diese Aufhängung wird weitgehend vermieden, daß das Pendel auch seitwärts schwingen kann. Wenn das Pendel wie beschrieben hängt, wird es mit Sand (9) gefüllt. Die Menge des verwendeten Sandes richtet sich (wegen des Gewichts des Pendels) nach der zu erprobenden Munition, weil stärkere Munition ein höheres Pendelgewicht erfordert als schwache, um den Pendelausschlag in bestimmten Grenzen zu halten. Je nach der Menge des verwendeten Sandes werden dann mehrere rundgeschnittene Hartschaumplatten (10) auf den Sand (bei hierfür senk-

Abb. 118: Bei dieser Pendelanordnung wird der Weg ›B‹ gemessen, den der Pendelausschlag verursacht.

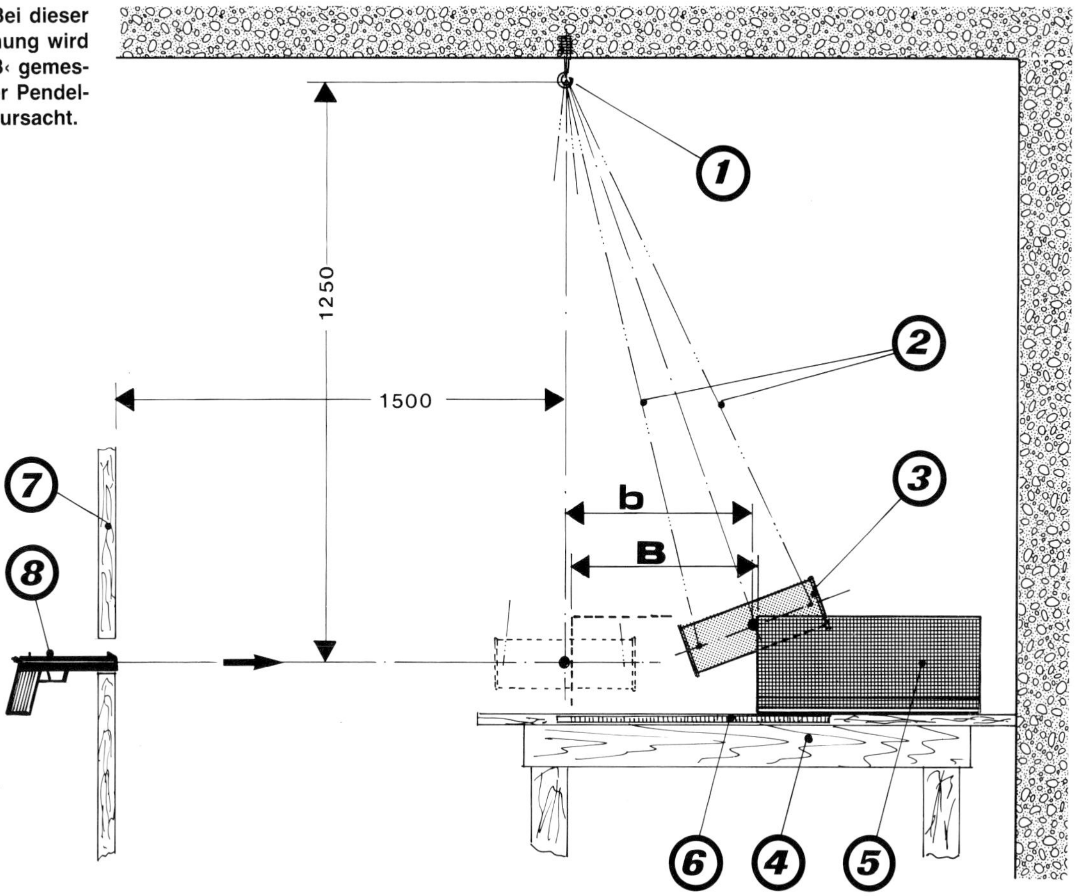

recht gehaltenem Rohr) gelegt, um den Zwischenraum zwischen Sandfüllung und Deckel (4) zu überbrücken. Man kann statt der Hartschaumplatten (Styropor oder ähnliches) auch Putzlappen oder ähnliches verwenden, jedoch sollte die dem Sand zugewandte Seite auf alle Fälle mit einer Hartschaum- oder Schaumstoffplatte abgedeckt sein, damit sich der Sand nicht verlagert. In diesem Fall besteht nämlich die Gefahr, daß Geschosse durch das Rohr dringen! Deshalb ist die Platte (5) auch so wichtig, da sie als letzte Prallplatte noch vorhandene Restenergie auffangen muß. Diese Platte (5) sollte daher bei KK-Munition wenigstens aus 5 mm dickem Stahlblech, bei größeren Kalibern aus mindestens 10 bis 15 mm Stahlblech bestehen. Man kann statt dessen auch Bleiplatten (sehr schwer) oder dicke Schichten Gummiplatten verwenden. Bei Luftdruckwaffen ist weder eine Sandfüllung noch eine Stahlplatte erforderlich, da reicht eine 10 mm dicke Sperrholz- oder Gummiplatte aus, wenn sie von Zeit zu Zeit erneuert wird. Als Abschluß der Rohrfüllung, damit kein Sand oder keine Hartschaumreste herausrieseln, kommt eine Platte Weichschaum (11) in den vorderen, gelochten Dek-

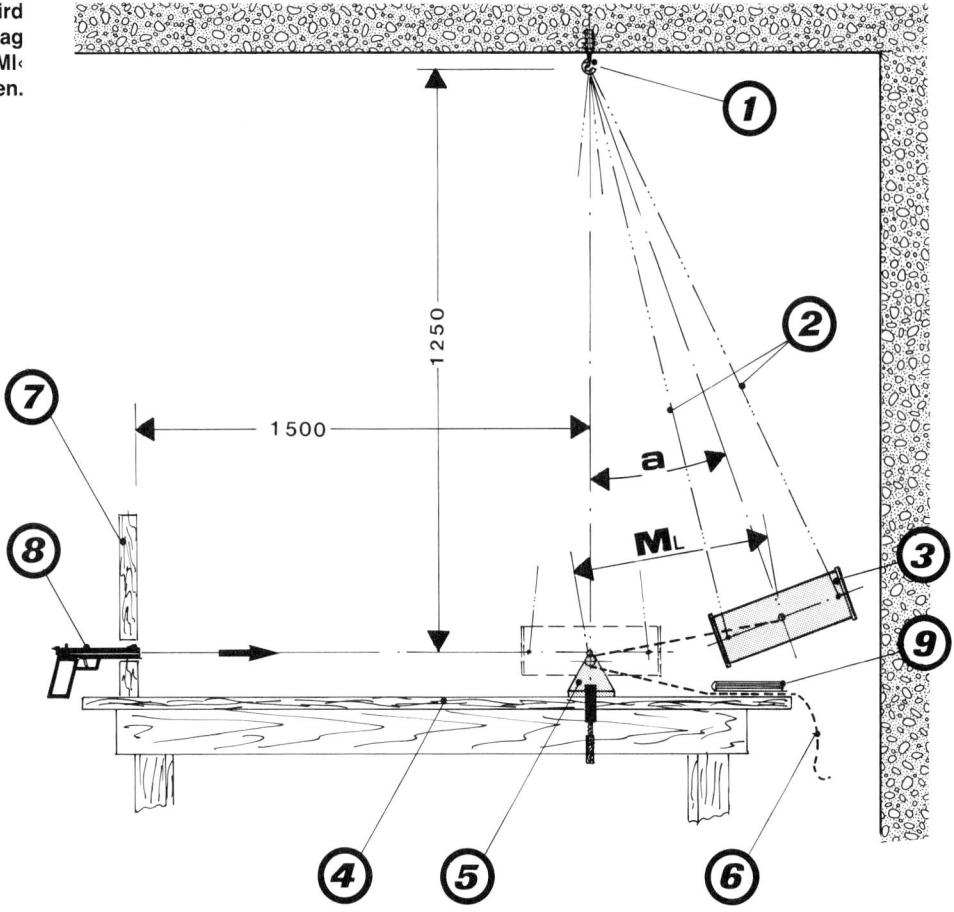

Abb. 119: Hier wird der Pendelausschlag direkt als Strecke ›Ml‹ gemessen.

kel (4). Diese Platte, die ja ebenfalls mit jedem Schuß durchlöchert wird, muß natürlich von Zeit zu Zeit ebenfalls ausgetauscht werden. Um das Pendelgewicht bei Geschossen mit sehr geringer Durchschlagskraft noch niedriger zu bekommen, kann man bei Verwendung der hinteren Stahleinlage statt der Sandfüllung auch getrocknetes Sägemehl verwenden. In Ausnahmefällen reicht es sogar aus, wenn das Pendel bis zur Stahlplatte hin nur mit Putzlappen fest ausgestopft wird. Aber wie gesagt, das geht nur, wenn z. B. schwache Taschenpistolen oder Luftdruckwaffen getestet werden.

DAS PENDELGEWICHT

Das Pendel muß nun noch mit einer der vorgeschlagenen Anzeigevorrichtungen (Abb. 117, 118 oder 119) versehen werden und wird dann samt Füllung möglichst exakt gewogen. Für Faustfeuerwaffen werden Pendelgewichte benötigt, die etwa zwischen 0,8 kg für Kaliber 5,6 mm und 4,0 kg für Kaliber 45 ACP liegen. Bei Kaliber .357 Magnum dagegen kann das Pendel rund 5 bis 6 kg schwer sein. Als einfacher Anhalt können Ihnen die Jouleangaben für die Eo in Munitionskatalogen dienen. Diese Werte etwa mit dem Faktor 6 bis 7 multipliziert, ergeben das ungefähr erforderliche Pendelgewicht in Gramm. Bei Katalogangaben in mkp (1 Joule = 0,102 mkp) muß der Faktor sinngemäß rund 60 bis 70 sein. Bei Kaliber .38 Spl. (ca. 400 Joule) würde dann das Pendelgewicht (7×400) etwa 2800 Gramm betragen.

Um ein weiteres Rechenbeispiel zu bringen, würde bei Kaliber .32 S&W long mit rund 190 Joule das erforderliche Pendelgewicht bei rund 1300 Gramm (7×190 = 1330) liegen. Das Pendel darf nämlich, um die Anzeige- und Rechengenauigkeit einigermaßen zu gewährleisten, nicht über einen bestimmten Pendelausschlag (etwa 20°) nach jeder Seite hinausschwingen. Das entspricht einem seitlichen Ausschlag von etwa 45 cm (von Hinterkante Rohr in Ruhelage bis zum weitesten Ausschlag gemessen). Da die durch das Pendelgewicht aufzufangende Geschoßenergie maßgebend ist für das Gewicht des Pendels, würde z. B. bei einem schweren Gewehrkaliber wie .375 H&H Magnum mit einer Eo von rund 6000 Joule das Pendel bereits gute 40 Kilo Gewicht haben müssen. Abgesehen davon, daß derartige Massen in dem vorgeschlagenen Pendelkörper nicht unterzubringen sind, weil das Rohr dafür nicht ausgelegt ist, verbietet sich schon aus Sicherheitsgründen der Beschuß eines Pendels mit solchen Kalibern. Das vorgeschlagene Pendelrohr kann bei vollständiger Sandfüllung etwa 3,5 kg auf die Waage bringen.

Höhere Gewichte müssen durch Einsetzen einer entsprechend schweren Stahl- oder Bleiplatte als Boden oder durch Zumischung von alten Bleigeschossen zum Sand erreicht werden. Dementsprechend müssen also auch die Schnüre und Haken, die zur Pendelaufhängung verwendet werden, entsprechend solide sein. Um die optimale Gewichtsabstimmung des Pendels zu testen, kann man unter Beachtung der Sicherheitsvorkehrungen aus einer Deckung her (Abb. Pos. 7) aus etwa 1,5 m Entfernung einen Probeschuß in Pfeilrichtung waagerecht in die Pendelrohröffnung abgeben. Wenn das Pendel im Rahmen der oben angegebenen Schwingweite bleibt, stimmt das Gewicht. Pendelt es dagegen zu stark, muß das Gewicht erhöht, bei zu kleinem Pendelausschlag verringert werden.

ANZEIGEVORRICHTUNGEN

In der Seitenansicht (Abb. 117) sehen Sie die Anordnung des Pendels (3), es hängt über Bindfäden (2) an den Haken (1). Links davon erkennen Sie, wie die Haken (von der Schußrichtung aus gesehen) 500 mm weit auseinanderstehen. Unter dem Pendel (3) können Sie nun eine Schraube (in Bohrung 8 der Abb. 116) anbringen, deren Ende auf einer Skala (9) den Pendelausschlag (10) als Winkel ›a‹ anzeigt. Dieser Winkel, hier mit ›a‹ bezeichnet, ist neben dem Pendel- und Geschoßgewicht die entscheidende Rechengröße. Die übrige Bildanordnung zeigt einen Schießtisch (4), auf dem die Waffe (8) aufgestützt abgefeuert wird. Eine mit Öffnung versehene Platte (7) schützt vor Splittern und Abprallern. Die Geschoßbahn ist mit (6) gekennzeichnet. Bei dieser direkten Winkelmessung (›a‹) ist es erforderlich, daß eine Hilfsperson den Pendelausschlag beim Schuß abliest. Eine andere Meßmethode, bei der keine Hilfsperson erforderlich ist, geht aus der Zeichnung (Abb. 118) hervor. Die Pendelaufhängung usw. ist die gleiche wie zuvor. Lediglich die Messung des Pendelausschlags erfolgt anders. Zu dem Zweck wird in die seitliche Bohrung des Pendelrohrs (aus Abb. 116, Pos. 7 ersichtlich) eine Schraube eingesetzt, auf der sich leicht beweglich eine Garnrolle oder ähnliches dreht. Wie das gemeint ist, geht aus der in Schußrichtung gesehenen Ansicht des Pendelrohrs unter (13 = Schraube) und (14 = Garnrolle) hervor. Doch zurück zu (Abb. 118). Die Garnrolle am Pendel hat die Aufgabe, beim Ausschlagen des Pendels eine senkrecht stehende Sperrholz- oder Hartfaserplatte (5) zu verschieben. Das Maß (B), um das diese Platte verschoben wird, dient als Berechnungsgrundlage des Pendelwinkels. Um es leichter abzulesen, kann man auf dem Tisch (4) ein Maßband (6) ankleben. Gemessen wird immer die Länge von Plattenstellung bei ruhendem Pendel bis Plattenstellung bei Maximalausschlag des Pendels. In der Ansicht (Abb. 120, A) sehen Sie noch einmal, wie die Garnrolle (9) die senkrecht stehende Platte (1) berührt. Mit ein paar Leisten (2) kann die Platte auf einer Grundplatte (3) befestigt werden. Damit diese

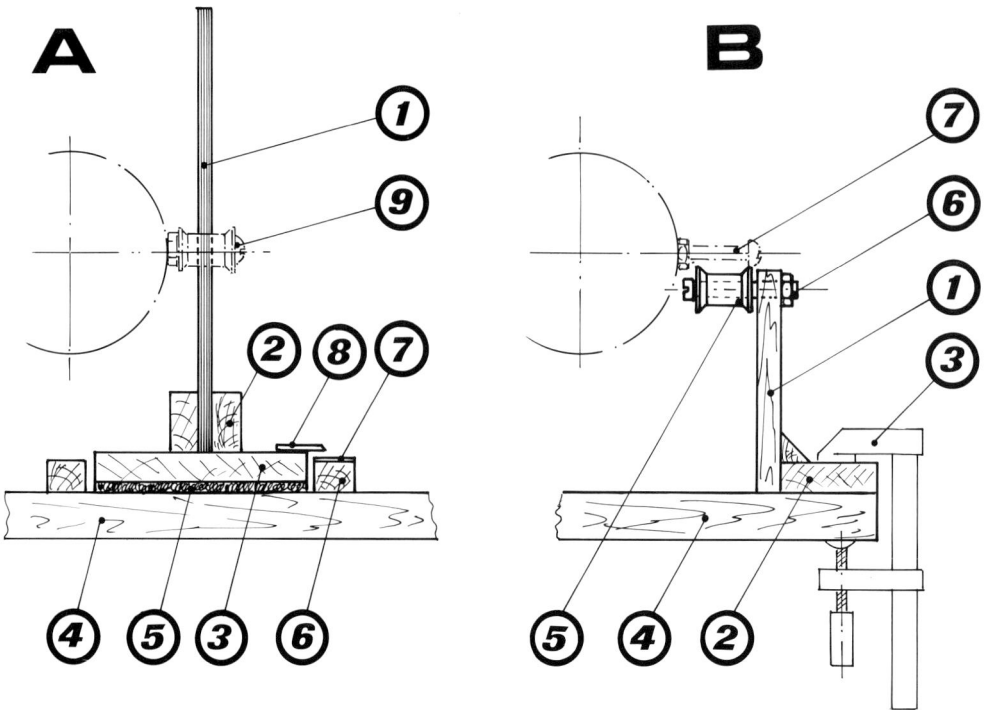

Abb. 120: Abb. A zeigt, wie das Pendel (links) mit seiner Rolle an der Meßplatte (1) ansetzt, um sie zu verschieben. Abb. B zeigt die Maßbandführung für die Messung der Strecke ›Ml‹.

Grundplatte (3) leichter auf dem Tisch (4) gleitet, kann man Folie oder ein Stück Teppichfliese (5) drunterkleben. Rechts und links je eine Holzleiste (6) führen die Platte auf dem Tisch. Ein Maßband (7) auf der Holzleiste und ein angeklebter Nagel (8) auf dem ›Schlitten‹ zeigen sofort die richtige Verschiebelänge an.

Die dritte Möglichkeit schließlich ist etwas komplizierter (Abb. 119). Um eine Umlenkrolle (5) wird ein Textilmaßband (6) geführt, dessen eines Ende an der seitlichen Schraube des Pendelrohres (3) festgemacht ist. Das Maßband selbst liegt lose auf dem Tisch und wird lediglich durch eine draufgelegte Zeitung oder ähnliches am zu schnellen Verrutschen gehindert (9). Die gestrichelte Linie zeigt die Lage des Maßbandes an. In der Zeichnung (Abb. 120, B) sehen Sie die Anordnung der Umlenkrolle (5). Oberkante Umlenkrolle (5) sollte in gleicher Höhe sein wie Mitte Schraube (7) des Pendels. In Ruhestellung des Pendels wird das Maßband so um die Umlenkrolle gezogen, daß es stramm zwischen Schraube (7) und Umlenkrolle (5) sitzt und über den Tisch glatt herunterhängt. Fällt der Schuß, so schlägt das Pendel aus und zieht dabei das Maßband um ein bestimmtes Maß (= Pendelausschlag) um die Rolle herum nach. Diese Differenz zwischen Ruhestellung und Maximalausschlag ist das gesuchte Maß ›Ml‹. Bei dieser Anordnung muß nur dafür Sorge getragen werden, daß das Maßband nicht unkontrolliert abgezogen wird. Deshalb die bremsende Wirkung der aufgelegten Zeitung, die aber nicht zu stark sein darf.

Berechnung von E und V

Wenn Sie eines der Ballistikpendelmodelle gebaut haben, so werden Sie bei Modell 1 (Abb. 117) direkt den Ausschlagwinkel ›a‹ ablesen können, bei Modell 2 (Abb. 118) das Maß ›B‹ und bei Modell 3 schließlich die aus (Abb. 119) ersichtliche Länge ›Ml‹. Aus jedem dieser Werte läßt sich bei Kenntnis des **genauen** Geschoßgewichts und des **genauen** Pendelgewichts die Geschoßgeschwindigkeit und der Geschoßimpuls bzw. die Energie errechnen. Zunächst sollten Sie eine Serie von 10 Schuß auf das Pendel (unter Berücksichtigung entsprechender Vorsichtsmaßnahmen!) abgeben, dessen Gewicht Sie zuvor exakt festgestellt haben. Nach der 10er-Serie erfolgt entweder nochmals eine Gewichtskontrolle (Sandverlust?) oder es wird das Gewicht von 5 Geschossen zum Ausgangsgewicht des Pendels zugezählt. Da Sie auch aus den Pendelausschlägen jeweils einen Mittelwert errechnen, entspricht das Zuzählen der Hälfte der Geschosse ebenfalls dem Mittelwert beim Pendelgewicht.

Die Formel zur Ermittlung der Geschoßgeschwindigkeit lautet:

$$V = \frac{G+P}{G} \sqrt{24{,}525 \, (1 - \cos \text{'a'})}$$

Die Formel sieht vielleicht auf den ersten Blick schlimmer aus, als sie in Wirklichkeit ist. Wenn Sie erst einmal damit gerechnet haben, werden Sie mir Recht geben. In dieser Formel bedeutet G = Geschoßgewicht in Gramm, P = Pendelgewicht in Gramm, cos ›a‹ ist der Cosinuswert des abgelesenen Winkels ›a‹ (Abb. 117) und V = Geschoßgeschwindigkeit in m/s. Der Wert 24,525 errechnet sich aus der doppelten Erdbeschleunigung (2 g) multipliziert mit der Pendellänge von 1,25 Meter, also (2·9,81·1,25). Sollten Sie eine andere Pendellänge verwenden, müssen Sie den Wert entsprechend ändern. Den Cosinuswert des Winkels ›a‹ finden Sie entweder in Tabellen oder errechnen ihn mit dem Taschenrechner.

EIN RECHENBEISPIEL

Geschoßgewicht gewogen = 10,2 Gramm. Pendelgewicht vor dem Schießen gewogen = 2800 Gramm. Bei 10 Schuß die Hälfte der Geschosse dazugerechnet ergibt P = 2851 Gramm. Der bei 10 Schuß jeweils maximale Pendelausschlag zeigte einen Winkel ›a‹ von 16°. Laut Tabelle ist der Cosinuswert von 16° = 0,9613.

Die Rechnung lautet somit:

$$V = \frac{10{,}2 + 2851}{10{,}2} \cdot \sqrt{24{,}525 \cdot (1 - 0{,}9613)}$$
$$= 273{,}28 \text{ m/s.}$$

Natürlich kann der errechnete Wert nicht so genau sein, wie er nach dem Rechengang erscheint. Dazu sind zu viele Fehlerquellen, z. B. Pendelreibung, Ablesefehler an der Gradskala usw. darin enthalten. Aber es lassen sich doch mit einiger Genauigkeit zumindest Vergleichwerte ermitteln. Bei der zweiten Meßanordnung (Abb. 118) suchen Sie ebenfalls den Ablenkwinkel ›a‹ des Pendels. Sie müssen ihn jedoch über den abgelesenen Wert ›B‹ (= Verschiebeweg der Platte) errechnen. Hierfür ein Berechnungsbeispiel, das durch die Zeichnung (Abb. 121) erläutert werden soll:

Angenommen, Sie haben für das Maß ›B‹ eine Länge von 0,365 m abgemessen. Die Pendellänge (in der Zeichnung als Maß ›C‹ dargestellt, ist nach wie vor 1,25 m. Eine simple Rechnung beim rechtwinkligen Dreieck ergibt so:

$$\sin \text{'a'} = \frac{B}{C} = \frac{0{,}365}{1{,}25} = 0{,}292.$$

Wenn sin ›a‹ = 0,292 ist, so ergibt sich aus der Tabelle (oder im Taschenrechner arc.sin.) dementsprechend ein Winkel von rund 17°. Ein Druck auf die cos-Taste des Rechners oder ein Blick in die Tabelle ergibt für 17° einen Cosinuswert von 0,9563, der nun wie gehabt in die Formel zur Errechnung der Geschoßgeschwindigkeit eingesetzt

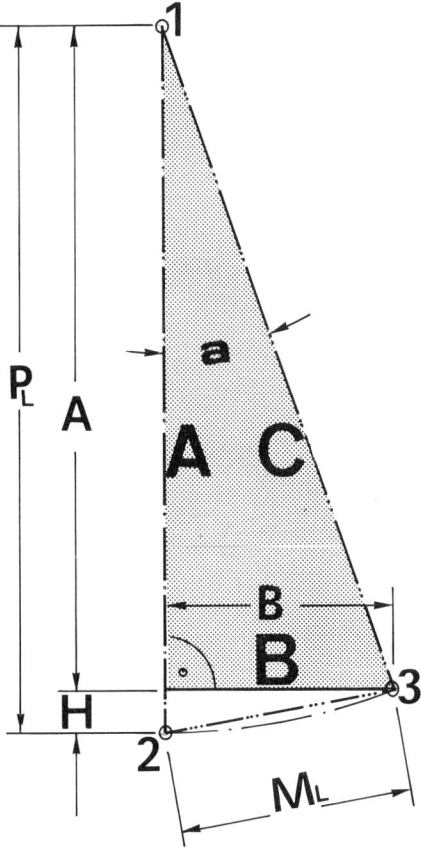

Abb. 121: Alle Pendelmessungen legen das rechtwinklige Dreieck mit den Seiten A, B und C zugrunde. Für die Berechnungen gesucht wird stets der Winkel ›a‹, der den Pendelausschlag darstellt.

werden muß. Bei Meßmethode 3 (Abb. 119) wird das Maß ›Ml‹ ermittelt. Es hat auf dem Maßband beispielsweise die Länge Ml = 37 cm (= 0,37 m) angezeigt. Die Pendellänge ›C‹ oder ›Pl‹ beträgt nach wie vor 1,25 m. Die Rechnung lautet dann:

$$\sin \frac{›a‹}{2} = \frac{0{,}5 \cdot Ml}{C} = \frac{0{,}5 \cdot 0{,}37}{1{,}25} = 0{,}148$$

Aus der Tabelle oder dem Rechner ergibt sich für den Sinuswert 0,148 ein Winkel von 8,5°. Dieser Winkel wird verdoppelt, somit ergeben sich 17°. In Tabelle oder Rechner findet man den Cosinuswert zu diesen 17° mit 0,9563. Damit ist der Wert für die Geschoßgeschwindigkeitsberechnung gefunden, es kann nach der bekannten Formel nun V ermittelt werden.

Hat man die Geschoßgeschwindigkeit berechnet und will die Geschoßenergie berechnen, so geschieht das nach der Formel:

$$E = \frac{G \cdot V^2}{19620}$$

Hierin bedeutet wiederum G = Geschoßgewicht in Gramm, V^2 = das Quadrat der Geschoßgeschwindigkeit und E = Geschoßenergie in mkp.

Ein Beispiel soll diesen Rechengang erläutern: Das Geschoß hat ein mit der Waage ermitteltes Gewicht von 10,2 Gramm. Die aus dem Pendel errechnete Geschoßgeschwindigkeit beträgt V = 273 m/s. Dann ergibt sich:

$$E = \frac{10{,}2 \cdot 273 \cdot 273}{19620} = 38{,}75 \text{ mkp}$$

Will man diesen mkp-Wert in Joule umrechnen, so muß man ihn durch 0,102 teilen. Also 38,75 : 0,102 = 379,9 Joule.

Vielleicht sollte ich zum besseren Verständnis der Energieformel noch erklären, woher der Wert 19 620 kommt. Es handelt sich dabei um 2 g, also um die doppelte Erdbeschleunigung (2·9,81) und um den Faktor 1000, da in der Formel das Geschoßgewicht in Gramm statt in Kilogramm eingesetzt ist.

Natürlich ist es wesentlich einfacher, die Ermittlung der Geschoßgeschwindigkeiten einer Elektronik zu überlassen und nur die Werte auf einer Digitalanzeige abzulesen. Es ist auch ein wenig genauer, wenn eine präzise Geschwindigkeitsmeßanlage die Werte ermittelt. Dennoch kann man sich nach den hier angegebenen Methoden zumindest vorläufig helfen, bis eines Tages mal das Geld für ein Meßgerät da ist.

Abschließend zum ballistischen Pendel noch ein paar kurze Hinweise: Es ist nicht einfach, auf eine Entfernung von 1,5 m in die nur 50 mm große Öffnung des Pendels zu treffen. Da die Entfernung aber nicht wesentlich kürzer gewählt werden kann (sonst beeinflußt die Pulverdampfwolke das Meßergebnis), ist es erforderlich, die Waffe beim Schießen auf einem Sandsack, in der Schutzwandöffnung oder in einer Schießmaschine abzustützen. Sonst könnte es rasch einmal passieren, daß der Schuß das Pendel nicht mittig trifft. Die Folge wäre nicht nur ein kaputtes Pendel, sondern auch eine falsche Messung. Weiterhin ist zu beachten, daß durch die Geschosse, die sich im Pendel ansammeln, das Gewicht des Pendels ständig ein anderes ist. Sie müssen also vor jedem weiteren Test das Pendel jedesmal neu auswiegen! Außerdem ist es erforderlich, die für die Berechnung benötigten Maße so genau wie möglich zu ermitteln. Es reicht also nicht, die Maße über den dicken Daumen zu peilen! Es ist auch nicht empfehlenswert, bei den Berechnungen die Stellen hinter dem Komma aufzurunden oder womöglich zu vernachlässigen. Bei den heute üblichen Taschenrechnern sollte es doch wirklich nicht mehr allzu schwer fallen, exakte Werte zu bekommen. Noch ein Hinweis zur Schemazeichnung (Abb. 121): Pos. 1 stellt die Haken an der Zimmerdecke dar. Pos. 2 ist Mitte Pendel in Ruhestellung, Pos. 3 Mitte Pendel bei Maximalausschlag. Die Strecke C ist die Pendellänge. Den Winkel ›a‹ messen Sie nach Methode 1, das Maß ›B‹ nach Methode 2 und das Maß ›Ml‹ schließlich nach Methode 3. Alle Methoden ermitteln direkt oder indirekt den Pendelwinkel ›a‹, den Sie für Ihre Berechnungen brauchen.

Geschoßgeschwindigkeitsmesser

Im Zeitalter der Computertechnologie wirkt der Einsatz eines ballistischen Pendels naturgemäß etwas reichlich antiquiert. Eine Notlösung für Schützen, die wenig investieren wollen. Profis dagegen oder engagierte Schützen machen sich die neuesten Geräte der Elektronik zunutze und messen die Geschoßgeschwindigkeiten mittels Leitfolien- oder sogar Lichtschrankenmeßgeräten. Ein sehr zweckmäßiges Gerät (Fa. Weinlich) ist im Foto (Abb. 115) dargestellt. Das Steuerpult dieses Gerätes (Abb. 122) ist seitlich neben dem Laufprisma in einer massiven Stahlsäule untergebracht. Das Gerät zeigt über große, gut ablesbare LED-Anzeigen nach jedem Schuß sofort die gemessene Geschwindigkeit in m/s. Die Anzeige ist aber auch auf

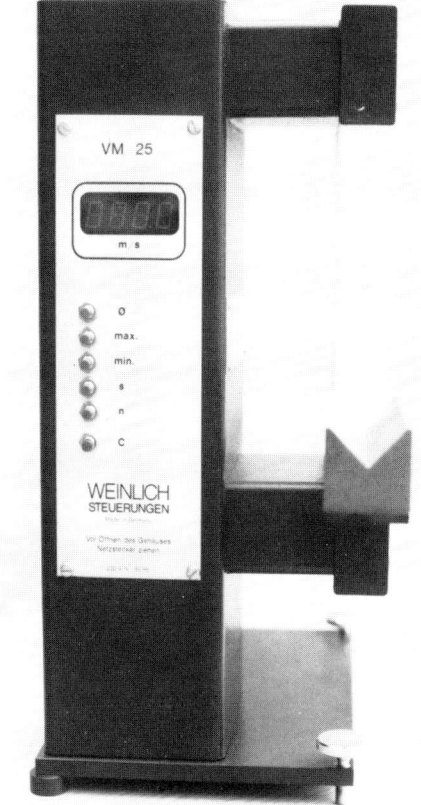

Abb. 122: Nach jedem Schuß zeigt die 14 mm hohe LED-Anzeige die gemessene Geschwindigkeit in m/s (umschaltbar ft/s) bis zu 0,1 m/s genau. Außerdem abrufbar: Durchschnitt der Meßwertserie (bis 500 Schuß), größter und kleinster Meßwert der Serie, mittlere Streuung der Meßwerte und Zahl der gespeicherten Meßwerte.

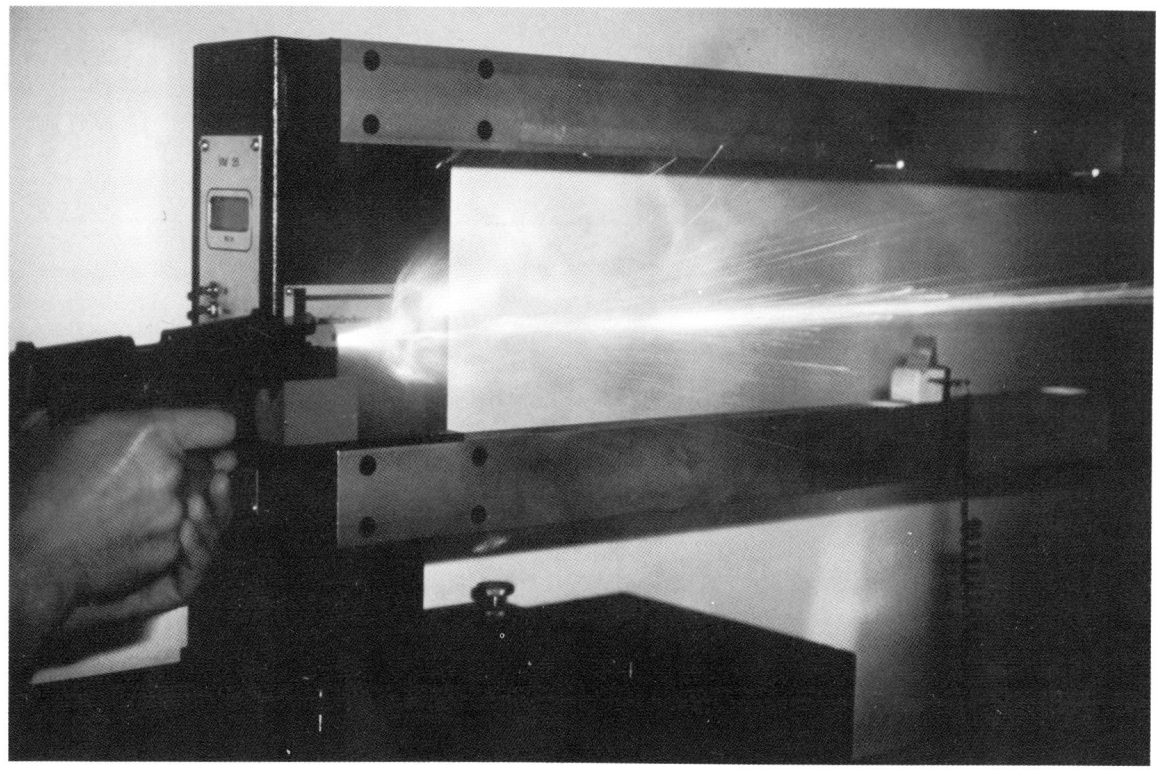

Abb. 123: Deutlich wird beim Schießen mit Leuchtspurmunition, wie weit Pulverteilchen beim Schuß aus dem Lauf geschleudert werden und u. U. Einfluß auf die Messungen nehmen können.

ft/s umschaltbar. Auf der Tastatur können nach einer Serie von Schüssen auf Knopfdruck folgende Werte abgefragt und über die LED-Anzeige abgelesen werden:

- ⌀ = Durchschnitt der Meßwertserie
- max. = größter Meßwert der Serie
- min. = kleinster Meßwert der Serie
- s = mittlere Streuung der Meßwertserie
- n = Zahl der gespeicherten Meßwerte
- C = Löschen der Meßwertserie

Es können in jeder Meßwertserie bis zu 500 Schuß in dem Gerät gespeichert werden. Dieses Lichtschrankenmeßgerät (220 V, wahlweise 12 V) hat eine 250 mm lange Meßstrecke und erfaßt Geschwindigkeiten zwischen 10 und 2000 m/s mit einer Genauigkeit von ± 1%.

Beachten muß der Schütze allenfalls beim Arbeiten mit diesem Gerät, daß die das Geschoß überholenden Pulvergase (Abb. 50) oder Pulverpartikel (Abb. 123) eventuell die Messung beeinflussen können. Aus diesem Grund sollte bei häufigen Messungen von Waffen, die ein langes Mündungsfeuer erzeugen, der Gerätetyp mit den längsten Meßarmen gewählt werden. Bei dem Gerät ist dann zwischen Mündung und Meßstrecke eine Distanz von 1 m, was immer ausreichen sollte. Für Luftgewehr- und Luftpistolenschützen wird eine Kurzversion (Distanz 14 cm) und für Messungen normaler Faustfeuerwaffen eine mittlere Version (Distanz 50 cm) angeboten. Das Arbeiten mit diesen Geschoßgeschwindigkeitsmessern ist praktisch problemlos. Es wird in jedem Fall mit im Prisma aufgelegter

Abb. 124: Weinlich-Geschoßgeschwindigkeitsmesser und Gun-Tester ergänzen sich optimal und liefern klare Aussagen über Waffen- und Munitionspräzision.

Waffe geschossen, um auch beim Verreißen der Waffe noch im Sicherheitsbereich zu bleiben. Noch besser arbeitet es sich natürlich, wenn man Schießmaschine und Geschwindigkeitsmesser miteinander kombiniert (Abb. 124).

MESSWERTE KOMBINIEREN

Weil man bei dieser Kombination nämlich gleichzeitig Meßwerte der Geschoßgeschwindigkeit erhält und die dabei erzielten Streukreise ermittelt. Wenn es erforderlich ist, kann man dann sofort bei jedem Schuß den Treffpunkt in bezug zu der Geschoßgeschwindigkeit bringen. Ist zum Beispiel ein Schuß der Serie besonders langsam oder schnell gewesen, kann man die Wirkung der anderen Geschwindigkeit direkt am Treffpunkt kontrollieren. Aber davon später. Zunächst geht es um die Frage, was man alles mit so einem Geschoßgeschwindigkeitsmesser noch testen kann. Erstens einmal, und das ist für die Benchrest- und Präzisionsschützen von allergrößter Bedeutung, kann man die Gleichmäßigkeit der Munition messen. Jede Abweichung der Munition innerhalb der Ladeserie macht sich in abweichender Geschoßgeschwindigkeit und damit in abweichender Lage des Treffpunkts bemerkbar. Zweitens können Wiederlader anhand zu langsamer oder zu schneller Geschosse Rückschlüsse auf zu geringe oder zu hohe Gasdrücke ziehen. Im Vergleich mit ›normaler‹ Munition kann man so sehr rasch feststellen, ob die gewählte Laborierung in etwa richtig ist. Jäger haben die Möglichkeit, ihre Munition auf jagdliche Eignung zu testen, weil erstens die Geschoßgeschwindigkeit Rückschlüsse auf mehr oder weniger gestreckte Geschoßflugbahn zuläßt und weil außerdem für die Jagd auf die einzelnen Tiergattungen waidgerechte, bestimmte Mindestgeschoßenergien vorgeschrieben sind. Bei Großkaliber- und Combatwettkämpfen ist die Trefferwertung zum Teil von der Höhe der Geschoßenergie abhängig. Hier können die zweckmäßigsten Kombinationen zwischen Energie und Schußpräzision ermittelt werden. Schützen mit Luftdruckwaffen können aus der Konstanz und Höhe der Geschoßgeschwindigkeit auf den Erhaltungszustand ihrer Waffen schließen und Fehlerquellen leichter eingrenzen. Nicht zuletzt ist die Geschoßgeschwindigkeitsmessung aber auch eine wichtige Hilfe für den Schützen, der an seiner Waffe Tuning-Arbeiten ausführt. Er kann mit ein- und derselben Laborierung vor und nach dem Tunen feststellen, welchen Einfluß die ausgeführten Arbeiten z. B. bei einem Lauftausch, bei anderer Lauflänge usw. auf die Geschoßgeschwindigkeit, die Flugbahn usw. ausüben. Neben der Schießmaschine, die Ihnen das optimal mögliche Schußbild liefert, ist also der Geschoßgeschwindigkeitsmesser mit die wichtigste Anschaffung. Zumal sich diese Geräte auch für den Gewehrschützen sehr gut eignen. Egal, ob es darum geht, die optimale Kugelgröße oder Pflasterstärke, das zweckmäßigste Geschoßfett oder die am saubersten abbrennende Pulvermenge zu ermitteln. Wichtig ist aber vor allem, um es nochmals zu wiederholen: Die Messung der **konstanten** Werte Ihrer Munition. Nur gleichbleibende Munition schränkt den Fehlerkreis bei der Suche nach optimaler Schußleistung ein.

Munitionsprobleme?

Kommt es zu Abweichungen bei Geschoßgeschwindigkeitsmessungen oder zu unerklärlichen ›Ausreißern‹ bei der Auswertung der Schußbilder, so wird zwar neben verschiedenen anderen Möglichkeiten auch die Munition verdächtigt. Aber ob es wirklich an der Munition lag und wenn, woran genau, das ist hinterher meist nur schwer festzustellen. Deshalb sollten Sie Ihre Munition **vor** dem Schießen so weit wie irgend möglich prüfen. Dann wissen Sie zumindest nachher, woran es nicht gelegen haben kann. Messungen mit dem Geschoßgeschwindigkeitsmeßgerät können konstante Werte in üblichen Bereichen ergeben. Dennoch kann die Munition in verschiedener Hinsicht Mängel aufweisen. Beispielsweise braucht nur ein Geschoß nicht zentrisch in der Patronenhülse zu sitzen. Die Geschwindigkeit dieses Geschosses wird sich deshalb fast gar nicht gegenüber den richtig zentrierten Geschossen ändern. Zumindest wird der Meßwert im Bereich der üblichen Toleranzgrenzen liegen.

SCHWANKUNGEN

Selbst Qualitätsmunition bekannter Hersteller kann in Einzelfällen Schwankungen von einigen Prozent unterliegen, was die Geschoßgeschwindigkeit und damit letztlich die Treffpunktlage angeht. Wenn Sie also diese Fehlerquellen halbwegs in den Griff bekommen wollen, müssen Sie die Munition vor dem Schießen auch noch bezüglich Fertigungsgenauigkeit kontrollieren, soweit das möglich ist. Eine häufige Fehlerquelle wurde ja schon angesprochen, nämlich die exzentrische Geschoßlage in der Hülse. Ein schief sitzendes Geschoß muß notgedrungen auch schief in den Lauf eintreten, verformt sich da etwas und kommt schließlich mehr oder weniger angeschlagen vorn aus der Mündung. Daß damit dann keine Präzision mehr zu erreichen ist, versteht man. Wie kommt es aber zu dem schiefen Sitz von Geschossen? Ursache kann z. B. eine ungenaue Führung des Geschosses in der Setzmatrize sein. Wenn das Geschoß schon beim Laden schief in den Hülsenhals geschoben wird, wie die Zeichnung (Abb. 90) demonstriert, so kann es später kaum noch von allein gerade werden. Eine weitere Ursache schief sitzender Geschosse kann die falsche Lagerung der Munition während des Transports in der Munitionsbox sein. Wird diese Munibox schief transportiert und ist dabei noch starken Erschütterungen ausgesetzt (Auto auf holprigem Weg), so ist es nicht verwunderlich, wenn die relativ schweren Geschosse sich im Hülsenhals etwas lokkern und schief stellen. Präzisionsmunition sollte man deshalb behutsamer transportieren als rohe Eier, denn mit denen will man ja meist nicht schießen. Aus dem Grunde bekomme ich auch immer etwas Gänsehaut, wenn ich sehe, wie manche Sportschützen z. B. ihre Kleinkalibermunition in Schachteln lose im Waffenkoffer rumschmeißen. Bei den doch recht dünnwandigen Hülsen muß es ja in vielen Fällen zu Lockerung des Geschoßsitzes und damit zu verminderter bzw. ungleichmäßiger Schußleistung kommen.

Ein einfacher Test kann Ihnen hierüber Gewißheit verschaffen: Nehmen Sie einfach mal von der Trainingsmunition eine ganze Anzahl KK-Patronen zur Hand und fühlen Sie **behutsam,** ob einzelne Geschosse einen etwas lockeren Sitz haben. Selbst wenn dieser lockere Sitz Ihnen noch nicht problematisch erscheint, so müssen Sie sich doch klarmachen, daß das Geschoß so nicht mehr einwandfrei zentrisch gehalten werden kann. Es kann je nach Lage der Patrone im Patronenlager eine Spur nach rechts, nach links, nach oben oder unten zeigen und in jedem Falle wird es nicht so exakt in die Laufzüge eintreten wie ein präzis mittig gehaltenes.

MESSGERÄTE

Solche ›Kleinigkeiten‹ müssen zumindest bei Waffentests und bei Wettkämpfen ausgeschlossen werden. Benchrestschützen haben diese Probleme schon seit langem erkannt und verwenden spezielle Meßgeräte (Abb. 125), um den zentrischen Geschoßsitz und den Geschoßrundlauf auf Millimeter-

Abb. 125: Bis zu 1/1000″ genau (oder je nach verwendeter Meßuhr auch in metrischen Maßen) läßt sich mit so einem Prüfgerät (BR-Center München) jede Matchpatrone auf absolute Zentrizität und Rundlauf prüfen.

bruchteile genau zu prüfen. Hierbei wird jede einzelne Patrone in eine Führungsbohrung eingesetzt und mit einer Meßuhr erfolgt die exakte Kontrolle. Ein ähnliches Gerät zeigt das Foto (Abb. 126). Auch hierbei werden Rundlauf und Zentrizität mittels Meßuhr gemessen. Zusätzlich kann mit diesem Gerät auch noch ein Richten exzentrischer Geschosse erfolgen. Das ist dann sinnvoll, wenn einzelne Geschosse z. B. für jagdliche Zwecke nachgerichtet werden müssen. Für die Matchpatronen

Abb. 126: Das ›Linear proof & adjust‹-Patronen-Prüf- und Richtgerät (W. Braun) ermöglicht es, Patronen mit hoher Genauigkeit zu prüfen. Außerdem kann man eventuell festgestellten Rundschlag durch Nachdrücken über einen Richthebel beseitigen. Für jagdliche Munition erscheint dies ausreichend genau, für ausgesprochene Matchpatronen dagegen sind mir die Unwägbarkeiten im Bereich des Hülsenhalses bei dieser Methode zu unkontrollierbar. Zumindest sollte man, wenn schon trotz entsprechender Wiederladesorgfalt Rundschlag auftritt, gerichtete Patronen nur für Trainingszwecke nehmen.

z. B. von Benchrestschützen erscheint mir dieses Verfahren wegen der Beeinflussung des Geschoßsitzes im Hülsenhals zu unkontrollierbar. Für Präzisionsprüfungen allein jedoch hat das ›Linear proof & adjust‹-Patronenprüf- und -richtgerät (W. Braun) zweifellos viele Vorteile. Auch ein anderes Gerät, das sich für eine ganze Reihe präziser Munitionskontrollen eignet, ist im Foto (Abb. 127) dargestellt, der ›Ammo-Tester‹. Die dabei verwendete Meßuhr dient zur exakten Messung verschiedener Prüfstellen an Matchmunition. Bis auf $1/100$ mm genau lassen sich damit zum Beispiel die Wandstärke des Hülsenhalses (Pos. 1), der Rundlauf und die Zentrizität von Geschossen und Patronen (Pos. 2) sowie die oft unterschiedlichen Bodenrandstärken von Randfeuermunition (Pos. 3) messen. Wiederlader können mit diesem Vielzweckmeßgerät auch noch die Geschoßboden- und Hülsenmundgradheit kontrollieren, Vergleichsmessungen der Geschoßsetztiefe, der Geschoß- und Hülsenlängen, der gleichmäßigen Zündhütchensetztiefe usw. ausführen. Auch für andere Rundlaufmessungen z. B. beim Anfertigen von Schlagbolzen, Zündstiften, Lagerbolzen usw. eignet sich der ›Ammo-Tester‹ sehr gut. Noch mehr Meß- und Einsatzmöglichkeiten bietet der ›Ammo-Tester II‹. Das kompakte Tischgerät, das auch für Büchsenmacher, Wiederladeprofis und Benchrester geeignet ist, ermöglicht z. B. durch ein zusätzliches Kreuzprisma das Ausmessen von Rundkugeln und sehr kleinen Patronen. Durch aus-

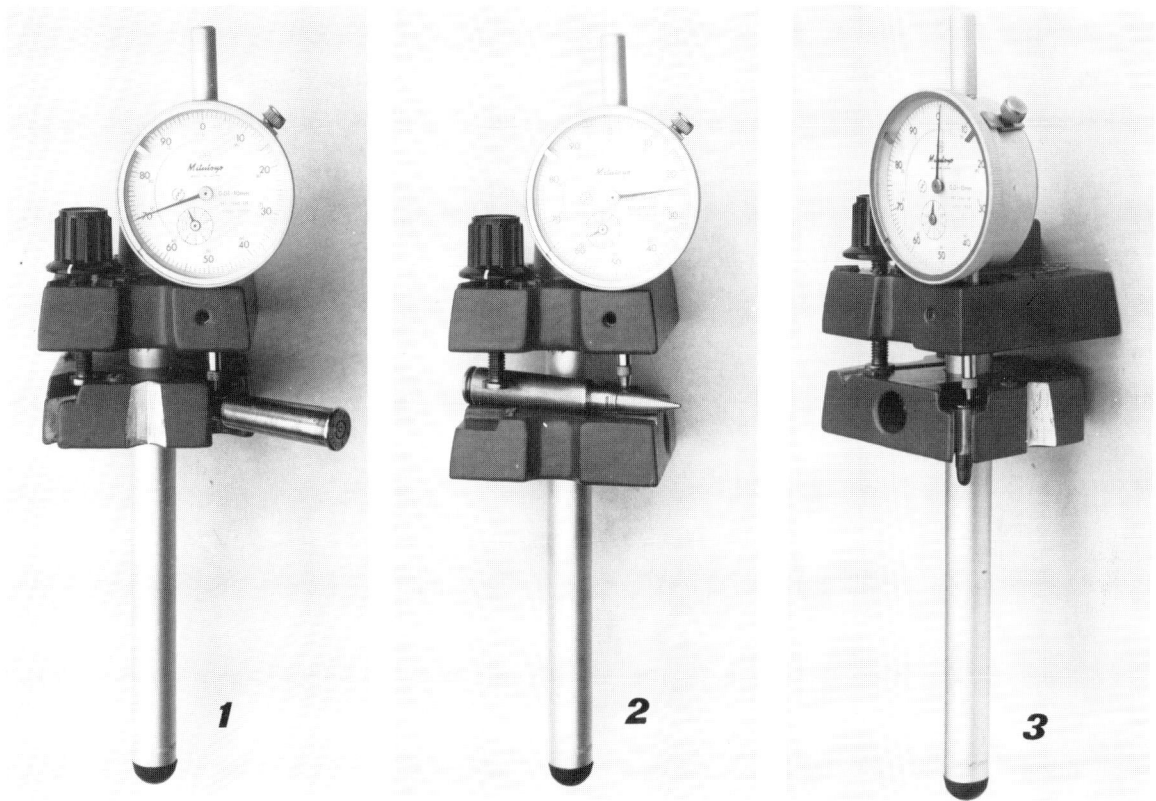

Abb. 127: Mit dem Ammotester lassen sich eine große Anzahl von Munitionstests ausführen. Das vielseitige Gerät arbeitet mit $1/100$ mm Genauigkeit (s. Text).

wechselbare Meßscheiben können Patronen mit minimalen rotationslosen Geschoßwegen gefertigt werden. Durch eine spezielle Meßbühne können flache Teile wie Federn, Schloßteile usw. exakt ausgemessen werden. Eine zusätzliche Aufnahme für Standard-Hülsenhalter ermöglicht eine ganze Reihe weiterer Messungen. Die Geräte können über J. P. Heymann, Spezialgerätebau, bezogen werden.

KLEINKALIBER

Zur Kontrolle der Bodenrandstärke von Kleinkalibermunition dient auch das kleine Gehmann-Gerät (Abb. 128), das mit einem schräg angeschliffenen Meßschieber den Vergleich von KK-Bodenrandstärken ermöglicht. Bei Kleinkalibermunition ist ja der Anteil der Zündmasse (die im Boden der Hülse sitzt) an der Gesamtenergie der Patrone wesentlich stärker als das beispielsweise bei einer großvolumigen Zentralfeuerpatrone der Fall ist. Also macht sich auch jeder meßbare Unterschied in der Bodenrandstärke von KK-Patronen in einem unterschiedlichen Abbrandverhalten und in Differenzen bei der Geschoßgeschwindigkeit bemerkbar. Um diese Toleranzen messen zu können, empfiehlt es sich demzufolge, unterschiedliche Bodenrandstärken bei Wettkampfmunition zumindest grob in Gruppen vorzusortieren. Für den Durchschnittsschützen dagegen sind die Unterschiede in der Munition im all-

Abb. 128: Das Gehmann-Kontrollgerät für die Vergleichsmessung der Bodenrandstärke von Randfeuerpatronen. Aus dem Toleranzbereich fallende Patronen werden aussortiert und für Trainingszwecke ›verballert‹.

gemeinen ohne Belang. Bei dem Gehmann-Randstärkenmesser wird jeweils eine Patrone bis zum Rand in die sichtbare Bohrung geschoben und der Meßkeil bis zu einer fühlbaren Schwergängigkeit geschlossen. Je nach Bodenrandstärke läßt sich nun an der Strichstellung des Meßkeils gegenüber den Markierungen auf dem Basisteil feststellen, ob Patronen eine größere oder kleinere Bodenrandstärke aufweisen als die übrigen.

Wie Sie sehen, kommt es immer wieder auf den Grundsatz an, möglichst konstante Werte bei allen Komponenten zu erreichen, die einen Einfluß auf die Schußleistung der Waffe haben. Natürlich wird ein guter Sportschütze auch mit nur mittelmäßiger Munition und nicht getunter Waffe meist noch besser schießen als ein ungeübter Schütze mit Spitzenausrüstung. Das liegt zum Großteil daran, daß der Schützeneinfluß im Verhältnis zum Waffen- oder Munitionseinfluß sich stärker auf die Schußleistung auswirkt. Aber es ist auch so, daß ein guter Schütze mit erstklassiger Waffe und Matchmunition eben noch besser schießen wird als vorher. Und ein mittelmäßiger Schütze mit Präzisionswaffe und guter Munition ist eben auch noch ein paar Ringe besser als zuvor. Deshalb sollte auch bei der Auswahl der Munition ein Aufwand betrieben werden,

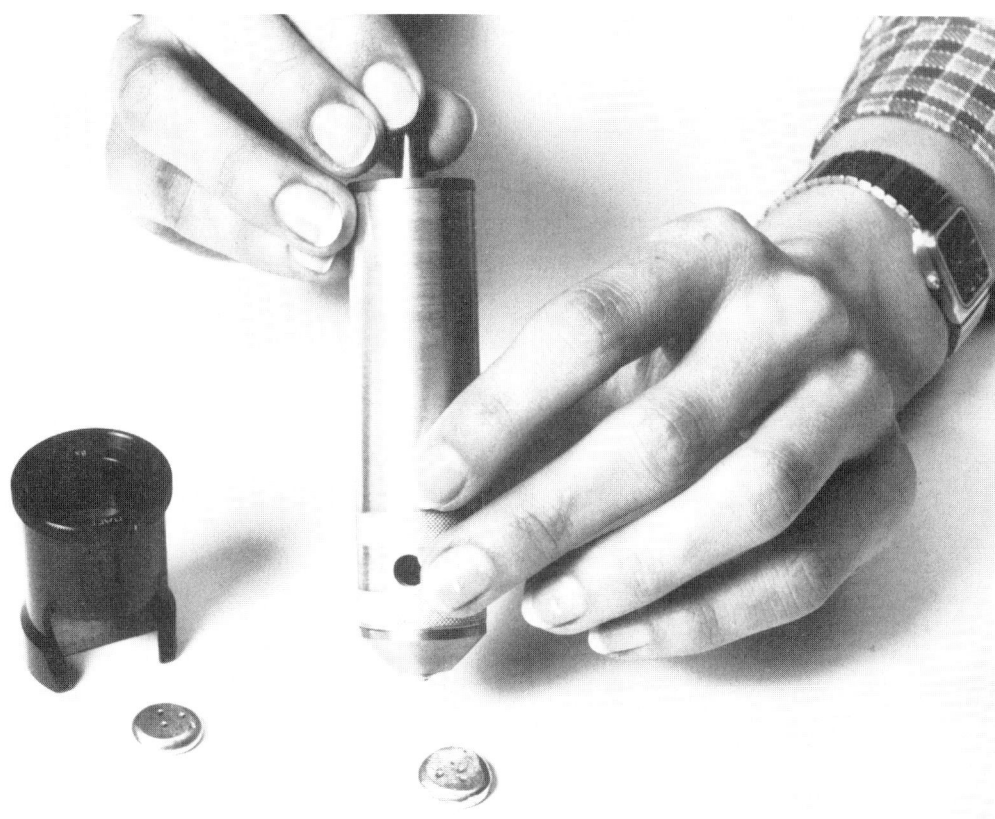

Abb. 129: Bei dem Bleihärteprüfer HP83 (Bischof) dient ein – über eine bestimmte Strecke – frei fallendes Prüfgewicht dazu, einen Kugeleindruck auf dem zu prüfenden Blei zu erzeugen. Mit der Meßlupe kann dann anhand von Erfahrungswerten auf die Bleihärte umgerechnet werden.

der der gesteigerten Waffenleistung angepaßt ist.

Ein Faktor, der sich munitionsseitig auf die Schußleistung auswirkt, ist die Härte des verwendeten Geschoßmaterials. Jedes Geschoß, das durch den Gasdruck in die Laufzüge gepreßt wird, verformt sich dabei etwas, weil seine Oberfläche ja die Form der Züge und Felder bzw. bei Polygonprofilen diese polygonale Form annehmen muß. Es ist klar, daß eine harte Geschoßoberfläche für die Verformungsarbeit mehr Kraft (also mehr Gasdruck) verbraucht als ein Geschoß mit weicher Oberfläche. Nun wäre das im Grunde egal, weil die Waffe ja mit einer bestimmten Munitionssorte eingeschossen wird, also immer die gleichen Geschosse verwendet werden.

Aber: Leider haben selbst gleiche Geschosse beileibe nicht immer auch die gleiche Oberflächenhärte. Das betrifft vor allem Bleigeschosse! Blei hat nämlich die unangenehme oder zumindest häufig unbekannte Eigenschaft, im Laufe einiger Zeit wesentlich härter zu werden. Wiederlader und vor allem Vorderladerschützen sollten dies zum Anlaß nehmen, ihre Geschosse darauf hin zu untersuchen. Bei der Zunahme der Bleihärte handelt es sich nicht etwa nur um ein paar Prozentpunkte, die man allenfalls noch vernachlässigen könnte. Sämtliche Bleilegierungen für das Gießen oder Pressen von Geschossen, also auch von Vorderladergeschossen, härten im Verlaufe der ersten zwei bis vier Wochen um etwa 40 bis 60% nach! Das hängt von der Bleilegierung, der Gießtemperatur, der Anfangshärte usw. ab und kann durch Messungen kontrolliert werden. Die Gefahr für Wiederlader und Vorderladerschützen ist demnach noch nicht einmal die Bleihärte an sich, die könnte man ja durch Einschießen der Waffe damit in den Griff bekommen.

DIE LAGERDAUER

Die Gefahr ist darin zu sehen, daß selbst Blei gleicher Legierung unterschiedlich lange lagert und beim Schießen Geschosse unterschiedlicher Bleihärte verwendet werden. Wer von den Vorderladerschützen sortiert denn schon seine Geschosse nach der Lagerdauer? Welcher Wiederlader behält nicht eine Reihe gegossener oder gepreßter Geschosse beim Laden übrig, die das nächstemal mitverarbeitet werden. Deshalb sollte man also nicht einfach blauäugig die Sache vernachlässigen, sondern entweder nur lange abgelagerte Geschosse verwenden oder mit einem Bleihärteprüfer die Geschosse bzw. das Bleimaterial auf die vorhandenen Unterschiede prüfen. Im DWJ sind hierzu verschiedentlich Vorschläge zum Selbstbau von Bleihärteprüfern gemacht worden, und auch in meinem Buch ›Schußwaffen-Zubehör selbermachen‹ sind zwei Bleihärteprüfer ausführlich für den Nachbau dargestellt. Dort finden Sie ein ganz einfach zu bauendes Handgerät, das samt dem dazugehörigen Härtediagramm immer dabei sein kann. Es ist aber auch der Nachbau eines etwas aufwendigeren Hebelarmhärteprüfers mit den erforderlichen Formeln für die Härteberechnung des Bleis ausführlich beschrieben. Natürlich kann man auch fertige Bleihärteprüfer kaufen, z. B. mit Meßuhr ausgestattete Bleihärteprüfer (Fa. Triebel) oder ein im Foto (Abb. 129) gezeigter Bleihärteprüfer (Modell HP83, Bischof), der mit einer Fallkugel arbeitet. Bei all diesen Geräten wird immer ein Eindruck auf der Bleioberfläche mit einem ganz genau gleichbleibenden Druck erzeugt. Die dabei entstehende ›Druckstelle‹ wird dann mit einer Lupe ausgemessen. Daraus errechnet sich dann die Bleihärte. Nun werden natürlich Vorderladerschützen sagen, daß sie ja nicht all ihre mühsam gegossenen Geschosse wieder durch eine ›Delle‹ verformen wollen, weil das möglicherweise wieder zu einer Schwerpunktverlagerung oder Verformung führen könnte. Aber keine Bange, der Eindruck des Härteprüfers ist erstens nur minimal und mit bloßem Auge kaum zu erkennen. Und zweitens muß die Prüfung ja nicht an allen Matchgeschossen gemacht werden, sondern nur an einigen mit jeweils gleichem Gießdatum. Sie brauchen dann künftig nur noch die Geschosse nach Gießdatum getrennt zu lagern. Das bißchen Aufwand lohnt sich doch, oder?

TOLERANZFRAGEN

Wenn Wiederlader und auch Vorderladerschützen dann noch dazu übergehen, ihre Geschosse sowohl mit der Lupe optisch auf erkennbare Mängel zu untersuchen und außerdem die Geschosse auswiegen, dürfte von seiten der Geschoßgüte her kein wesentlicher Störfaktor mehr auftreten. Gut, es gibt Geschosse mit Haarrissen oder spröde gegossenen Kanten, die beim Abfeuern abbrechen. Aber solche Sachen sollte man durch eine gleichmäßige, bewährte Gießtechnik ausklammern können. Wichtig dagegen ist bei gegossenen Geschossen das Auswiegen! Selbst bei fabrikgefertigten Vorderladerrundkugeln einer Serie ließen sich Gewichtstoleranzen von ± 6 Grain bei .44er Kaliber feststellen. Um beim Abwiegen nicht päpstlicher als der Papst zu sein, reicht es meist, wenn man zunächst z. B. 100 Geschosse insgesamt möglichst präzise wiegt. Das ermittelte Gesamtgewicht teilt man durch 100, dann hat man ein Durchschnittsgewicht. Jetzt werden die einzelnen Geschosse auf der Pulverwaage in drei Gruppen sortiert: In die erste Gruppe kommen alle Geschosse, die bis auf die erwünschte Toleranzgrenze das Gewicht einhalten. Wenn man z. B. glaubt, daß Toleranzen bis ± 1 Grain vertretbar sind, wird alles übrige entweder zu den untergewichtigen oder den zu schweren Geschossen sortiert. Diese kann man dann fürs Training usw. nehmen, aber nie für Waffentests. Aber es soll in diesem Buch ja kein Lehrgang für Wiederlader stattfinden, sondern nur ein paar Anregungen gegeben werden, wie man brauchbare Munition zu den einzelnen Waffen erkennen kann, wie man minderwertige Munition von vornherein aussortieren kann und wie gute Munition ausgewählt bzw. durch Tests gefunden werden kann.

DER GASDRUCK

Ein Problem wurde in diesem Zusammenhang bisher überhaupt noch nicht angesprochen, nämlich die Durchführung von Gasdruckmessungen. Solche Messungen, die von Instituten und Industrielabors, besonders aber auch von den einzelnen Beschußämtern ausgeführt werden, erfordern recht aufwendige Meßeinrichtungen, wie sie dem Privatmann im Normalfall fast nie zur Verfügung stehen. Da gibt es für jedes Kaliber spezielle Meßläufe mit Anbohrungen im Patronenlagerbereich und mit Kupferstauchzylindern, aus deren Verformung dann der Gasdruck errechnet wird. Aber auch direkte Gasdruckmessungen sind zum Teil möglich. In jedem Fall gibt die Kontrolle des Gasdruckverlaufs Aufschlüsse über die Entwicklung und die Spitzenwerte des Gasdrucks während der Schußentwicklung. Daraus lassen sich dann wieder Rückschlüsse auf die Eignung der Munition, auf die erforderliche Festigkeit des Laufstahls usw. ziehen.

HILFE VOM BESCHUSSAMT

Beschußämter verwenden spezielle Munition mit Ladungen, die einen genau definierten, um einen bestimmten Prozentsatz überhöhten Gasdruck erzeugen, um die Haltbarkeit der zu prüfenden Läufe zu testen. Der normale Sportschütze, Jäger oder Wiederlader hat diese Einrichtungen nicht, er kann sie sich aber zunutze machen. Die Beschußämter sind durchaus willens und in der Lage, auch Munition von Wiederladern oder anderen Interessenten zu prüfen, Gasdrücke zu messen usw. Voraussetzung ist erstens eine größere Menge der zu prüfenden Munition, die dem Beschußamt zur Verfügung gestellt werden muß. Und zweitens kostet die Sache natürlich Gebühren. Immerhin ist zumindest in Problemfällen die Möglichkeit da, beispielsweise bei Waffensprengungen und Ersatzansprüchen an den Waffen- oder Munitionshersteller.

HÜLSENMERKMALE

Aber der Schütze oder Wiederlader muß ja oft gar nicht erst aufwendige Messungen durchführen lassen. Schon eine Kontrolle der abgefeuerten Patronenhülsen läßt unter Vorbehalt gewisse Rückschlüsse auf den Gasdruckverlauf beim Schuß zu. So kann beispielsweise Schmauch am Hülsenhals auf durchaus normale Gasdruckentwicklung hindeuten, da sich der Hülsenhals nie so eng an das Patronenlager anschmiegt. Ist jedoch die Patronenhülse mehr oder weniger auf der gesamten Länge verschmaucht, so ist dies oft ein Zeichen für einen zu niedrigen Gasdruck. Die Hülse hat sich in diesem Fall nicht eng genug an die Wandungen des Patronenlagers angeschmiegt, sie hat nicht genug ›gelidert‹. Diese Schmauchspuren können aber auch auf zu hartes Hülsenmaterial oder ein zu weites Patronenlager hindeuten. Auch in diesen beiden Fällen kann sich die Hülse nicht genug an die Lagerwandung pressen.

Schmauch, der rund um das Zündhütchen sichtbar ist, zeigt dagegen einen überhöhten Gasdruck an. Aber es gibt an der Hülse noch eine ganze Reihe weiterer Merkmale, die man vorsichtshalber beachten sollte. So empfiehlt es sich bei der Erprobung neuer Munition oder neuer Laborierungen, die Patronenhülse **vor** und **nach** dem Schießen zu vermessen. Hülsen dehnen sich bekanntlich durch den Gasdruck. Dabei werden Hülsen mit Schulter mehr Längsdehnung bekommen als zylindrische Hülsen. Wenn also bei Patronenhülsen mit Schulter die Länge sich merklich gegen vorher erhöht und womöglich sogar feinste Haarrisse (mit der Lupe) erkennbar werden, so läßt dies auf erhöhten Gasdruck ebenso schließen wie eine meßbare Vergrößerung des Hülsenbodendurchmessers. Ausbauchungen an der Hülse zwischen Anlagegrenze (wo die Hülse noch lidert) und Hülsenboden deuten auf zu großen Verschlußabstand, auf eine mangelnde Verschlußabstimmung (bei unverriegelten Verschlüssen) und eventuell auf zu hohen Gasdruck hin. Einseitige Ausbauchungen deuten auf zu große Toleranzen am Auszieherausschnitt oder an der Rampe hin.

Risse in der Hülse sind in jedem Fall ein Alarmzeichen und sollten zu äußerster Vorsicht mahnen!

DAS ZÜNDHÜTCHENBILD

Auch das Aussehen der abgefeuerten Zündhütchen kann Rückschlüsse auf den Gasdruck zulassen, wie das Foto (Abb. 130) zeigt. Sie sollten sich einmal die Mühe machen, die Zündhütchen abgefeuerter Patronen durch eine starke Lupe näher zu betrachten. Erstens kann man aus dem stärkeren oder schwächeren Zündstiftabdruck auf die Beschaffenheit des Zündstiftes und auf seine sichere Funktion schließen. Zweitens läßt sich feststellen, ob der Gasdruck in normalen Grenzen verläuft oder nicht. Bei Hülse 1 im Foto ist das Zündhütchen relativ flach gepreßt, der Schlagbolzeneindruck ist aber noch normal, was man an den runden Kanten des Eindruckes erkennen kann. Hülsen 2 und 3 deuten auf noch geringere Gasdrücke hin, die Zündhütchen sind nicht so flach gepreßt wie bei Hülse Nr. 1. Die Zündhütchen der Hülsen 4 bis 6 dagegen zeigen deutlich, daß es zu überhöhten Gasdrücken gekommen ist. Bei Hülse 6 ist die Zündfolie durchschlagen und ein Teil des Zündhütchenmaterials hat sich geringfügig in die Bohrung des Stoßbodens der Waffe gedrückt. Hülse 5 zeigt dies noch deutlicher. Hülse 4 zeigt sogar, daß sich die Trommel des Revolvers wegen des stark herausgepreßten Zündhütchenmaterials nicht mehr betätigen ließ. Der Gasdruck war wesentlich zu hoch.

Präzisionsschützen und vor allem Benchrester sind immer auf der Suche nach der optimalen Munition. Optimal kann aber nur heißen, optimal für eine ganz bestimmte Waffe! Natürlich ist die vollkommene Gleichmäßigkeit aller Patronenbestandteile ein sehr wichtiger Faktor. Genau so wie das konstante Geschoßgewicht und die gleichmäßige Oberflächenhärte der Geschosse.

DIE GESCHOSSFORM

Ein wichtiger Faktor wird oft übersehen: Die Geschoßform spielt ebenfalls eine wichtige Rolle. Dabei geht es noch nicht einmal so um die Frage, ob z. B. eine bestimmte Kopfform zu Zuführstörungen auf der Rampe oder im Patronenlager führt, sondern um die ballistischen Einflüsse der Geschoßform in Abstimmung mit einer ganz bestimmten Waffe. Untersuchungen der DEVA über die Zusammenhänge zwischen Geschoßkonstruktionen und Schußpräzision haben gezeigt, daß die gleiche Waffe mit Munition unterschiedlicher Kopfformen auch unterschiedliche Streuung erbrachte. Bei ansonsten vollkommen gleichen Voraussetzungen. Die eine Geschoßform brachte in der Waffe eine gute Schußleistung mit engem Streukreisdurchmesser. Eine andere Geschoßform aus der gleichen Waffe dagegen wesentlich größere Streukreise. Man könnte nun vermuten, daß es günstige und weniger günstige Geschoßformen gibt. Der Gag an der Sache ist aber, daß die Geschoßform mit dem großen Streukreis in einer **anderen** Waffe hervorragende Ergebnisse erbrachte! Eine logische Erklärung dafür wird sich häufig nicht finden lassen, aber eine wichtige Erkenntnis: Jede Waffe hat nur eine für Sie bestimmte, optimale Munition. Und die gilt es zu finden!

SELBER TESTEN

In der erwähnten DEVA-Untersuchung schreibt der DEVA-Experte Helmut Kinsky wörtlich: »Es gibt so viele Einflüsse im Zusammenwirken zwischen Patrone und Gewehr, daß nichts vorausbestimmt werden kann und deshalb nur der eine Weg bleibt, einfach durch praktische Versuche zu ermitteln,

Abb. 130: Aus abgefeuerten Patronenhülsen lassen sich – unter Vorbehalt – Anhaltspunkte über gewisse Vorgänge beim Schuß ablesen.

welcher Geschoßtyp aus der jeweiligen Waffe die beste Schußpräzision ergibt.« Es kommt also immer darauf an, daß Geschoß und Waffe zusammenpassen. Es können noch nicht einmal Schlußfolgerungen aus der Schußpräzision einer anderen Waffe mit dem gleichen Geschoß gezogen werden. Wenn also Ihr Jagdfreund oder Vereinskamerad mit seiner Superbüchse XY 17 und einer bekannten Markenmunition hervorragend schießt, heißt das noch lange nicht, daß Sie mit Ihrer Waffe desselben Modells und der gleichen Munition ebenfalls so gute Ergebnisse schießen. Selbst aus der Schießmaschine nicht! Es bleibt daher dem engagierten Sportschützen und Benchrester nichts weiter übrig, als sich seine eigene optimale Waffen-/Munitionskombination ›zusammenzuschießen‹. Um das möglichst befriedigend hin zu bekommen und unter geringstmöglichem Munitionsverbrauch (schließlich ist Munition auch bei Wiederladern nicht ›kostenlos‹), kommen wir an exakten Waffentests nicht vorbei.

Voraussetzungen zu Waffentests

Bei der Suche nach der optimalen Abstimmung zwischen Waffe und Munition mit dem Ziel kleinstmöglicher Streukreisdurchmesser kommt es vor allem darauf an, unter konstanten Bedingungen so praxisnah wie möglich die bestmögliche Abstimmung zu finden.

Sie haben in den vorangegangenen Kapiteln gesehen, daß jede Waffe eine Reihe von individuellen Besonderheiten hat. Abweichungen, die selbst bei anderen Waffen des gleichen Modells nicht oder anders auftreten. Auch jedes Fertigungslos einer Munitionssorte hat charakteristische Merkmale, ja selbst innerhalb eines Fertigungsloses treten Differenzen von ein paar Prozentpunkten in Erscheinung. Hinzu kommen die persönlichen Einflüsse des einzelnen Schützen, seine Schießtechnik und sein Können. Beim Einschießen muß deshalb versucht werden, die einzelnen Einflußfaktoren, die ja nun einmal vorhanden sind, so konstant und jederzeit reproduzierbar wie möglich zu halten. Das geht nur, indem man sich weitgehend auf bestimmte Vorrichtungen und Geräte festlegt. Diesem Zweck dienen Schießmaschinen und Einschießvorrichtungen. Aber: Auch hierbei muß beachtet werden, daß jede Schießmaschine ebenfalls wieder ihre individuellen Merkmale hat. Eine Waffen-/Munitionskombination auf der einen Schießmaschine muß noch lange nicht die gleichen Streukreisdurchmesser und Treffpunktlagen erbringen wie auf einer anderen Schießmaschine. Sie können also, wenn Sie mit der Maschine schießen, immer nur Ergebnisse vergleichen, die mit dieser Waffe auf dieser Maschine erbracht wurden. Und Sie müssen ferner wissen, welche Maschine welche Einflüsse auf die Schußleistung hat oder nicht hat. Damit Sie den Kreis störender Faktoren immer kleiner ziehen können und schließlich präzise wissen, welche Voraussetzungen bei Ihrer Waffe, Ihrer Munition und Ihrer Schießtechnik zum gewünschten optimalen Ergebnis führen.

Über die Einhaltung der konstanten Schießbedingungen sind Sie vermutlich meiner Meinung. Wie sieht es aber nun mit der Praxisnähe der Schußbildtechnik aus? Es gibt von einigen bekannten Herstellern guter Sportwaffen zu jeder Waffe Schußbilder dazu, die dem Schützen ›zeigen‹ sollen, wie superpräzise gerade diese Waffe schießt. Aber, wie ich schon weiter vorn im Buch erwähnte, diese ›Schußbilder‹, meist durch 3 oder 5 Schuß mit einer nur dem Waffenhersteller bekannten Munition entstanden, sagen noch gar nichts darüber aus, wie der Sportschütze X oder der Jäger Y mit dieser Waffe und seiner eigenen Munition zurechtkommt. Wenn Sie Gelegenheit haben, bei einem Waffenhersteller einmal das Erstellen dieser Schußbilder zu erleben, sollten Sie sich das nicht entgehen lassen. Meist wird so verfahren, daß die Waffe mit ihrem Lauf in einer massiven Halterung eingespannt wird. Die Halterung sitzt verständlicherweise in einem schweren Stahl- oder Betonklotz, um die Massen möglichst groß zu halten und vorhandene Laufschwingungen zu unterdrücken.

THEORIE UND PRAXIS

Die Folge ist ein exzellentes Schußbild, meist Loch in Loch, das aber überhaupt nichts aussagt. Höchstens eins: So schießt der Lauf mit teurer Matchmunition, **wenn** er **fest** eingespannt ist. In der Praxis habe ich allerdings bisher noch keinen Schützen erlebt, der mit einem fest eingespannten Lauf geschossen hat. Dann wäre es doch wohl der nächste Schritt zum perfekten Schußbild, wenn man gleich die Löcher mit einer Maschine in die Scheibe stanzt. Auch Waffen, die am Griff, am Rahmen oder am Systemkasten **starr** eingespannt werden, bringen allenfalls im Schußbild zum Ausdruck, wie der hinten festgespannte Lauf schießen könnte, wenn er im Schraubstock befestigt wird. Erheblich vernünftigere Resultate, die sich schon in einigen Punkten der Schießpraxis nähern, bieten dagegen Schießmaschinen, bei denen der Waffenrückstoß **federnd** aufgefangen wird. Diese Maschinen halten die Waffe exakt ausgerichtet, und beim Schuß simulieren sie mit mehr oder weniger gutem Erfolg das weiche Abfangen des Rückstoßes durch einen Schützen. Oftmals haben aber diese Schießmaschinen durch Adapter, die an der Waffe befestigt werden müssen, durch Veränderungen des Waffengewichts (z. B. Abnahme der Griffschalen usw.), durch mit zu beschleunigendes Gerätegewicht usw. ein verändertes Waffenverhalten zur Folge. Praxisnah dagegen sind Schießmaschinen, die ohne Adapter auskommen, die das Waffengewicht nicht verändern und die den Rückstoß der Waffe nicht durch maschinelle Einrichtungen behindern.

DIE ›GEE‹

Wichtig ist auch für praxisgerechtes Einschießen das Einhalten der normalen Schußweiten, also der GEE, der günstigsten Einschießentfernung. Eine Sportpistole, die auf 25 m Entfernung treffen soll, muß auch auf 25 m eingeschossen werden. Eine Büchse, die für Weiten von 100 m vorgesehen ist, kann man nicht auf 50 oder 200 m einschießen. Sie müssen also immer beim Einschießen davon ausgehen, daß Ihre Schießmaschine oder Einschießvorrichtung auf die erforderliche Schußdistanz eingerichtet wird. Man kann nicht einfach hergehen und Werte, die sich z. B. bei 100 m Schußweite ergeben haben, auf 200 oder 300 m hochrechnen. Die Streukreise wachsen nun einmal nicht linear hoch, sie müssen für jede Distanz neu ermittelt werden. Man kann zwar aus einem kleinen Streukreisdurchmesser bei 300 m Distanz zurückfolgern, daß die Waffe dann auch bei 100 m präzise ist.

EIN TESTSTANDARD

Aber man kann nicht sagen, **wie** präzise! Bei Waffentests von Faustfeuerwaffen und Langwaffen kommt es deshalb darauf an, möglichst praxisgerecht zu testen und dabei bestimmte Standards einzuhalten. Diese Standardisierung der Waffentests sollte sich möglichst an den Regeln der jeweils gültigen Sport- bzw. Jagdordnungen orientieren. Erstens, um die Schußleistungen mit denen im praktischen Schießbetrieb vergleichen zu können. Zweitens, um die sowieso vorhandenen Schießstandeinrichtungen optimal nutzen zu können. In Deutschland könnte dann der Standard für das Einschießen und für Tests so aussehen:

A) SCHUSSDISTANZ

10 m (±50 mm)	für Luftgewehr und Luftpistole.
15 m (±50 mm)	für Zimmerstutzen.
25 m (±250 mm)	für Schnellfeuerpistole, Sportpistole Groß- und Kleinkaliber, Standardpistole, Perkussionsrevolver und Perkussionspistole sowie Steinschloßpistole.
50 m (±250 mm)	für Standardgewehr, freie Waffe, Englisch-Match, KK-liegend, Freie Pistole, Laufende Scheibe, Olympisches Programm, Perkussionsgewehr und Steinschloßgewehr.
100 m (±500 mm)	für Benchrest- und Jagdgewehre und Perkussionsdienstgewehr.
300 m (±1000 mm)	für Großkaliberstandardgewehr, freies Gewehr und Liegendkampf (Großkaliber).

(Die in Klammern angeführten Toleranzen betreffen die zulässige Differenz zwischen Scheibe und Abzugszunge. In den Sportordnungen ist die Entfernungsmarkierung geringfügig anders definiert.)

B) SCHUSSZAHLEN

Die Streukreismessungen beziehen sich stets auf Schußgruppen von jeweils **10 Schuß.** Hiervon abweichende Schußgruppen gestatten keinen Vergleich, da sich die Streukreisdurchmesser nicht absolut verbindlich umrechnen lassen. Andere Schußzahlen sind entsprechend zu kennzeichnen.

C) STREUKREISDURCHMESSER

Streukreisdurchmesser sind die Angaben in Millimeter ⌀, die bei einer 10-Schuß-Gruppe durch den Mittenabstand der am weitesten voneinander entfernt liegenden Einschüsse gegeben sind. Der Streukreisdurchmesser umschließt dabei alle übrigen Einschüsse der 10-Schuß-Gruppe.

D) BENCHRESTANGABEN

Bei der Auswertung von Benchrestschußbildern aus 5 (oder 10) Schuß ist vom gemessenen Streukreisdurchmesser die verwendete Kaliberstärke in Abzug zu bringen, um Kalibervorteile auszuschließen.

Richtwerte für Streukreisdurchmesser

Wenn Sie Waffen- und Munitionstests mit Hilfe der Schießmaschine oder mittels Einschießvorrichtung durchführen, bekommen Sie auf der Scheibe einen exakt ausmeßbaren Streukreisdurchmesser. Womit man diesen Streukreisdurchmesser am einfachsten ausmißt, wurde im Kapitel ›Womit kann man Waffen testen‹ eingehend beschrieben. Wenn Sie also nach einer oder mehreren 10-Schuß-Serien Ihre Streukreisangaben zur Hand nehmen, so ist natürlich schon rein gefühlsmäßig zu erkennen, ob die Streukreise sehr groß oder sehr klein ausgefallen sind. Ob also die Waffe schlecht oder gut geschossen hat bzw. ob die Munition streut oder zur Waffe paßt. Sie können durch Vergleiche zwischen den einzelnen Streukreisdurchmessern auch exakt messen, welche Verbesserungen Sie an der Waffe ausgeführt haben, wie sich diese Nacharbeiten also auf die Präzision auswirkten. Sie können auch vergleichen, ob die Munitionssorten, die Sie getestet haben, eine Verbesserung oder Verschlechterung gebracht haben. Was Sie nicht feststellen können ohne Vergleichsangaben, das ist der Bezug zu anderen Waffen-Munitions-Kombinationen. Hat also beispielsweise Ihre Waffe X mit der Munition Y einen Streukreisdurchmesser von 34 mm in der Schießmaschine Z erbracht, so fehlt Ihnen immer noch jeder Bezug zu dem gleichen Waffenmodell anderer Schützen. Im folgenden **meine** Auflistung für Streukreisdurchmesser einiger Waffenarten:

1. Sportpistolen (25 m, 10 Schuß): Streukreisdurchmesser von 30 bis 40 mm ist guter Durchschnitt, 20 mm ⌀ ist mit guten Waffen erreichbar, 50 mm ⌀ stellt die obere Grenze des noch Annehmbaren dar.
2. Matchpistolen (25 m, 10 Schuß): Streukreisdurchmesser von 15 bis 20 mm ist ein guter Durchschnittswert, Werte unter 10 mm sind erstklassig.
3. Scheibenpistolen und -revolver (25 m, 10 Schuß): Streukreisdurchmesser von 30 bis 40 mm sind Standardwerte, 20 mm sind gute, über 70 mm sind schlechte Werte.
4. Gebrauchsfaustfeuerwaffen (25 m, 10 Schuß): Je nach Lauflänge und Munition stellen 60 bis 120 mm Durchschnittsstreukreise dar. Werte um 40 mm sind sehr gut, 200-mm-Streukreise sind bereits sehr schlecht.
5. Freie Pistole (50 m, 10 Schuß): Streukreisdurchmesser um 20 mm stellen einen guten Wert für eine Präzisionswaffe dar.
6. KK-Matchgewehre (50 m, 10 Schuß): Streukreisdurchmesser um 15 bis 20 mm sind Durchschnittswerte einer guten Waffe. Spitzenwaffen schaffen auf diese Entfernung 10 mm Streukreisdurchmesser.
7. KK-Standardgewehr (50 m, 10 Schuß): Bei Streukreisen von 30 bis 40 mm handelt es sich um gute Durchschnittswaffen.

8. Matchgewehre (100 m, 10 Schuß): Streukreisdurchmesser von rund 20 bis 40 mm stellen den guten Durchschnitt dar, Spitzenwaffen schaffen Streukreisdurchmesser um 10 bis 20 mm, Werte über 50 mm sind nicht mehr annehmbar, sofern die Munition auf die Waffe abgestimmt ist.
9. Scheibengewehre (100 m, 10 Schuß): Mittlere Werte für Streukreisdurchmesser liegen bei 40 bis 60 mm. Hochwertige Waffen können Streukreisdurchmesser um 25 bis 30 mm erreichen.
10. Jagdbüchsen (100 m, 10 Schuß): Die Werte liegen hierbei je nach verwendetem Waffenkaliber und munitionsabhängig bei Durchschnittswerten von etwa 40 bis 110 mm Streukreisdurchmesser. Spitzenwaffen erreichen aber auch ⌀ von unter 25 mm mit speziell ausgesuchter Munition.
11. Benchrestgewehre (100 m, 10 Schuß): Die Streukreisdurchmesser werden abzüglich des Kaliberdurchmessers angegeben. Sie liegen bei guten Waffen im Bereich von wenigen Millimetern bis zu ›Loch in Loch‹. Mittlere Benchrestwaffen ermöglichen immer noch Streukreisdurchmesser von 7 bis 12 mm.

Mit diesen Angaben haben Sie zumindest einen Anhaltspunkt bei der Beurteilung Ihrer Waffen-Munitions-Kombination. Dennoch sind auch die hier gemachten Angaben mit Vorsicht anzuwenden, da die erreichten Werte von Schießmaschine zu Schießmaschine unterschiedlich ausfallen können. Bei Waffen, die mit eingespannten Läufen getestet werden, sind sogar zum Teil noch geringere Streukreisdurchmesser erzielbar, aber diese Art der Einspannung ist weder praxis- noch waffengerecht und kann deshalb nicht in die Betrachtungen mit einbezogen werden. Dem einzelnen Interessenten kann deshalb nur empfohlen werden, mit seiner Waffe Vergleichswerte möglichst vieler Schußgruppen zu sammeln und vor allem auch die verschiedensten Laborierungen und Munitionssorten durchzutesten! Nach Untersuchungen in den USA (Quelle: SWM) haben Schießmaschinentests unter Verwendung von Meßläufen bei ein- und demselben Munitionskaliber handelsüblicher Marken Streukreisdurchmesser zwischen 25 und 107 mm ergeben. Bei 25 m Distanz. Ebenfalls getestete Waffen ergaben bei gleichem Modell aus der Schießmaschine Streukreisunterschiede bis zu 280 mm! Daraus mögen Sie ersehen, wie schwierig es ist, Streukreisdurchmesser einer bestimmten Waffe und einer bestimmten Munition mit anderen Waffen und anderer Munition zu vergleichen. Hier hilft tatsächlich nur eins: Schießmaschine kaufen und selber testen. Dann hat man am ehesten die Möglichkeit, Phantasievorstellungen über ›Wunderwaffen‹ in die richtige Größe zurückzuführen. Es wird überall nur mit Wasser gekocht.

Schießmaschinen und Einschießvorrichtungen

Bei der Wahl einer geeigneten Einschießvorrichtung oder Schießmaschine müssen ein paar Probleme bedacht werden, damit man nachher auch wirklich die bestgeeignete Maschine einsetzen kann.

Die erste Frage, die dabei auftaucht: Welche Waffen sollen denn getestet werden? Bei Faustfeuerwaffen kommen meist andere Geräte in Frage als bei Langwaffen. Bei Luftdruckpistolen braucht nicht solch aufwendige Schießmaschine eingesetzt zu werden wie bei Großkaliberwaffen. Oft ist es auch so, daß man vorab noch gar nicht so genau weiß, welche Waffen man im Laufe der Zeit noch testen möchte. Dann sollte man sich für ein Universalgerät entscheiden, mit dem man alle Waffen eingehend testen kann. Die zweite Frage geht meist dahin: Wo kann das Einschießen stattfinden? Eine schwere Schießmaschine, die am Boden verankert werden muß, läßt sich nur schwerlich ins Jagdrevier oder von zu Hause zum Schießstand mitschleppen. Bei einer fest im Vereinsschießstand montierten Maschine ist das dagegen manchmal weniger problematisch, wenn genug Platz da ist. Für den mobilen Einsatz im Gelände kommt also nur ein leichtes und trotzdem stabiles Gerät in Betracht.

Eine weitere Frage könnte die nach dem Preis einer guten Schießmaschine sein. Es ist klar, daß ein Präzisionsgerät nicht ganz billig sein kann. Andererseits muß man bedenken, daß erstens so eine Maschine sehr langlebig ist, zweitens nach dem Test einem mancher Fehlschuß samt dazugehörigem Ärger erspart bleibt und drittens durch die Wahl optimaler Munition unter Umständen sogar eine preiswerte Munition die beste Lösung für die eigene Waffe darstellen kann. Günstig ist natürlich immer, wenn sich mehrere Schützen zum Kauf einer Schießmaschine zusammenschließen. So läßt sich nicht nur der Anschaffungspreis besser teilen, sondern auch die gesammelte Erfahrung. Das kommt letztlich allen zugute.

LANGWAFFEN

Zum Einschießen von **Langwaffen** werden eine ganze Reihe von Einschießvorrichtungen und Schießmaschinen im Handel angeboten. Das fängt an mit einem ›Universal‹-Einschießgerät, das aus zwei leeren Lederbeuteln besteht, die der Schütze mit Sand füllen muß, bevor er sein Gewehr auf dieses ›Einschießgerät‹ auflegen darf. Vermutlich ist der Munitionsvorrat des Einschießers aufgebraucht, bevor das Gewehr auch nur zweimal die gleiche Position zum Zielpunkt hatte bei Einsatz dieses ›Gerätes‹. Ein ganzes Ende solider und vor allem justierbar sind dagegen die Benchrest-Einschießgeräte, die zwar auch nur eine Waffenauflage auf zwei Sandkissen erlauben, aber zumindest durch die vordere Dreibeinunterlage und den verstellbaren Kissenträger dem Schützen das Auflegen der Waffe und erforderliches Nachstellen erleichtern. Diese Dreibeinauflagen werden nicht nur zum Einschießen eingesetzt, sondern sie dienen den Benchrestern beim wettkampfmäßigen Schießen als erlaubte Auflage. Nachteilhaft bei diesen Sandkissenauflagen ist immer, daß die Waffe sich zunächst mal im Sandbett ›setzen‹ muß, weil sich durch den Waffenrückstoß der Sand zurechtdrückt. Nachteilig ist außerdem, daß das Gewehr bei diesen Auflagen weder gegen ein Längsverschieben noch gegen seitliches Kippeln gesichert werden kann. Das Einschießen kann also im Grunde nur als ein ›Aufgelegt-Schießen‹ bezeichnet werden. Die Haltefehler der Waffe, die durch den Schützen verursacht werden, schlagen sich in entsprechend unstabiler Waffenposition voll nieder. Ein anderes Hilfsmittel wird als ›Einschießbock‹ angeboten. Es besteht aus Flachstahlstücken mit Stellschrauben. Das Ganze wird zu einer Art Waffenhalter zusammengesetzt, der aber meines Erachtens wegen der federnden, etwas wackeligen Konstruktion allenfalls für das gelegentliche Einschießen eines Jagdgewehrs in Frage kommen könnte. Auch eine aus Vierkantrohren zusammengesetzte Einschießvorrichtung für Langwaffen, die sogar einen Rückstoßdämpfer in Form eines gefederten Endstücks aufweist, wird im Handel angeboten. Die höhenverstellbare vordere Gewehrauflage ist mit Moosgummi weich gepolstert. Vermutlich soll dies der Schonung edler Schafthölzer dienen, ob es aber auch der Schußpräzision dient, wenn das Gewehr darauf herumschwimmt?

AUFGELEGT SCHIESSEN

Für den Schützen, der seine Waffe praxisnah aufgelegt einschießen will, der also ganz bewußt auf eine Einspannung oder Führung der Waffe beim Einschießen verzichten will, erscheint mir die normale Benchrestauflage (Abb. 131) als die einfachste Lösung. So, wie die Büchse allerdings im Foto auf der extrem auseinandergestellten Auflage liegt, sollte es aber beim Einschießen nicht ge-

Abb. 131: Bevor der angepaßte Kunststoffschaft seine Abschlußlackierung bekommt, werden mit Benchrestauflage, Matchmunition und extrem starkem Zielfernrohr nochmals Laufbefestigung, ZF-Montage und Schaftform auf dem Schießstand getestet.

macht werden. Die Waffe ist mit der vorderen Auflage so weit vorn am Vorderschaft gelagert, daß erstens der Vorderschaft sich leicht an dem Lauf abstützen und so dessen Schwingverhalten negativ beeinflussen kann. Zweitens wird in der normalen Schießpraxis die Waffe nie so weit vorn gehalten, so daß schon aus diesem Grund darauf geachtet werden sollte, das Einschießen auch der Alltagspraxis möglichst weit anzunähern. Bei diesem Aufgelegt-Schießen, das muß nochmals gesagt werden, ist der Schützeneinfluß auf die Schußleistung von ausschlaggebender Bedeutung. Jeder Zielfehler, jedes Zittern, jedes Ein- oder Ausatmen macht sich in einer veränderten Waffenhaltung bemerkbar. Auch das Auslösen des Schusses kann hier von Mal zu Mal unterschiedlich ausfallen, je nachdem, wie trainiert der einzelne Schütze ist. Schießmaschinen dagegen, wie es sie auch für Langwaffen gibt, schließen den Schützeneinfluß weitgehend aus. Das ist einerseits günstig, weil so festgestellt werden kann, wie gut die Waffe in Verbindung mit einer bestimmten Munition in dieser Maschine schießt. Dagegen läßt sich auf diese Weise nicht feststellen, wie gut die Waffe mit der ausgesuchten Munition bei einem bestimmten Schützen schießt.

SCHIESSMASCHINEN

Bei den Langwaffenschießmaschinen gibt es mehrere Systeme. Bei der im Foto (Abb. 132) gezeigten Schießmaschine (Fa. Gehmann) wird die Waffe in einer soliden Halterung gelagert, die in einem Schlitten längs gefedert geführt wird. Der Vorderschaft wird zwischen zwei Spannplatten gehalten, die mit holzschonendem Filz beklebt sind. Al-

Abb. 132: Mit der ›Gehmann‹-Schießmaschine können Gewehre – und mit Spezialeinsätzen je nach Waffe – auch Faustfeuerwaffen eingespannt eingeschossen werden.

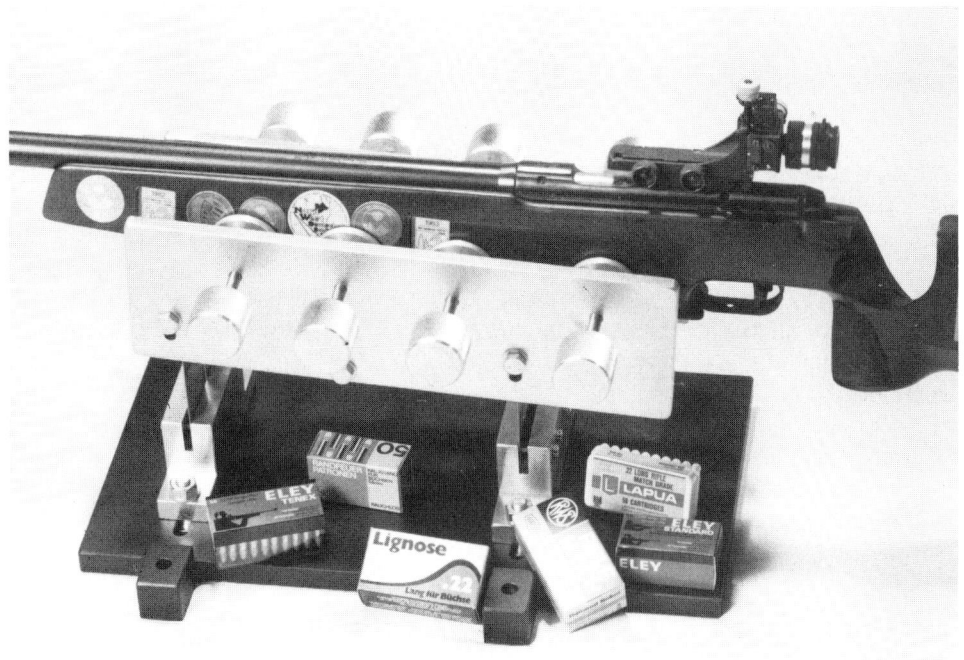

Abb. 133: Bei dieser Langwaffen-Schießmaschine (Test 100, Fa. ZWK Zahner) wird die Waffe nur am Vorderschaft eingespannt. Der Waffenrückstoß wird über Federbleche zwischen Grundplatte und Waffenhalter aufgefangen. Das Gerät ist vorwiegend für Luftdruck- und KK-Waffen geeignet.

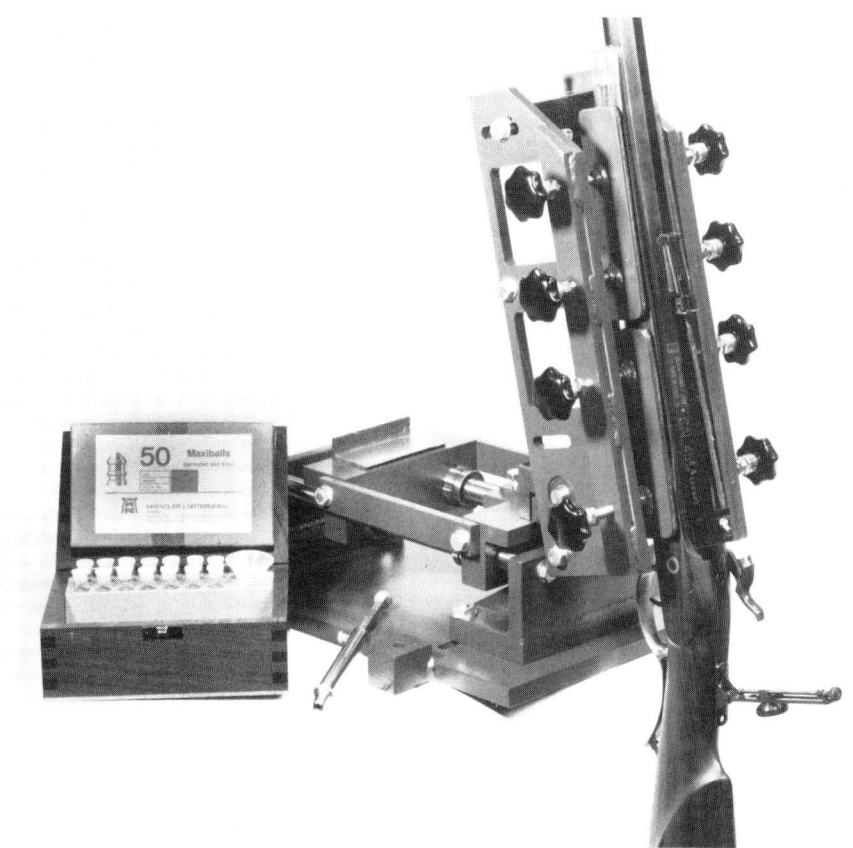

Abb. 134: Test 200 (ZWK Zahner) heißt dieses Langwaffen-Einschieß- und Munitionstestgerät, das den Waffenrückstoß der am Vorderschaft eingespannten Waffen über einen Rücklaufschlitten und eine mechanische Bremse aufnimmt.

lerdings muß bei dieser Art der Vorderschafteinspannung darauf geachtet werden, daß die Spannteller nicht den Vorderschaft so weit zusammendrücken, daß dieser wieder in Kontakt mit dem Lauf kommt. Der Schaft sitzt hinten in einer Aufnahme, die den Rückstoß über Schraubenfedern auffängt. Seitliche Spannteller fixieren den Schaft hinten gegen Kippeln. Die Ausführung erfordert einen soliden Unterbau, mit dem sie fest verbunden werden muß. Diese robuste Schießmaschine kann bei Langwaffen bis zum Kaliber .243 Win. eingesetzt werden. Für das Einschießen von Faustfeuerwaffen können Spezialeinsätze für die Gehmann-Schießmaschine bestellt werden. Allerdings ist es erforderlich, jeweils ganz exakt den Waffentyp anzugeben, für den der Einsatz gewünscht wird. Fa. Gehmann hat auch noch eine größere und entsprechend aufwendige Schießmaschine im Programm, die aber aufgrund ihrer Bauweise mehr für Industrie- oder Prüflabors gedacht ist. Für den ›Normal‹-Bedarf hingegen sind z. B. die Schießmaschinen Test 100 und Test 200 (Fa. Zahner) gedacht, wie die Fotos (Abb. 133 und 134) zeigen.

WEITERE GERÄTE

Beide Geräte erfordern die Befestigung auf einem Betonklotz oder zumindest auf einer festen Brüstung oder ähnlichem, weil der volle Waffenrückstoß von den Geräten aufgefangen werden muß. Beim Gerät ›Test 100‹ wird die Kleinkaliber-

Abb. 135: Das universelle Waffentest- und Einschießgerät Gun-Tester mit einer KK-Büchse. Der Pistolgriff wird durch einen Anschlagwinkel fixiert, der Vorderschaft ruht sicher auf den beiden Gewehrkegeln, und stabile Seitenführungen halten die Waffe seitlich kippfrei fest.

oder Luftdruckwaffe nur am Vorderschaft durch acht seitlich angebrachte Schwenkteller eingespannt. Den Rückstoß sollen bei diesem Gerät zwei Federplatten unter der Waffenhalterung aufnehmen. Je nach verwendetem Kaliber können die Federplatten ausgetauscht werden. Der Waffenschaft selbst ragt bei dieser Einspannart frei nach hinten aus dem Gerät hinaus. Auch das ›Test 200‹ ist im Prinzip ähnlich aufgebaut, nur der Waffenrückstoß wird hierbei nicht von zwei Federplatten, sondern durch das auf zwei Säulen zurückgleitende System und eine mechanische Bremse in Form eines Bremskeils aufgefangen. Deshalb ist es erforderlich, das Gerät nach jedem Schuß wieder in seine Ausgangsposition bis zum Anschlag vorzuschieben. Durch die Einspannung der Waffe am Vorderschaft seitlich kann es bei zu scharfem Anziehen der Schwenkteller leicht zu einem Verspannen des Vorderschaftes und damit zu einer Beeinflussung des Schwingverhaltens des Laufes kommen. Das ist davon abhängig, wie stabil der Vorderschaft ausgeführt ist, wie solide er mit dem Systemkasten verbunden ist usw. Bei Kipplaufwaffen ist auch noch zu prüfen, wie spielfrei und stabil die Scharnierbolzen bzw. Laufhaken ausgeführt sind. Das Einspannen von Gewehren mit sehr kurzen oder stark konisch geformten Vorderschäften ist sehr schwierig, wenn überhaupt ausführbar. Gerade bei Vorderladergewehren sind die Vorderschäfte ja oft nur sehr schmal und kurz, hier kann es dann schon Befestigungsprobleme geben. Völlig problemlos für alle Gewehre und auch sämtliche Faustfeuerwaffen geeignet ist dagen der GUN-TESTER (Abb. 135) (JPH Spezialgerätebau). Bei diesem Gerät wird das Gewehr praxisgerecht an den Stellen gehalten, wo es auch vom Schützen gehalten wird, also am Vorderschaft im Bereich dicht vor dem Systemkasten und am Schaft im Bereich des Pistolgriffs. Zusätzliche Seitenführungen sichern das Gewehr gegen seitliches Kippeln, so daß hierdurch das Verkanten der Waffe beim Schuß wirksam verhindert wird. Der Waffenrückstoß wird dabei nicht vom Gerät aufgenommen und deshalb braucht die Bodenbefestigung auch nicht so solide zu sein wie bei anderen Schießmaschinen. Es genügt vollkommen, wenn der GUN-TESTER mit Schraubzwingen rutschfest auf einem stabilen Tisch oder einer Waffenablage befestigt wird. Durch die vielseitigen Anpassungsmöglichkeiten kann das Gerät jeder Gewehrform und Schaftform gerecht werden. Selbst das Einschießen von Vorderladern (s. Abb. 154) und anderen sonst nur schwierig einzuschießenden Waffen bereitet keine Probleme mehr (s. Abb. 152). **Faustfeuerwaffen** können ebenfalls mit einer ganzen Reihe von Geräten eingeschossen werden.

FAUSTFEUERWAFFEN

Eine einfache Lösung ist ›Hoppes‹ Pistoleneinschießgerät, bei dem die Waffe mit dem Griff auf einer gummierten Blechplatte steht und der Lauf in einer höhenverstellbaren Gummiauflage abgestützt wird. Ein ganzes Stück komfortabler dagegen ist das Lee-Pistoleneinschießgerät aus den USA, das aus einer verstellbaren Grundplatte und einem dreiarmigen Waffenträger besteht. Dieser Träger liegt auf drei Punkten der Grundplatte lose auf und ist über Spezialadapter mit der Waffe fest verbunden. Bei Pistolen besteht der Adapter aus einem dem Waffenmodell entsprechenden massiven ›Magazin‹ aus Aluminium, der statt des Waffenmagazins in die Waffe eingesetzt wird. Der Nachteil hierbei ist, daß ein nicht stramm in der Waffe geführter Adapter durch wackelige Waffenführung das Ergebnis verfälscht. Für Revolver bestehen die Spezialadapter aus einem Alukörper, der innen eine Ausfräsung entsprechend dem jeweiligen Revolverrahmen aufweist. Zum Einschießen ist es also erforderlich, die Griffschalen abzuschrauben und statt dessen den Revolverrahmen mit dem passenden Aluadapter fest zu verschrauben. Die Schwierigkeit bei diesen Adaptern besteht darin, daß der Waffenrückstoß bei größeren Kalibern die Verbindung zwischen Adapter und Waffe lockern kann. Bei den Lee-Revolveradaptern muß außerdem die Waffe am Aluadapter gehalten werden, was auch nicht jedermanns Sache ist. Beim Lee-Gerät wird die Waffe zum Einschießen mitsamt dem am Adapter hängenden Waffenträger auf die drei Anschlagpunkte der Grundplatte gedrückt. Beim Auslösen des Schusses von Hand wird die Waffe samt Waffenträger durch den Rückstoß von den Anschlagpunkten abgehoben und muß vor jedem weiteren Schuß wieder in die Anschlagpunkte eingesetzt werden. Eine relativ einfache Lösung, die allerdings durch die für jede Waffe einzeln benötigten Adapter (nicht für jedes Modell lieferbar!) und durch die Anbauten (Waffenträger, Adapter statt Magazin oder Griffschalen) an der Waffe ihre Tücken hat.

Wesentlich aufwendiger gebaut ist die im Foto (Abb. 136) gezeigte, nur für Faustfeuerwaffen vorgesehene Schießmaschine ›Ransom-Rest‹. Bei diesem Gerät ist eine besonders aufwendige Verankerung der Maschine mit 12 Schrauben (Abb. 137) an einem massiven Unterbau, am besten einem Betonklotz, erforderlich. Der Grund für diese aufwendige Verankerung ist die zur Waffe seitlich versetzt angeordnete Scheibenbremse unterhalb der Einspannvorrichtung (Abb. 138). Der Rückstoß wirkt deshalb nicht nur in senkrechter Richtung auf den Unterbau (wie das z. B. bei der Maschine in Abb. 144 der Fall ist), sondern es entsteht durch den Seitenversatz ›X‹ ein seitliches Drehmoment, das ebenfalls durch die Verankerung aufgefangen werden muß. Durch die erforderliche starre Bodenbefestigung ist die sonst sehr kompakt gebaute Schießmaschine leider nicht für den mobilen Einsatz geeignet. Ein weiterer Nachteil der Ransom-Rest sind die für jede einzelne Waffe erforderlichen Spezial-Adapter (Abb. 139/140). Diese Adapter (je nach Dollarkurs pro Waffe etwa DM 100,–) sind aus einem festelastischen Silikonkautschukmaterial, das auf speziell geformte dicke Aluminiumplatten aufgeschweißt ist. Wie aus dem Foto (Abb. 139) ersichtlich, müssen die Formadapter sehr exakt passen, weil z. B. bei (1) die Griffsicherung der Coltpistole von dem Adapter eingedrückt werden muß. Schon eine andere Form der Griffsicherung, des Griffrückens usw. kann zu Paßproblemen führen.

SPIELFREIE PASSFORM

Schließlich muß ja über die genaue Paßform der Adapter der Waffenrückstoß auf die Maschine über-

Abb. 136: Die Ransom-Rest-Schießmaschine für Faustfeuerwaffen erfordert sehr solide Montage auf einem massiven Sockel (Beton) und außerdem für jede Waffe passende Adapter.

Abb. 137: So sieht die Ransom Rest von unten aus: An 12 Punkten (L) muß sie auf einem Sockel verankert werden. Der Sockel muß oben waagerecht sein, denn eine Höhenjustage quer zur Schußrichtung ist nicht möglich.

Abb. 138: Die Ransom Rest von oben zeigt, daß je nach Waffe ein unterschiedlich großer Abstand ›X‹ beim Testschießen ein zusätzliches Drehmoment auf die Maschine überträgt, das von Maschine und Bodenverankerung aufgenommen werden muß.

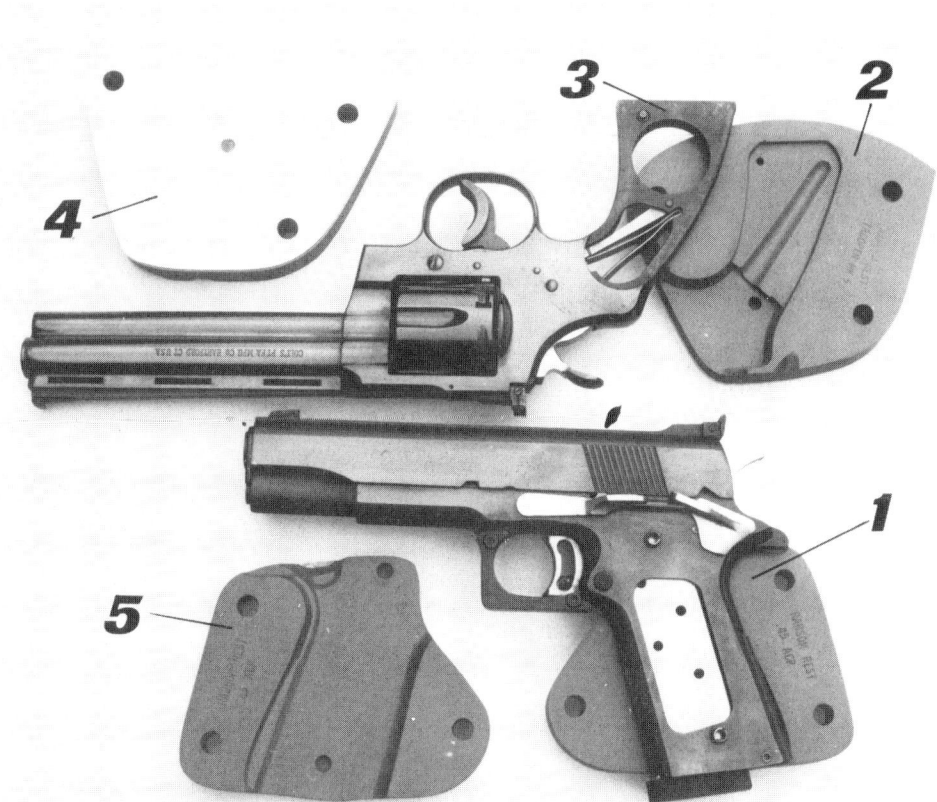

Abb. 139: Ransom-Rest-Adapter müssen exakt zum Waffenmodell passen: Bei (1) betätigt das Adapter sogar die Handballensicherung der Colt. Adapter (2) paßt nicht für den Rahmen (3). Die Adapteraußenseite (4) ist eine massive Aluplatte. Adapterinnenseite (5) zeigt, wie kompliziert jedes Adapter zur Waffe passend geformt sein muß.

Abb. 140 (unten): Für die Ransom-Rest-Schießmaschine benötigt man zum Einschießen bei jedem Waffenmodell einen exakt passenden Satz Griffadapter, sonst läuft nichts. Das kann auf die Dauer eine ganz schöne Stange Geld kosten ...

tragen werden, ohne daß sich hierdurch die Ausrichtung der Waffe auf den Zielpunkt ändern darf. Position (2) des Fotos (Abb. 139) zeigt, wie genau beispielsweise der Rahmen eines Revolvers in dem Adapter abgeformt ist. Ein Revolver mit anderer Rahmenform (3) paßt nicht und läßt sich auch nicht damit einspannen. Die Aluminiumseitenplatten (4) jedes Adapters werden den Waffen entsprechend geformt. Die Silikonkautschukinnenseiten der Adapter (5) sind entsprechend dem passenden Waffenmodell gekennzeichnet und lassen sich so nicht verwechseln. Zum Einschießen müssen auch bei diesem Gerät die Griffschalen entfernt und die passenden Adapter angesetzt werden. Der Vorteil ist bei diesem Gerät, daß zumindest die meisten Pistolen mit ihrem Magazin verwendet werden können.

Abb. 141: Die Ransom Rest von links: Gut erkennbar die drei Sternschrauben, mit denen der Griffadapter über Unterlegscheiben und eine massive Zwischenplatte an die Trägerplatte gepreßt wird.

Abb. 142: Die Waffe wird mit Hilfe passender Adapter über drei Sterngriffe an die Schwenkplatte gepreßt, nachdem die Griffschalen entfernt wurden. Um den Drehpunkt (D) ist die Zwischenplatte nach rechts und links jeweils etwa 0,5° schwenkbar (Einstellung über 2 Schrauben ›E‹, Fixierung über Griffe ›F‹). Nach dem Auslösen des Schusses mittels Hebel (H) kippt die Waffe samt Tragplatte um die Achse (A) nach hinten. Stellschraube (J) dient der Höhenjustage.

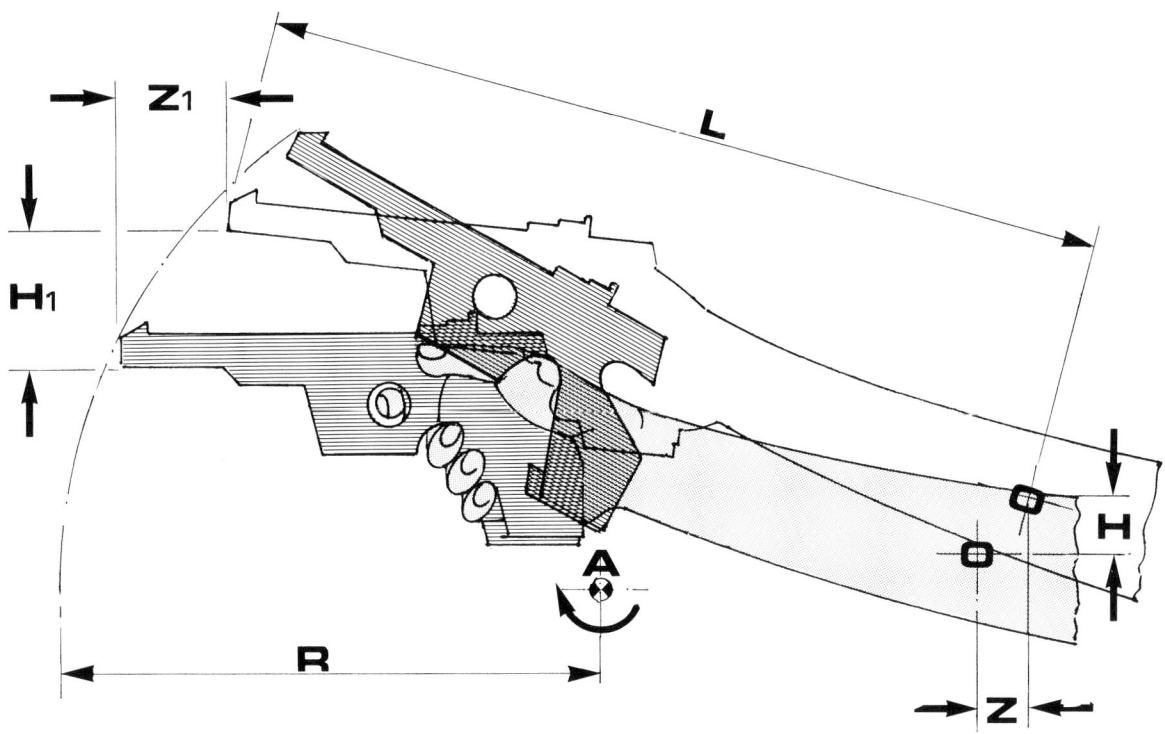

Abb. 143: Unterschiedliche Waffenbewegung beim Schießen in der Schießmaschine und beim Freihandschießen läßt das Einschießen von Waffen in vielen Schießmaschinen nicht zu.

Die Waffe wird wie ein Sandwich zwischen die beiden Adapterhälften gelegt und zusammen mit der massiven Zwischenplatte mit Unterlegscheiben und 3 Sternschrauben (Abb. 141) an die Waffenträgerplatte gepreßt. Das Foto (Abb. 142) zeigt die Ransom-Rest noch einmal von der anderen Seite. Die Lage der Waffe zwischen den Adapterhälften ist gut erkennbar, ebenso die Sternschrauben (S). Über den Handhebel (H) und einstellbare Hebel läßt sich der Waffenabzug von Hand auslösen. Nach dem Schuß schwenkt die Waffenträgerplatte samt Waffe infolge des Rückstoßes hoch. Drehpunkt ist dabei die Achse (A), die die Waffenträgerplatte mit der Basisplatte verbindet. Eine zwischen beiden Platten angebrachte Scheibenbremse fängt den Rückstoß der Waffe ab. Die Bremskraft dieser Scheibenbremse läßt sich über die unter dem Sterngriff C (Abb. 141) abgebildete Sechskantschraube und die starke Schraubenfeder (Abb. 142) dem Rückstoß der Waffe anpassen. Eine Reihe von Einstellmöglichkeiten gestatten das Ausrichten der fest eingespannten Waffe in bestimmten Grenzen. Die Höhenausrichtung erfolgt über die Justierschraube (J), die mit einer Kontermutter fixiert werden kann. Eine seitliche Schwenkung der Maschine um wenige Grad kann durch gegenläufiges Drehen an den beiden Einstellschrauben (E) erfolgen. Die gefundene Stellung wird dann durch Anziehen der drei Griffe (F) arretiert. Nach jedem Schuß muß die Schießmaschine wieder in ihre Ausgangslage bis zum Anschlag vorgeschwenkt werden. Diese Schwenkung um einen Maschinendrehpunkt ist es auch, die dem praxisgerechten Schießen vollkommen widerspricht. Hans Aicher schrieb bei einem Schießmaschinenvergleich in der Zeitschrift ›Der Büchsenmacher‹ über die Ransom-Rest wörtlich: »Ein ›Einschießen‹ ist genausowenig wie eine Funktionskontrolle möglich, da die menschlichen Kraftverhältnisse und Bewegungsabläufe beim Schuß nur unzureichend simuliert werden. Eine in der Maschine justierte Visierung wird also später nur durch Zufall stimmen. Die Funktionsgrenze von Selbstladepistolen liegt in der Maschine merklich höher als beim Freihandschießen: Das bedeutet bei Überprüfungen oft doppelten Munitionsverbrauch.« – Ende des Zitats.

DIE UNTERSCHIEDE

Um Ihnen die unterschiedlichen Bewegungsabläufe zwischen dem Schießvorgang in dieser Schießmaschine und dem Freihandschießen zu erläutern, stellt die Zeichnung (Abb. 143) die Vorgänge dar: Links unten sehen Sie schraffiert dargestellt die Waffe in der Ausgangs- oder Zielposition. In der Schießmaschine ist die Waffe über den Drehpunkt ›A‹ mit der Gerätegrundplatte verbunden. Durch den Waffenrückstoß wird sie deshalb um diesen Drehpunkt nach oben geschwenkt, wie dies aus der schraffiert gezeichneten (oberen) Waffendarstellung hervorgeht. Die Laufmündung ist dabei mit dem Radius ›R‹ um den Drehpunkt ›A‹ geschwenkt. Wenn dagegen ein Schütze die Waffe in der Ausgangsposition hält, so wird durch den Rückstoß beim Schuß die Waffe samt Schützenarm eine nach hinten und oben gehende Bewegung ausführen, wie dies in der Umrißskizze sichtbar ist. Das Armgelenk (O) des Schützen wird dabei um das Maß (Z) zurück und um das Maß (H) hochgedrückt. Die Laufmündung, die in der Entfernung (L) vor dem Armgelenk sitzt, macht dabei eine entsprechende Hoch- und Rückwärtsbewegung (H1 und Z1) mit. Aus dieser Darstellung können Sie ersehen, daß die Bewegungsabläufe zwischen der Ransom-Rest und dem Freihandschießen vollkommen verschieden sind. Es sind aber nicht nur die Bewegungsabläufe, also die Wege, unterschiedlich, sondern auch die zu bewegenden Massen. In der Schießmaschine ist das Waffengewicht durch fehlende Griffschalen, angeschraubte Adapter, unterschiedliche Bremswerte usw. völlig verändert, während das Freihandschießen mit normal ausgestatteter Waffe und der konstanten Schützen-Arm-Masse erfolgt.

ADAPTERPROBLEME

Noch ein Nachteil der Ransom-Rest und anderer auf Adapter angewiesener Maschinen soll nicht verschwiegen werden: Es gibt nicht für alle Faustfeuerwaffen passende Adapter. Besitzer von älteren Waffen, von ausgefallenen oder nicht weit verbreiteten Waffenmodellen sind ebenso arm dran wie Vorderladerschützen, die ihre Revolver oder Pistolen testen wollen. Eine der Ransom-Rest ähnliche, aber wesentlich bessere Schießmaschine stellt die Sonderkonstruktion im Foto (Abb. 144) dar. Bei dieser von tüchtigen Bastlern gebauten Schießmaschine werden einige gravierende Nachteile der Ransom-Rest vermieden. So ist z. B. die Waffenlagerung mittig zwischen zwei Hebelarmen so vorgesehen, daß kein seitliches Drehmoment auftreten kann. Der Waffenrückstoß erfolgt lediglich nach hinten, wobei die Waffenhalterung über die Hebelarme allerdings auch um den Drehpunkt schwenkt. Dadurch, daß diese Hebelarme erheblich länger als bei der vorgenannten Maschine ausgebildet sind und das Abfangen des Rückstoßes auf halber Hebelarmlänge erfolgt, ist der Bewegungsablauf schon etwas praxisnäher. Im Vordergrund des Fotos sehen Sie ein paar der aufwendig aus Aluminium gefrästen Adapter, wie sie für jede Waffe speziell erforderlich sind. Da hierbei keine elastische Waffenaufnahme möglich ist, müssen die Adapter noch wesentlich strammer an der Waffe sitzen. Ein Spiel von Millimeterbruchteilen würde bei dieser Lösung zu vollkommen unpräzisen Ergebnissen führen, weil eine ungenaue Lagerung der Waffe sich im Verhältnis der Griffadapterlänge zur Schußdistanz um ein vielfaches verstärkt im Streukreis-

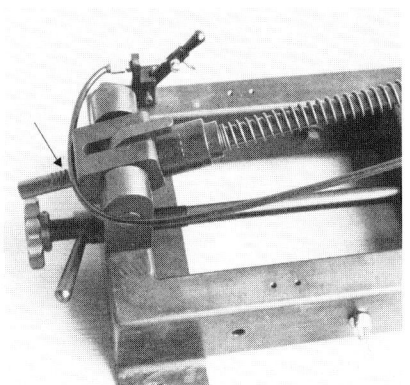

Abb. 144: Bei dieser robusten Schießmaschinen-Sonderkonstruktion ist die Waffenlagerung mittig angeordnet. Dadurch entsteht kein seitliches Drehmoment wie bei der Ransom Rest. Im Vordergrund ein paar aus Alu gefräste Adapterplatten.

Abb. 145: Nach dem Schuß schwenkt die Waffenhalterung hoch. Der Rückstoß wird mit verschieden steifen, auswechselbaren Federn (F) aufgefangen. Eine Sperrklinke (K) rastet in der gezahnten Achse in der hinteren Stellung ein. Dadurch lassen sich Rückschlüsse auf die Rückstoßenergie ziehen. Über den Drahtauslöser (D) kann der Schuß ausgelöst werden.

Abb. 146: Detailansicht von Rastklinke, Rückstoßfeder und Drahtauslöser. Über die Stellschraube (links) kann die Waffe in der Höhe justiert werden.

durchmesser widerspiegelt. Die Adapter bei dieser Maschine werden aus diesem Grunde auch nicht bloß wie bei der Ransom-Rest über die Halteschrauben an dem Gerät befestigt, sondern sie haben auf jeder Außenseite einen Führungssteg, der in entsprechende Nuten der Hebelarme eingreift. Die durch den Schuß hochschwenkende Waffe (Abb. 145) gibt ihren Rückstoßimpuls über die in halber Höhe beweglich gelagerte Rastenstange an eine Feder (F) ab. Diese Feder kann je nach Waffenkaliber gegen eine steifere oder weichere Feder ausgetauscht werden. Das hat gegenüber der Ransom-Rest den Vorteil, daß konstante Verhältnisse gegeben sind und keine unklaren, schwankenden Bremswerte. Aus diesem Grund kann bei dieser Sonderkonstruktion auch ein Rückschluß auf die jeweilige Rückstoßenergie gezogen werden. Die Rastenstange, auf der die Feder sitzt, gleitet beim Schuß zurück. Dabei rutscht sie unter einer Sperrklinke (K) durch, kann also nicht wieder von allein nach vorn schnellen. An der Anzahl der herausgetretenen Rastkerben (Abb. 146) läßt sich bei Aufstellung einer Erfahrungswertliste mit der Zeit recht genau ablesen, wie stark der jeweilige Rückstoß war und ob er konstant geblieben ist. Auch das Schußauslösen ist bei dieser Maschine besser als bei der vorher beschriebenen gelöst. Es erfolgt nämlich über einen Drahtauslöser (D), der die Abzugszunge erschütterungsfrei betätigt. Bei dieser Maschine erfolgt die Höhenjustage der Waffe über die im Foto (Abb. 146) erkennbare Sterngriffschraube mit Kontermutter. Eine seitliche Verstellung der Waffe kann nur durch Lockerung der hinteren Befestigungsschrauben und Verschieben des Grundrahmens in den länglichen Befestigungsschlitzen erfolgen. Daß auch diese Maschine eine massive Verankerung auf einem Betonklotz oder ähnlichem erfordert, versteht sich so wie bei allen Schießmaschinen, bei denen der Waffenrückstoß in der Maschine aufgefangen werden muß. Auch bei dieser Sonderkonstruktion lassen sich die Waffen nicht ›einschießen‹, ein Übertragen der Schießergebnisse auf die Schießpraxis ist also nicht möglich.

Test- und Einschießpraxis

In den vorangegangenen Kapiteln haben Sie einen Überblick über gängige Schießmaschinen und Einschießvorrichtungen bekommen. Sie haben gesehen, welche Möglichkeiten und Probleme bei den einzelnen Geräten bestehen. Es wurde auch klargestellt, daß man nicht mit allen Schießmaschinen und Einschießvorrichtungen jede Faustfeuerwaffe oder jeder Langwaffe testen kann. Und das Einschießen ist bei den meisten Maschinen ebenfalls nicht möglich, weil der Bezug zur Praxis nicht gegeben ist.

An dieser Stelle soll noch einmal der Unterschied zwischen **Waffentests** und **Einschießen** erklärt werden:

Waffentests dienen dazu, durch konstante Schießbedingungen die Qualität und Gleichmäßigkeit von Waffe und Munition festzustellen und durch Ausmessen der erzielten Streukreisdurchmesser die optimale Abstimmung zwischen Waffe und Munition zu finden.

Einschießen von Waffen hat den Zweck, die Treffpunktlage der Waffe und die Visierlinie so miteinander abzustimmen, daß in der gewählten Schußdistanz Treffpunkt und Zielpunkt übereinstimmen.

Wenn Sie als präzisionsbewußter Sportschütze oder Jäger eine bessere Schußleistung erreichen wollen, müssen Sie beides machen: erst Ihre Waffe mit der Munition testen, anschließend Ihre Waffe mit der optimalen Munition einschießen.

Die Waffen- und Munitionstests dienen also dazu, die Waffe zu prüfen, den Erfolg durchgeführter Tuningarbeiten zu messen, Zubehör- oder Austauschteile auf deren Wirksamkeit hin zu untersuchen, Munitionssorten auszuprobieren und die Schußleistung zu optimieren.

Das anschließend erforderliche Einschießen hat lediglich den Zweck, daß die Visierung dahin ausgerichtet wird, wo die Waffe mit einer ganz bestimmten Munitionssorte hintrifft, damit Zielpunkt und Treffpunkt an der gleichen Stelle sitzen, die richtige Visierung ist also munitionsspezifisch.

Um diese ganzen Probleme und Vorgänge möglichst umfassend und verständlich darzustellen, soll am Beispiel einer geeigneten Test- und Einschießvorrichtung das Waffentesten und Einschießen von Faustfeuerwaffen und Langwaffen gezeigt werden. Eine universell geeignete Test- und Einschießvorrichtung für Lang- und Kurzwaffen ist der GUN-TESTER. Deshalb soll er im Einsatz mit Faustfeuerwaffen und Gewehren im Nachfolgenden etwas ausführlicher beschrieben werden.

Das GUN-TESTER-Prinzip

Bei Waffentests und beim Einschießen von Handfeuerwaffen aller Art, egal, ob es sich dabei um moderne Sportpistolen oder Revolver, um Combatwaffen, Benchrest- oder Jagdgewehre, ja sogar um Vorderladerpistolen, Steinschloßgewehre usw. handelt, kommt es immer darauf an, daß die einzelne Waffe und ihre Munition unter stets gleichbleibenden, wiederholbaren Bedingungen geschossen wird. Vor allem aber kommt es darauf an, daß sich die Schußwaffe im Moment der Schußabgabe bei jedem Schuß stets wieder in exakt der gleichen Stellung zum Ziel befindet. Nur wenn diese Grundvoraussetzung absolut konstant gewährleistet ist, lassen sich verbindliche Aussagen über die Waffenpräzision, die optimale Munitionsabstimmung, die erzielbaren Streukreisdurchmesser und die Übereinstimmung von Treffpunkt- und Zielpunktlage machen.

Mit Schießmaschinen, bei denen die Waffe fest eingespannt wird, lassen sich Waffentests machen. Mit Einschießvorrichtungen, bei denen die Waffe lose aufgelegt wird, lassen sich Waffen einschießen. Der GUN-TESTER ermöglicht beides: Waffentests und Waffeneinschießen.

Dieses universelle Test- und Einschießgerät besitzt sämtliche Vorrichtungen, um praktisch alle Handfeuerwaffen exakt und spielfrei in der gewünschten Ausrichtung auf das Ziel konstant zu fixieren, ohne den Waffenrückstoß über das Gerät aufzunehmen. In der Praxis bedeutet das, daß jede Waffe ohne zusätzliche Adapter und ohne aufwendige Bodenverankerung des Gerätes mit dem GUN-TESTER getestet und eingeschossen werden kann. Die Waffe wird dazu in den Richtungen, in denen beim Schuß kein Rückstoß wirksam wird, durch Universalhalter spielfrei gehalten. Also in der Schußrichtung selbst sowie quer dazu und auch nach unten hin. Der Rückstoß jeder Waffe wirkt ja bekanntlich nur entgegen der Schußrichtung (also nach hinten) und zu einem Teil (waffenbedingt) nach oben. In diesen beiden Richtungen jedoch ist die Schußwaffe im GUN-TESTER **nicht** fixiert. Der Rückstoß der Waffe wird deshalb auch nicht vom Gerät, sondern von dem die Waffe dort abfeuernden Schützen aufgenommen, also praxisgerecht wie im normalen Schießbetrieb auch. Das hat zwei wesentliche Vorteile: Erstens braucht der GUN-TESTER keine so stabile Bodenverankerung. Man kann ihn tatsächlich mit zwei Schraubzwingen an jedem stabilen Schießtisch oder jeder festen Waffenablage rutschsicher befestigen. Zweitens werden die ballistischen Ergebnisse beim Testschießen und Einschießen weder durch Halterungen des Gerätes noch durch untypische Waffenbefestigung und auch nicht durch Änderungen des Waffengewichts infolge Magazin- bzw. Griffschalenfortfall oder durch Adapter verfälscht. Die Testwaffe wird im GUN-TESTER so wie sie ist, also mit ihrem Magazin, mit ihrem Maßgriff (oder Maßschaft), mit Zielfernrohr oder anderen Ausrüstungsteilen **praxisgerecht** getestet und eingeschossen. Daher können die mit dem GUN-TESTER gewonnenen Erkenntnisse auch unmittelbar auf die normale Schießpraxis übertragen werden. Es sind auch keine Waffenumbauten oder Zusatzarbeiten erforderlich, da die Waffe weder eingespannt noch angeschraubt wird, sondern lediglich spielfrei zwischen allseitig verstellbaren Halterungen fixiert wird. Die Schußwaffe wird nur einmal vor Beginn der Waffentests exakt im GUN-TESTER eingerichtet. Während der Tests braucht die Waffe dann nur nach jedem Schuß von Hand wieder in die spielfrei eingestellten Halterungen eingesetzt zu werden, bevor der nächste Schuß abgefeuert wird. Da sich die Halterungen nicht verstellen können, wenn die Schrauben gut angezogen sind, muß logischerweise die Waffe für jeden Schuß stets auf dieselbe Stelle des Ziels gerichtet sein. Toleranzen, die im Schußbild durch mehr oder weniger große Streukreisdurchmesser sichtbar werden, können so auf die Waffen- und Munitionsabstimmung zurückgeführt werden. Das Einschießen wird mit dem GUN-TESTER besonders einfach, da die Waffe nach einer Schußserie mit ihrer Visierung nur noch auf die Mitte des Streukreisdurchmessers bzw. den gewünschten Haltepunkt ausgerichtet werden muß.

Dadurch ist jetzt das Einrichten einer offenen Visierung genau so problemlos möglich wie das Justieren einer Dioptervisierung oder das Absehen-Einstellen beim Zielfernrohr.

Der Geräteaufbau

Wie aus dem Foto (Abb. 147) ersichtlich, steht der GUN-TESTER auf zwei soliden, massiv gegossenen Fußplatten (1), die sowohl die beiden Schlittenträger (2) als auch die senkrechten Hubsäulen (3) tragen. Auf den beiden aus Präzisionsrohr gefertigten Schlittenträgern können die zwei Basisschlitten (4) an jeder Stelle durch Stellschrauben festgelegt werden. Auf dem hinteren Basisschlitten können sowohl die beiden Anschlagwinkel (11) als auch der Justierkegelkopf (12) mit den drei voneinander unabhängig verstellbaren Alukegeln allseits verstellbar montiert werden. Auf dem vorderen Basisschlitten (4) sind verschieb- und schwenkbar die stabilen Seitenführungen (9) und daran die Stellnasen (10) befestigt. Auf den beiden Hubsäulen (3) ist über massive Kreuzklemmen (14) und eine Quersäule (6) die dreh- und verschiebbare Laufplatte (5) angebracht, die mittels Prismenklemme ein Aluprisma (8) trägt. Auf der Laufplatte sind außerdem zwei Gewehrkegel aus Aluminium (7) seitenverstellbar montiert.

Damit der GUN-TESTER bequem transportiert und überall leicht befestigt werden kann, ist er auf einer Montageplatte (13) festgeschraubt. Mit zwei Schraubzwingen kann er so an jedem Tisch oder einer stabilen Waffenablage angeklemmt werden. Ein Inbusschlüssel (15) gehört als Werkzeug ebenso zur Grundausstattung wie eine ausführliche Bedienungsanleitung in Deutsch. Der GUN-TESTER kann über J. P. Heymann, Spezialgerätebau, in Deutschland bezogen werden (s. Adressenverzeichnis).

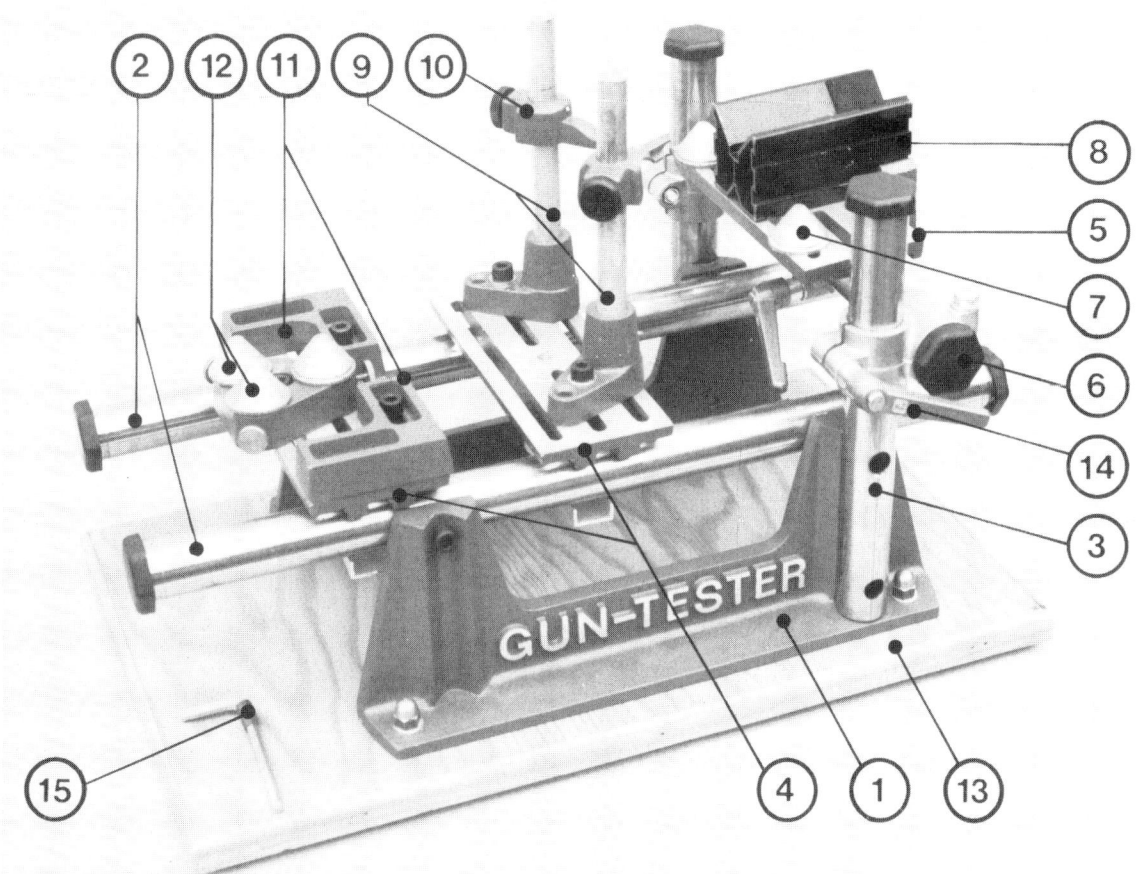

Abb. 147: Der Gun-Tester besteht aus den Fußplatten (1), den Schlittenträgern (2), den Hubsäulen (3), den Basisschlitten (4), der Laufplatte (5), der Quersäule (6), den Gewehrkegeln (7), dem Aluprisma (8), den Seitenführungen (9) mit Stellnasen (10), den Anschlagwinkeln (11), dem Justierkegelkopf (12), der Montageplatte (13), den drei Kreuzklemmen (14) und dem Inbusschlüssel (15). Außerdem gehört eine ausführliche deutsche Bedienungsanleitung dazu.

Allgemeines zum Testen und Einschießen

Der GUN-TESTER braucht keine aufwendige Bodenverankerung. Dennoch ist es für präzise Testresultate angebracht, ihn so schwingungsfrei und sicher wie möglich an einem stabilen Tisch oder Untergestell rutschfrei zu befestigen. Das kann entweder mit ein paar Schraubzwingen und der Grundplatte des Gerätes erfolgen. Oder, indem man das Gerät ohne die Grundplatte mit vier stabilen Holz- oder Maschinenschrauben (8 mm ⌀) auf der Tischplatte oder der Waffenablage verankert. Beim Auftreten von Bodenschwingungen (z. B. Maschinenvibrationen, Lkw-Verkehr oder ähnlichem) sollten Waffentests entweder in eine ruhigere Zeit verlagert oder zwischen Gerät und Unterbau eine schwingungsdämpfende Moosgummi- oder Filzplatte von wenigstens 10 mm Stärke zwischengelegt werden. Bodenschwingungen und Stöße können das Meßergebnis verfälschen. Ebenso muß sichergestellt sein, daß während des Test- oder Einschießens der Tischunterbau oder die Waffenablage nicht verschoben oder sonstwie aus der Position gebracht werden darf.

Exakte Waffentests und das präzise Einschießen erfordern vor allem Ruhe und Geduld. Nervosität und Hast schaden genau so wie ungleichmäßige Schußabgabe oder unkorrektes Wiedereinsetzen der Waffe in den GUN-TESTER.

Und noch ein Tip:

Richten Sie Ihre Waffe nicht mühsam auf Scheibenmitte oder ›Spiegel-aufsitzend‹ ein! Weder beim Testschießen noch beim Einschießen kommt es darauf an, einen bestimmten Punkt zu treffen. Wichtig ist vielmehr, möglichst exakt die Präzision von Waffe und Munition sowie die einwandfreie Waffenbetätigung festzustellen und dementsprechende Streukreisdurchmesser zu ermitteln. Beim Einschießen ist es ebenfalls zunächst völlig egal, wo die Waffe hinschießt. Weil nämlich beim Einschießen im GUN-TESTER die Visierung nach der Treffpunktlage ausgerichtet wird. Es reicht deshalb auch fast immer vollkommen aus, auf ein in entsprechendem Abstand (Schußdistanz) angebrachtes Blatt Papier oder eine in Position gebrachte Übungsscheibe zu schießen. Zur Kontrolle von Visierungen (offene Visierungen über Kimme und Korn genauso wie z. B. Diopter oder Zielfernrohre) wird vor dem Schießen ein (schwarzer) Abkleber an der Stelle von einer Hilfsperson angebracht, wo bei vorgenommener Visierung der Zielpunkt zur Zeit liegt. Wichtig ist ferner bei allen Schußtests, daß sich in Schußrichtung ein sicherer Kugelfang befindet und niemand durch die Waffentests oder Einschießvorgänge gefährdet oder mehr als unvermeidbar belästigt werden kann.

Faustfeuerwaffen testen und einschießen

Im Foto (Abb. 148) wird in der Draufsicht sehr übersichtlich dargestellt, wie eine Faustfeuerwaffe (z. B. im Bild eine Großkaliberpistole) in dem GUN-TESTER eingerichtet wird. In der Seitenansicht (Abb. 149) erkennen Sie weitere Details dieser typischen Waffenstellung im Gerät. Außerdem wird im Foto zugleich gezeigt, wie sachgerechtes Testen in Verbindung mit einem Geschoßgeschwindigkeitsmesser zusammen erfolgen kann.

Beim Testen oder Einschießen von Faustfeuerwaffen wird das Gerät meist mit den Anschlagwinkeln (oder zumindest mit einem) für die Fixierung des Waffengriffs und mit dem Prisma für die Laufauflage eingesetzt. Außerdem kommen in jedem

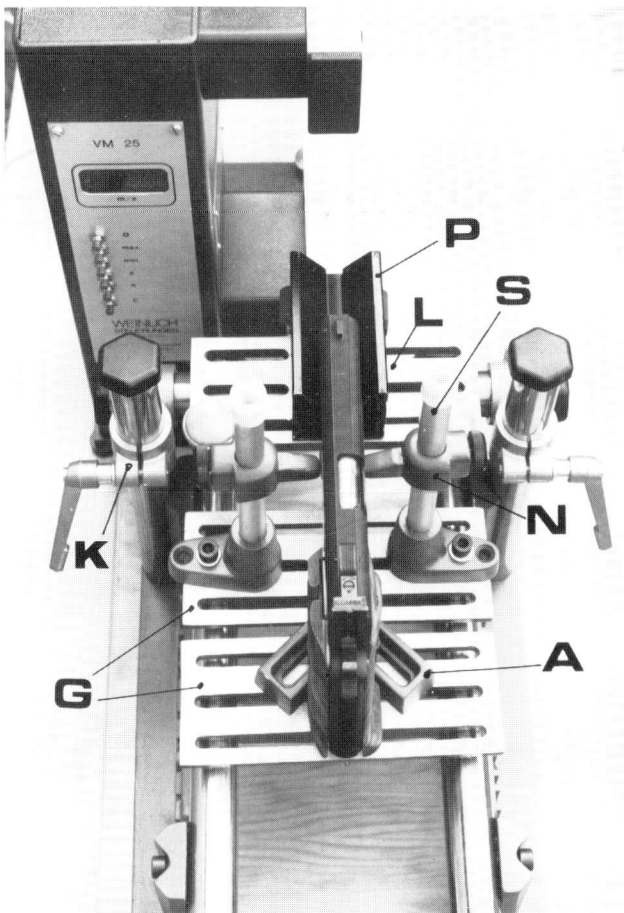

Abb. 148: Gun-Tester in Draufsicht: Die Waffe liegt vorn im Prisma (P), das auf der Laufplatte (L) verstellbar befestigt ist. Der Waffengriff steht auf einer der beiden Griffplatten (G) und wird von einem der beiden Anschlagwinkel (A) fixiert. Für Seitenhalt sorgen die beiden Seitenführungen (S) mit ihren allseits verstellbaren Alunasen (N).

Abb. 149: Praxisnahes, präzises Testen und Einschießen mit dem Gun-Tester und dem Weinlich-Geschoßgeschwindigkeitsmesser. Jede Handfeuerwaffe von der Steinschloßpistole bis zum Benchrestgewehr läßt sich so mühelos und ohne ›Extras‹ testen und einschießen.

Fall die beiden Seitenführungen mit ihren Stellnasen zur seitlichen Waffenabstützung zum Einsatz. Soll eine Waffe eingerichtet werden, so wird der hintere Basisschlitten (in der Draufsicht mit (G) bezeichnet) bis auf einen oder beide Anschlagwinkel (A) freigemacht. Die Seitenführungen (S) auf dem vorderen Basisschlitten werden gelockert und in den Querschlitzen zunächst so weit als möglich nach außen geschoben. Beide Basisschlitten werden nun durch Lösen der (darunter befindlichen) Feststellschrauben gelockert und in Richtung Hubsäulen nach vorn geschoben. Jetzt kann die Faustfeuerwaffe mit ihrem Griff senkrecht so auf den hinteren Basisschlitten gestellt werden, daß der Laufbereich in dem Prisma (P) waagerecht aufliegt. Hierzu gilt folgendes: Bei Revolvern sollte der Lauf möglichst nur in seinem hinteren Bereich (dicht vor dem Abzugsbügel) im Prisma aufliegen. Bei Pistolen mit rücklaufendem Verschluß sollte nur die Unterseite des Griffstückvorderteils im Prisma aufliegen. Dies ist mit Rücksicht auf den möglichst frei schwingenden Lauf anzuraten.

Abb. 150: Um bei den relativ kurzen Griffen der Vorderladerrevolver die Waffe gut greifen zu können, werden die Anschlagwinkel des Gun-Tester seitlich am Griff angesetzt. Der Längsanschlag erfolgt über einen der Gewehrkegel auf der Griffplatte.

DAS PRISMA

Damit das Prisma entsprechend der Waffenhöhe eingestellt werden kann, werden die Kreuzklemmen (K) gelöst und die Laufplatte (L) an den Hubsäulen entsprechend angehoben oder gesenkt. Auch ein Schwenken des Prismas (horizontal oder vertikal) sowie ein seitliches Verschieben auf der Quersäule ist möglich, um eine optimale Anpassung der Waffenauflage zu erhalten. Außerdem wird meist ein Verschieben des hinteren Basisschlittens in Längsrichtung (je nach Waffe) erforderlich werden, um dem Waffenlauf bzw. Griffstückvorderteil die korrekte glatte Auflage im Prisma zu ermöglichen. Der hintere Basisschlitten wird so eingestellt, daß der Waffengriff etwa mittig auf dem Schlitten steht. Dann werden ein oder zwei Anschlagwinkel (A) so an den Waffengriff geschwenkt, daß sich dieser sowohl in Schußrichtung als auch zu beiden Seiten hin nicht mehr verschieben kann. Oft genügt hierfür (s. Foto Draufsicht), das hängt von der Griffform ab, schon ein einziger Anschlagwinkel, der von vorn um den Griff geschwenkt wird. Bei orthopädischen Maßgriffen oder bei besonders kleinen Griffen (Abb. 150) kann es erforderlich sein, beide Anschlagwinkel oder zusätzlich noch einen Gewehrkegel zu verwenden, um den Griff sicher fixieren zu können.

GRIFF-FIXIERUNG

Durch die ausgeklügelte Form der Anschlagwinkel reicht es selbst bei schwierigen Griffformen meist, beide Winkel seitlich so an den Griff zu setzen, daß dieser auch nach vorn hin fixiert wird. Hat die Waffe Griffschalen aus Gummi, kann es im Interesse der Präzision nützlich sein, diese gegen Holz- oder Kunststoffgriffschalen auszutauschen oder notfalls ganz auf Griffschalen zu verzichten. Auch Magazine mit Gummistoßboden beeinflussen

Abb. 151: Sicher ruht der Colt-Python mit Sportgriff im Anschlagwinkel der Griffplatte und laufseitig in der Aluprismenschiene des Gun-Tester. Die Seitenführungen sichern die Waffe spielfrei gegen Kippbewegungen.

die Meßpräzision, wenn der Waffengriff mit dem Gummistoßboden auf dem Basisschlitten aufsteht. Nach einer nochmaligen Kontrolle, ob der Laufbereich richtig im Prisma aufliegt (notfalls muß der Basisschlitten neu eingerichtet werden), können nun auch die Inbusschrauben der Anschlagwinkel und die Feststellschrauben der Basisschlitten stramm angezogen werden. Als nächstes sind die Seitenführungen (S) einzustellen. Hierfür wird der vordere Basisschlitten längs so verschoben, daß die Seitenführungen rechts und links der Waffe an einer Stelle stehen, an der die Stellnasen (N) nach ihrer Höheneinstellung die Waffe seitlich so abstützen können, daß sich die Waffe nicht mehr kippeln läßt.

ANLAGEFLÄCHEN

Die Anlageflächen der Stellnasen an der Waffe sind so zu wählen, daß weder bewegliche Waffenteile berühren noch die Waffe beim Rückstoß behindert werden kann. Bei Pistolen mit rücklaufendem Verschluß sind die Anlageflächen der Stellnasen oft die Seitenflächen des Griffstücks oberhalb des Abzugsbügels. Bei Revolvern (Abb. 151) dient der Rahmen in der Nähe der Laufbefestigung als Anlagepunkte. Keinesfalls dürfen die Stellnasen seitlich an der Trommel angesetzt werden oder bei Pistolen am zurückgleitenden Verschluß. Stets müssen mit dem Waffengriff fest verbundene, unbewegliche Flächen als Anlagepunkte gewählt werden, sonst gibt es bestenfalls falsche Meßergebnisse, schlimmstenfalls kann die Waffe oder das Gerät Schaden nehmen. Sie müssen deshalb auch darauf achten, daß die Stellnasen nicht an Waffenflächen angelegt werden, die sich nach unten oder vorn hin verdicken. Weil nämlich sonst die Waffe beim Schuß durch ihren Rückstoß die Stellnasen aus ihrer Position drücken würde. Die Seitenführungen und die Stellnasen werden nach ihrer **spielfreien**

Abb. 152: Für den Gun-Tester kein Problem: Eine alte Steinschloßpistole wird exakt getestet und die Visierung anschließend präzise einjustiert.

Einstellung zur Waffe stramm festgeschraubt. Ebenso muß auch die Feststellschraube des vorderen Basisschlittens angezogen werden. Daß weiterhin alle übrigen Justier- und Feststellschrauben am GUN-TESTER vernünftig angezogen werden, versteht sich von selbst. Denn **jedes** Spiel, das nun noch zwischen Waffe und Gerät auftritt (mit Ausnahme der Möglichkeit die Waffe nach hinten oder oben frei zu entnehmen), beeinflußt das Meßergebnis und die Schußpräzision.

ZUSAMMENFASSUNG

Sie sehen an den weiten Bildbeispielen (Abb. 150, 151 und 152), wie verschiedene Faustfeuerwaffen im GUN-TESTER fixiert werden können. Bevor mit dem Waffentesten oder Einschießen begonnen wird, hier noch einmal kurz zusammengefaßt die Fixierung der Waffe: Die Waffe steht mit ihrem Griff auf dem hinteren Basisschlitten, der Lauf bzw. das Griffstückvorderteil ruht waagerecht im Prisma. Der Waffengriff ist sowohl seitlich als auch in Schußrichtung durch Anschlagwinkel festgelegt. Gegen Kippeln der Waffe sind die Stellnasen der Seitenführungen spielfrei seitlich an der Waffe so angesetzt, daß sich die Waffe jederzeit frei nach hinten oder ober entnehmen und auch problemlos wieder in der vorgesehenen Position einsetzen läßt.

Die Waffe wird nun aus dem GUN-TESTER genommen, geladen und in gesichertem, gespanntem Zustand wieder in die Halterungen eingesetzt. Das erfolgt mit der normalen Schußhand. In eingesetztem Zustand hält die Schußhand die Waffe, während mit der anderen Hand die Waffe sowohl in Schußrichtung wie auch nach unten hin nochmals bis zum jeweiligen Anschlag gedrückt wird. Dieses Nachdrücken ist sowohl jetzt wie auch nach jedem Schuß die **wichtigste** Tätigkeit, damit die Waffe an allen Punkten wieder ihre ursprüngliche Position einnimmt. Jetzt wird die Waffe behutsam entsichert und einige Sekunden später, nachdem eventuell vorhandene Erschütterungen abgeklungen sind, kann der erste Schuß sanft ausgelöst werden. Aber Achtung: Lösen Sie jeden Schuß wirklich so sanft aus, wie Sie das auch beim Präzisionsschießen ohne GUN-TESTER tun würden. Also ganz behutsam und erschütterungsfrei abziehen, ohne die Waffe oder den Griff in irgendeiner Richtung zu bewegen. Nach dem ersten Schuß, der die Waffe ja mehr oder weniger aus der Grundstellung gedrückt hat, sollten Sie sich durch ein Scheibenglas davon überzeugen, ob der Schuß wie vorgesehen im Bereich des Papierbogens oder der Scheibe sitzt. Für den nächsten Schuß wie auch für alle weiteren sollten Sie jeweils zwischen den einzelnen Schüssen eine stets gleichbleibende Zeitspanne (z. B. 10 oder mehr Sekunden) warten, um dem Lauf Zeit zur Abkühlung zu geben und um Schwingungen abklingen zu lassen. Sie schießen auch viel konzentrierter, wenn Sie keine Hektik beim Testschießen aufkommen lassen. Sie werden vielleicht durch diese bewußt langsame Schußfolge Ihre Abzugstechnik noch besser beherrschen lernen und so zusätzlich Ihre Schußleistung verbessern können, weil Sie sich voll auf den Abzug konzentrieren. Nach jeweils 10 Schuß (= 1 Meßserie) wird die Waffe entladen (auch das Patronenlager nicht vergessen!) und neben dem Gerät abgelegt. Dann können Sie ihren Streukreis ausmessen, die Scheibe wechseln (oder jeweils nur eine neue Scheibe über die erste hängen, damit sich auf der ersten Scheibe alle Serien abzeichnen) und anschließend weitere Testserien im gleichen Rhythmus schießen.

VISIERPRÜFUNG

Soll bei diesem Testschießen die Visierung kontrolliert werden, so ist entweder vor der ersten Schußserie an der Scheibe eine Markierung an der Stelle anzubringen, wo die Visierung der im GUN-TESTER eingesetzten Waffe hinzeigt. Oder Sie vergleichen nach der ersten Serie (oder am Ende des Testschießens, weil sich da die Serien addiert haben), ob die Visierung Ihrer Waffe entsprechend der Treffpunktlage stimmt. Bei der Visiereinstellung ›Mitte Spiegel‹ muß Treffpunktlage und Visierpunkt in der Scheibe zusammenfallen. Bei der Einstellung ›Spiegel aufsitzend‹ muß der Visierpunkt um den entsprechenden Betrag unter der Mitte der erreichten Treffpunktlage sitzen. Man kann deshalb nach jedem Testschießen durch einen kurzen Blick über Kimme und Korn prüfen, ob die Visierung stimmt. Beim späteren Freihandschießen läßt sich dann feststellen, ob die gefundene Visierstellung beibehalten werden kann.

Nützliche Tips für Sonderfälle

Bei extrem klein gebauten Taschenwaffen, z. B. bei Derringern oder anderen Miniwaffen, kann es vorkommen, daß nicht beide Basisschlitten verwendet werden können und wegen der geringen Bauhöhe solcher Waffen das Prisma auch nicht eingesetzt werden kann. In diesen Fällen wird die Taschenwaffe mit dem Griff auf dem vorderen Basisschlitten so aufgesetzt, daß als Griffanschläge die beiden Füße der Seitenführungen verwendet werden. Da diese sowohl in den Querschlitzen seitlich verschiebbar als auch um ihre beiden Schraubbohrungen wie ein Exzenter schwenkbar sind, läßt sich auch mit diesen Füßen praktisch jeder Waffengriff spielfrei festlegen. Die Stellnasen werden dann in Abstimmung mit der Fußstellung der Seitenführungen an der Waffe angesetzt. Findet das Prisma als Laufauflage keine Anwendung, kann es abgenommen werden. Als niedrigbauende vordere

Waffenauflage kommen dann (wie bei Gewehren auch) in diesem Fall die beiden auf der Laufplatte sitzenden, seitlich verschiebbaren Gewehrkegel in Betracht. Sie werden durch leichte Linksdrehung gelockert und seitlich so zur Mitte verschoben, daß der Waffenlauf bzw. das Griffstückvorderteil rechts und links auf den Kegelwänden aufliegt. Dann werden die Kegel durch Rechtsdrehung (im Uhrzeigersinn) wieder festgespannt. Sie sehen diese Art der vorderen Waffenlagerung im Foto (Abb. 152).

ALTE VORDERLADER

Bei Vorderladerpistolen mit einem balligen oder kugelförmigen Griff (z. B. wie im Foto Abb. 152) kann es sich unter Umständen als praktisch erweisen, statt der Griffauflage auf dem Basisschlitten den balligen Griff lieber zwischen den drei Kegeln des Justierkegelkopfes aufzusetzen. Durch diese Dreipunktauflage ist eine absolut spielfreie Griffhalterung gegeben, die sich durch Einstellen jedes einzelnen Kegels auch noch beliebig verändern läßt.

Wenn bei extrem hoch gebauten Waffen die Höhenverstellung des Prismas gegenüber den Basisschlitten einmal nicht mehr ausreichen sollte, kann durch weitgehendes Vorschieben des Prismas auf der Laufplatte und gleichzeitiges Schwenken dieser Platte um 45° (auf dem Querrohr) die Auflagehöhe beträchtlich vergrößert werden. Die vordere Auflagerung erfolgt dann nicht mehr längs in der Prismenschiene, sondern im V-förmigen Ausschnitt des schräggestellten Prismas. Da das Prisma aus relativ weichem Aluminium besteht, dürfte es bei Metallkontakt kaum zu Beschädigungen an der Waffe kommen. In Zweifelsfällen oder bei Holzteilen ist die Griffstückvorderseite bzw. der Lauf durch Ankleben mit Tesakrepp oder ähnlichem zu schützen. So können natürlich auch die Metallflächen des Prismas mit Selbstklebefolie oder ähnlichem mit einer Schutzschicht überzogen werden, jedoch ist dabei zu bedenken, daß die Schutzschicht weder aus Weichgummi noch anderem nachgiebigem Material bestehen darf, um die Testergebnisse nicht zu verfälschen.

Gewehre testen und einschießen

Langwaffen werden im GUN-TESTER im Prinzip ähnlich wie Faustfeuerwaffen getestet bzw. eingeschossen. Dennoch gibt es ein paar Besonderheiten, die beachtet werden sollten. Besondere Beachtung verlangen zunächst einmal die Auflagepunkte der Gewehre, also die Stellen, an denen die Waffe im GUN-TESTER aufliegt. Der vordere Auflagepunkt des Gewehrs sollte praxisgerecht etwa an der Stelle des Vorderschafts gewählt werden, wo die Waffe beim normalen Schießen auch gehalten wird. Also möglichst da, wo die Fischhaut oder Handwulst des Vorderschaftes angebracht ist. Man kann auch die Auflage weiter zurück (Richtung Verschluß) wählen, jedoch sollte die Auflage keinesfalls weiter vorverlegt werden. Die Wahl des vorderen Auflagepunktes ist sehr wichtig, um die bei Langwaffen besonders deutlich auftretenden Laufschwingungen nicht zu beeinflussen. Je weiter nämlich der vordere Auflagepunkt vorverlegt wird, desto unkontrollierter verursachen die Laufschwingungen Hochschüsse. Diese Wirkung kennen Jäger, wenn sie einmal notgedrungen ihre Büchse zu weit vorn auf einem Ast oder ähnlichem auflegen müssen. Ein ähnlicher Effekt ist, nur quer zur Waffe, beim Schießen zu beobachten, wenn die Waffe ungünstig angestrichen gehalten werden muß. Im GUN-TESTER sollten Sie deshalb möglichst die an der Waffe vorgesehene Halteposition beibehalten. Das ist auch aus dem Grund wichtig, um eine stabile Waffenlage im Gerät zu gewährlei-

Abb. 153: Bei diesem 98er ruht der Abzugsbügel fest in den Justierkegeln und läßt der Schußhand freien Zugang zum Abzug. Vorderschaftauflage im Griffbereich zwischen den verstellbaren Gewehrkegeln.

sten. Als hinterer Auflagepunkt der Waffe dient entweder das Pistolgriffkäppchen (Abb. 135) oder der Abzugsbügel (Abb. 153 und 154).

AUFLAGEPUNKTE

Das ist von der Waffenform abhängig und muß von Fall zu Fall entschieden werden. Im allgemeinen sollte eine Waffe, die mit einem Pistolgriff geschäftet ist, auch mit diesem Griff auf dem hinteren Basisschlitten aufgesetzt werden. Die Festlegung des Pistolgriffs erfolgt dabei genauso wie bei den Faustfeuerwaffen beschrieben. Der Basisschlitten wird so weit zurückgezogen, wie es die vordere Gewehrauflage im Prisma oder zwischen den beiden Gewehrkegeln erfordert. Um empfindliche Fischhaut bzw. Lackschäfte zu schonen, kann man sie entweder mit Tesakrepp oder ähnlichem an den Auflagestellen abkleben oder man legt einfach einen Lappen oder ein Stück Leder zwischen Gewehr und Kegel bzw. Prisma. Durch Schwenken der Laufplatte vorn läßt sich das Prisma oder die Kegelstellung gut dem Vorderschaftverlauf anpassen, selbst bei stark konischer Form. Sollte jedoch die Handwulst des Vorderschaftes breiter sein als die Kerbe des Prismas, so werden die beiden Gewehrkegel auf die gewünschte Breite eingestellt und der Vorderschaft dazwischen aufgelegt. Reicht in Ausnahmefällen der Abstand zwischen hinterem Basisschlitten und den Gewehrkegeln einmal nicht ganz aus, so können diese Kegel auch in den anderen Querschlitzen der Laufplatte befestigt werden. Wird das Gewehr statt mit dem Pistolgriff mit dem Abzugsbügel als hinterem Auflagepunkt im GUN-TESTER gelagert, so wird hierfür meist der Justierkegelkopf verwendet. Er wird, wie das aus den Fotos (Abb. 153 und 154) ersichtlich ist, so auf dem hinteren Basisschlitten befestigt, daß der einzeln stehende Kegel in Schußrichtung zeigt. Dieser einzeln stehende Kegel dient als Längsanschlag, das heißt, die Vorderkante des Abzugsbügels wird bis zum Anschlagen dagegengeschoben. Die beiden anderen Kegel stützen den Abzugsbügel rechts und links und geben ihm so den spielfreien Seitenhalt. Durch Höhenverstellung der einzelnen Seitenkegel läßt sich später die Waffe sowohl in der Höhe als auch seitlich ganz präzise einjustieren. Danach sind die Kegel in ihrer Stellung zu arretieren. Gegen seitliche Pendelbewegungen des Gewehrs werden nun noch vom vorderen Basisschlitten aus die beiden Seitenführungen rechts und links so an die Waffe angestellt (s. Fotos), daß ihre Stellnasen an der dicksten Stelle des Vorderschaftes **spielfrei** anliegen. Diese Berührungspunkte der Stellnasen sollten etwa auf halber Strecke zwischen vorderer und hinterer Waffenauflage gewählt werden, um dem Gewehr eine optimale Abstützung zu geben. Man kann auch diese Berührungspunkte entweder waffenseitig oder an den Stellnasen mit Tesafilm, Isolierband oder ähnlichem dünn bekleben, um das Schaftholz vor Kratzern zu schützen.

DAS SCHIESSEN

Vor Beginn der Testserie wird nochmals der stramme Sitz **aller** Schraubverbindungen geprüft und außerdem kontrolliert, ob die Waffe sowohl in Schußrichtung als auch quer dazu spielfrei an den Halterungen anliegt. Auch die einwandfreie Auflage der Waffe am vorderen und hinteren Auflagepunkt sollte nochmals geprüft werden. Dann kann die Waffe dem GUN-TESTER entnommen und geladen werden. Im gesicherten Zustand wird sie danach wieder sorgfältig so in das Gerät eingesetzt, daß sie spielfrei ihre vorgesehene Position hat und nur nach hinten oder oben frei entnommen werden könnte. Bezüglich des Einrichtens der Waffe auf ein Blatt weißes Papier oder eine Scheibe, ferner bezüglich Kugelfang, Sicherheit usw. verweise ich auf die betreffenden Hinweise im Abschnitt Faustfeuerwaffen. Das Schießen von Langwaffen im GUN-TESTER erfolgt im Prinzip ähnlich wie bei den Faustfeuerwaffen, ein paar Unterschiede sollten aber beachtet werden. Je nach Kaliber bzw. Stärke des Rückstoßimpulses der Waffen wird die Art der Schießhaltung gewählt. Bei Luftgewehren und kleinkalibrigen Waffen sowie anderen Gewehren mit nur schwachem Waffenrückstoß ist eine Abstützung der Waffe in der Schulter beim Auslösen des Schusses meist gar nicht erforderlich. Da genügt es häufig, die Waffe lediglich mit der Schußhand am Pistolgriff bzw. Schaft während des Auslösens im GUN-TESTER zu halten. Schwerere Kaliber bzw. stärkerer Waffenrückstoß dagegen erfordern das **Abfangen** des Rückstoßes durch Einsetzen des Schaftes in die Schulter. Hierbei sollte man möglichst die normale Schießhaltung einnehmen. Vorteilhaft erfolgt das Waffentesten und Einschießen im Liegen, weil hierbei weniger Körperbewegung auf die Waffe übertragen werden kann. Solche Bewegungen, die vom Atmen usw. auf die Waffe übertragen werden, können das Meßergebnis verfälschen. Deshalb sollte das Auslösen des Schusses mit größter Ruhe und Konzentration erfolgen. So, wie es beim Präzisionsschießen mit aufgelegter Waffe auch erfolgen muß. Bevor Sie nun den ersten Schuß auslösen, wird die Waffe behutsam entsichert. Nach ein paar Sekunden Wartezeit können Sie sanft den Abzug durchziehen. Ist der erste Schuß gefallen, sollte ein Kontrollblick über die Visierung klären, ob der Schuß im Bereich der Scheibe sitzt. Dann wird die Waffe vor dem nächsten Schuß wieder sorgfältig in dem GUN-TESTER an die ursprüngliche Stelle geschoben und mit der freien Hand in die Auflagen gedrückt. Sie sollten **zwischen jedem Schuß** eine Zeitspanne von mindestens 30 Sekunden bis zu 5 Minuten verstreichen lassen, um dem Lauf die nötige Zeit zu geben, sich abzukühlen. Es ist eine altbekannte Tatsache, daß sich Läufe durch die Erwärmung während des Schießens mehr oder weniger verspannen. Bei einläufigen, dickwandigen Läufen wird das weniger zu bemerken sein als bei dünnwandigen und mehrläufigen Waffen. Bei kombinierten Waffen ist ein Klettern der Treffpunktlage (wenn der Büchsenlauf unten sitzt) nicht zu vermeiden. Bei Waffen, bei denen der Kugellauf oben liegt, wird sich die Treffpunktlage dagegen nach unten verschieben. Das hängt damit zusammen, daß die Läufe an bestimmten Stellen miteinander verlötet (oder anders verbun-

Abb. 154: Eine Hawken-Rifle im Gun-Tester: Der Abzugsbügel ruht sicher auf den 3 Justierkegeln, die sich unabhängig voneinander verstellen lassen. Dadurch kann das Gewehr sehr genau ausgerichtet werden. Der Vorderschaft liegt im Griffbereich auf den Gewehrkegeln, die Seitenführungen stützen die Waffe von links und rechts gegen Kippbewegungen.

den) sind und sich, durch diese Verbindungsstellen behindert, nicht so frei ausdehnen können wie an den freien Laufstellen. In der Schußpraxis ist es deshalb gerade beim Visieren mit Zielfernrohr wichtig, diesen Effekt zu kennen und den Läufen zwischen jedem Schuß Gelegenheit zur Abkühlung zu geben. Da dieser Effekt der Treffpunktlagenänderung aber genauso auch im GUN-TESTER auftritt, muß beim Testschießen oder Einschießen von kombinierten (und auch einläufigen) Waffen die Zeitspanne zwischen den einzelnen Schüssen entsprechend vergrößert werden. Bei einläufigen Waffen mit einer Laufschiene tritt übrigens derselbe Effekt der Laufverspannung in Erscheinung wie bei mehrläufigen Waffen. Sie sollten es sich daher im Interesse der Präzision nicht nehmen lassen, mit einer Uhr die einzelnen Schießpausen konstant zu halten!

DIE STREUUNG

Das Testen Ihrer Waffe auf Streukreisdurchmesser entsprechend der vorgesehenen Schußdistanz entspricht dem bei Faustfeuerwaffen. Sie sollten auch bei Langwaffen trotz der relativ hohen Munitionskosten nicht versuchen, nur mit ein paar Schuß auszukommen. Die Munition, die Sie bei den Tests ›sparen‹, geht Ihnen später durch Fehlschüsse vermutlich doch verloren. Deshalb unbedingt auch bei Langwaffen lieber mehrere 10-Schuß-Serien abgeben und die Sache einmal ausführlich klären als später herumzuraten, ob vielleicht die eine oder andere Munition nicht doch besser wäre. Je mehr Testschüsse Sie unter Beachtung des oben Gesagten abgeben, desto verbindlicher werden die Aussagen über Streukreisdurchmesser, Waffen- oder Munitionsschwankungen usw. ausfallen! Weiterhin sollten Sie während des Testschießens, z. B. nach den ersten zwei Serien, einmal den Lauf auf Laufablagerungen untersuchen, weil sich besonders bei kleinen, hochrasanten Kalibern bereits nach 15 bis 20 Schüssen Ablagerungen bemerkbar machen können. Diese Ablagerungen, sind sie erst mal da und werden nicht beseitigt, führen in der Folge zu noch stärkeren Ablagerungen von Geschoßmantelmaterial. Solche Ablagerungen im Lauf machen sich nicht nur durch eine vergrößerte Streuung, sondern auch unter Umständen durch eine Veränderung der Treffpunktlage bemerkbar. Benchrester widmen diesem Problem große Aufmerksamkeit und reinigen oftmals schon nach jeweils einigen Schüssen ihre Waffe, selbst innerhalb eines Wettkampfes.

VISIERUNGEN

Beim Einschießen Ihrer Büchse für eine offene oder Zielfernrohrvisierung sollten Sie bedenken, daß die Visierung **nur auf eine Munition** einjustiert werden kann. Jede andere Laborierung, jede andere Geschoßform führt zwangsläufig zu einer veränderten Treffpunktlage. Bei einer verstellbaren offenen Visierung mittels Kimme und Korn kann man sich eventuell für eine zweite Laborierung oder Geschoßform Notizen machen, um wieviel ›Klicks‹ die Visierung vertikal oder horizontal zu verstellen ist, damit die Treffpunktlage mit der Visierung übereinstimmt. Bei Verwendung von Zielfernrohren geht das leider nicht, da die Stellschrauben zur Justage des Absehens immer etwas Spiel (toten Gang) aufweisen und daher keine exakte Umstellung möglich ist. Beim Einschießen sollten Sie bei offener Visierung auch noch der Beleuchtung vor Ort Aufmerksamkeit schenken, denn bei heller (Sonnen-)Beleuchtung scheint das Korn größer zu sein als es ist. Die Folge: Tiefschuß. Umgekehrt ergeben bei dunkler Beleuchtung eingeschossene Waffen später leichten Hochschuß! Wenn Sie Ihr Zielfernrohr auf der Waffe daraufhin kontrollieren wollen, ob es entsprechend der momentan verwendeten Munition auf die vorgesehene Schußdistanz richtig eingestellt ist, so haben Sie das mit dem GUN-TESTER sehr einfach: Die Waffe wird wie beschrieben mit mehreren 10-Schuß-Gruppen im Gerät geschossen. Wenn Treffpunktlage und Streukreismittelpunkt ausreichend genau ermittelt wurden, wird die Waffe wieder in den GUN-TESTER eingesetzt, spielfrei in Position gebracht und das Absehen so verstellt, daß Mitte Absehen und Mitte Streukreis zusammenfallen. Auch die offene Visierung kann sinngemäß kontrolliert und nachjustiert werden.

EIN PAAR TIPS

Übrigens: Beim Laden oder Repetieren der Waffe zwischen den einzelnen Testschüssen empfiehlt es sich, die Waffe jedesmal aus dem GUN-TESTER herauszunehmen und danach wieder sorgsam einzusetzen. Sonst könnte ein kräftig ausgeführter Repetiervorgang trotz aller Vorsichtsmaßnahmen womöglich doch zu einem Verstellen der Halterungen führen. Da die Waffe ja sowieso durch den Waffenrückstoß bei jedem Schuß etwas nach hinten aus den Halterungen herausgeschoben wird, ist es kein Problem, die Waffe jedesmal zum Repetieren bzw. Nachladen herauszunehmen.

Und noch ein Tip zum Abschluß: Setzen Sie beim Testschießen oder Einschießen weder Ihre Waffe noch die Munition unterschiedlichen Temperaturen aus. Ein Büchsenlauf, auf den stundenlang die Sonne knallt, muß sich in der Treffpunktlage anders verhalten, als wenn er im Schatten gelagert wurde und zwischen den einzelnen Schüssen genügend auskühlen konnte. Auch die Munition, die in der Sonne aufgeheizt wurde, wird andere Gasdrücke (und damit eine andere Treffpunktlage) erbringen als normal temperierte. Auch die übrigen Umwelteinflüsse, wie Wind, Regen usw. sollten bei einem exakten Waffentest beachtet und berücksichtigt werden. Nur so können Sie halbwegs sicher sein, alles nur Erreichbare für eine optimale Schußleistung gemacht zu haben.

Die möglichen Schlußfolgerungen aus diesen Schießtests nun in die Praxis umzusetzen und Waffe und Munition so hinzutrimmen, daß, wenn möglich, noch bessere Leistungen erzielt werden können, ist die nächste Arbeit für Sie.

Waffentests und Fehlerquellen

Man sollte ja eigentlich annehmen, daß Maschinen keine Fehler machen und daß bei Verwendung von Schießmaschinen für Waffentests Fehler daher ausgeschlossen sind. Leider gilt das nur bedingt. Weil Menschen mit diesen Maschinen arbeiten und dadurch die Möglichkeit besteht, daß sich eben doch mal ein Fehler einschleicht. Und auch von Schießmaschinen selbst können Fehler ausgehen. Ein Beispiel: Ein Präzisionsgewehr wird mit einer ganz bestimmten Munition auf einer Schießmaschine getestet. Der Streukreis wird exakt ausgemessen. Die Waffe wird samt dazugehöriger Munition in eine andere Schießmaschine eingesetzt und getestet: Die Streukreisergebnisse fallen vollkommen anders aus als beim ersten Gerät. Auch die Treffpunktlage der Waffe kann sich verändern, weil die Einspannbedingungen in diesem anderen Gerät andere sind. Deshalb ist es nicht nur wichtig, eine Waffe in der dafür geeigneten Maschine zu testen, sondern es ist ebenfalls wichtig, die festgestellten Meßergebnisse in der Schießpraxis (ohne Maschine) auf ihre praktische Verwendbarkeit zu überprüfen. Noch ein Beispiel soll Ihnen zeigen, was beim Einsatz von Schießmaschinen Einfluß auf die praktische Verwertbarkeit der Messungen haben kann: Sie schießen in der Maschine mehrere Serien von jeweils 10 Schuß. Der Zeitraum zwischen den einzelnen Schüssen ist von Ihnen auf z. B. 20 Sekunden festgelegt worden. Das bedeutet, daß Sie ihre 10 Schuß nach knapp 3,5 Minuten ›draußen‹ haben. Der Waffenlauf hat dabei eine bestimmte Erwärmung erfahren. Im Wettkampf dagegen haben Sie beispielsweise beim Gewehrschießen für 20 Schüsse 40 Minuten Zeit. Es ist doch wohl klar, daß Sie dabei ganz andere Temperaturverhältnisse im Lauf bekommen. Auch die Konzentration auf die Abgabe jedes einzelnen Schusses kann viel größer sein, wenn genügend Zeit da ist. Deshalb sollten Sie **in jedem Fall** beim Testschießen oder Einschießen von Waffen etwa die gleiche Zeitspanne zwischen den einzelnen Schüssen lassen, die auch im Wettkampf üblich ist. Diese Empfehlung kann allerdings nicht für Schnellfeuerpistolen usw. gelten, weil hier die Zeiträume zu kurz sind, um in der Schießmaschine für einen geregelten Testablauf zu sorgen. Ich möchte Sie auch noch auf andere Fehlerquellen hinweisen. So ist zum Beispiel beim Auslösen des Schusses in der Schießmaschine ein Unterschied feststellbar, ob die Abzugszunge der Testwaffe von Hand oder über einen Drahtauslöser bzw. Hebelarm betätigt wurde. Der winklig vor der Abzugszunge stehende Hebelarm wird in jedem Fall den Abzug von vorn exakt in Richtung Griff bzw. Schaft drücken. Auch ein geübter Schütze ist durchaus in der Lage, die Abzugszunge korrekt zu betätigen. Sogar ein etwas schräg angesetzter Abzugsfinger ist in der Schießmaschine noch lange kein Problem, solange die Abzugszunge in der Waffe spielfrei gelagert ist! Erst wenn die Abzugszunge zum Beispiel so viel Luft hat, wie das im Foto (Abb. 83) erkennbar wird, kann es durch schiefe Abzugsbetätigung zu ungleichmäßiger Schußauslösung und damit zu einer fehlerhaften Messung kommen. Weil nämlich die ›schlotternde‹ Abzugszunge über den Abzug die Klinke mal schleppend und mal trocken auslöst und so die Schußauslösung völlig unregelmäßig werden kann. Ein weiterer Fehler ist beispielsweise, wenn die Waffe in der Schießmaschine ungleichmäßig, mal zu fest, mal zu lose gehalten wird oder wenn gar mit der anderen Hand die Waffe, womöglich noch am Lauf, berührt wird. So wie nur ein frei schwingender Lauf eine halbwegs gleichmäßige Trefferleistung erbringt, so kann auch nur eine stets konstant gelagerte und konstant betätigte Waffe korrekte Meßergebnisse bringen.

Nur unter so konstanten Schießverhältnissen sind Sie dann auch in der Lage, Streukreise richtig auszuwerten und Ausreißer klar zu erkennen. Deshalb auch mein Vorschlag, möglichst stets Schießmaschine und Geschoßgeschwindigkeitsmesser gemeinsam einzusetzen. Weil nur so bei jedem Schuß sofort die entsprechende Geschoßgeschwindigkeit sagen kann, ob der Schuß ›normal‹ verlaufen ist oder ob ein Munitionsfehler am Ausreißer auf der Scheibe schuld war. Aus dem Grund ist es auch nie falsch, sich nach jedem Schuß aus der Schießmaschine oder Einschießvorrichtung mit einem Blick durch das Scheibenbeobachtungsglas von der Treffpunktlage des einzelnen Schusses zu überzeugen. Auf diese Weise werden die Abkühlpausen zwischen den einzelnen Schüssen wenigstens sinnvoll ausgenutzt. Wenn Sie mit der Schießmaschine und dem Geschwindigkeitsmesser zugleich arbeiten, sollten Sie auch noch Papier und Bleistift zur Hand nehmen und für jeden Schuß sowohl bezüglich gemessener Geschwindigkeit wie auch bezüglich Treffpunkt eine kurze Notiz machen. Auf diese Weise haben Sie dann rasch einen Überblick, wie sich unterschiedliche Geschoßgeschwindigkeiten in unterschiedlichen Treffpunktlagen Ihrer Waffe bemerkbar machen. Diese Werte können Sie dann wieder benutzen, um z. B. mit der Wahl leichterer oder schwererer Geschosse, veränderter Pulvermengen, anderer Pulversorten mit anderem Abbrandverhalten usw. eine bestimmte Treffpunktlage oder auch kleinere Streukreisdurchmesser zu bekommen.

Schußbilder beim Freihandschießen

Nicht jeder Sportschütze oder Jäger hat die Möglichkeit, eine Schießmaschine und andere Test- und Meßgeräte zu erwerben oder einzusetzen. Oft muß es daher ausreichen, aufgrund von Erfahrungswerten aus freihändig geschossenen Trefferbildern Rückschlüsse zu ziehen, ob die charakteristischen Abweichungen der Schußgruppen von Scheibenmitte (Abb. 155 und 156) auf möglichen Munitions- und Waffenmängeln beruhen oder vorwiegend mit Fehlern des Schützen erklärt werden können. Meist wird es sogar so sein, daß sich die einzelnen Fehlerquellen dabei mehr oder weniger stark überlagern. Deshalb ist es natürlich besonders wichtig, mögliche Fehlerquellen, z. B. waffen- oder munitionsseitig, weitgehend auszuschließen. Das kann beispielsweise dadurch geschehen, daß der betreffende Sportschütze oder Jäger erstens zu seiner Waffe nur Qualitätsmunition bekannter Hersteller möglichst in Matchqualität verwendet oder eine besonders sorgfältig gefertigte Wiederladelaborierung benutzt. Dann kann er zumindest erstmal die Munition als Fehlerursache weitgehend ausklammern. Die waffenseitige Klärung kann erfolgen, indem er sich bei Jagd- oder Schützenkameraden eine möglichst baugleiche Waffe zu den Tests ausleiht. Bei baugleichen Waffen werden zwar unterschiedliche Streukreisdurchmesser unvermeidbar sein, aber zumindest sind waffentypische Eigenschaften bei gleichen Modellen annähernd gleich. So kann auch die Frage nach Waffenmängeln der eigenen Waffe wenigstens grob ausgeklammert werden, wenn die Schußbilder beider Waffen sich etwa gleichen. Es sei denn, beide Waffen haben denselben Fehler.

FEHLERQUELLE

Die größte Fehlerquelle bei dieser Sache ist aber fast immer der Schütze selbst. Der Mensch ist nun mal keine Maschine und kann demzufolge auch nicht immer die Waffe gleich halten und abfeuern. Ein guter, trainierter Schütze ist zwar durchaus in der Lage, sofort nach dem Schuß zu sagen, ob er gut abgekommen ist oder die Waffe verrissen hat. So ist der erfahrene Schütze zumindest in der Lage, bestimmte Trefferabweichungen einzuordnen und grobe Schützenfehler als solche zu identifizieren. Der weniger geübte Schütze hingegen ist sich oft gar nicht der Fehler bewußt, die er beim Präzisionsschießen macht. Diese unbewußten Schützenfehler sind in fast allen Fällen meist erheblich grö-

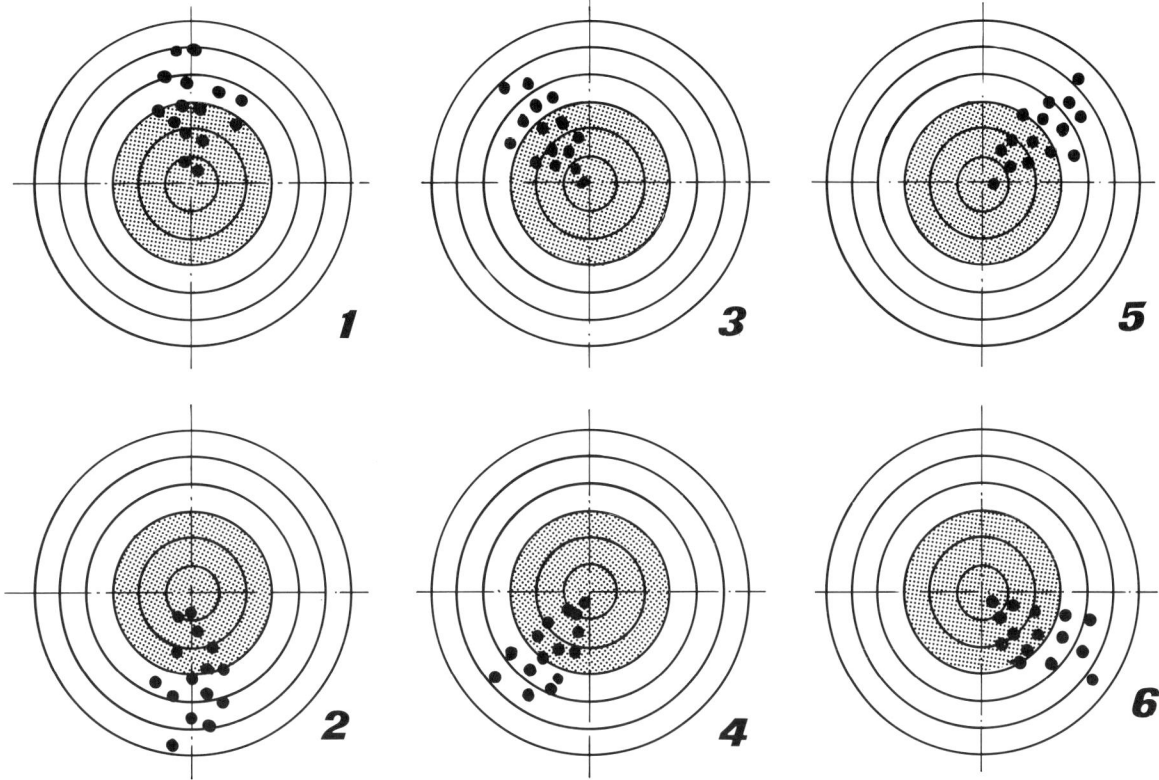

Abb. 155: Charakteristische Trefferbilder beim Freihandschießen erleichtern das Abstellen von Fehlern.

ßer als Waffen- und Munitionsfehler zusammen. Wenn man daher davon ausgeht, daß die heute gebräuchlichen guten Jagd- und Sportwaffen in Verbindung mit Markenmunition bekannter Hersteller eine Präzision erbringen, die relativ sehr kleine Streukreisdurchmesser erzeugen kann, so werden die in den Abbildungen gezeigten charakteristischen Schußbilder vorwiegend auf Schützenfehler zurückgeführt werden können. Wenn daher ein wenig trainierter Schütze oder Jäger trotz guter Markenmunition und mit seiner sowie mit einer zum Vergleich geborgten Waffe ähnlich typische Schußbilder wie die gezeigten produziert, so kann er mit einiger Sicherheit seine möglichen Fehler erkennen und abstellen.

SCHUSSBILDER

Die in den Abbildungen gezeigten Schußbilder können unter anderem folgende Fehlerursachen haben:

Bild 1 *(Hochschuß):* Sofern nicht eine Lauferwärmung (Sonnenbestrahlung, zu raschem Schießen), eine Munitionserwärmung (Sonne, Heizung) oder ein loser Lauf (Schrauben, Klebung?) sowie ein

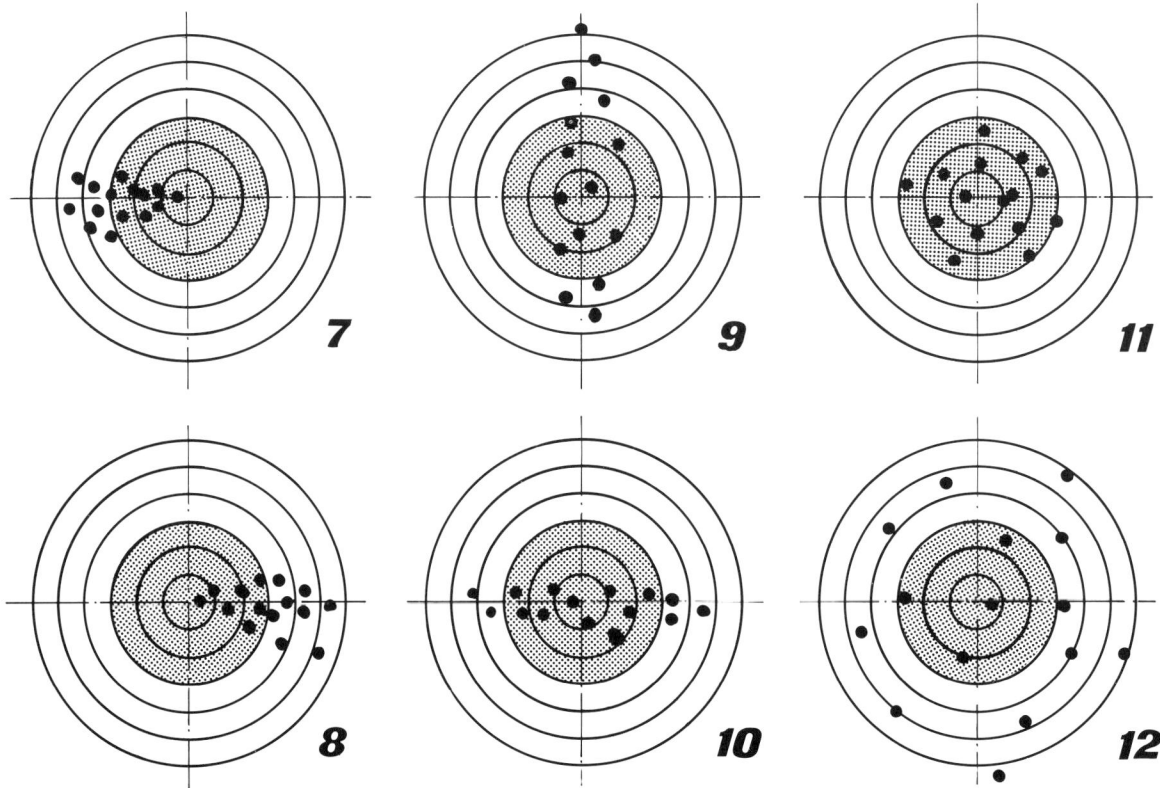

Abb. 156: Fehlerquellen, die solche Trefferbilder erbringen, können sowohl waffen- wie auch munitionsbedingt sein. Allerdings kommt auch der Schütze als Verursacher in Betracht.

verstelltes Visier als Fehlerquelle in Frage kommen, sind folgende Schützenfehler denkbar: Visierfehler (Korn liegt zu sehr im Dunkeln, zu dichtes Anhalten unter dem Spiegel, Vollkorn) oder ein unbewußtes Zurückziehen der Waffe beim Auslösen des Schusses (Schußangst bei Großkaliber?). Möglich ist auch als Fehlerquelle die Wettkampfnervosität, die den Schützen veranlaßt, die Waffe möglichst dicht unter dem Spiegel aufsitzen zu lassen.

Bild 2 *(Tiefschuß):* Sofern falsch eingestellte Visierung oder eine zu schwach geladene Munition als Fehlerquellen ausgeklammert werden können, sind folgende Schützenfehler denkbar: Unkonzentrierte Visierbeobachtung infolge zu hell beleuchteten Korns (es erscheint größer) oder Feinkorns (Korn ist gegenüber Kimmenoberkante abgesenkt). Auch das zu hastige Absenken der Waffe nach der Schußabgabe oder nachlassende Haltekraft können Fehlerquellen solcher Tiefschüsse sein.

Bild 3 *(Treffer links hoch):* Als Schützenfehler kommen in Betracht: Visierfehler mit zugleich links verkanteter Waffe. Außerdem denkbar ist, daß der Schütze die Waffe nicht lange genug nachhält (vorzeitiges Absenken), Schußangst bei großkalibrigen Waffen (Waffe wird beim Abziehen vorgeschoben) oder ein Verreißen beim Schuß.

Bild 4 *(Treffer links tief):* Vorwiegend liegt hier ein Abzugsfehler (ruckartiges Reißen des Abzugs) oder eine mangelnde Waffenhaltekraft (Waffe sinkt nach links ab) vor. Bei Gewehrschützen kann es durch zu festes Ansetzen des Schaftes in der Schulter zu solchen Treffern kommen.

Bild 5 *(Treffer rechts hoch):* Mangelnde Haltekraft bzw. Nachgeben mit dem Handgelenk sind die häufigsten Schützenfehler hierbei. Aber auch zu starker Druck mit dem Daumen der Schießhand (Rechtsschütze) ist denkbar.

Bild 6 *(Treffer rechts tief):* Mangelnde Haltekraft oder verstärkter Halt des Waffengriffs mit den Haltefingern ist ebenso eine Ursache für solche Schußbilder wie ein ruckartiges oder zu kräftiges Abziehen.

Bild 7 *(Treffer links mittig):* Als Schützenfehler kommt entweder ein Visierfehler (Korn klemmt links) in Frage. Oder aber der Abzugsfinger des Schützen ist schuld, weil er entweder nicht mit der Mitte der Fingerkuppe auf der Abzugszunge liegt oder mit dem zweiten und dritten Fingerglied das Schaft- bzw. Griffholz berührt und dadurch die Waffe abdrückt. Ursache bei Faustfeuerwaffen kann ein zu kleiner Griff sein.

Bild 8 *(Treffer rechts mittig):* Schützenfehler: Der Daumen der Schußhand drückt zu stark an den Griff (bzw. Schaft) oder ist zu weit von der Daumenauflage des Griffs abgespreizt. Ursache kann bei Faustfeuerwaffen ein zu großer Griff sein. Auch ein Visierfehler (Korn ist rechts verklemmt) kann die Ursache solchen Schußbildes sein.

Bild 9 *(Streuung vertikal):* Wenn Visierfehler (mangelhafte Kornbeobachtung, ob gestrichen Korn eingehalten wird) ausscheiden, kann bei Kurzwaffenschützen eine mangelnde Konstitution oder zu enge Fußstellung die Ursache sein, aber auch Fehler in der Atemtechnik, die auch bei Gewehrschützen zu diesem Schußbild führen. Als Munitionsfehler könnten Schwankungen im Gasdruck (unterschiedliche Geschoßgeschwindigkeiten) die Fehlerursache sein.

Bild 10 *(Streuung horizontal):* Schützenfehler infolge falscher Fußstellung (zu weit) oder durch unterschiedliche Verkantung der Waffe. Auch wechselnde Haltekraft (mal lose, mal fest) ist als Ursache ebenso denkbar wie unkonzentrierte Visierbeobachtung (verklemmtes Korn links/rechts).

Bild 11 *(Streuung groß):* Entweder waffenbedingt durch mangelnde Präzision der Waffe oder mangelnde Reinigung (Laufablagerungen?) oder munitionsbedingt durch schwankende Qualität. Als Schützenfehler kommen mangelnde Visierbeobachtung (Konzentrationsfehler!) oder mangelnde Haltekraft der Waffe (fehlende Kondition, Atemfehler!) in Frage.

Bild 12 *(Streuung extrem groß):* Wenn Waffenfehler und Munitionsfehler ausgeklammert werden können, so kommen als Schützenfehler mangelndes Training, mangelnde Kondition (Halteschwäche), fehlerhafte Visierbeobachtung (Zielfehler, Augen prüfen lassen?) und bewußtes Auslösen des Abzugs (Anfängerfehler: Abdrücken, wenn die Scheibe ›vorbeikommt‹) in Betracht. Typische Waffenfehler könnten eine lockere Visierung oder eine starke Laufverbleiung (bzw. Tombakansatz) ebenso sein wie eine ausgeleierte Laufmündung (ausgeputzt?). Als Munitionsfehler könnte sich die Verwendung zu alter, überlagerter Munition herausstellen, wenn es sich nicht um mangelhaft wiedergeladene Munition handelt.

Bei solchem Schußbild sollten Sie sich nochmals ernsthaft mit dem Inhalt dieses Buches beschäftigen, um Ihre Schußleistung zu verbessern.

Der Trend zum Benchrestschießen

Wenn man sich die Schußbilder bei einem Benchrestmatch betrachtet, so kann man als Sportschütze oder Jäger schon etwas neidisch werden. Wenn man allerdings den Aufwand sieht, der zum Erreichen solcher ›Loch-in-Loch‹-Schußbilder erforderlich ist, dann ist man allerdings recht rasch wieder auf der Erde. Eine Benchrestbüchse für 4000 bis 5000 DM, die mit ihrem superpräzisen Lauf eine Saison, höchstens zwei, mitmacht, das ist nicht für jeden Schützen so ohne weiteres aus der Hobbykasse bezahlt. Wenn dann noch der Aufwand für die Munition dazugerechnet wird, vor allem beim Wiederladen mit handgefertigten Matchgeschossen, dann stehlen sich die meisten Sportschützen davon und sind im Grunde mit ihren Waffen, ihrer Munition und ihren Schußleistungen eigentlich doch ganz zufrieden. Manche Sportschützen packt aber auch der Ehrgeiz und sie überlegen, wie sie mit weniger Aufwand zu ähnlichen Leistungen kommen könnten. In solchem Falle hilft nur eins: Zum nächsten Geburtstag statt SOS (Schlips, Oberhemd, Socken) lieber ein Teil für die neue Benchrestausrüstung schenken lassen. Das ist zwar mühsam, aber immer noch erfreulicher als die ›üblichen‹ Geschenke mit süßsaurem Lächeln im Schrank verstauen zu müssen. Im deutschsprachigen Raum finden sich immer mehr engagierte Schützen zu solchen ›Eliteeinheiten‹ zusammen und bauen und tüfteln an noch besseren Superwaffen. Verschiedene Waffenhändler haben sich auf diesen Trend eingestellt und liefern umfangreiches Zubehör, angefangen von Schäften, Systemen, Benchrestläufen bis zu hochwertigen Zielfernrohren, Montagen und Kleinteilen. Auch Matchgeschosse in reicher Auswahl werden ebenso angeboten wie Wiederladegeräte und spezielle Pulversorten. Nicht zuletzt sind solche Händler aber auch eine gute Informationsquelle für ›Anfänger‹. Man sollte sich also ruhig einmal in solchen Geschäften etwas ausführlicher umsehen, denn wer weiß: Vielleicht springt auch für das jetzige Sportschießen noch der eine oder andere Tip dabei heraus. Lernen kann man fast immer. Aber auch die Industrie fördert Interessenten durch ausführliche Informationen, durch Veröffentlichungen ihrer neuesten Produkte und last but not least durch direkte Unterstützung hervorragender Schützen. Verständlich, denn das macht sich durch indirekte Werbung eines Tages mal wieder bezahlt. Wenn Sie sich das Foto (Abb. 157) betrachten, sehen Sie, mit wieviel Sorgfalt ein Benchrestgewehr für eine bestimmte Disziplin zusammengebaut ist. Im Foto (Abb. 158) läßt sich erkennen, welcher Aufwand bei Benchrestern betrieben wird, ein System im (Fiberglas-)Schaft einzubetten. Diese in allen möglichen Farben bunt lackierten Schäfte sind ein typisches Merkmal von Benchrestwaffen. Neuerdings geht man allerdings, um noch mehr Gewicht zu sparen, mehr und mehr dazu über, ›Schäfte‹ aus filigraner Aluminiumkonstruktion (Abb. 159) zu verwenden. So wird buchstäblich jedes gesparte Gramm dazu verwendet, den Lauf noch dicker und damit noch schwingungsärmer zu halten. Es würde einen nicht verwundern, wenn bei dieser Entwicklung demnächst die Schützen nur noch mit dem Lauf auf dem Schießstand auftauchen . . .

DER AUFWAND

Bereits der Aufwand für das Anschießen der Benchrestwaffen auf den Anschußtischen, den ›Benches‹, ist heute schon sehr erheblich. So sind beispielsweise viele Vereine dazu übergegangen, die Anschußtische massiv aus Beton zu gießen und mit einem mächtigen Fundament im Boden zu verankern. Die Tischplatten dieser Benches sind so groß, daß der Schütze nicht nur seine Waffen samt vorderer und hinterer Auflage darauf abstellen kann, sondern auch sein Scheibenglas, seine Munition und sein gesamtes Putz- und Reinigungswerkzeug. Schließlich muß die Waffe ja während des Matchs gereinigt werden. Die Waffenauflage, die dem Aufgelegtschießen den Namen gegeben hat,

Abb. 157: Ein UIT-Standardgewehr, das aus Benchrestkomponenten (BR-Center München) zusammengestellt wurde.

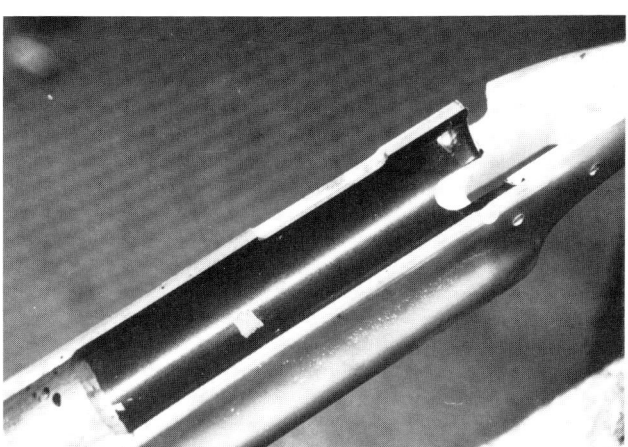

Abb. 158: Detail eines Fiberglasschaftes, vorbereitet zum Einsetzen des Systems.

Abb. 159: Kaum noch Ähnlichkeit mit einem Büchsenschaft hat dieser filigrane Aluschaft, der einmal einer BR-Büchse zum Siege verhelfen soll.

besteht zwar noch aus sandgefüllten Ledersäcken, aber diese haben sich ebenfalls inzwischen ganz schön gemausert. Der vordere Ledersack ruht rutschfest auf einem schweren, höhenverstellbaren Stativ, das wiederum selbst rutschfest auf dem Tisch steht. Die hintere Waffenauflage ist so geformt, daß der Schaft ruhig liegt und daß man durch seitlichen Druck auf das Sandkissen die Waffe millimetergenau in der Höhe ausrichten kann. Daß das Benchrestschießen mit sehr stark vergrößernden Zielfernrohren und entsprechenden Flimmerbändern bzw. röhrenförmigen Sonnenblenden gegen die aufsteigenden Hitzeschlieren erfolgt, ist klar. Daß aber beispielsweise auch darauf geachtet wird, daß der Verschluß stets nur so lange wie nötig offensteht, um den Lauf vor der durchströmenden (laufverspannenden) Luft zu schützen, ist für viele Schützen oft schon zuviel des Guten. Daß Windmeßgeräte oder zumindest Fähnchen im Terrain aufgestellt werden, um den Seitenwind abzuschätzen, dafür fehlt den meisten ›normalen‹ Sportschützen fast jedes Verständnis. Aber die Schußbilder beweisen, daß der Aufwand erforderlich ist. Und daß man auch gering erscheinende Umwelteinflüsse nicht einfach übersehen darf. Sollten Sie als engagierter Sportschütze doch mal Spaß an dieser sich ständig weiterentwickelnden, hierzulande noch relativ jungen Sportart für Perfektionisten bekommen, sollten Sie nicht lange zögern. Es ist eine Sache, die einen so schnell nicht mehr losläßt, die eine Herausforderung darstellt, noch besser zu sein.

Einsichten und Aussichten . . .

In den vorangegangenen Kapiteln haben Sie einen Überblick bekommen, welche Möglichkeiten für den präzisionsbewußten Sportschützen, den engagierten Jäger oder den interessierten Waffenbesitzer bestehen, durch das Tunen und Testen seiner Waffen und seiner Munition die Schußleistung im Rahmen des Machbaren zu verbessern. Bei der Fülle der Themen konnten viele Sachgebiete nur knapp behandelt werden, manche Dinge konnten sogar nur in Form kurzer Tips oder Hinweise angesprochen werden. Dennoch hoffe ich, daß für viele Leser Anregungen oder zumindest die eine oder andere Erkenntnis dabei herausgekommen ist. Manche Leser haben vielleicht umfangreiche Berechnungen, Formeln und Tabellen in diesem Buch gesucht. Ich habe es bewußt vermieden, theoretische Ableitungen und Berechnungen auszuführen, die für die Mehrzahl der Leser wenig praktischen Wert aufweisen. Ich habe auch noch keinen Schützen getroffen, der durch Wahrscheinlichkeitsberechnungen oder Angaben statistischer Mittelwerte auch nur einen Ring besser geschossen hat. Und es gibt auch nur sehr wenig Wettkämpfe, bei denen sich der Kampfrichter durch Berechnungen und Tabellen davon überzeugen läßt, daß ein ganz bestimmter, miserabler Schuß statistisch gar nicht da sein dürfte. Auch ein krankgeschossenes Reh wird wenig davon haben, daß der Jäger die Seitenwindeinflüsse im Taschenrechner anders angesetzt hatte. Deshalb bin ich der Meinung, daß Theorie ja ganz gut und schön, aber die tägliche Schießpraxis doch der wichtigere Teil ist. Dennoch kann ich mir (quasi zum Schluß) doch eine Formel nicht verkneifen, weil sie Ihnen nämlich die Relation der Dinge verständlicher macht. Und weil die Formel Ihnen zeigen kann, wo Sie beim Tunen und Testen am effektivsten den Hebel ansetzen können. Gemeint ist die Ermittlung der Gesamtstreuung (GS). Wenn Sie nochmals die grafische Darstellung (Abb. 3) aufschlagen, so sehen Sie darin zwei Extreme: Bei ›A‹ addieren sich alle Einzelstreuungen, also die Schützenstreuung (SS), die

Waffenstreuung (WS), die Munitionsstreuung (MS) und die Streuung durch Umwelteinflüsse (UE) zu einer maximalen Gesamtstreuung (GSmax.). Bei Fall ›B‹ heben sich die einzelnen Streuungen gegenseitig so auf, daß ein ›Streukreis‹ von Null herauskommt. Beide Fälle sind in der Praxis etwa genau so selten wie sechs Richtige im Lotto. Es gibt aber eine Formel, die eine realistische Gesamtstreuung zu errechnen gestattet. Diese Formel lautet:

$$GS = \sqrt{SS^2 + WS^2 + MS^2 + UE^2}$$

Wenn Sie in dieser Formel einmal (angenommene) Zahlenwerte (in mm) einsetzen, so könnte beispielsweise die Schützenstreuung 40 mm betragen, die Waffenstreuung 28 mm, die Munitionsstreuung 30 mm und schließlich wird der Umwelteinfluß noch mit 12 mm in Ansatz gebracht. Dann ergibt sich die Gesamtstreuung GS:

$$GS = \sqrt{40^2 + 28^2 + 30^2 + 12^2} = 58{,}55 \text{ mm}$$

Wenn Sie nun durch sorgfältige Tuningarbeit Ihrer Waffe die Streuung der Waffe auf die Hälfte reduzieren können, also auf 14 mm, so ergibt das immer noch eine Gesamtstreuung von 53,3 mm. Sollten Sie durch besonders präzise Abstimmung der Laborierung Ihre Munition in der Streuung um 30% verringern, also auf 21 mm, so bekommen Sie durch die verringerte Waffen- und Munitionsstreuung eine Gesamtstreuung GS von 48,8 mm. Das ist trotz des Aufwandes bei Waffe und Munition noch nicht einmal 1 cm weniger als bei obigem Beispiel. Natürlich läßt sich mit diesen angenommenen Werten kein echter Vergleich ziehen. Das können Sie nur selbst, indem Sie in die obige Formel Ihre realen Werte einsetzen. Und anhand dieser Werte können Sie dann feststellen, an welcher Stelle Sie den Hebel ansetzen müssen, um zu noch besserer Schußleistung zu kommen.

Um Ihnen bei Ihrer Arbeit auch praktisch zu helfen, habe ich Ihnen im Anschluß hieran eine Reihe von Firmenanschriften aufgeführt, die Ihnen im Einzelfall mit Rat und Tat, mit Katalogen oder Auskünften helfen können. Diese Liste erhebt keinen Anspruch auf Vollständigkeit oder Richtigkeit. Sicher gibt es noch viele weitere Firmen und Einrichtungen, die ähnliche Leistungen anzubieten haben.

Ebenso sicher ist, daß es auf dem Waffen- und Munitionssektor laufend Verbesserungen, Neuheiten und Fortschritte gibt. Gerade hier ist die Technik noch lange nicht ausgereizt, die Dinge entwickeln sich fließend. Bei dieser Entwicklung der Dinge mitzuarbeiten, selbst durch zunächst kaum merkliche Verbesserungen die Sache voran zu treiben, ist nun Ihre Aufgabe. Packen Sie's an!

Nützliche Adressen

J. G. Anschütz GmbH, Jagd- und Sportwaffenfabrik, Postfach 11 28, 7900 Ulm/Donau

W. Aulke, Postfach 109, 4410 Warendorf (Ersatzteile, Waffenoptik usw.)

Werner Behmke, Postfach 23, 2399 Tarp (Jagd- und Sportwaffen, Zubehör)

Beschußamt Ulm, Unterer Eselsberg, 7900 Ulm/Donau, Tel. 07 31/5 33 26

Beschußamt Mellrichstadt, Lohstraße 5, 8744 Mellrichstadt, Tel. 0 97 76/98 89

Beschußamt München, Franz-Schrank-Straße 9, 8000 München 19, Tel. 0 89/17 90 13 39

Erich Bischof, An der Riss 33, 7958 Laupheim 2 (Härteprüfer, Entzünderer)

W. Braun, Chem.-Techn. Geräte, Bachstraße 3a, 6200 Wiesbaden (Patronen-Richtgerät)

Sebastian H. J. Breuers, Würzburger Ring 59, 8520 Erlangen (Systembreuers)

Brünierzentrale Blödow, Jüttkenmoor 9, 2120 Lüneburg (Chemikalien, Zubehör)

Colt Firearms, P.O.Box 1868, Hartford, Connecticut 06102/USA (Waffen)

Deutscher Jagdschutz-Verband e. V., Johannes-Henry-Straße 26, 5300 Bonn 1

Deutscher Schützenbund e. V., Lahnstraße, 6200 Wiesbaden-Klarenthal

DEVA Deutsche Versuchs- und Prüfanstalt für Jagd- und Sportwaffen e. V., Am Schießstand Buke, 4791 Altenbeken

Kurt Deckert, Rosenstraße 4, 4930 Detmold (Waffen- und Wiederladerzubehör)

Dianawerk, Mayer & Grammelspacher, Karlstraße 34, 7550 Rastatt (Waffen, Zubehör)

Dynamit Nobel AG, Postfach 12 09, 5210 Troisdorf (Munition, Waffen, Zubehör)

Erma-Werke GmbH, Johann-Ziegler-Straße 13–15, 8060 Dachau (Waffen, Zubehör)

Feinwerkbau Westinger & Altenburger GmbH KG, Neckarstraße 43, 7238 Oberndorf

Frankonia Jagd, Postfach 67 80, 8700 Würzburg 1 (Waffen und Zubehör)

H. Freiberg, Amselweg 9, 5308 Rheinbach-Merzbach (Waffen und Ersatzteile)

Walter Gehmann, Karlstraße 40, 7500 Karlsruhe (Schießsportausrüstung und Zubehör)

German Benchrest Center P. Hammerich, Auerfeldstraße 21, 8000 München 90

Grünig & Elmiger AG, Industriestraße 22, CH-6102 Malters (Waffen, Zubehör)

Gutekunst + Co, Federnfabrik, Postfach 4, 7418 Metzingen (Schraubenfedern)

Hämmerli GmbH, Feldbergstraße 9–11, 7890 Waldshut-Tiengen 2 (Waffen, Zubehör)

Haendler & Natermann GmbH, Am August-Natermann-Platz 1, 3510 Hannoversch Münden 1

Heckler & Koch GmbH, Postfach 13 29, 7238 Oberndorf/N. (Waffen und Zubehör)

Hirtenberger GmbH, Donnerfeld 2, 5760 Arnsberg 1 (Munition, Komponenten)

J. P. Heymann, Spezialgerätebau, Humboldtstraße 1, 6120 Erbach (Ammo+Gun-Tester)

F. W. Heym GmbH & Co. KG, Coburger Straße 8, 8732 Münnerstadt (Jagdwaffen)

Helmut Hofmann GmbH, Scheinbergweg 8, 8744 Mellrichstadt (Waffen, Zubehör)

Wilhelm Hofmann, Albanusstraße 4, 6093 Flörsheim (Maß-Griffschalen)

Hornady Mfc. + Pacific Tool Comp., P. O. Box 1848, Grand Island, Nebraska/USA

Paul Jacobi, Alter Rathausplatz 11, 5860 Iserlohn (Vorderlader, Zubehör)

Waffen-Johannsen, Haart 49, 2350 Neumünster 1 (Wiederlader-Zubehör)

Eduard Kettner, Postfach 10 11 65, 5000 Köln 1 (Waffen, Munition, Zubehör)

Bernd Klingner, Stader Straße 38, 2740 Bremervörde (Sportwaffen und Zubehör)

Korth GmbH & Co. KG, Robert-Bosch-Straße 4/6, 2418 Ratzeburg (Waffen, Zubehör)

Krico GmbH, Jagd- und Sportwaffenfabrik, Postfach 23, 7000 Stuttgart 61

H. Krieghoff GmbH, Jagd- und Sportwaffenfabrik, Boschstraße 22, 7900 Ulm/Donau

Franz König, Postfach, 7117 Bretzfeld-Geddelsbach (Sportwaffen, Zubehör)

Lyman Products Corp., Route 147, Middlefield-CT 06455/USA (Wiederladen)

Mauser-Werke Oberndorf GmbH, Teckstraße, 7238 Oberndorf/N. (Waffen)

Helmut Mohr, Nettetal 9, 5440 Mayen-Hausen (Vorderlader und Zubehör)

Neumann GmbH, Untere Ringstraße 17, 8506 Langenzenn (Vorderlader und Zubehör)

Karl Nill, Klinglerstraße 26, 7407 Mössingen (Sportwaffen-Maßgriffe)

Norma, FFV AB Järnvägsgatan, S-67040 Amotfors (Munition, Wiederladen)

Nosler Bullets, P.O.Box 671, Bend, Oregon 97709/USA (Match-Geschosse)

Omark Industries, P.O.Box 856, Lewiston, Idaho 83501/USA (RCBS, Speer, CCI)

Waffen-Oschatz, Rohrackerstraße 6, 7000 Stuttgart-Hedelfingen (Combat-Umbauten)

Peters-Stahl GmbH & Co. KG, Senefelderstraße 13, 4790 Paderborn (Waffensysteme)

Remington Arms GmbH, Postfach 32 66, 8700 Würzburg 21 (Waffen, Munition)

H+A Sander, Königstraße 51, 4100 Duisburg-Mitte (Wiederladen, Waffen, Zubehör)

J. P. Sauer & Sohn GmbH, Sauerstraße, 2330 Eckernförde (Jagd- und Sportwaffen)

Carl Schlieper GmbH & Co. KG, Postfach 10 02 09, 5650 Solingen 1 (Aimpoint)

Waffen-Schweigert, Schmiedgasse 2–4, 8900 Augsburg (Schäfte und Werkzeuge)

SIG – Schweizerische Industriges., CH-8212 Neuhausen am Rheinfall (Waffen)

Smith & Wesson, 2100 Roosevelt-Avenue, Springfield, Ma. 01101/USA (Waffen)

Stadler-Zubehör, Schützenstraße 4, 7823 Bonndorf (Sportwaffen-Zubehör)

Waffen-Stark, Fraunholzstr. 16, 8500 Nürnberg (Waffen, Munition, Wiederladen)

R. Triebel, Kemptner Straße 73, 8950 Kaufbeuren (Waffenwerkzeuge, Lehren usw.)

Carl Walther GmbH, Sportwaffenfabrik, Karlstraße 33, 7900 Ulm (Sportwaffen)

Lothar Walther GmbH & Co, Paul-Reusch-Straße 34, 7923 Königsbronn (Läufe, Zubehör)

Weinlich GmbH & Co., Industriestraße 6, 6838 Reilingen (V_o-Meßanlagen)

Winchester GmbH, Harkortstraße 32, 4030 Ratingen (Waffen, Munition, Zubehör)

ZWK Karl Zahner, Roßgasse 5, 7460 Balingen-Roßwangen (Sportwaffenzubehör)

Zeughaus Hege GmbH, Postfach 16 08, 7770 Überlingen (Vorderlader und Zubehör)

WAFFEN AUF DEM PRÜFSTAND

Johannes P. Heymann
Das große Schußwaffen-Werkbuch
Für Anfänger und Profis: Das in der Tat große Handbuch, mit zahlreichen neuen und praxiserprobten Hinweisen für das sachgerechte Zerlegen, Reparieren, Verbessern, Umbauen und Pflegen von Waffen.
400 Seiten, 400 Abbildungen, Großformat, gebunden,
69,- Bestell-Nr. 01290

Bruno Brukner
**Faustfeuerwaffen
Technik und Schießlehre**
2000 Stichworte und 679 Abbildungen ordnen das nahezu unüberschaubare Gebiet der Faustfeuerwaffen: Entwicklung, Konstruktion, Ballistik, Wettkampf-Technik und -Taktik.
592 Seiten, 679 Abbildungen, gebunden,
98,- Bestell-Nr. 30217

Ian V. Hogg
**Schußwaffen
und wie sie funktionieren**
Aktuelles, gebündeltes Wissen mit begeisternden Farbabbildungen, Schnittzeichnungen und historischen Dokumenten.
188 Seiten, 200 Abbildungen, davon 81 farbig, Großformat, geb.,
68,- Bestell-Nr. 10788

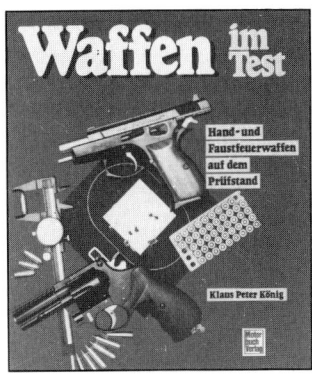

Klaus-Peter König
Waffen im Test
Umfangreiche Tests verdeutlichen, was Waffen wirklich leisten können: Schießleistung und Treffergenauigkeit, Maße, Preise, Gewichte, geeignete Patronen und Tips für die Mängelbeseitigung.
344 Seiten, 557 Abbildungen, Großformat, gebunden,
69,- Bestell-Nr. 01354

Klaus-Peter König
**Das große Buch
der Technik von Faustfeuerwaffen**
Ein Nachschlagewerk das Aufbau und Funktion der wichtigsten Faustfeuerwaffen nach 1945 beschreibt. 150 Revolver, Pistolen und Luftpistolen werden detailliert gezeigt: durch Fotos und Explosionszeichnungen.
304 Seiten, 440 Abbildungen, gebunden,
59,- Bestell-Nr. 10807

Johannes P. Heymann
**Schußwaffenzubehör
selbermachen**
Nach diesen Anweisungen können sich Sport- und Combatschützen, Wiederlader, Jäger und Waffensammler preiswert ihr individuelles Waffenzubehör selbst bauen.
214 Seiten, 135 Abbildungen, Großformat, gebunden,
44,- Bestell-Nr. 10992

ÄNDERUNGEN VORBEHALTEN
Der Verlag für Waffenbücher
POSTFACH 10 37 43 · 7000 STUTTGART 10